高等职业教育机电类规划教材

AutoCAD 案例应用教程

主　编　何友义
副主编　刘　杰
参　编　桂　艳　李小曼

机　械　工　业　出　版　社

本书以 AutoCAD2008 为平台，采用案例式的学习模式，把 AutoCAD 的操作方法和技巧融合于典型的生产和生活实例。读者能够在轻松的状态下，全面掌握 AutoCAD 的操作方法。全书共分 9 章，主要内容包括基本概念与基本操作、二维图形的绘制与编辑、工程制图基本绘图设置与准备、典型零件图与装配图的绘制、尺寸与公差的标注、三维绘图、实用辅助功能、图形的输出与打印、Internet 功能和二次开发。在讲解案例操作过程中，有重要知识点或绘图技巧的提示。每章后配有适量典型的习题供读者练习使用。

本书实用性、趣味性比较强，可作为高职高专院校或职业培训机构教材或工程技术人员参考用书。同时是快速掌握 AutoCAD 的不多见的学习资料，特别适合初学者。

图书在版编目（CIP）数据

AutoCAD 案例应用教程/何友义主编．—北京：机械工业出版社，2010.8

高等职业教育机电类规划教材

ISBN 978-7-111-31558-2

Ⅰ．①A… Ⅱ．①何… Ⅲ．①计算机辅助设计－应用软件，AutoCAD 2008－高等学校：技术学校－教材 Ⅳ．①TP391.72

中国版本图书馆 CIP 数据核字（2010）第 155856 号

机械工业出版社（北京市百万庄大街 22 号 邮政编码 100037）
策划编辑：蓝伙金 王英杰 责任编辑：王德艳
版式设计：张世琴 责任校对：张 媛
封面设计：鞠 杨 责任印制：乔 宇
北京机工印刷厂印刷（兴文装订厂装订）
2010 年 10 月第 1 版第 1 次印刷
184mm×260mm · 17.75 印张 · 437 千字
0 001—4 000 册
标准书号：ISBN 978-7-111-31558-2
定价：30.00 元

凡购本书，如有缺页、倒页、脱页，由本社发行部调换

电话服务
社服务中心：（010）88361066
销 售 一 部：（010）68326294
销 售 二 部：（010）88379649
读者服务部：（010）68993821

网络服务
门户网：http：//www.cmpbook.com
教材网：http：//www.cmpedu.com
封面无防伪标均为盗版

前　言

AutoCAD是美国Autodesk公司推出的一款功能非常强大的工程绘图软件，其应用范围遍及机械、建筑、造船、航空、土木和电气等几乎所有工程领域。熟练使用AutoCAD软件是工程技术人员步入职场前必备的基本技能。

目前学习AutoCAD的书籍名目繁多，读者在读完一本书后，头脑中填满了各种命令，在实际的使用中又不知从何下手，出现了眼高手低的现象。本书是把AutoCAD的基本绘图方法融合于具体的案例中，在一步步完成任务的过程中自然地学会这些绘图技能，摆脱了先是枯燥乏味的命令介绍，再堆砌几个例子的做法，让读者能快速、牢固而愉悦地掌握AutoCAD软件的使用。

本书的编写突出了以下几个特点：

1. 任务驱动，案例式学习。传统的编排模式是首先介绍大量的知识点，然后再加1~2个例子的方式，导致知识和技能的割裂，使读者在学习知识点时云里雾里，似懂非懂；实际操作时，又不知适用哪一个知识点来解决。本书采用化整为零的方式，把AutoCAD所有知识点融入具体的案例中，遇到什么问题，讲什么问题，做到知识和技能的融合，使学习的效果事半功倍。

2. 注重实用性、趣味性。本书所选案例和练习题均来源于生产和生活，生产中的图例是具有较大范围代表性的零件、部件或整机；生活中的图例是常见的带有趣味性的图形，有助于提高读者的学习兴趣和积极性，降低操作过程的枯燥感。

3. 图文并茂，以图为主，操作性强。根据调查，大多数读者在学习一款应用软件时，对于长时间对照着书中繁复的文字叙述的方式来操作感到头痛。针对这一情况，本书在编写时加强了图片在书中的比重，编写的基本原则是能够用图片指导操作过程的，尽量少用甚至不用文字叙述的方式。读者只要对照图片上的步骤编号或图片周围的文字说明即可完成任务。

4. 前后呼应，融为一体。在阅读本书的过程中，读者会注意到，一个案例会在不同的章节反复出现，但每次完成的任务和学习的内容有所区别。学习的内容基本是按照与工程实践相同的顺序来安排，把尽量多的知识点贯穿在一个典型案例中，保持知识的连贯性和系统性。

5. 涵盖面广，知识点全面。本书的读者群虽然针对的是职业教育，但涵盖的知识点已超出了职业教育的基本要求范围。AutoCAD新版功能介绍、三维绘图、网络应用、打印布局、实用的二次开发都有涉及。尽量照顾到学有余力或对AutoCAD有浓厚兴趣的读者要求。

本书由何友义任主编，刘杰任副主编。全书共分9章，何友义编写第1、3、9章；刘杰编写第4、5章；李小曼编写第2、6章；桂艳编写第7、8章。

本书在编写过程中，得到了机械工业出版社、兄弟院校和企业的大力支持与帮助，在此向他们致以衷心的谢意。

由于编者水平有限，缺点和错误在所难免，恳请读者批评指正。您的意见和建议可发送到：heyy@pyp.edu.cn或liujie@pyp.edu.cn。

编　者

目　录

第1章　基本概念与基本操作

1.1　AutoCAD 概述

AutoCAD（Auto Computer Aided Design）是美国 Autodesk 公司首次于1982 年推出的计算机辅助设计软件，用于二维绘图、详细绘制、设计文档和基本三维设计。AutoCAD 是目前应用最广的绘图软件之一，具有功能强大、使用灵活、接口方便等特点。

AutoCAD 的基本功能有：

1）平面绘图：能以多种方式创建直线、圆、椭圆、多边形、样条曲线等基本图形对象。

2）绘图辅助工具：AutoCAD 提供了正交、对象捕捉、极轴追踪、捕捉追踪等绘图辅助工具。正交功能使用户可以很方便地绘制水平、竖直直线，对象捕捉可帮助拾取几何对象上的特殊点，而追踪功能使画斜线及沿不同方向定位点变得更加容易。

3）编辑图形：AutoCAD 具有强大的编辑功能，可以移动、复制、旋转、阵列、拉伸、延长、修剪、缩放对象等。

4）标注尺寸：可以创建多种类型尺寸，标注外观可以自行设定。

5）书写文字：能轻易在图形的任何位置、沿任何方向书写文字，可设定文字字体、倾斜角度及宽度缩放比例等属性。

6）图层管理功能：图形对象都位于某一图层上，可设定图层颜色、线型、线宽等特性。

7）三维绘图：可创建3D 实体及表面模型，能对实体本身进行编辑。网络功能可将图形在网络上发布，或是通过网络访问 AutoCAD 资源。

8）数据交换：AutoCAD 提供了多种图形图像数据交换格式及相应命令。

9）二次开发：AutoCAD 允许用户定制菜单和工具栏，并能利用内嵌语言 Autolisp、Visual Lisp、VBA、ADS、ARX 等进行二次开发。

1.2　启动和退出

1.2.1　启动

启动 AutoCAD 2008 的常用方法有：

方法一　桌面快捷方式。安装 AutoCAD 时，将在桌面上放置一个 AutoCAD 2008 快捷方式图标（除非用户在安装过程中清除了该选项）。双击 AutoCAD 2008 图标（见图 1.1）可以启动 AutoCAD。

方法二　从菜单进入，“开始”→“程序”→“Autodesk”→“AutoCAD 2008”。

图 1.1　AutoCAD 2008 图标

方法三　双击已有的图形文件（*.dwg）。

1.2.2 退出

退出 AutoCAD 2008 的方法有：

方法一 执行“文件”→“退出”。

方法二 单击主界面右上角的“×”关闭按钮。

1.3 AutoCAD 2008 经典工作界面

AutoCAD 2008 以 Windows XP 或者 Windows NT4.0 为操作系统，在 Windows 操作系统环境下的界面如图 1.2 所示。其界面在风格上与 Windows 保持一致，同时注意与以前版本的连续性，方便操作。下面简要介绍 AutoCAD 2008 界面的组成部分：标题栏、菜单栏、工具栏、绘图窗口、命令行与文本窗口、坐标系及图标、状态栏等。

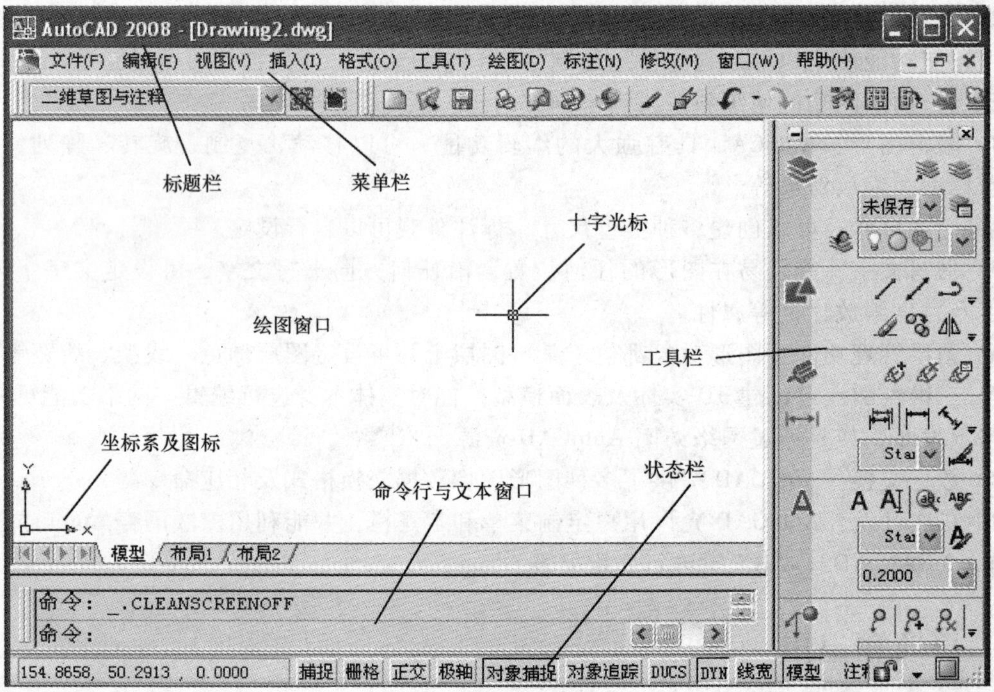

图 1.2 AutoCAD 2008 工作界面

1.3.1 标题栏

标题栏包括文档标题栏和系统标题栏两种。文档标题栏位于绘图区的上部，左侧显示该绘图区所打开的图形文件的名称，右侧为最小化、最大化、还原和关闭按钮。系统标题栏位于应用程序主窗口上部，左侧显示该应用程序名称，即 AutoCAD 2008，当绘图区最大化时，系统标题栏同时显示该绘图区所打开的图形文件的名称。借助鼠标拖动标题栏可以移动相应窗口的位置。

1.3.2　菜单栏

菜单是 Windows 应用程序广泛采用的人机交互形式，AutoCAD 的菜单主要有下拉菜单和快捷菜单。

下拉菜单由“文件”、“编辑”、“绘图”等 11 个菜单组成，几乎包括全部的功能和命令，单击任意菜单项都会出现一个下拉菜单，如图 1.3 所示。菜单命令后面带有小三角符号“▶”，表示该命令下还有子命令；菜单命令后面带有“…”符号，表示执行该命令可打开一个对话框。

快捷菜单又称上下文相关菜单，它集成了系统的常用功能和命令，在不同的状态下，其内容不一样，它类似于 Windows 鼠标右键功能。通过快捷菜单，可以方便地把上下文的操作紧密联系起来，使操作更为方便。在工具条或状态栏上单击鼠标右键弹出的快捷菜单，可以设置工具栏或状态栏的开关状态。

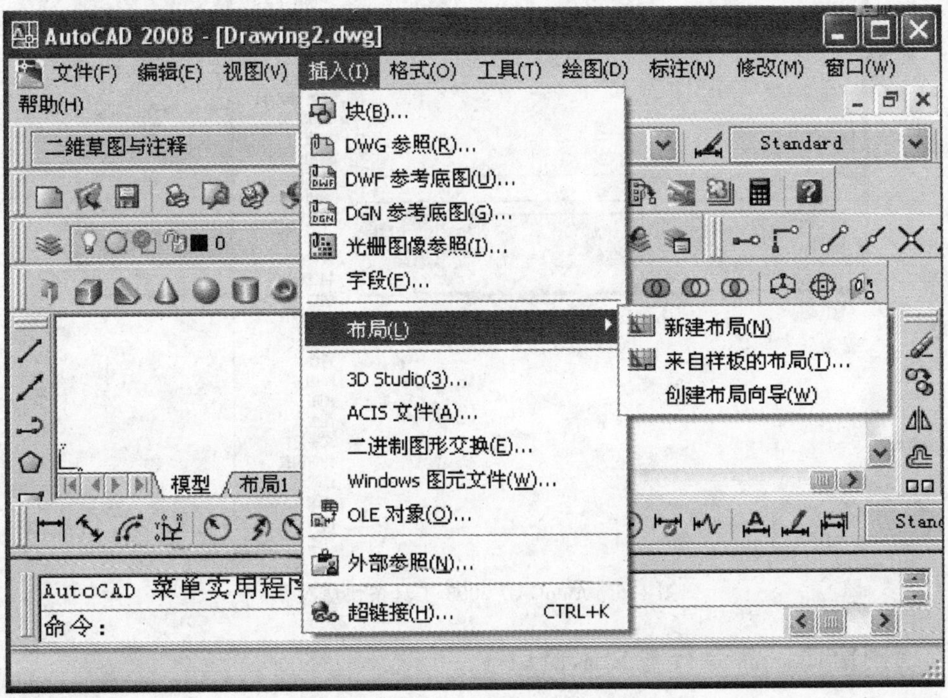

图 1.3　AutoCAD 2008 下拉菜单

1.3.3　工具栏

工具栏是应用程序调用命令的另一种方式，它包含许多由图标表示的命令按钮，直观、便捷。AutoCAD 2008 提供了标准、对象特征、绘图、修改、标注、对象捕捉、UCS（用户坐标系）等 37 个工具条。AutoCAD 的工具条是浮动的，如图 1.4 所示，如将鼠标光标停放在某个工具条图标上，系统将在鼠标位置显示简短的命令提示，同时状态栏也会有相应提示信息。

当工具条处于浮动状态时，工具条名称将显示在左上角，在任意工具条上单击鼠标右键，将弹出如图 1.5 所示的快捷菜单，工具条名称前有“✓”记号表示打开，无“✓”记号表示关闭。单击某个工具条名称，可打开或关闭工具条。单击工具条上的“×”号，可以关闭对应的工具条。

图 1.4　AutoCAD 2008 标准工具条

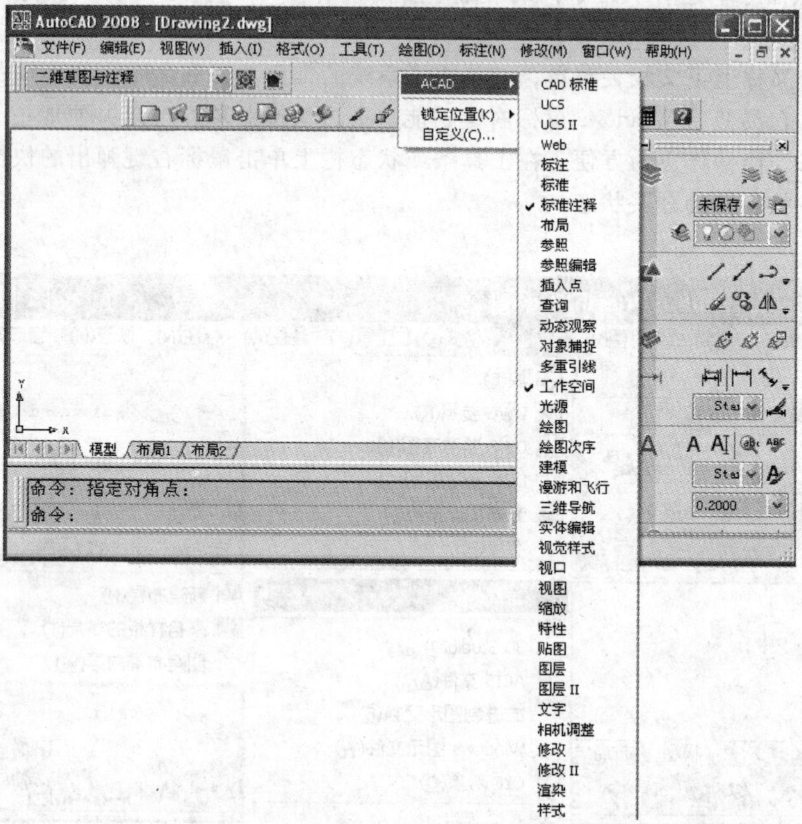

图 1.5　AutoCAD 2008 工具条快捷菜单

1.3.4　绘图窗口、命令行与文本窗口

绘图窗口是用户绘图的工作区域，用户可根据需要关闭周围的工具条，以增大绘图空间。由于采用多文档设计环境，AutoCAD 可同时存在多个绘图区，方便用户调用。

绘图窗口除显示当前的绘图结果外，还显示了当前使用的坐标系类型以及坐标原点、X、Y、Z 轴的方向。默认状态下，AutoCAD 的坐标系类型为世界坐标系（WCS）。

绘图窗口的下方有“模型”和“布局”选项卡，单击它们可以在模型空间、图纸空间之间切换。

命令行位于绘图区的下方，是通过键盘输入命令和输入绘图数据的地方，也是计算机向用户提示相关信息的地方。命令行是浮动的，通过鼠标可以将其拖放到任何位置，也可以对其“行数”进行增加或减少。在默认状态下，命令窗口中保留最后三行执行过的命令或提示信息，如图 1.6 所示。

要删除源对象吗？[是(Y)/否(N)] <N>:
命令：'_textscr
命令：

图 1.6　AutoCAD 2008 命令行提示信息

AutoCAD 文本窗口是记录 AutoCAD 命令的窗口，是放大的命令记录区。文本窗口实质上与命令行具有相同的信息，该窗口的默认设置是关闭的，可以借助“F2”键切换其打开或关闭状态。AutoCAD 2008 的某些命令，如“LIST”等会自动打开文本窗口，回显信息。单击“视图”/“显示”/“文本窗口（T）”子项目或按“F2”键，也可以打开该文本窗口，如图 1.7 所示。

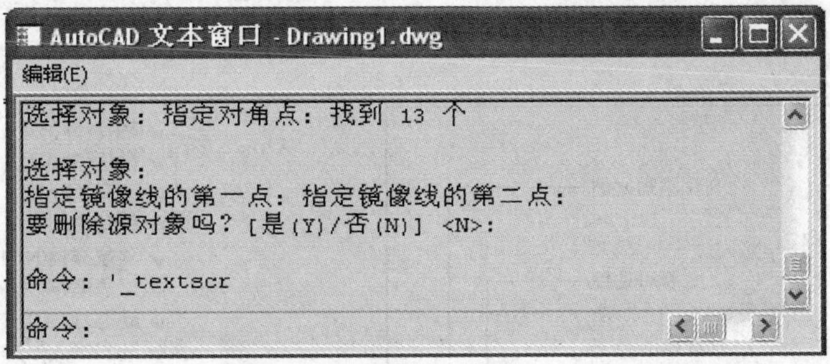
AutoCAD 文本窗口 - Drawing1.dwg
编辑(E)
选择对象：指定对角点：找到 13 个
选择对象：
指定镜像线的第一点：指定镜像线的第二点：
要删除源对象吗？[是(Y)/否(N)] <N>:
命令：'_textscr
命令：

图 1.7　AutoCAD 2008 文本窗口信息

1.3.5　状态栏

状态栏位于主窗口底部，用来反馈用户当前工作状态，状态栏由应用程序状态栏和图形状态栏组成。应用程序状态栏显示光标的坐标值，并带有打开和关闭图形工具的若干按钮，还可能显示缩放注释的工具，如图 1.8 所示，可以选择要在状态栏上显示的按钮。图形状态栏显示缩放注释的若干工具，图形状态栏打开时，显示在图形的底部；图形状态栏关闭时，图形状态栏上的工具移至应用程序状态栏。图形状态栏打开时，可以使用“信息栏”菜单选择在状态栏显示哪些工具，如图 1.9 所示。

应用程序状态栏有 10 个功能按钮（图形工具按钮）：“捕捉”、“栅格”、“正交”、“极轴”、“对象捕捉”、“对象追踪”、“DUCS”、“DYN”（动态输入）、“线宽”、“模型”。用鼠标单击任意按钮，可以切换当前状态为“开”或“关”。或单击状态栏右端按钮，可弹出如图 1.10 所示的状态栏菜单，通过该菜单也可对状态栏各项进行设置。它们的功能如下：

1）“捕捉”和“栅格”功能：按下“栅格”按钮，绘图区将布满小点，这些小点就是网格点，用于辅助定位。网格的 X、Y 方向间距可以通过草图设置对话框进行设置。“捕捉”按钮按下时，光标只能在“栅格”网格点所指定的 X、Y 方向移动固定的距离，即精确移动。“捕捉”和“栅格”是配合使用的，最好将捕捉栅格间距设为栅格间距的几分之一。

2）“正交”功能：限定只能绘制垂直或者水平的直线。

3）“极轴”功能：当开启“极轴追踪”按钮时，系统从绘图的方向显示一条追踪线，根据追踪线的提示精确移动光标，从而精确绘图。默认状态下，系统仅设置了 4 条极轴，它们与 X 轴的夹角是 0°、90°、180°和 270°。利用草图设置对话框的极轴追踪选项卡可重新设置追踪线与 X 轴的夹角。

4）“对象捕捉”功能：系统根据所设置的捕捉对象，系统将捕捉已有对象的关键点，从而实现精确绘图，如端点、中点、圆心等。

图 1.8　AutoCAD 2008 应用程序状态栏

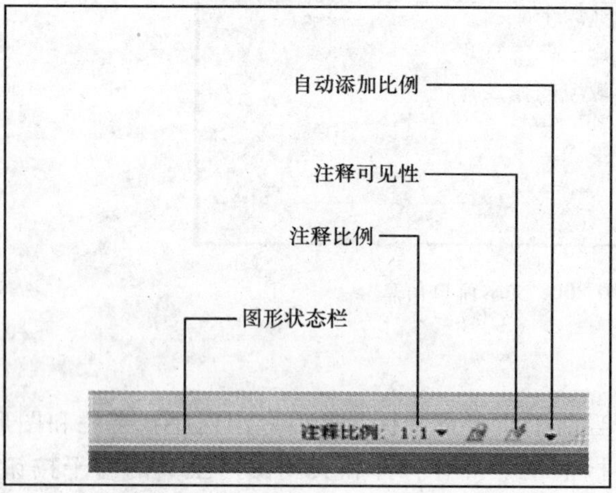

图 1.9　AutoCAD 2008 图形状态栏

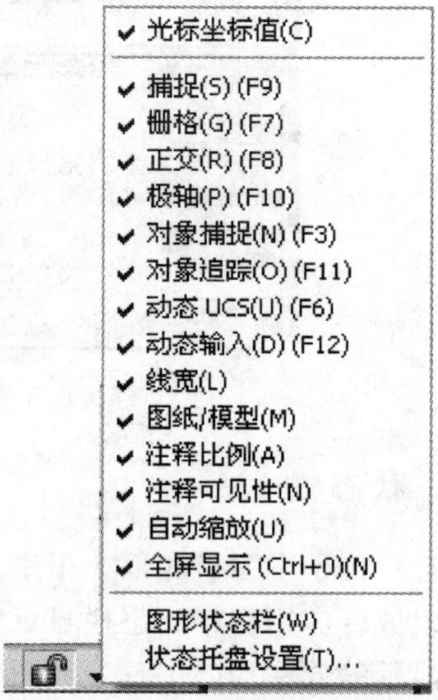

图 1.10　AutoCAD 2008 状态栏菜单

5）“对象追踪”功能：开启“对象追踪”功能时，以沿指定方向（称为对齐路径）按指定角度或与其他对象的指定关系绘制对象。

6）“DUCS”功能：开启“DUCS”时，打开动态“UCS”，以在创建对象时使 UCS 的 XY 平面自动与实体模型上的平面临时对齐。

7）“动态输入”功能：当使用“动态输入”功能时，光标旁边显示的工具栏提示信息将随着光标的移动而动态更新。当某个命令处于活动状态时，可以在工具栏提示中直接输入值，而不必在命令行中进行输入。

8）“线宽”功能：开启“线宽”功能时，屏幕上直接显示线条宽度，以便表现出各种不同线条宽度的对象之间的区别。

9）锁图标功能：指示工具栏和窗口是否被锁定。利用“锁图标”可以锁定工具栏和窗口（例如“设计中心”和“特性”选项板）的位置和大小。被锁定的工具栏和窗口仍然可以打开或关闭，也可添加或删除项目。如要临时解锁，可按住“Crtl”键，利用鼠标进行拖动；如要全部解锁，可在“锁图标”上单击鼠标右键，并选择“全部”/“解锁”。

1.4　操作基础

1.4.1　命令的基本操作

1. 命令的调用方式

在 AutoCAD 中，用户可以通过以下方式调用命令：

方法一　通过菜单调用命令。

方法二　单击工具栏上的命令按钮。

方法三　在命令行中输入命令名。

方法四　通过快捷键。

方法五　通过快捷菜单。

2. 命令的提示

无论以哪种方式执行命令，都会在命令行中显示该命令的提示信息，例如：执行“矩形”命令时，命令行的提示信息如图 1.11 所示。另一种是显示一个对话框，例如：执行“阵列”命令时，显示一个对话框，如图 1.12 所示。

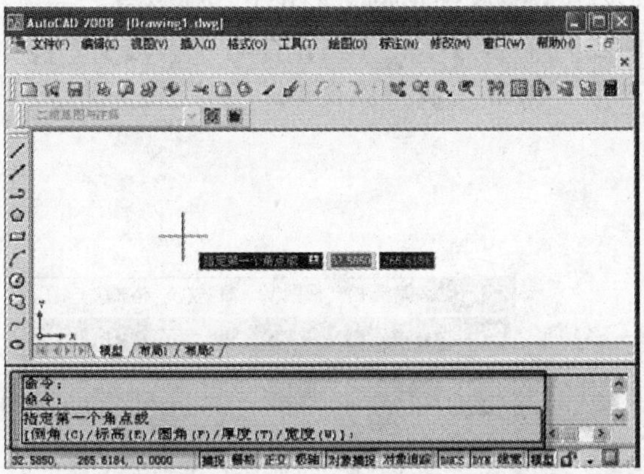

图 1.11　AutoCAD 2008 命令行提示信息

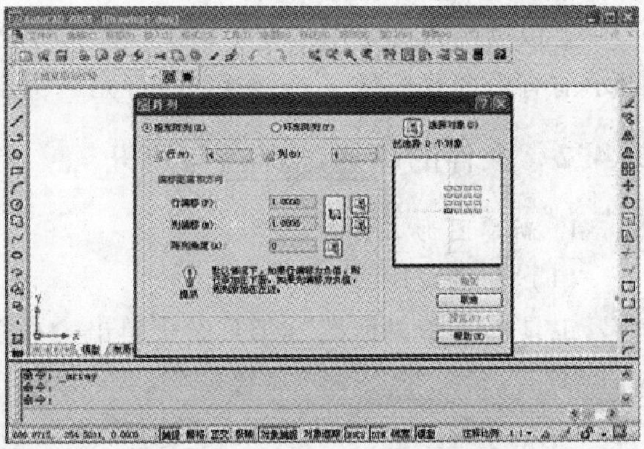

图 1.12　AutoCAD 2008 对话框提示信息

3. 数值的输入

(1) 数值的输入　AutoCAD 的许多命令都提示要求用户输入表示点的坐标和距离的数值，输入的数值可以是实数或整数，包括数字“0 ~ 9”、“±”（正负号）、“/”（除号）和“.”（小数点）等。例如利用该方法可以绘制圆角矩形。

(2) 点的输入　用 AutoCAD 绘图时，经常要输入一些点，如多段线的起点和端点、圆的圆心、矩形的角点等。

4. 命令的放弃、重做和终止

1）放弃命令：单击工具按钮。

2）重做与放弃命令是执行相反的功能，单击工具按钮。

3）终止命令：可以随时按“Esc”键终止任何正在执行的命令与操作。

5. 命令的重复

如果要重复刚使用过的命令，可以按“回车”或“空格”键，或在命令提示下单击鼠标右键，在快捷菜单中选取重复命令。

【要点提示】

AutoCAD 确定键有两个，一个是“回车”键，另一个则是“空格”键。但最好用右键来代替它们，这样可以大大的提高作图的速度。

鼠标右键的功能通过单击下拉菜单“工具”→“选项”→“用户系统配置”→“自定义右键单击”，弹出图 1.13 所示“自定义右健单击”对话框来设定。

希望用户能养成右键确定这个习惯，“空格”键次之，最好不要用“回车”键确定。

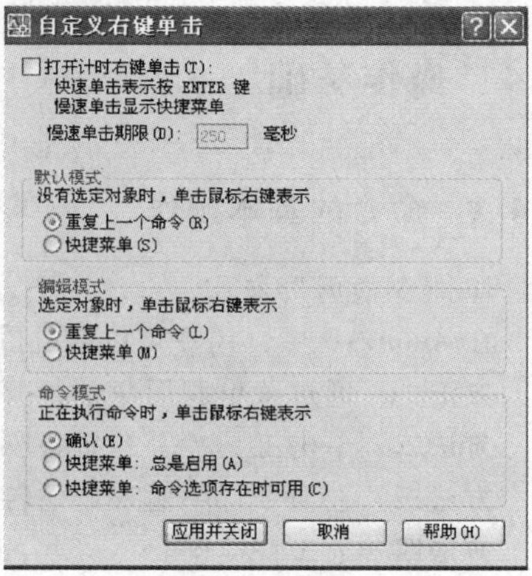

图 1.13 “自定义右键单击”对话框

6. 透明使用命令

透明使用命令是指在运行一个命令的过程中执行其他命令。在 AutoCAD 中，可以透明使用的命令多为修改图形设置的命令，或是打开绘图辅助工具的命令，如设置捕捉的“SNAP”命令、设置网格的“GRID”命令，以及用于缩放图形的“ZOOM”命令等。

要以透明方式使用命令，应在输入命令之前输入单引号（‘）。命令行中，透明命令的提示前有一个双折号（>>），执行完透明命令后，将继续执行原命令。

1.4.2 文件的新建、保存与打开

1. 新建图形文件

（1）命令调用

工具栏：在“标准”工具条中单击□按钮。

菜单：“文件”→“新建”（见图 1.14）。

图 1.14 “新建”下拉菜单

（2）功能 用户可以将绘图时要用到的标准进行设置，如图层、线型、文字样式等保存成样板文件以备使用，也可以直接选用系统提供的样板文件进行绘图。中文版 AutoCAD 2008 将系统提供的样板文件放在 AutoCAD 安装文件夹的“Template”子文件夹中，样板文件的扩展名为“.dwt”。利用样板创建新图形，既可提高效率，又可保证图形的一致性。

（3）选择样板 单击□按钮，打开“选择样板”对话框，如图 1.15 所示。用户可以从“名称”下拉列表中选择一个样板文件，此时在右侧的“预览”框中将显示出该样板文件的预览图形。单击“打开”按钮，可打开该样板作为绘制新图形的基础。

2. 保存图形文件

绘图过程中要注意及时保存图形文件，以防停电或死机。

（1）命令调用

工具栏：在“标准”工具条中单击□按钮。

菜单：“文件”→“保存”（或“文件”→“另存为”），如图 1.16 所示。

（2）保存未命名图形文件 对未命名图形文件，执行以上命令时，将打开如图 1.17 所

图 1.15　“选择样板”对话框

示的“图形另存为”对话框，用户可以在“文件名”文本框中输入要保存的文件名，后缀“.dwg”可省略，单击“保存”按钮进行保存。

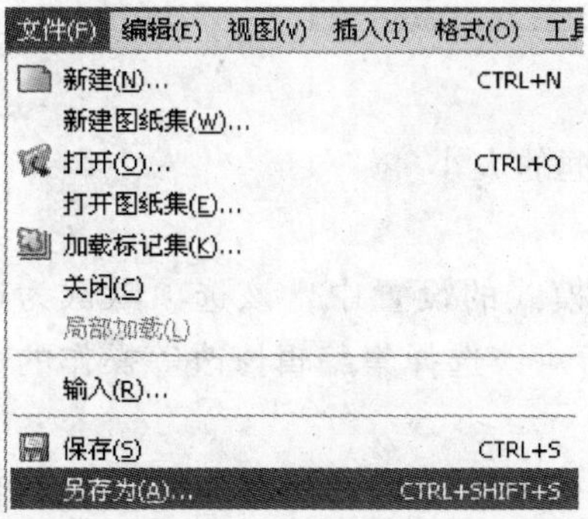

图 1.16　“另存为”下拉菜单

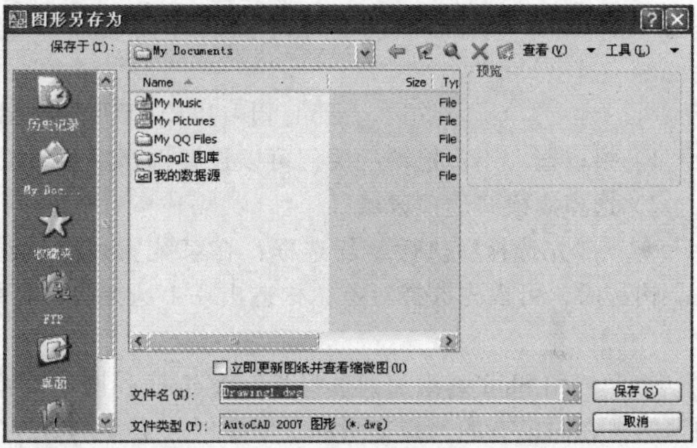

图 1.17　“图形另存为”对话框

（3）保存已命名图形文件　对已命名图形文件，单击按钮，系统将以当前文件名保存文件；如果执行“文件（F）”/“另存为（A）”，将打开如图 1.17 所示对话框，用户可在“文件名”文本框中输入新文件名，并单击按钮，系统将以新文件名保存，并保留原文件名文件。

图 1.18　“打开”下拉菜单

3. 打开图形文件

工具栏：在“标准”工具条中单击按钮。

菜单：“文件”→“打开”（见图 1.18）。

1.4.3　选择对象

1. 设置对象的选择模式

(1) 命令调用

菜单："工具" → "选项"。

(2) 操作选项说明　按以上方式执行命令，系统弹出"选项"对话框，如图 1.19 所示。

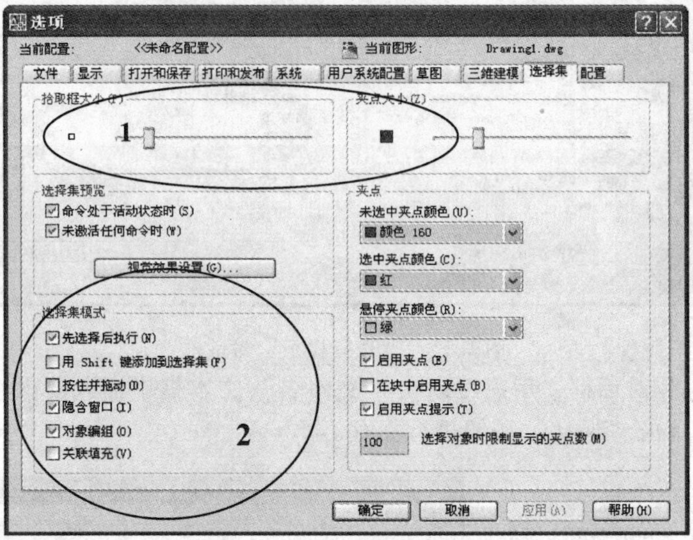

图 1.19　"选项"对话框

1）拾取框大小：拖动滑块，可以设置选择对象时拾取框的大小。

2）选择集模式选项区域：

◆　"先选择后执行"复选框：在系统安装后，选择模式的设置中，该选项默认为选中。钩选时，可以先选择对象，构造出一个选择集，再执行对该选择集编辑修改等操作的命令。

◆　"用 Shift 键添加到选择集"复选框：用于设置如何向已有的选择集添加对象。当钩选时，在向已有的选择集中添加对象时，必须同时按下"Shift"键。

◆　"按住并拖动"复选框：用于控制鼠标定义选择窗口的方式。当钩选该复选框时，必须按住鼠标左键并拖动才可以生成一个选择窗口。

◆　"隐含窗口"复选框：用于控制是否自动生成一个选择窗口。钩选该框时，在出现选择对象提示后，直接在绘图区拖动画出一个矩形窗口来选择对象；反之，只能输入 W 或 C 来响应，才能使用窗口或交叉窗口来生成选择窗口。

◆　"对象编组"复选框：控制是否可以自动按组选择对象。

◆　"关联填充"复选框：控制关联性填充时将选定哪些对象。钩选该框，选择关联填充时，也选定边界对象。

2. 选择对象的方法

(1) 选择单个对象

Step1：在任何命令的"选择对象"提示下，移动矩形拾取框光标以亮显要选择的对象。

Step2：单击对象。选定的对象将亮显，如图 1.20 所示。

Step3：按"Enter"键结束对象选择。

（2）选择多个对象

1）指定矩形选择区域

◆　窗口选择：从左向右拖动光标，以仅选择完全位于矩形区域中的对象，如图 1. 21 所示。

◆　交叉选择：从右向左拖动光标，以选择矩形窗口包围的或相交的对象，如图 1. 22 所示。

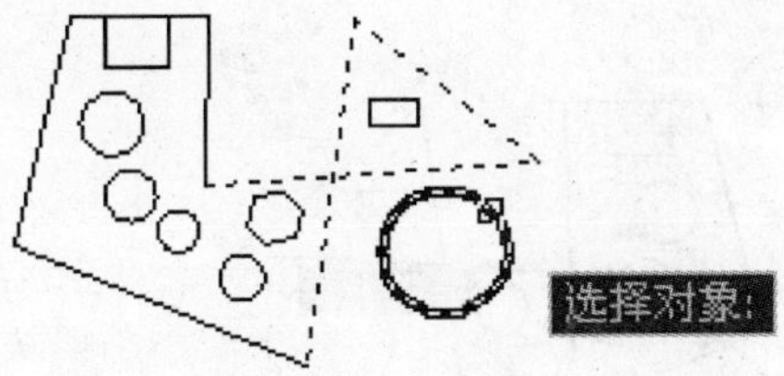

图 1. 20　已选对象变虚线和被选对象亮显

2）指定不规则形状的选择区域

Step1：在“选择对象”提示下输入“cp”（交叉多边形），如图 1. 23a 所示。

Step2：指定几个点定义一个包含或经过选择对象的区域，如图 1. 23b 所示。

Step3：按“Enter”键闭合多边形选择区域并完成选择，如图 1. 23c 所示。

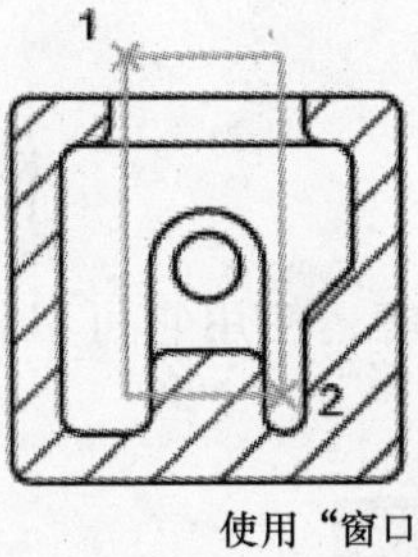

图 1. 21　窗口选择对象

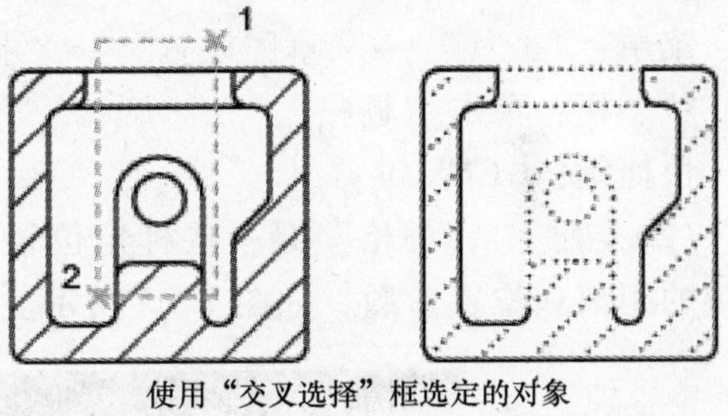

图 1. 22　交叉选择对象

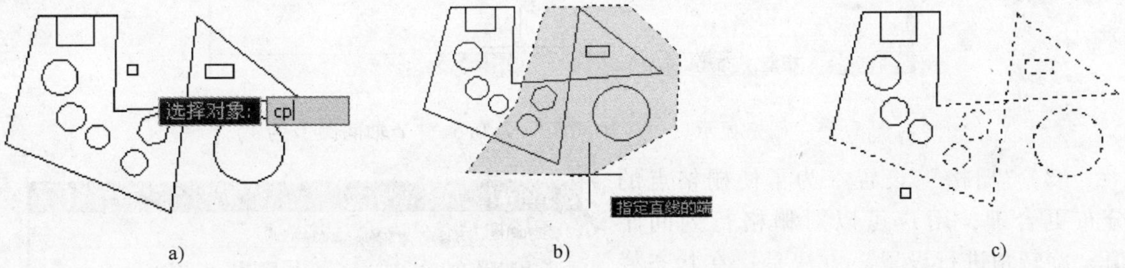

图 1. 23　指定不规则选定区域选择对象操作步骤

3）指定选择栏

Step1：在“选择对象”提示下，输入“f”（栏选），如图 1. 24a 所示。

Step2：指定若干点创建经过要选择对象的选择栏，如图 1. 24b 所示。

Step3：按“Enter”键完成选择，如图 1. 24c 所示。

AutoCAD 中，选择对象的方法很多。当选择对象时，如果在命令行的“选择对象”提示下输入“?”，可以看到所有的选择选项。显示的提示信息如下：

需要单击或窗口（W）/上一个（L）/窗交（C）/框（BOX）/全部（ALL）/栏选（F）/圈围（WP）/圈交（CP）/编组（G）/添加（A）/删除（R）/多个（M）/前一个（P）/放弃（U）/自动（AU）/单个（SI）。

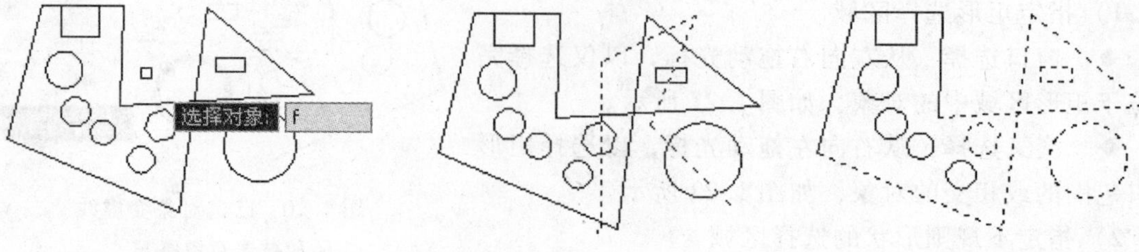

a)　　　b)　　　c)

图 1.24　指定选定栏选择对象操作步骤

1.4.4　栅格

(1) 命令调用

菜单：“工具”→“草图设置”→“捕捉和栅格”→“启用栅格”。

状态栏：单击“栅格”。

快捷键：“F7”键。

(2) 功能　“栅格”是一些标定位置的小点，类似于坐标纸的功能，使用它可以提供直观的距离和位置参照，如图 1.25 所示。

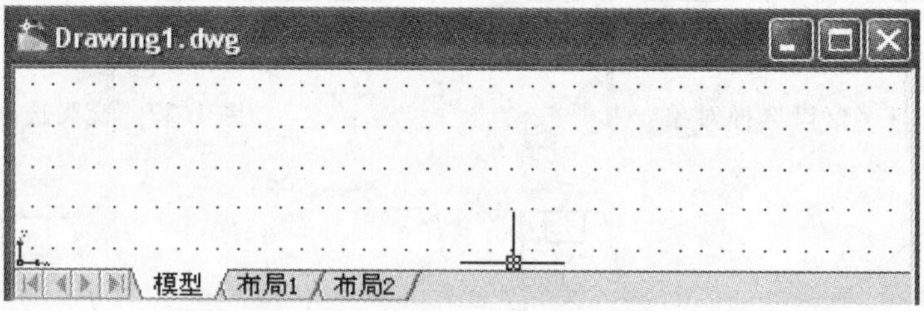

图 1.25　栅格显示（“X 轴间距”为 0.5，“Y 轴间距”为 1）

(3)“栅格”设置　为了使栅格点的分布更合理，用户可以对栅格行列间距值、旋转角进行设置。方法是：在状态栏上的“捕捉”、“栅格”、“极轴”、“对象捕捉”、“对象追踪”或“动态”上单击鼠标右键并单击“设置”选项，系统弹出“草图设置”对话框，如图 1.26 所示。

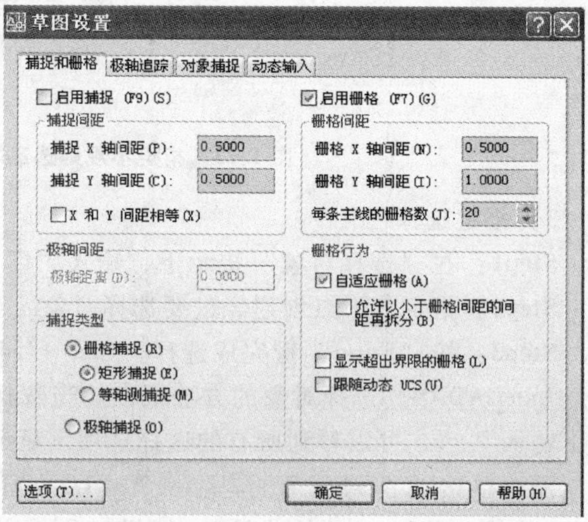

图 1.26　“草图设置”对话框

(4) 显示栅格　单击“启用栅格”项，出现“√”符号表示“栅格”已显示（若清除此“√”，则“栅格”关闭）。如想改变栅格行列间距值，可在栅格区域的“栅格 X 轴间距”和“栅格 Y 轴间距”框中分别输入设定栅格点水平和垂直间距的值，两值可以相同也可以不同，单击

“确定”按钮完成栅格的设置。图 1.25 所示栅格“X”轴间距设为“0.5”、“Y”轴间距设为“1”。

1.4.5　自动追踪

AutoCAD 提供自动追踪功能，方便在特定的角度和位置下绘制图形。当执行自动追踪功能时，屏幕上将显示一条临时辅助线，用户利用该辅助线就可以在指定的角度和位置上准确地绘制出图形对象。

自动追踪功能包括极轴追踪和对象追踪两种。

(1) 命令调用

菜单：“工具”→“草图设置”。

(2) 功能　极轴追踪是按事先给定的角度增量来追踪并确定特征点；而对象追踪是按与对象的某种特定关系来追踪。

(3) 操作选项说明　在“草图设置”对话框的“极轴追踪”选项卡中设置极轴追踪和对象捕捉追踪。如图 1.27 所示，选择“极轴追踪”选项卡，这时在“启用极轴追踪”前面出现√，表示已打开极轴追踪（若清除此√，则极轴追踪关闭）。在“增量角”下拉列表中选择一个递增角度；同时可利用“新建”按钮，在“附加角”下方的列表中输入所需角度；最后单击“确定”按钮退出对话框。

当用户启用极轴追踪功能并设置极轴角后，在绘制图形时，系统将在设置的极轴角的整数倍角及附加角处出现临时辅助线。当用户设置的极轴角为 30°、附加角为 20°、45°时，光标移动到 30°、60°、90°等 30°整数倍角位置以及附加角 20°、45°时均出现临时辅助线。图 1.28 所示为利用极轴追踪功能显示当前线段的长度为 77mm，角度为 45°。

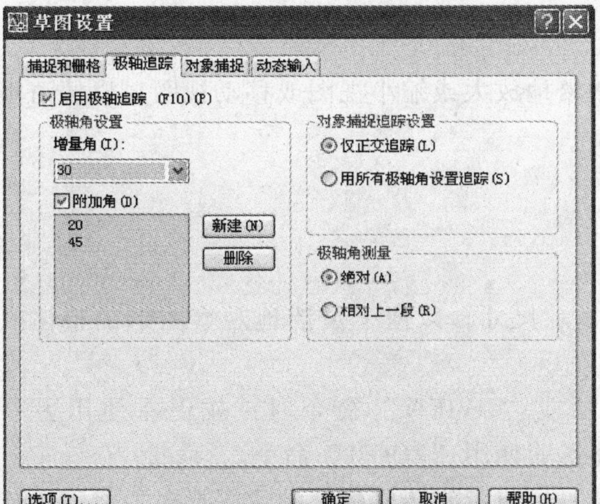

图 1.27　“草图设置”对话框（“极轴追踪”选项卡）

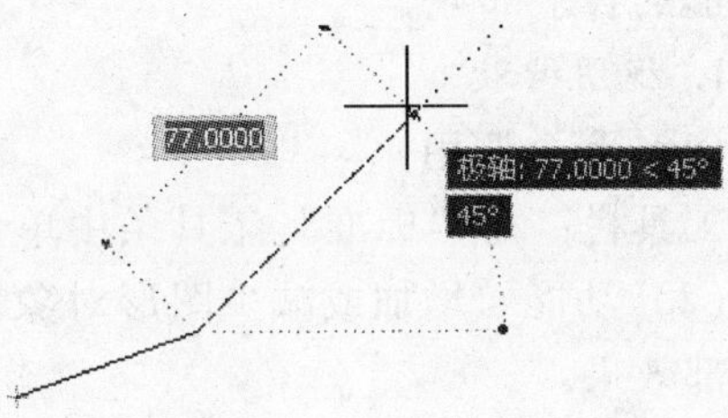

图 1.28　极轴追踪

利用“对象追踪”功能可以产生基于对象捕捉点的临时辅助线。该功能与“对象捕捉”功能相关联，启用“对象追踪”功能之前必须先启用“对象捕捉”功能，“对象追踪”功能才能生效。

在图 1.29 中，勾选“对象捕捉”选项卡中的“启用对象捕捉”选项或按快捷键

“F11”，或者单击状态栏中的对象追踪按钮，启用对象追踪功能后，在绘制图形过程中，当系统捕捉到用户设置的对象捕捉点时，会出现一条临时辅助线，并标示出光标所在的位置与捕捉点间的距离及极轴角度。图 1.30 为利用对象追踪功能提示当前直线与前一直线相垂直，且长度为 34.5mm。

为了完成更加复杂的图形，用户可同时打开“极轴追踪”和“对象追踪”功能。如图 1.31 所示，图形上既显示对象捕捉位置，又显示极轴位置，可提高绘图的精确度。

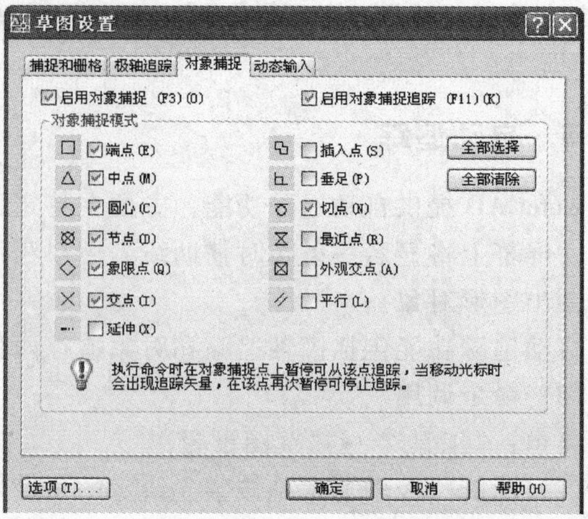

图 1.29　启用对象捕捉追踪功能

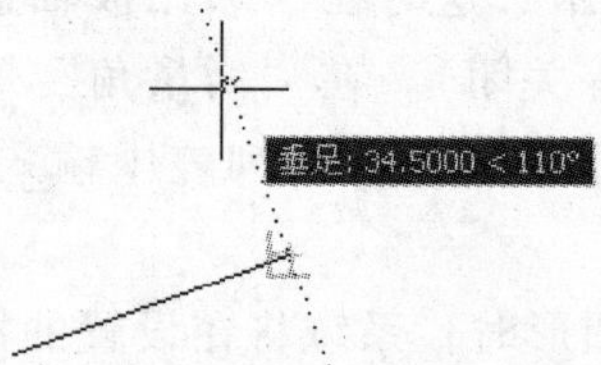

图 1.30　对象追踪

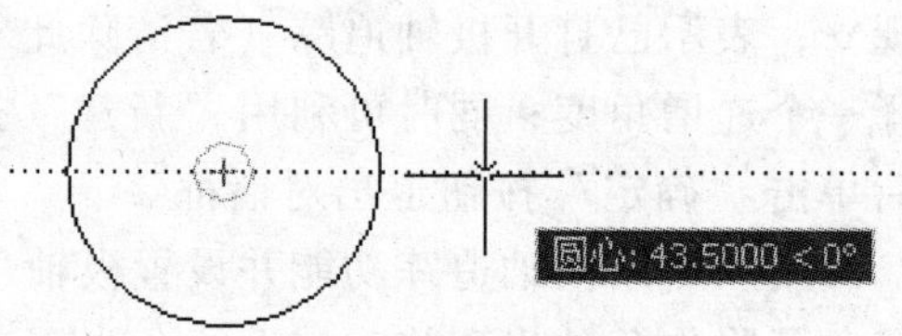

图 1.31　同时使用极轴追踪和对象追踪

1.4.6　图形显示控制

由于绘图区尺寸的限制，在绘图时需要频繁地放大或缩小视图或移动视图，以便清晰显示图形的各个部分。

1. 视图缩放

(1) 命令调用

工具栏：在“标准”工具条中单击按钮。

(2) 功能　增加或减少图形对象的屏幕显示尺寸，以便于灵活地观察图形的整体效果或局部效果。

(3) 操作选项说明　在使用“VPOINT”或“DVIEW”命令时，或正在使用另一个“ZOOM”、“PAN”或“VIEW”命令时，不能透明使用“ZOOM”命令。

以上方式执行命令后，在绘图区上下拖动鼠标或者旋转鼠标滚轮，图形对象将随之连续地放大或缩小。

2. 平移

(1) 命令调用

工具栏：在“标准”工具条中单击按钮。

(2) 功能　用户可以重新定位图形，以便看清图形的各个部分。

(3) 操作选项说明　执行“平移”命令后，在绘图区上下左右地拖动鼠标或按住中键不放，图形对象将随之连续地在绘图区移动。

1.4.7　动态输入

动态输入有两种输入方式：指针输入和标注输入，前者用于输入坐标值；后者用于输入距离和角度（见图 1.32）。当用户绘图时，其十字光标附近动态地显示命令提示和命令输入，用户可在工具栏提示中直接输入坐标值，而不必在命令行中输入，方便绘图。用户也可通过单击状态栏上的“DYN”来打开或关闭动态输入。

如果要自定义动态输入，可在图 1.26 中，选中“动态输入”选项卡，系统弹出图 1.33 所示对话框。选择“启用指针输入”及“可能时启用标注输入”选项，选项前面出现“√”符号，表示已打开（若清除此√，则关闭）。

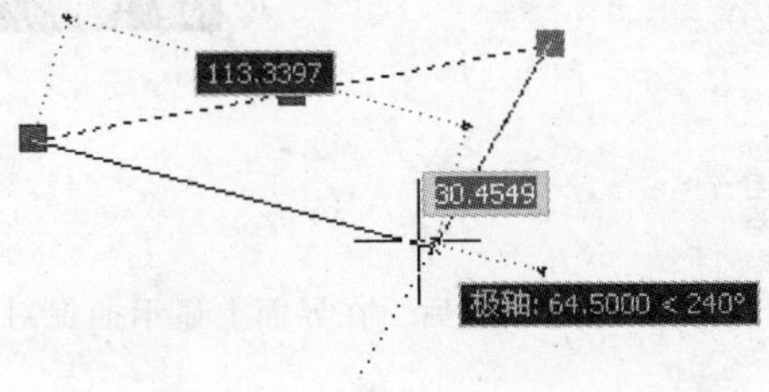

图 1.32　动态输入图（“动态输入”选项卡）

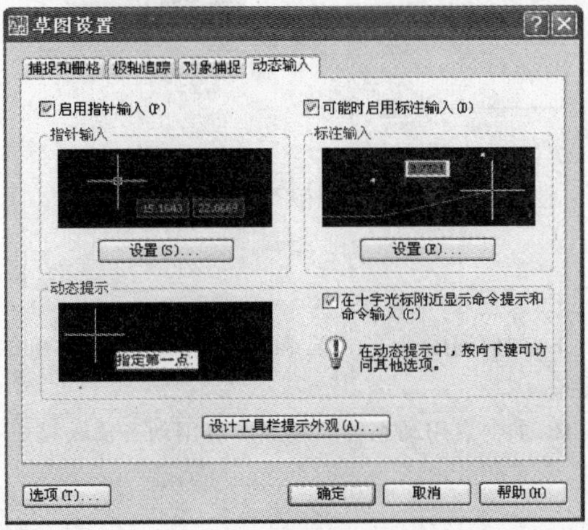

图 1.33　“草图设置”对话框

1. 动态捕捉及指针输入

利用“动态捕捉”时，当十字光标接近中点、圆心等特殊点时，系统会自动进行捕捉。当十字光标在任何一个位置，系统会显示当前点与前一点的相对位置，这时用户可以在工具栏提示而不是命令行中输入命令以及对提示做出响应。如果提示包含多个选项，可以按下箭头键“↓”查看这些选项，然后单击选择合适的选项，如图 1.34 所示。

动态捕捉可以与指针输入和标注输入一起使用。打开指针输入后，当用户在绘图区域中移动光标时，光标处将显示坐标值。如要重新输入坐标值，可在工具栏提示中直接输入坐标值，然后按“Tab”键将焦点切换到下一个工具栏提示，再输入下一个坐标值，直至完成。

当绘制图形时，第一个指定点显示绝对坐标，以后各点则显示相对极坐标，如图 1.35 所示。如果需要输入绝对值，则应在输入值前加上前缀#号。

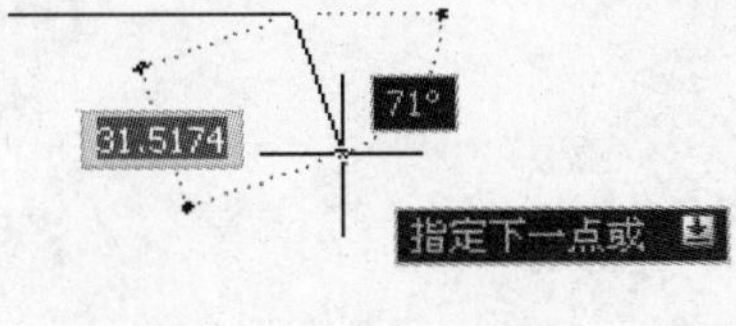

图 1.34　动态捕捉

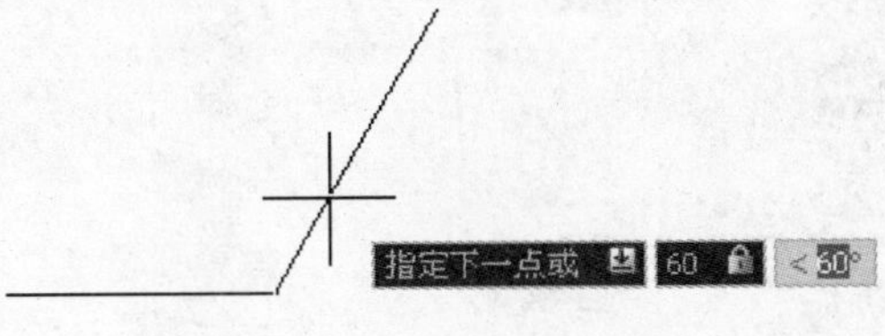

图 1.35　显示相对极坐标

2. 标注输入

启用“标注输入”后，坐标输入字段会与正在创建或编辑的几何图形上的标注绑定在一起，工具栏提示中的值也将随着光标的移动而改变。如将光标悬停在夹点上以编辑对象时，工具栏提示将显示原始标注，移动夹点时，长度和角度值将动态更新。如图 1.36 所示，当移动夹点时，工具栏将显示其他信息，以及与上一条直线之间的相对角度。

如果要输入坐标值，可按“Tab”键移动到要修改的工具栏提示，再输入距离或绝对角度。新坐标值输入后，直线将被更新，以反映所输入的值，如图 1.37 所示。

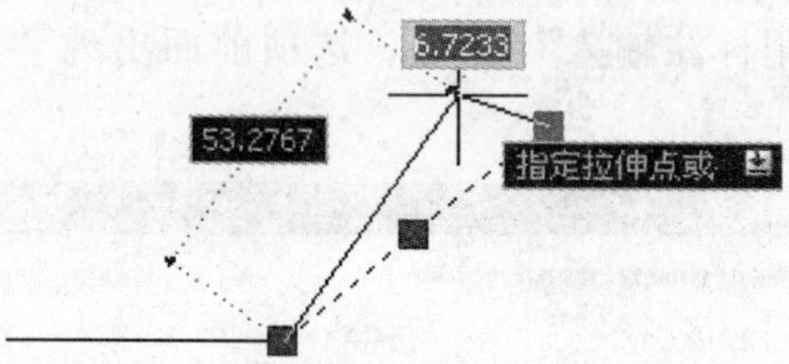

图 1.36　利用夹点移动

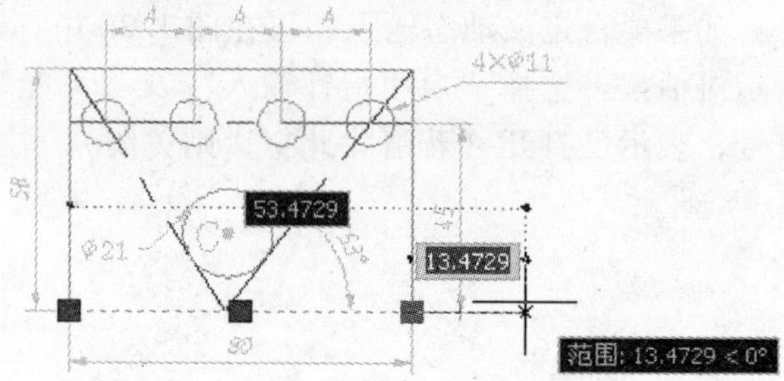

图 1.37　标注输入

练　习　题

1. 如何调用（在工作界面上显示）系统已有的工具栏？例如，通过设置后，在界面上显示捕捉对象工具栏。

2. 如何启用动态输入模式？启用动态输入模式有哪些好处？

第 2 章　二维图形的绘制与编辑

AutoCAD 2008 提供了丰富的二维图形绘制命令，利用这些命令不仅可以绘制点、直线、圆、多边形、圆环、多边形、矩形等基本二维图形，还可以绘制多段线、样条曲线，创建表格、字段，更改对象的显示次序等。用户只有熟悉这些基本功能才能更方便、更快捷地绘制各种复杂的图形。本章主要介绍这些绘图命令的使用方法以及与这些基本图形相关的编辑命令，“绘图”和“修改”工具条如图 2.1、图 2.2 所示。

图 2.1　“绘图”工具条

图 2.2　“修改”工具条

2.1　AutoCAD 图形图线的定位

绘制图形，都需要确定图形图线的位置。使用手工制图时，是利用丁字尺、三角板、圆规、量角器等绘图仪器在图纸上取点，通过铅笔在图纸上留下的痕迹存储位置信息。那么在使用 AutoCAD 绘图时，是如何实现的呢？因为 AutoCAD 是一个计算机辅助绘图软件，所以其中图形图线的定位使用了计算机图形学的原理，在虚拟的图纸中建立坐标系，通过坐标定位并存储位置信息。既然是建立坐标系，那么必然有规则，下面首先来了解 AutoCAD 中使用坐标的规定和基本操作。

2.1.1　世界坐标系（WCS）

世界坐标系的名称在第 1 章中已经出现过，在 AutoCAD 中给坐标系统起了个所谓的“世界坐标系（World Coordinate System）”的名字，它的意图在于说明这个坐标系统所建立的空间是模拟我们所生存的环境，也就是说在其中既可以构建三维的形体又可以绘制二维的平面图形。世界坐标系所建立的空间与现实世界的区别只是在 AutoCAD 中人为地定义了一个原点（0，0，0）——也就是各个坐标方向的度量起始点。通常，AutoCAD 构造新图形时，自动使用世界坐标系（WCS）。此时，世界坐标系的 X 轴是水平的，Y 轴是垂直的，Z 轴则垂直于 XY 平面。在 AutoCAD 中绘制二维工程图形一般都是在世界坐标系中完成的。

2.1.2　点坐标的指定

运行一个 AutoCAD 命令，当命令提示行出现含有“point:”的提示时，十字光标将出现如图 2.3 所示的变化，此时是系统需要在坐标系中确定某一点的坐标。

可以采用下面两种方法指定点坐标：

方法一　利用鼠标将光标移至绘图区域确定位置，然后单击鼠标左键。该位置的选择可以由鼠标任意选择，也可以通过捕捉方式选择特殊点（见本章 2.2）。该点的坐标值会在窗口左下角状态栏中显示。

方法二　依照系统规定的坐标格式直接输入点坐标数值后，按“确定”键。

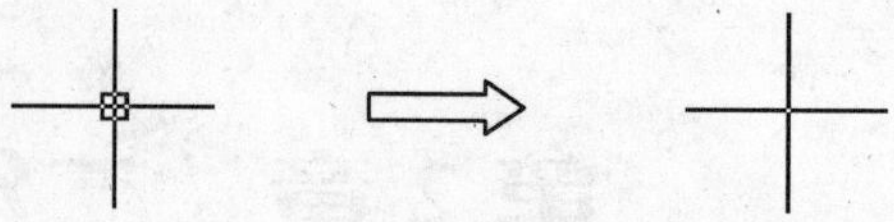

图 2.3　十字光标的变化

2.2　点

点可以作为捕捉对象的节点，也可以指定点的全部三维坐标。如果省略 Z 坐标值，则假定为当前标高。

【例 2.1】　沿图 2.4 所示样条曲线等间距放置点对象，将其等分为五段。

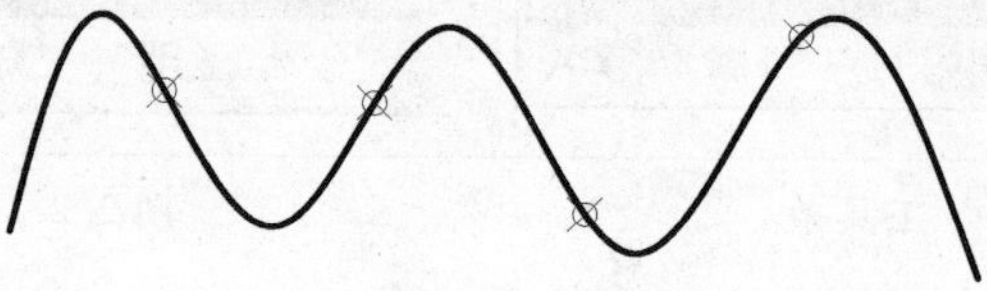

图 2.4　使用“等距等分”命令绘图

Step1：单击菜单“格式”→“点样式”，系统弹出“点样式”对话框，选择所需点样式后单击“确定”按钮，如图 2.5a 所示。

【要点提示】

1）点命令调用方法：

工具栏：在“绘图”工具条中单击按钮。

2）在创建点对象之前，为使点在屏幕中能显示清楚，一般都要进行点的属性设置，AutoCAD 中点的属性有两种：点的样式和点的大小。设置点属性的命令调用方法；单击菜单“格式”→“点样式”，系统弹出“点样式”对话框，如图 2.5a 所示。该对话框中提供了 20 种点样式，用户可根据需要来选择其中一种。

Step2：输入命令“div”，单击样条曲线上任意一点后，根据命令行提示，输入数值“5”，如图 2.5b 所示。

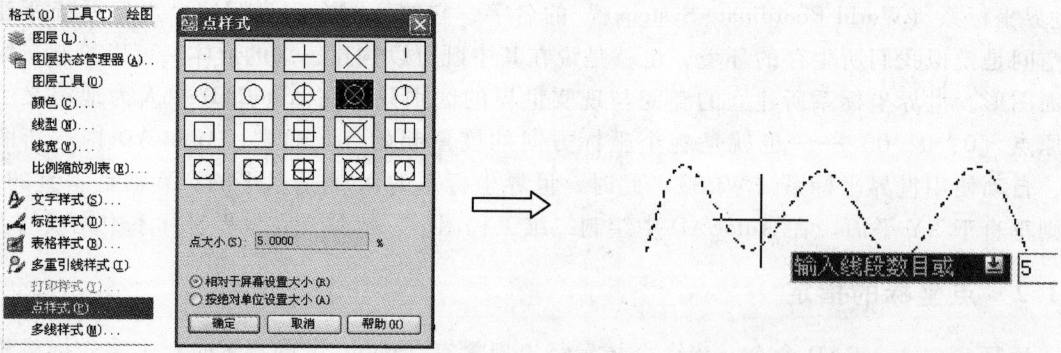

a)　　　　b)

图 2.5　“等距等分”的绘制过程

a）点样式设置　b）输入线段数目

【要点提示】

1）定数等分命令调用：

菜单："绘图"→"点"→"定数等分"。

2）功能：将点对象或块沿对象如圆弧、圆、椭圆、椭圆弧、多段线和样条曲线的长度或周长等间隔排列。

【例 2.2】　从直线左端点开始以定距方式绘制如图 2.6 所示的点对象，相邻两点之间的距离为 500mm。

图 2.6　使用"定距等分"命令绘图

Step1：单击菜单"绘图"→"点"→"定距等分"，如图 2.7a 所示。

Step2：单击直线上任意一点，根据命令行提示输入线段长度"500"，如图 2.7b 所示。

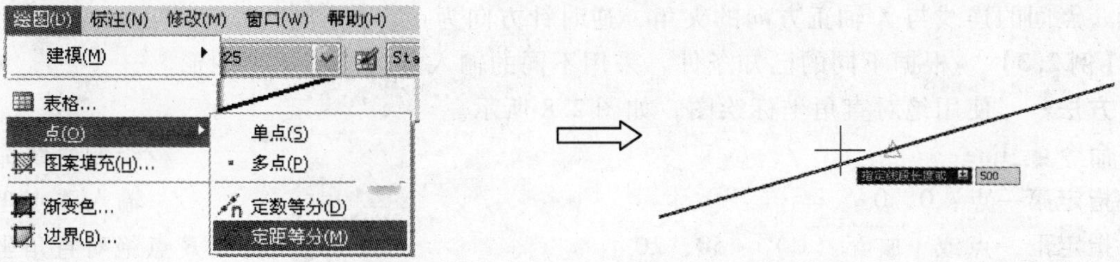

a)　　b)

图 2.7　绘制定距等分

【要点提示】

1）定距等分命令调用：

菜单："绘图"→"点"→"定距等分"

2）功能：沿选定对象按指定间隔放置点对象，从最靠近用于对象的点的端点处开始放置。

2.3　直线的绘制与删除、修剪和偏移

直线是二维平面图形中使用最常见、最简单的基本对象，AutoCAD 中可创建的直线包括单一直线（Line）、射线（Ray）、无限长直线（Construction line）和多线（Multiple）等。绘制直线可通过输入端点的绝对坐标、相对坐标或捕捉某种类型的特殊点，以及利用极轴追踪捕捉来进行。另外通过图层、线型、线宽、颜色等的设置，可绘制连续线（粗、细）、点画线、虚线等。

在 AutoCAD 中绘制直线有两种方法：

方法一　指定两坐标点绘制直线。

方法二　指定直线的起点、方向、长度绘制直线。

直线的绘制离不开点的输入和捕捉，本节对点的输入和捕捉及其水平、垂直线的设置作简要介绍。

2.3.1　点输入方式

在绘制直线或者其他图形时，经常要输入点的坐标，点坐标的输入方式有四种。不同的

输入方式侧重点不同，绘图时应根据已知条件灵活运用，使绘图更加方便、快捷。

点坐标的四种输入方式主要有：绝对直角坐标、绝对极坐标、相对直角坐标、相对极坐标，它们的特点如下：

1）绝对直角坐标：输入点的坐标以绘图原点为基准进行计算，绝对直角坐标的输入形式是：X，Y；其中 X 和 Y 分别是输入点相对于原点的 X 坐标和 Y 坐标。

2）相对直角坐标：输入点的坐标是以相对前一点为基准进行计算的。相对坐标输入时，必须在坐标值前面加上相对符号“@”。相对直角坐标的输入形式为：@ X，Y；其中 X、Y 为相对于上一点的坐标增量，正值表示沿 X 轴或 Y 轴正方向的增量。

3）绝对极坐标的输入形式是：$\rho<\theta$，其中距离 ρ 表示输入点与原点间的距离，角度 θ 表示输入点与原点间的连线与 X 轴正方向的夹角，逆时针为正。

4）相对极坐标的输入形式为：$@\rho<\theta$，ρ 表示输入点与上一点间的距离，θ 表示输入点与上一点间的连线与 X 轴正方向的夹角，逆时针方向为正。

【例 2.3】 根据不同的已知条件，采用不同的输入方法绘制下列图形。

方法一 使用绝对直角坐标绘图，如图 2.8 所示。

命令：_line //绘制直线命令。
指定第一点：0，0 // 输入 *A* 点坐标。
指定下一点或［放弃（U）］：50，20 //输入 *B* 点绝对直角坐标。
指定下一点或［放弃（U）］：110，100 //输入 *C* 点绝对直角坐标。
指定下一点或［闭合（C）/放弃（U）］：C
//输入 C，按“回车”键，封闭三角形 *ABC*。

【要点提示】

1）直线命令调用：

工具栏：在“绘图”工具条中单击 按钮。

菜单：“绘图”→“直线”。

命令行：L

2）功能：画出一条直线，也可以连续指定下一点，画出多段直线。

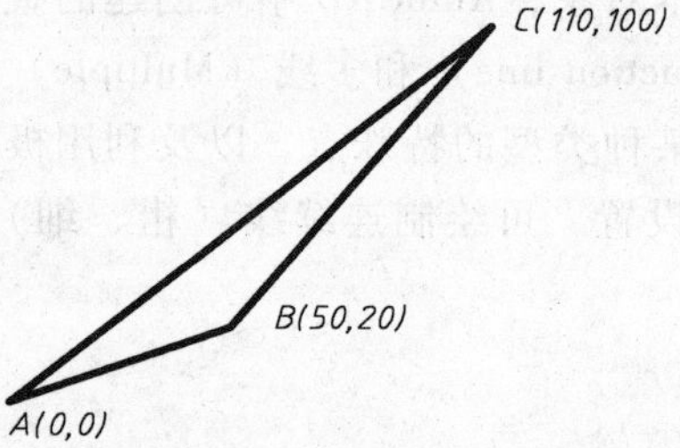

图 2.8 绝对直角坐标绘图

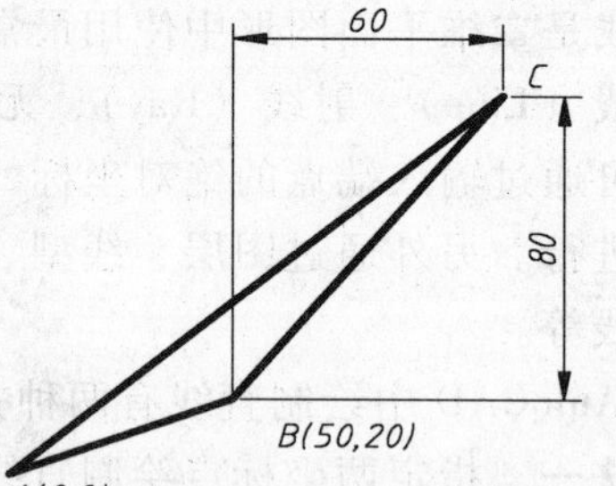

图 2-9 相对直角坐标绘图

方法二 使用相对直角坐标绘图，如图 2.9 所示。

命令：_line //绘制直线命令。
指定第一点：0，0 // 输入 *A* 点直角坐标。
指定下一点或［放弃（U）］：50，20 //*B* 点相对于 *A* 点的绝对直角坐标。

指定下一点或［放弃（U）］：@60，80　　//C 点相对于 B 点的相对直角坐标。

指定下一点或［闭合（C）/放弃（U）］：C

//输入 C，按“回车”键，封闭三角形 ABC。

方法三　使用绝对极坐标绘图，如图 2.10 所示。

命令：_line

指定第一点：0，0　　//输入 A 点直角坐标。

指定下一点或［放弃（U）］：60<20　　//B 点相对于 A 点的绝对极坐标。

指定下一点或［放弃（U）］：120<40　　//C 点相对于 A 点的绝对极坐标。

指定下一点或［闭合（C）/放弃（U）］：C

//输入 C，按“回车”键，封闭三角形 ABC。

方法四　使用相对极坐标绘图，如图 2.11 所示。

命令：_line

指定第一点：0，0　　//输入 A 点直角坐标。

指定下一点或［放弃（U）］：60<20　　//B 点相对于 A 点的绝对极坐标。

指定下一点或［放弃（U）］：@66.85<57.88　　//C 点相对于 B 点的相对极坐标。

指定下一点或［闭合（C）/放弃（U）］：C　　//按回车键，封闭三角形 ABC。

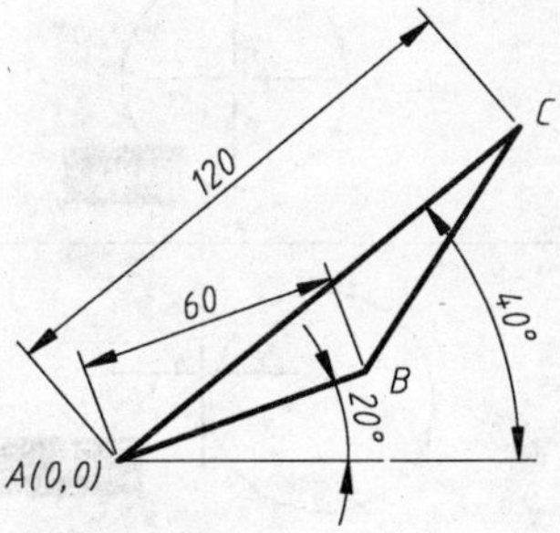

图 2.10　绝对极坐标绘图

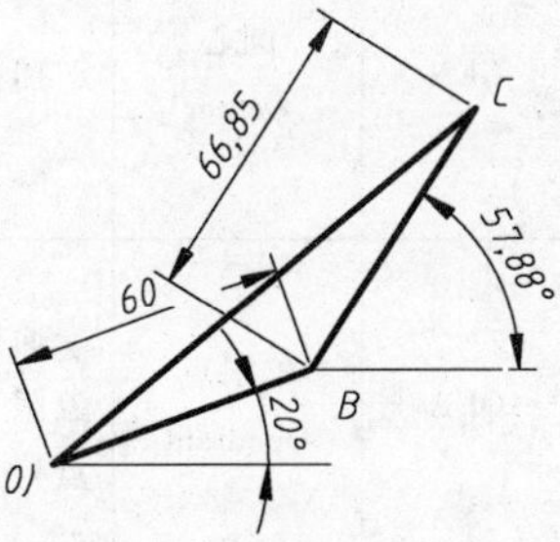

图 2-11　相对极坐标绘图

2.3.2　对象捕捉

除了需要通过输入点坐标的方式画直线外，很多时候需要利用目标捕捉精确绘制直线。在 AutoCAD 中，对象捕捉可以有两种运行方法：单一点对象捕捉和自动对象捕捉。

1. 单一点对象捕捉

（1）命令调用

命令行：每一种对象捕捉方式均有其命令简称，见表 2.1。

工具栏：“对象捕捉”工具条（见图 2.12）。

（2）功能　设置针对特定一点的捕捉，单次使用的对象捕捉方式，表 2.1 列举了 AutoCAD 中常用的对象捕捉功能。

表 2.1　常用对象捕捉方式

工具栏	命令行	捕捉类别	功能	捕捉标记及提示
	END	端点 Endpoint	捕捉到直线或圆弧等对象的最近端点	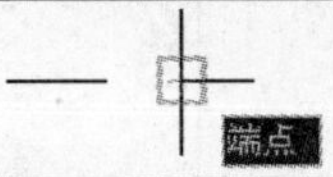 端点

（续）

工具栏	命令行	捕捉类别	功能	捕捉标记及提示
	MID	中点 Midpoint	捕捉到直线或圆弧等对象的中点	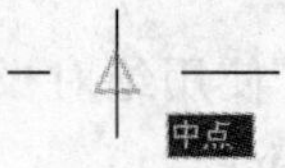
	INT	交点 Intersection	捕捉到对象的交点	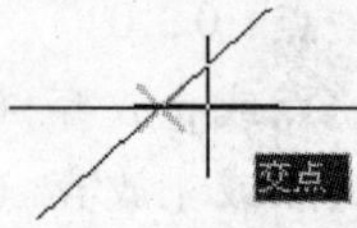
	APP	外观交点 Apparent Intersection	捕捉三维空间中两个交叉对象的重影点；在平面中，单一点对象捕捉方式下，可以捕捉延长线相交的两对象的交点	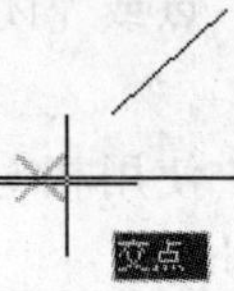
	EXT	延伸 Extension	捕捉直线和圆弧的延长线	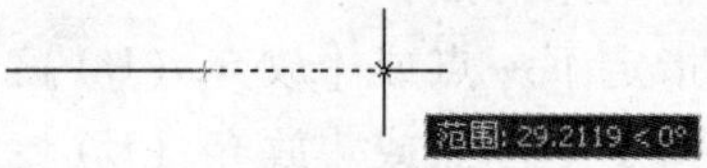
	CEN	圆心 Center	捕捉圆弧、圆或椭圆的圆心	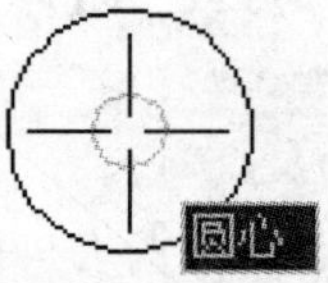
	QUA	象限点 Quadrant	捕捉圆弧、圆或椭圆上最近的象限点（0°、90°、180°、270°点）	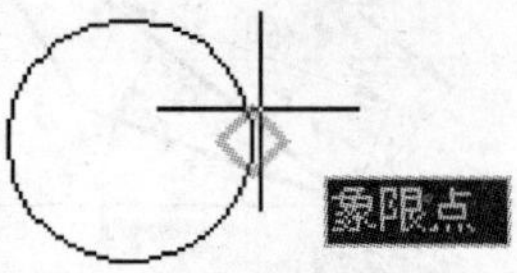
	TAN	切点 Tangent	在圆或圆弧上捕捉一点，该点与前一点形成的直线与圆或圆弧相切	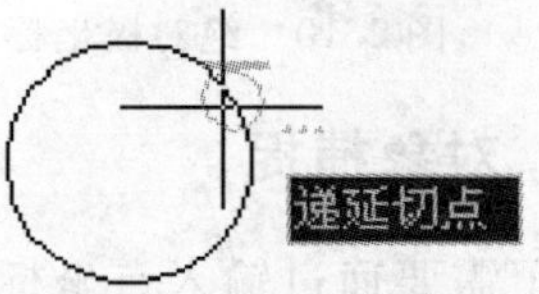
	PER	垂足 Perpendicular	捕捉到与圆弧、圆、构造线、椭圆、直线、多段线、射线、实体或样条曲线等对象正交的点，也可以捕捉到对象延长线的垂足	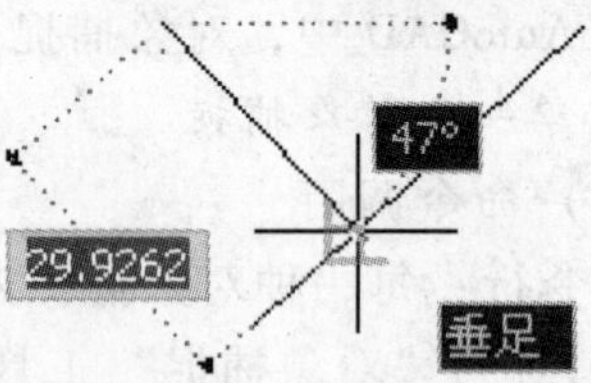
	PAR	平行 Parallel	捕捉到选定对象平行线上一点，用于绘制平行线	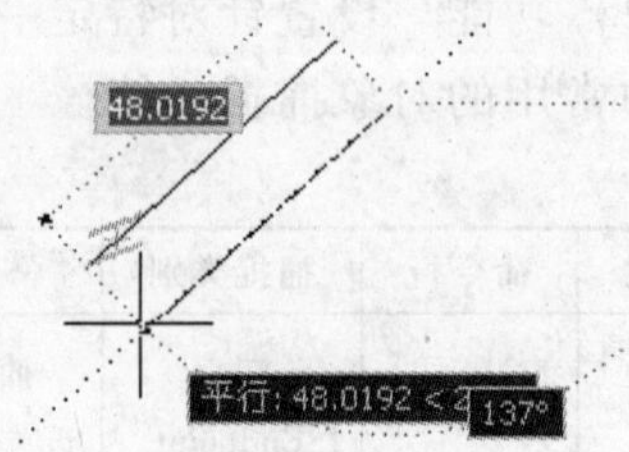

（续）

工具栏	命令行	捕捉类别	功能	捕捉标记及提示
	INS	插入点 Insert	捕捉到块、文字、属性或属性定义的插入点	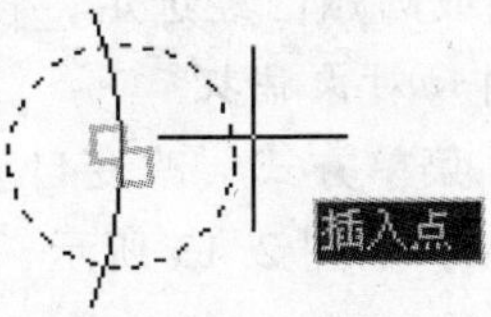
	NOD	节点 Node	捕捉到用“POINT”命令绘制的点对象	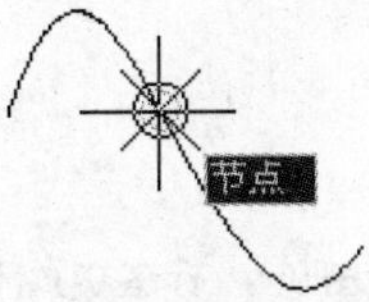
	NEA	最近点 Nearest	捕捉对象与选择点距离最近的位置	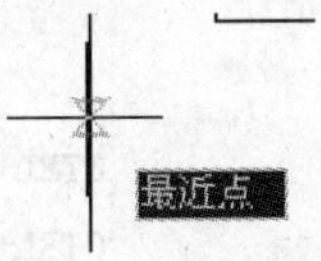
	NON	无 None	关闭选择下一点时的执行对象捕捉方式	

注：表中所提到的最近均指与选择点的距离。

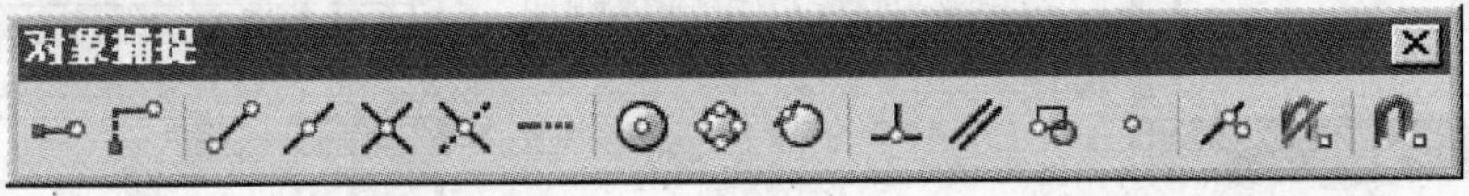

图 2.12　“对象捕捉”工具条（一）

(3) 操作选项说明　绘图过程中调用单一点对象捕捉可以采用两种方法。

方法一　单击“对象捕捉”工具条中的一个按钮。

方法二　按“Shift”键并在绘图区域中单击鼠标右键，然后从快捷菜单中选择一种对象捕捉。

(4) 捕捉对象点的步骤

1）启用需要指定点的命令，如：“Line”、“Circle”等。

2）当命令提示输入点时，使用前述方法之一选择一种对象捕捉。

3）将光标移动到捕捉位置附近，系统会自动锁定捕捉点，然后单击鼠标左键。

(5) 操作中的注意事项

1）只有在绘图命令运行期间提示输入点坐标时，才可以用光标捕捉对象上的几何点。

2）单一点对象捕捉方式可以替代下一个点捕捉中的自动对象捕捉方式。

3）单击鼠标左键捕捉点后，系统结束对象捕捉状态。

4）使用单一点对象捕捉时，如果选择对象捕捉点以外的任意点，AutoCAD 将提示所选的点无效。

5）“平行”捕捉可以用来绘制平行线。先指定直线的“first point”，再选择“平行”对象捕捉，然后移动光标到平行基准线上，将显示平行线符号，表示此对象已经选定。再移动光标，将会在接近与选定对象平行时“跳到”平行的位置。

6）使用“延伸”捕捉方式，在直线或圆弧端点上暂停片刻后将显示小的加号（+），表示直线或圆弧已经选定，移动光标即可在该对象延长线方向上显示约束路径。

2. 自动对象捕捉

（1）菜单方式 改变自动捕捉设置的步骤：

Step1：如图 2.13 所示，依次单击①～④。

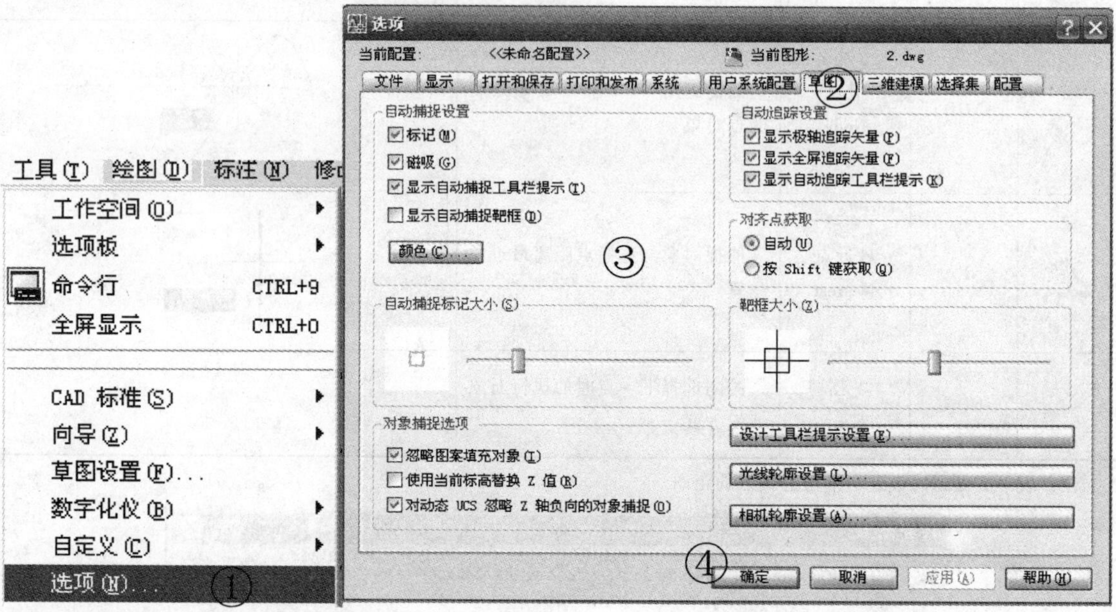

图 2.13 自动捕捉选项卡设置过程

Step2：在“选项”对话框的“草图”选项卡上，根据需要更改设置。

1）标记：打开或关闭标记。

2）磁吸：打开或关闭磁吸。

3）显示自动捕捉工具栏提示：打开或关闭工具栏提示。

4）显示自动捕捉靶框：指定对象捕捉时，打开或关闭目标框。未使用自动捕捉时，此设置不影响对象捕捉。

5）颜色：改变标记的颜色。

6）自动捕捉标记大小：调整标记的大小。

Step3：单击“确定”按钮。

（2）工具栏方式 在“对象捕捉”工具条中单击按钮（见图 2.14）。

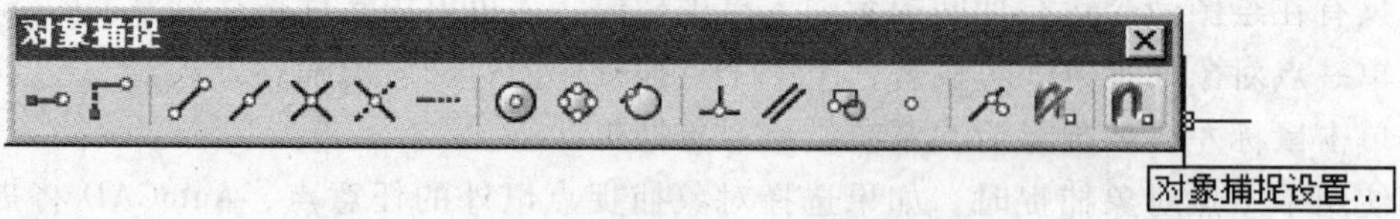

图 2.14 “对象捕捉”工具条（二）

（3）状态栏方式 单击“对象捕捉”按钮（见图 2.15）。

（4）右键菜单 右键单击状态栏中的对象捕捉按钮。

图 2.15　“对象捕捉”状态栏位置

（5）快捷键　按 F3 键。

【要点提示】

使用自动对象捕捉包含两项设置：预设对象捕捉方式，自动对象捕捉的打开与关闭。

预设对象捕捉方式可使用菜单、工具栏、右键菜单和状态栏打开草图设置对话框（见图 2.16），在此对话框中的“对象捕捉”选项卡中选择“对象捕捉模式”中的复选框预设自动对象捕捉可用的对象捕捉方式。

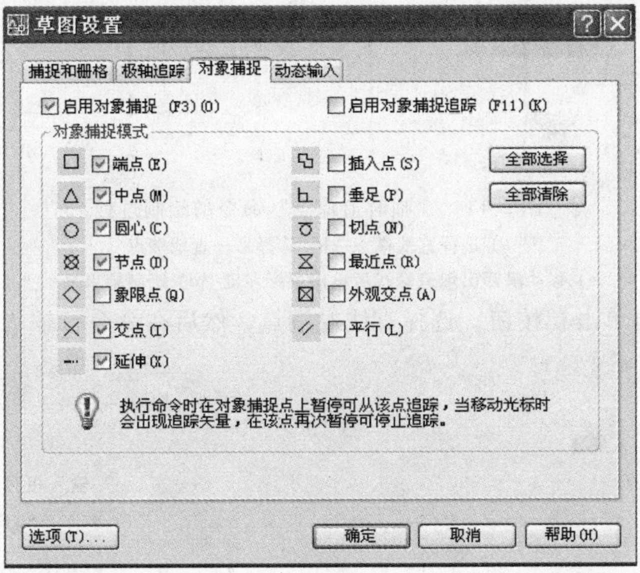

图 2.16　“草图设置”对话框中的“对象捕捉”选项卡

完成对象捕捉方式预设后，在以后的绘图中即可使用鼠标左键单击状态栏的对象捕捉或按键盘快捷键“F3”随时打开或关闭自动捕捉。

在操作中不要选择太多的捕捉方式，否则在使用过程中容易出现干扰现象。

3. 使用临时追踪点和捕捉自功能

在对象捕捉工具栏中，有两个非常有用的对象捕捉工具，即临时追踪点和捕捉自工具。

（1）临时追踪点　在一次操作中创建多条追踪线，根据这些追踪线确定要定位的点。

（2）捕捉自　不是对象捕捉模式，经常与对象捕捉一起使用。在使用相对坐标指定下一个应用点时，“捕捉自”工具可以提示用户输入基点，并将该点作为临时参照点，这与通过输入前缀@使用最后一个点作为参照点类似。

【例 2.4】　利用“临时追踪点”绘制与已知两条平行线夹角分别成 330°和 60°的点。

Step1：启动状态栏的“对象捕捉”和“对象追踪”按钮，单击按钮，再单击按钮，选择任意一条直线端点，如图 2.17a 所示。

Step2：再次单击按钮，选择另一条直线端点，移动鼠标出现追踪线后，再单击鼠标左键绘制点，如图 2.17b～d 所示。

【例 2.5】　利用“捕捉自”按钮绘制点，该点与已知直线左端点水平距离为 40mm。

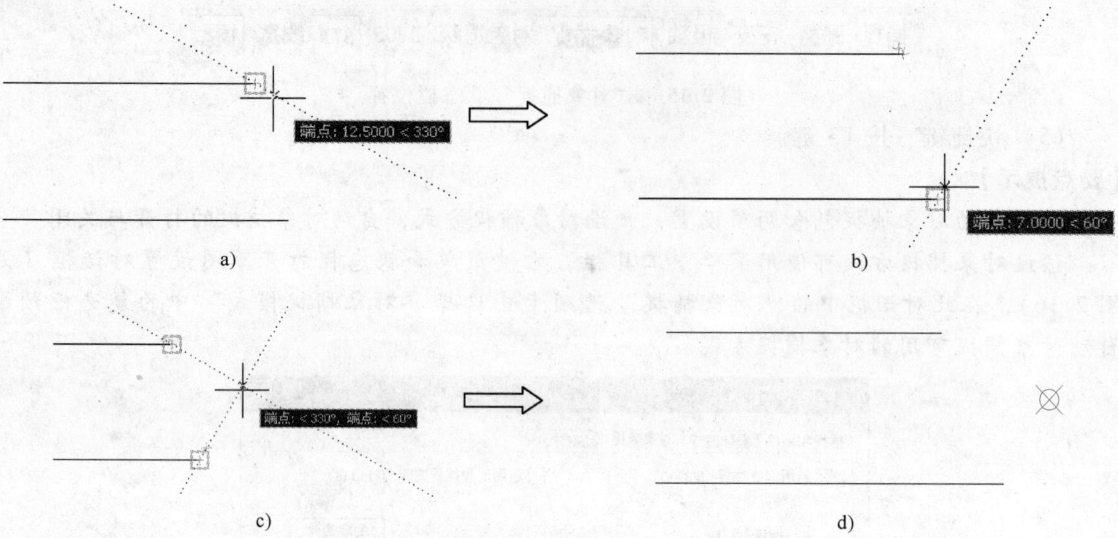

图 2.17 “临时追踪点”命令的绘制过程

a）选择直线端点 b）选择另一直线端点

c）移动鼠标出现追踪线后单击鼠标左键 d）绘制结果显示

单击 按钮，再单击 按钮，选择直线左端点，然后在命令行输入@40，0，如图 2.18 所示。

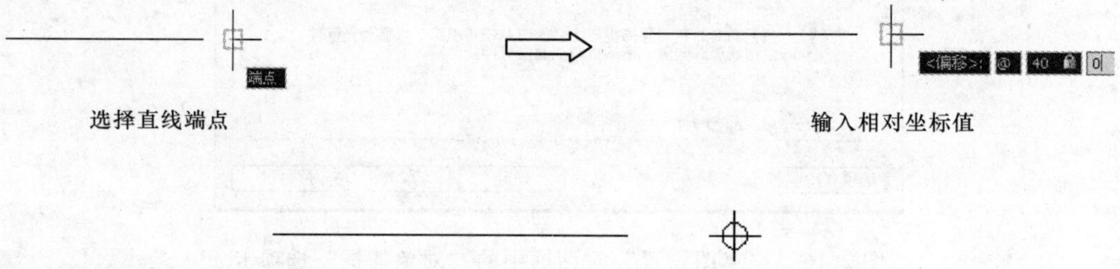

图 2.18 “捕捉自”命令的绘制过程

2.3.3 设置水平线、垂直线的绘图模式——正交（Ortho）

在绘制直线的过程中，水平、垂直线是非常常见的直线状态。

1. 正交模式的打开与关闭可以通过下述方法实现

方法一 鼠标左键单击状态栏中的“正交”按钮，如图 2.19 所示。

图 2.19 “正交”状态栏位置

方法二 按“F8”键。

方法三 使用右键菜单打开或关闭。

操作时正交模式不影响键盘输入，AutoCAD 将水平定义为平行于坐标系的 X 轴，将垂直定义为平行于 Y 轴。

2. 功能

限制光标在水平或垂直方向上移动，主要用于绘制水平线和垂直线。有两种状态：打开、关闭。命令运行处于“指定下一个点”状态时，正交打开，光标只能在水平或垂直方向上移动；正交关闭，光标可任意移动。

【例 2.6】　绘制图 2.20 所示的图形。

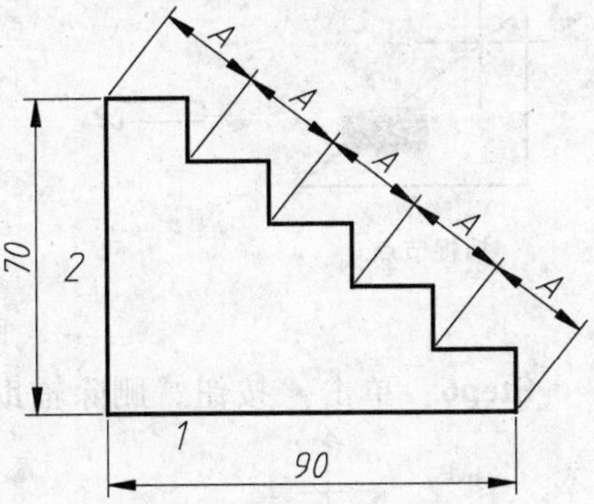

图 2.20　平面图形一

Step1：打开对象捕捉工具条（或用快捷键“F3”打开自动捕捉状态）。

Step2：用快捷键“F8”打开正交状态。

Step3：单击按钮，绘制水平线 1、垂直线 2，过程如图 2.21 所示。

Step4：单击按钮，连接直线 1、2 的端点后，用命令“divide”将此直线平分为 5 段，如图 2.22 所示。

Step5：单击按钮，画出垂直线、水平线，如图 2.23 所示（如果自动捕捉不到节点，请参考 2.3.2 对象捕捉一节进行设置）。

鼠标在绘图区域指定任意一点　　光标向右放置输入“90”的水平距离值

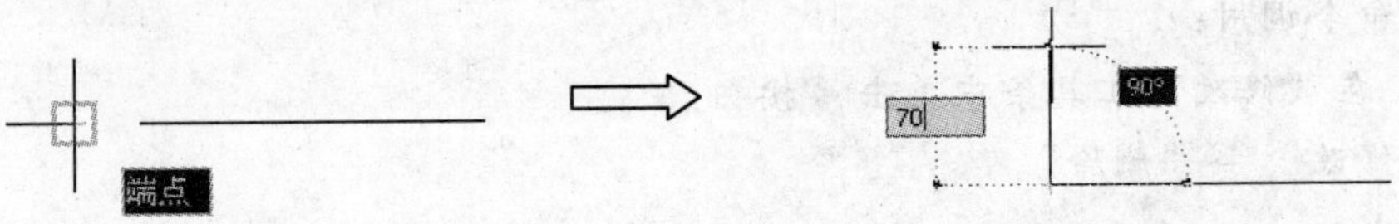

重复直线命令捕捉左端点　　光标向上放置输入“70”的垂直距离

图 2.21　绘制水平线 1 和垂直线 2

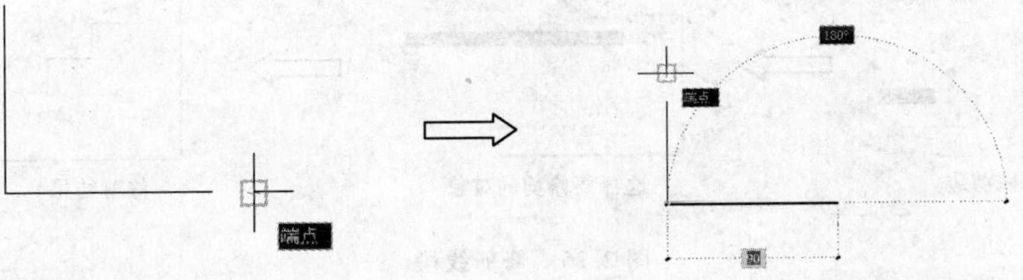

捕捉水平线的右端点　　捕捉垂直线的上端点

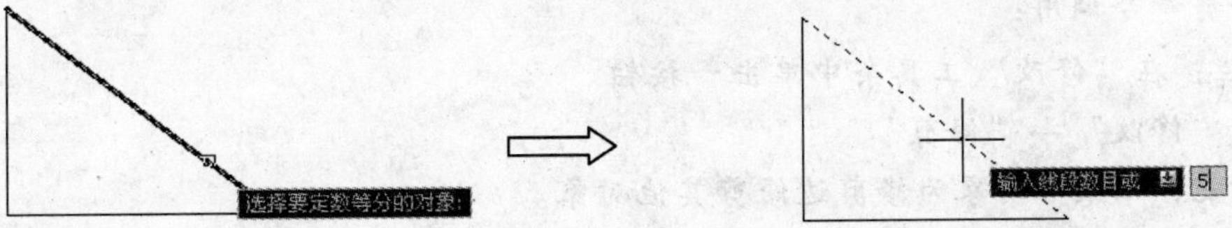

选择斜线为要等分的对象　　输入线段数目 5

图 2.22　绘制斜线和等分斜线

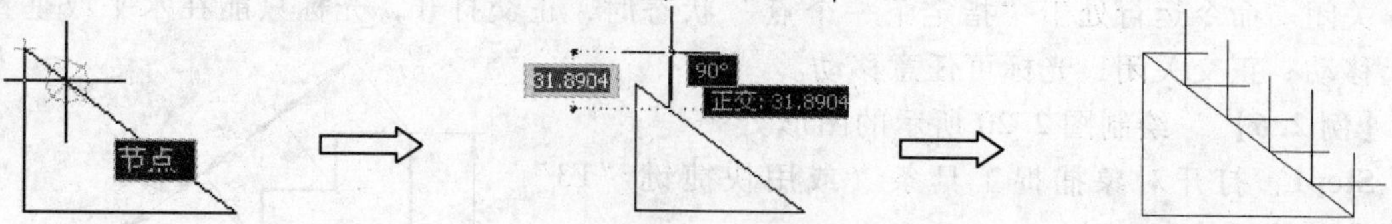

捕捉节点　　光标向上指定任意一点　　重复上述步骤绘制其余垂直线和水平线

图 2.23　绘制水平、垂直线

Step6：单击按钮，删除辅助直线（见图 2.24）。

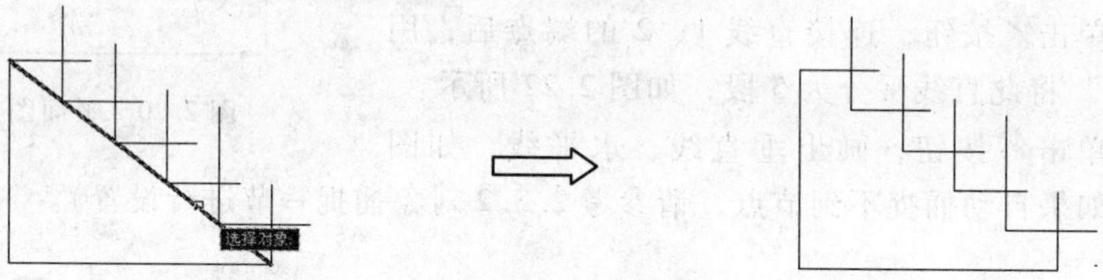

选择斜线　　删除结果

图 2.24　删除辅助线

【要点提示】

1）删除命令调用：

工具栏：在“修改”工具条中单击按钮。

菜单：“修改”→“删除”。

命令行：E

2）功能：在绘图窗口中删除对象。

Step7：单击按钮，修剪多余线段（见图 2.25）。

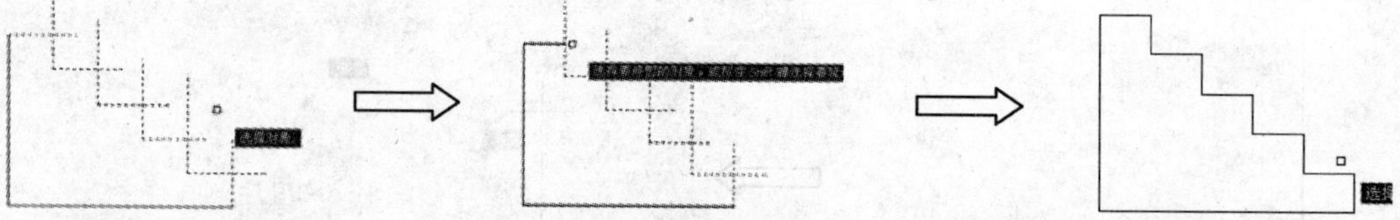

选择修剪边　　选择要修剪的对象　　修剪结果

图 2.25　修剪线段

【要点提示】

1）修剪命令调用：

工具栏：在“修改”工具条中单击按钮。

菜单：“修改”→“修剪”。

2）功能：以某一对象为修剪边修剪其他对象。

3）在执行“TRIM”命令时，要先选择剪切边，再选择被剪切边，而不是相反。

4）可用任意一种选择对象的方法选择剪切边。剪切边可以是直线、圆弧、圆、椭圆、多段线、射线、构造线、区域填充、样条曲线或视窗边界。剪切边也可以作为被剪切边。

5）只能用点取的方式选择被剪切边。被剪切边可以是直线、圆弧、圆、椭圆、多段线、射线、构造线和样条曲线。

【例 2.7】　绘制图 2.26 所示图形。

Step1：画中心线 7、8。单击按钮，绘制直线 7、8，如图 2.27 所示(用快捷键“F8”打开正交状态)。

Step2：画中心线 9。单击“修改”工具条中的按钮，过程如图 2.28 所示。

Step3：画两个直径 10mm 的小圆 8，9 和两个半径分别为 *R*15、*R*11 的大圆 5、3。单击绘图工具栏中的按钮，过程如图 2.29 所示。

Step4：画直线 2。单击按钮，绘制过程如图 2.30 所示。

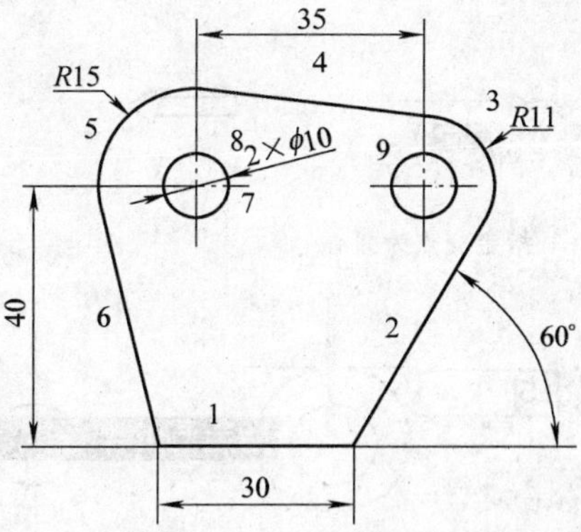

图 2.26　平面图形二

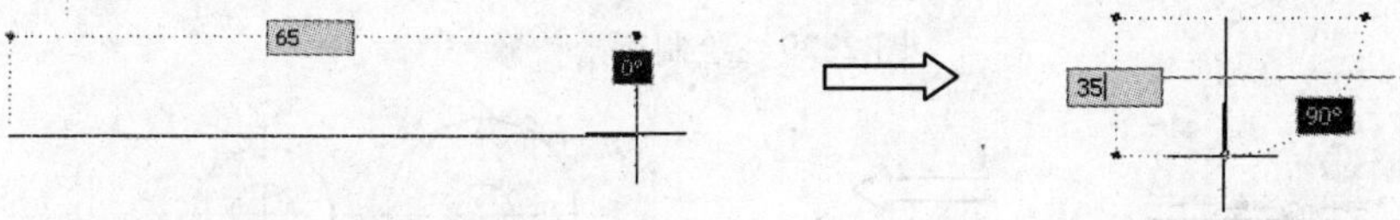

绘制长度 65 的水平线　　绘制长度 35 的垂直线

图 2.27　绘制中心线

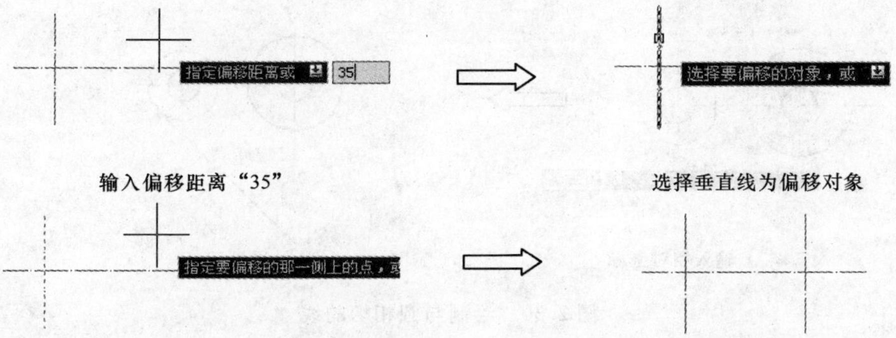

输入偏移距离“35”　　选择垂直线为偏移对象

在垂直线的右侧单击鼠标左键　　偏移结果

图 2.28　绘制中心线

Step5：画直线 4。单击按钮，绘制过程如图 2.31 所示。

Step6：画直线 1。单击“修改”工具条中的按钮，绘制过程如图 2.32 所示。

Step7：画直线 1 和 6。单击按钮，绘制过程如图 2.33 所示。

Step8：删除直线。单击按钮，操作结果如图 2.34 所示。

Step9：修剪多余直线。单击按钮，绘制过程如图 2.35 所示。

【例 2.8】　绘制图 2.36 所示制图作业推荐使用格式的标题栏。

Step1：单击按钮，用鼠标导向，用给定距离方式输入“140”、“32”、“140”，“C”闭合选项画出 4 条水平、垂直方向的线段围成矩形框，如图 2.37 所示。

Step2：单击按钮，分别输入“8”、“15”、“25”、“20”、“35”等数值偏移出各条线段，如图 2.38 所示。

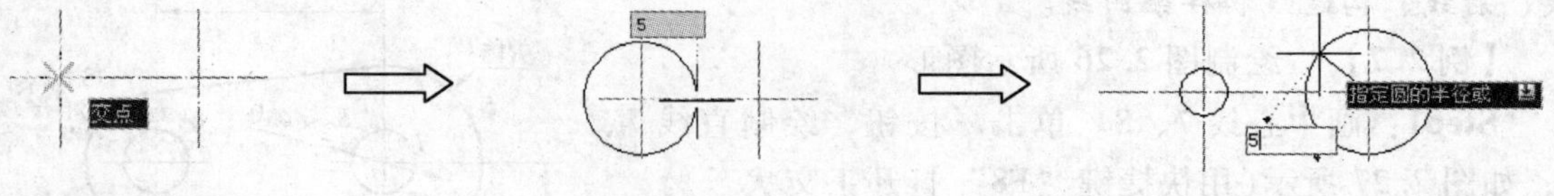

指定交点为圆心　　　　输入半径“5”　　　　重复圆命令绘制右圆

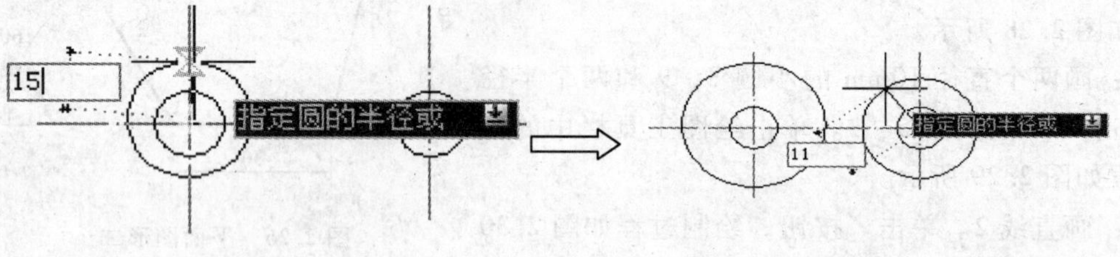

绘制半径为 15 mm 的圆　　　　绘制半径为 11mm 的圆

图 2.29　绘制圆

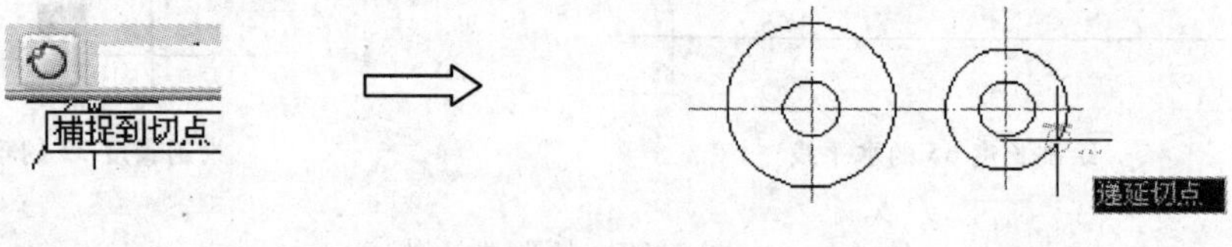

捕捉右大圆的切点

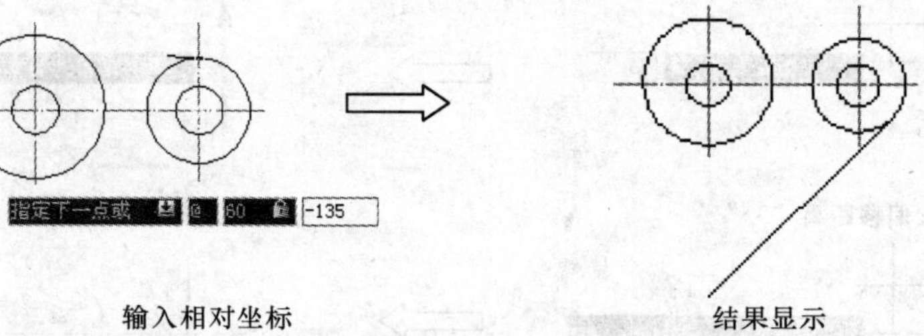

输入相对坐标　　　　结果显示

图 2.30　绘制与圆相切的线

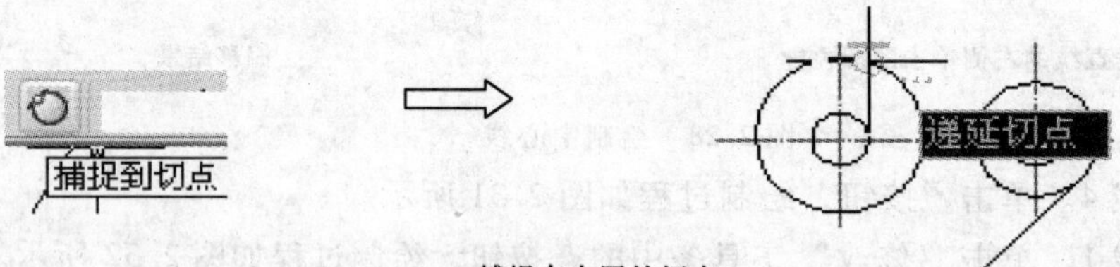

捕捉左大圆的切点

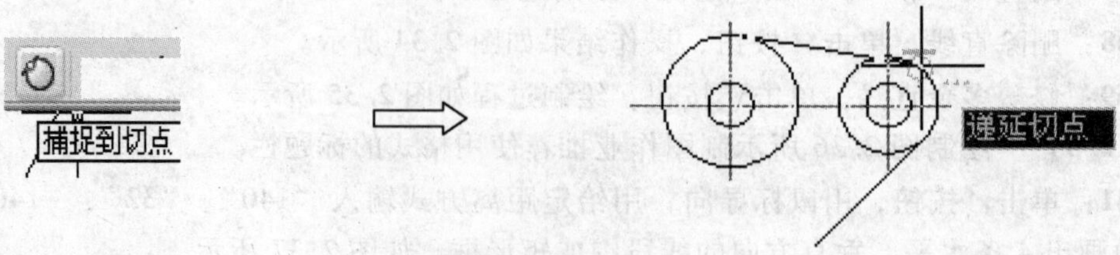

再捕捉右大圆的切点

图 2.31　绘制两圆的外共切线

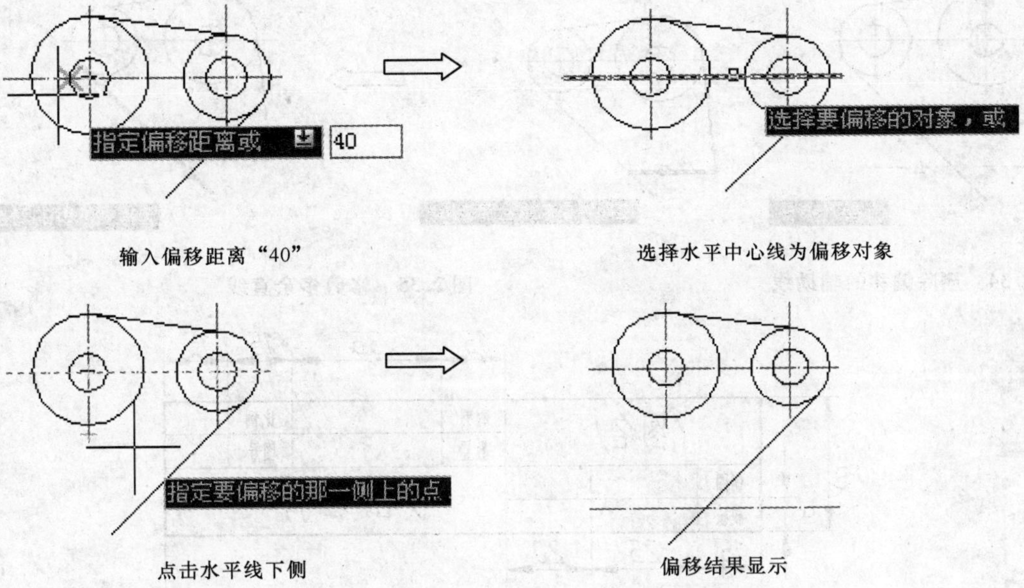

图 2.32　绘制直线

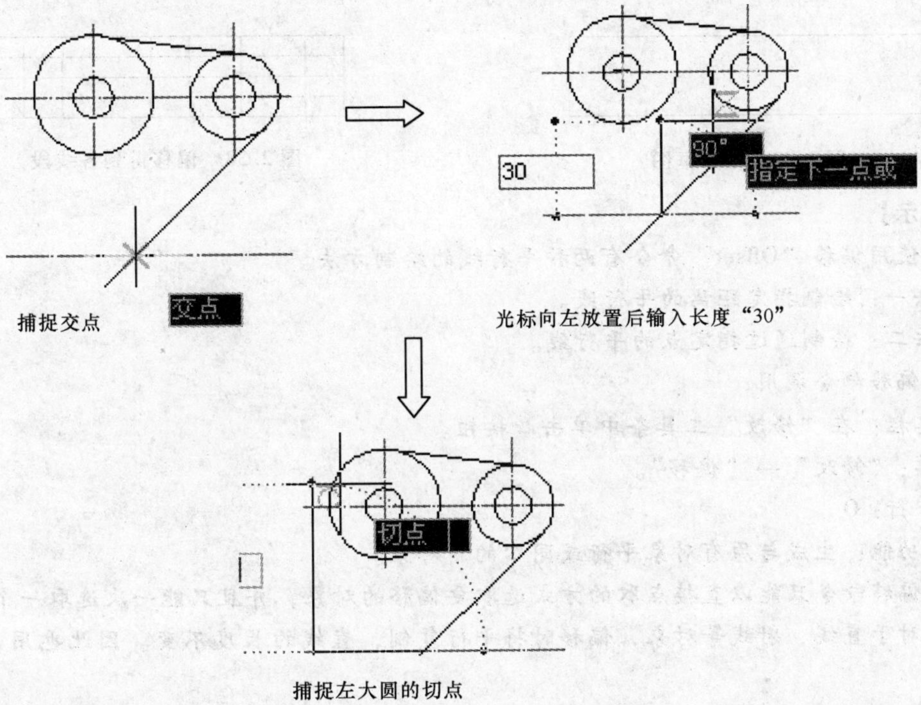

图 2.33　绘制直线

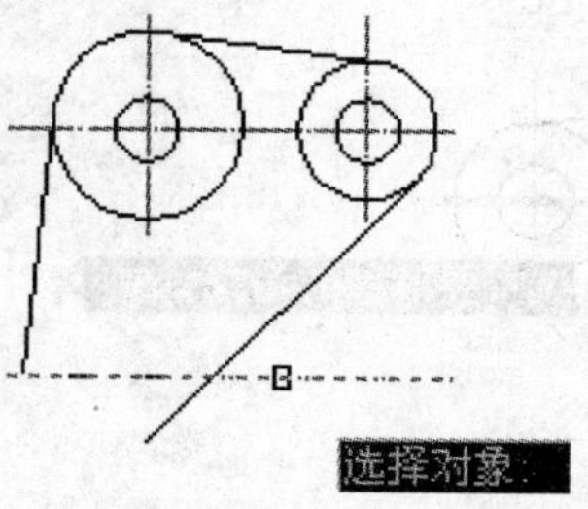

图 2.34 删除偏移的辅助线

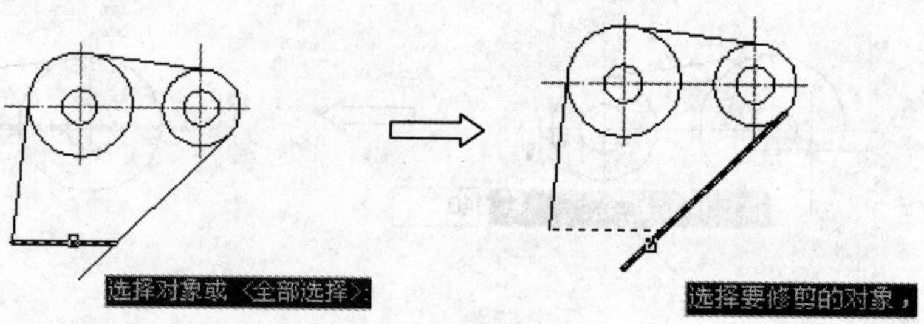

图 2.35 修剪多余直线

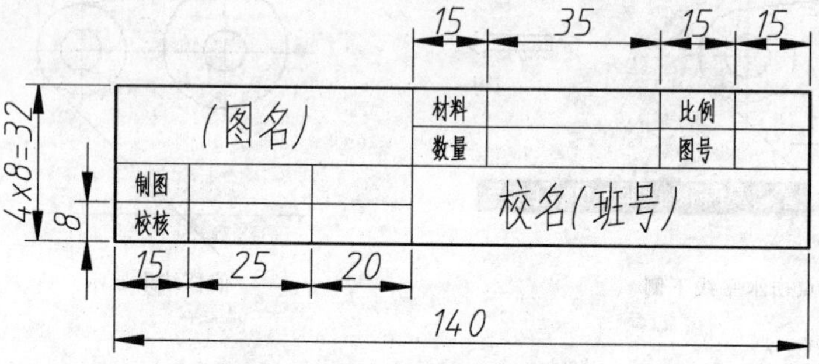

图 2.36 制图推荐标题栏

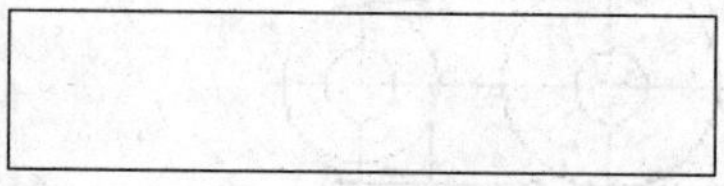

图 2.37 矩形框图

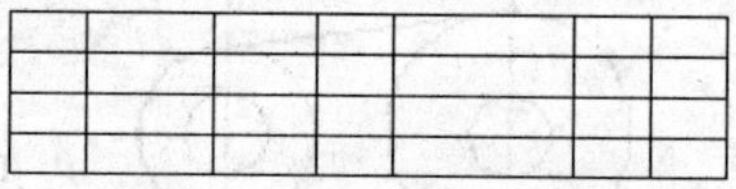

图 2.38 偏移得到各线段

【要点提示】

1）使用偏移“Offset”命令有两种平行线的绘制方法。

方法一：绘制指定距离的平行线。

方法二：绘制通过指定点的平行线。

2）偏移命令调用：

工具栏：在“修改”工具条中单击按钮。

菜单：“修改”→“偏移”。

命令行：O

3）功能：生成与原有对象平行或同心的新对象。

4）偏移命令只能以直接点取的方式选取要偏移的对象，并且只能一次选取一个对象。

5）对于直线、射线等对象，偏移时将平行复制，直线的长度不变。因此也用来画平行线。

6）对于圆、椭圆、矩形等封闭的对象，偏移时将同心复制，偏移前后的各个对象具有同一个圆心或中心点。

Step3：修剪多余直线。单击按钮，修剪过程如图 2.39 所示。

Step4：标题栏外框修改到所需线型（粗实线），如图 2.40 所示。

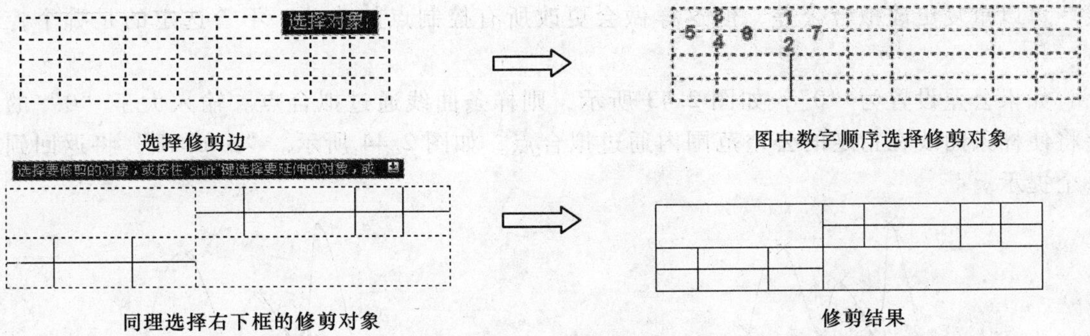

图 2.39　绘制标题栏

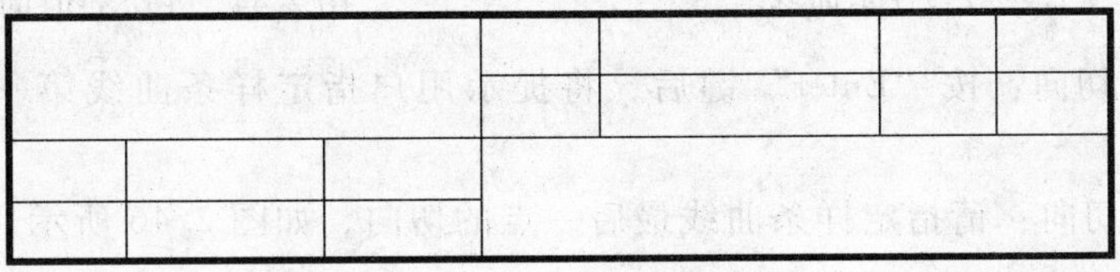

图 2.40　改变线型显示线宽

2.4　样条曲线绘制

1. 样条曲线命令的调用

工具栏：在“绘图”工具条中单击~按钮。

菜单：“绘图”→“样条曲线”。

2. 功能

绘制通过或接近指定点的拟合曲线，如图 2.41 所示。

3. 操作选项说明

1）第一点：使用指定点、使用“NURBS”（非一致有理 B 样条曲线）数学创建样条曲线。

2）指定下一点：输入点一直到完成样条曲线的定义为止。连续地输入点将增加附加样条曲线线段，直到按“Enter”键结束。输入“undo”以删除上一个指定的点。输入两点后，将显示以下提示：“指定下一点或［闭合（C）/拟合公差（F）］ <起点切向>:”。

3）闭合：将最后一点定义为与第一点一致并使它在连续处相切，这样可以闭合样条曲线，如图 2.42 所示。

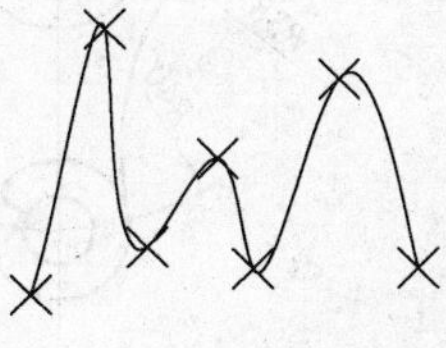

图 2.41　通过点绘制样条曲线

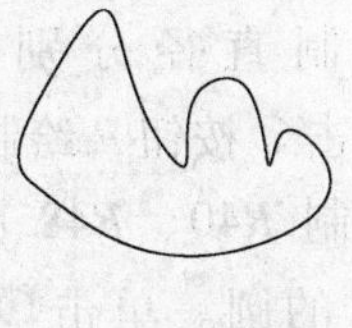

图 2.42　闭合的样条曲线

4）拟合公差：修改拟合当前样条曲线的公差。根据新公差以现有点重新定义样条曲线。可以重复更改拟合公差，但这样做会更改所有控制点的公差，不管选定的是哪个控制点。

如果公差设置为“0”，如图 2.43 所示，则样条曲线通过拟合点。输入大于“0”的公差将使样条曲线在指定的公差范围内通过拟合点，如图 2.44 所示。“SPLINE”将返回到前一个提示。

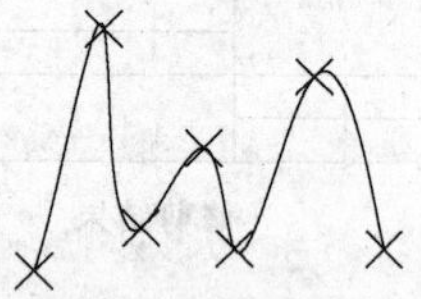
图 2.43　零公差时的样条曲线

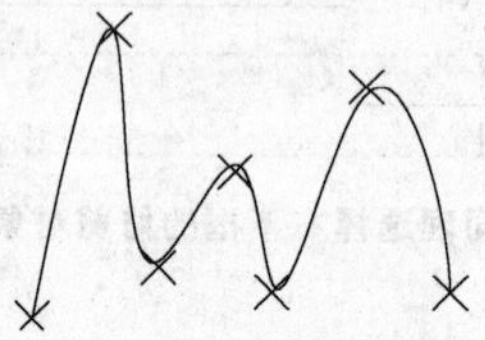
图 2.44　正公差时的样条曲线

5）指定起点切向：按“Enter”键后，将提示用户指定样条曲线第一点的切向，如图 2.45 所示。

6）指定端点切向：请指定样条曲线最后一点的切向，如图 2.46 所示。

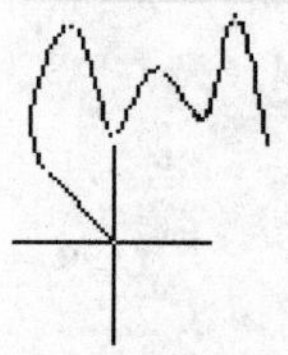
图 2.45　指定样条曲线的起点切向

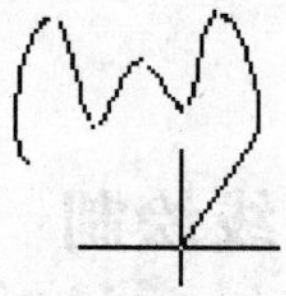
图 2.46　指定样条曲线的端点切向

如果在样条曲线的两端都指定切向，可以输入一个点或者使用“切点”和“垂足”对象捕捉模式使样条曲线与已有的对象相切或垂直。按“Enter”键使用默认切点。

2.5　圆、圆弧的绘制与复制、旋转和打断

2.5.1　圆、复制、旋转和打断

【例 2.9】　绘制图 2.47 所示图形。

Step1：绘制中心线。单击按钮。绘制结果如图 2.48 所示。

Step2：绘制中心线。单击“修改”工具条中的按钮，绘制结果如图 2.49 所示。

Step3：绘制直径分别为 8mm、2 个 16mm、24mm 的圆。单击按钮，绘制过程如图 2.50 所示。

Step4：绘制 *R*40、*R*48 圆弧中心线和直径为 10mm 和 20mm 的圆。单击按钮，绘制结果如图 2.51 所示。

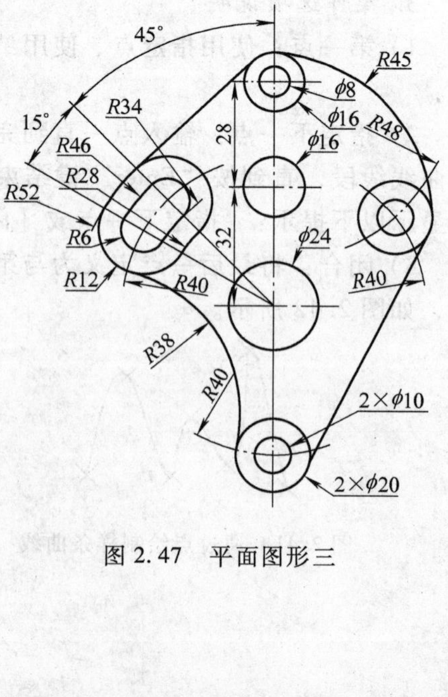

图 2.47　平面图形三

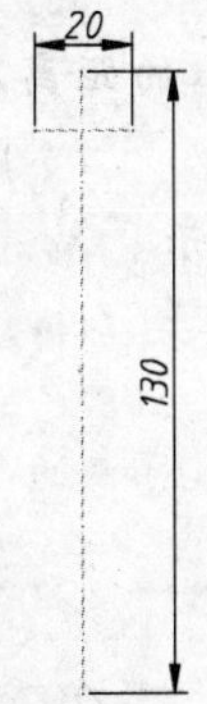

图 2.48　绘制中心线

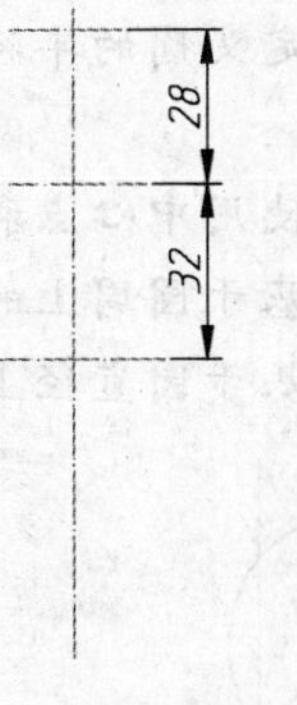

图 2.49　绘制水平中心线

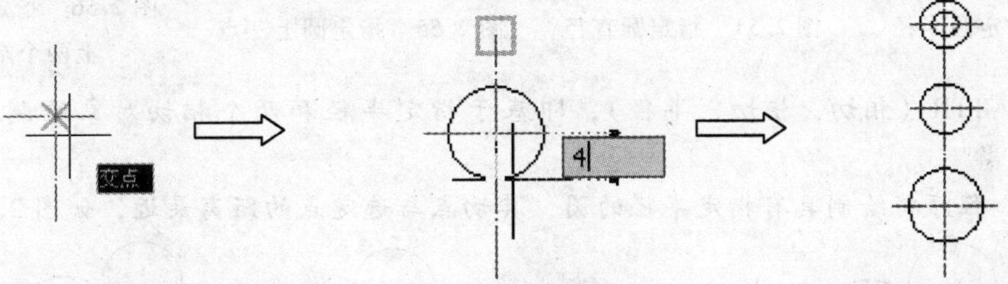

指定交点为圆心　　输入半径“4”　　重复圆命令绘制其他圆

图 2.50　绘制圆

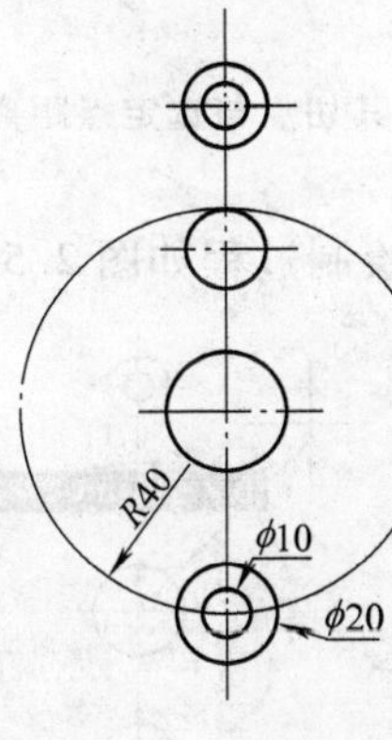

图 2.51　绘制同心圆

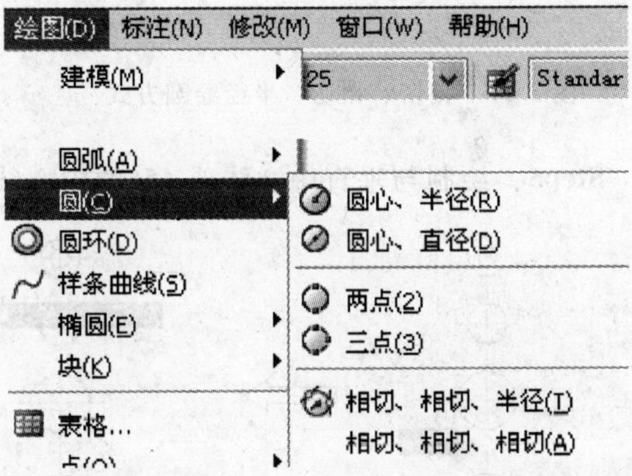

图 2.52　“圆”命令的菜单调用

【要点提示】

1）圆命令调用：

工具栏：在“绘图”工具条中单击⊘按钮。

菜单：“绘图”→“圆”→“圆心、半径”，如图 2.52 所示。

命令行：C

2）功能：在指定位置绘制圆。

3）在 AutoCAD 中，可以用下面六种方法绘圆，使用菜单可直接选择绘圆方式，而在命令行输入命令时，需指定绘圆方式。

方法一：基于圆心和直径（或半径）绘制圆。

方法二：定义圆的半径。输入值，或指定点（2）。此点与圆心的距离决定圆的半径。如图 2. 53 所示。

方法三：使用中心点和指定的直径长度绘制圆，如图 2. 54 所示。

方法四：基于圆周上的三点绘制圆，如图 2. 55 所示。

方法五：基于圆直径上的两个端点绘制圆，如图 2. 56 所示。

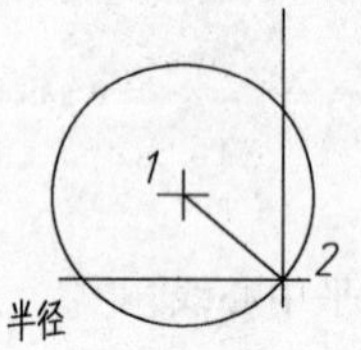

图 2. 53　指定圆半径

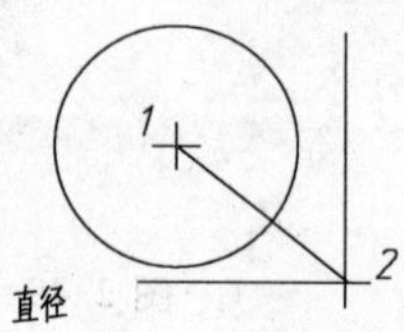

图 2. 54　指定圆直径

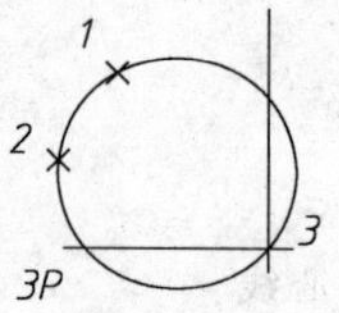

图 2. 55　指定圆上三点

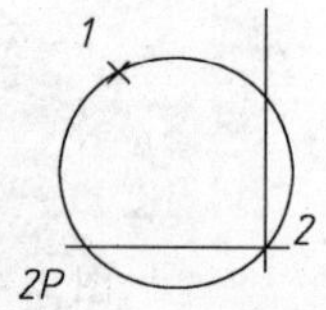

图 2. 56　指定圆直径上两个端点

方法六：TTR（相切、相切、半径），即基于指定半径和两个相切对象绘制圆，如图 2. 57 所示。

方法七：程序将绘制具有指定半径的圆，其切点与选定点的距离最近，如图 2. 58 所示。

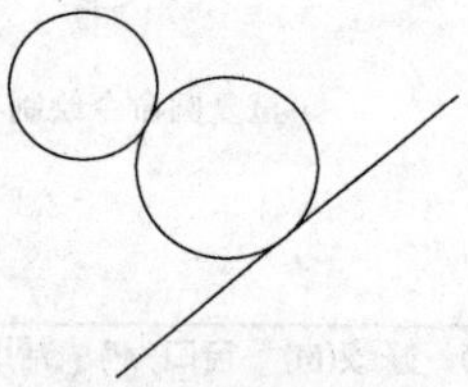
图 2. 57　相切、相切、半径绘圆方式

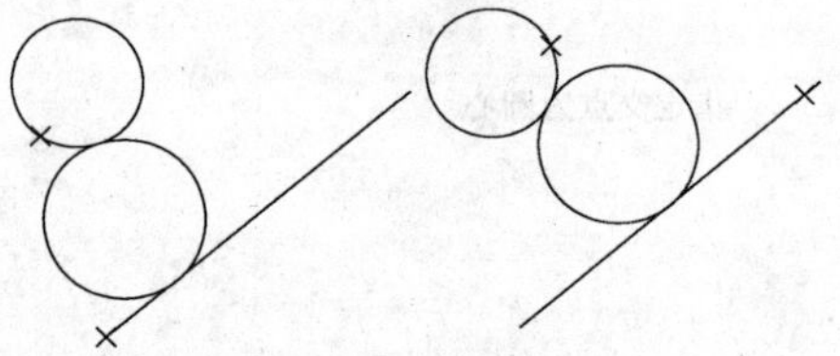
图 2. 58　绘制其切点与选定点距离最近的圆

Step5：绘制与垂直中心线成 45°的中心线。单击按钮，绘制过程如图 2. 59 所示。

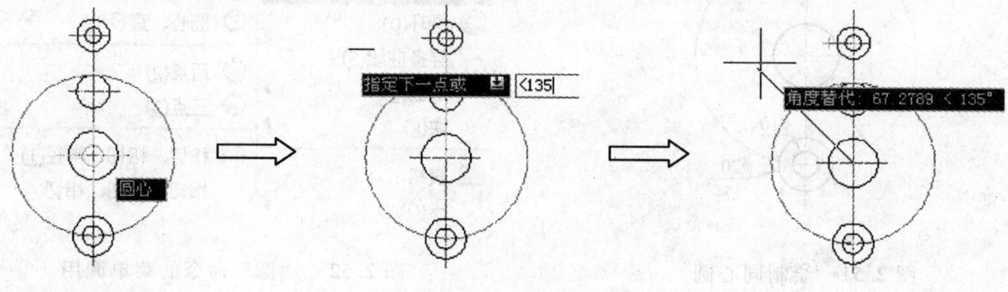

选择圆心为起点　　输入极坐标角度　　指定直线长度

图 2. 59　绘制中心线

Step6：绘制与 Step5 建立的中心线成 15°的中心线。单击“修改”工具条的按钮，绘制过程如图 2. 60 所示。

【要点提示】

1）旋转命令调用：

工具栏：在“修改”工具条中单击按钮。

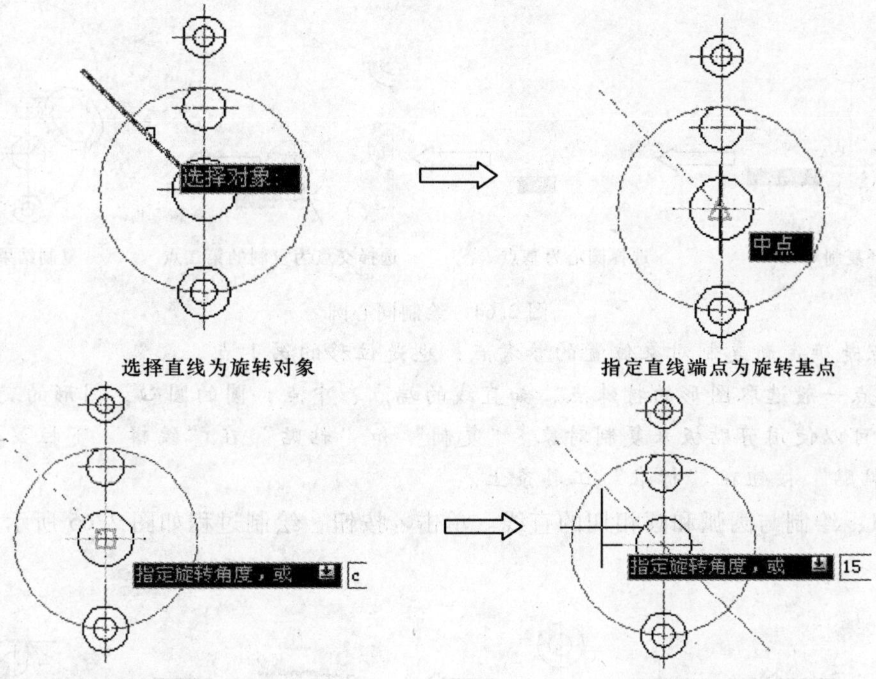

选择直线为旋转对象　　指定直线端点为旋转基点

选择复制原对象　　指定旋转角度

图 2.60　绘制中心线

2）功能：将对象绕指定基点旋转指定的角度。

Step7：绘制半径分别为 *R*52、*R*28 和两个 *R*12 的圆。单击按钮，绘制结果如图 2.61 所示。

Step8：修剪多余圆弧。单击按钮，绘制结果如图 2.62 所示。

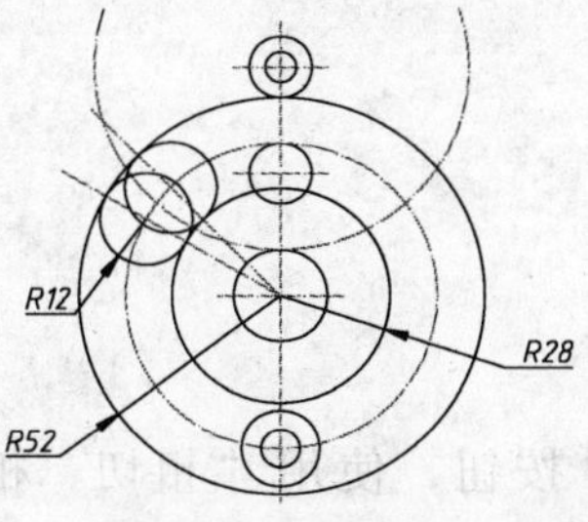

图 2.61　绘制圆

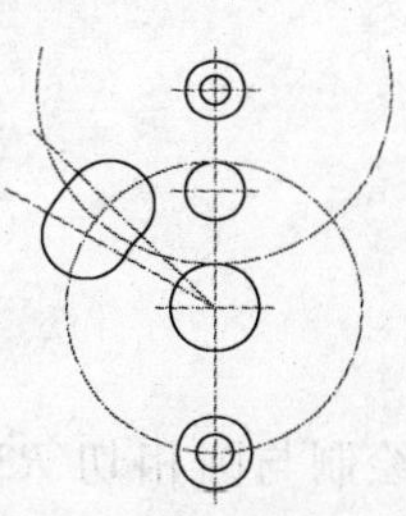

图 2.62　修剪多余圆弧

Step9：绘制半径分别为 *R*46、*R*34 和两个 *R*6 的圆弧。单击按钮，向外偏移"6"，如图 2.63 所示。

Step10：绘制另一个直径分别为 10mm 和 20mm 的同心圆。单击"修改"工具条中的按钮，绘制过程如图 2.64 所示。

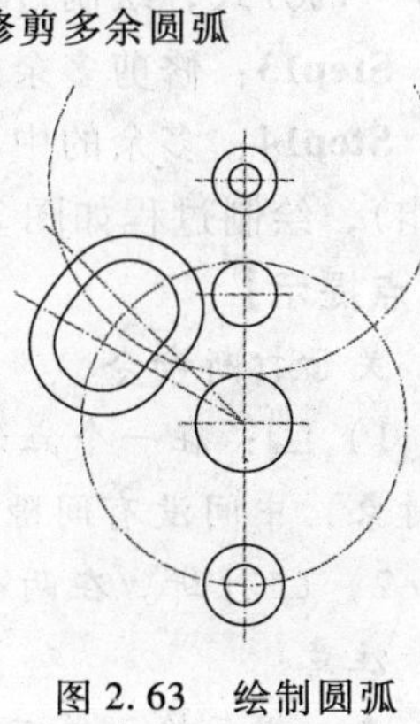

图 2.63　绘制圆弧

【要点提示】

1）复制命令调用：

工具栏：在"修改"工具条中单击按钮。

2）功能：生成一个或多个副本，并放置到指定位置。

3）运行"COPY"命令选择对象后，要先指定基点或输入位

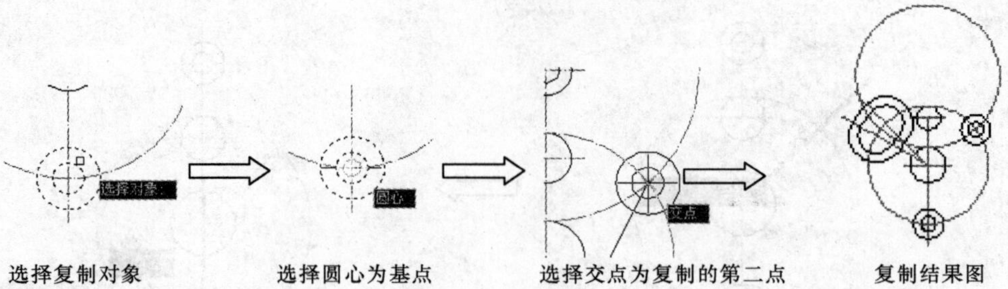

图 2.64　绘制同心圆

移值。基点是确定新复制对象位置的参考点，也是位移的第 1 点。

4）基点一般选取图形的特殊点，如直线的端点、中点，圆的圆心，图形的交点等。

5）也可以使用剪贴板来复制对象。“复制”和“粘贴”在“编辑”下拉菜单中，“复制”和“粘贴”按钮在“标准”工具条上。

Step11：绘制与圆弧和圆相切的直线。单击按钮，绘制过程如图 2.65 所示。

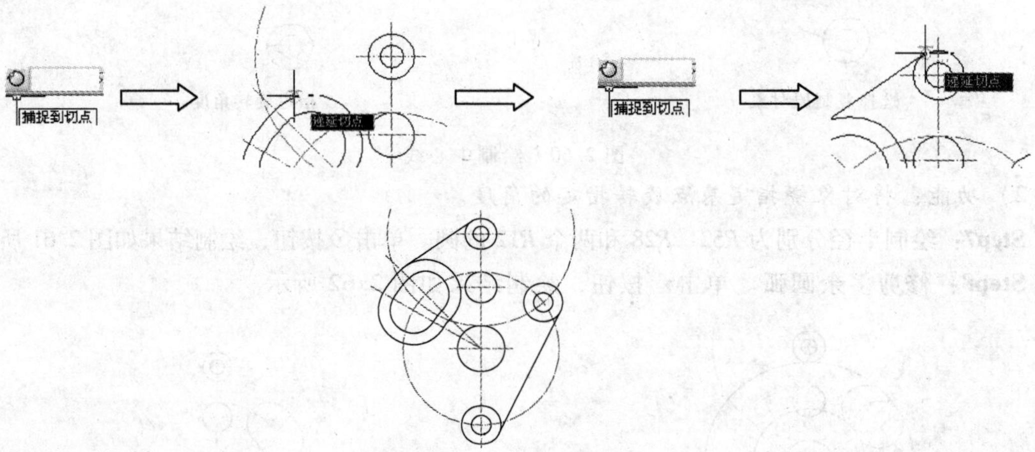

图 2.65　绘制相切线

Step12：绘制与圆相切 $R38$ 和 $R45$ 的圆弧。单击按钮，使用“相切、相切、半径（T）”的方式，绘制过程如图 2.66 所示。

Step13：修剪多余圆弧。单击按钮。修剪结果如图 2.67 所示。

Step14：多余的中心线圆断开。单击按钮（此操作中用“F3”快捷键关闭自动捕捉功能），绘制过程如图 2.68 所示。

【要点提示】

关于打断命令

1）：在一个点处打断对象。在一个对象上要打断的位置单击，对象从单击处分为两个对象，中间没有间隙。

2）打断。在两个点之间打断对象，两点之间的部分删除。

注意：

◆　提示输入第二个断点时，若单击在线上某处，则会删除第一点和第二点之间的线

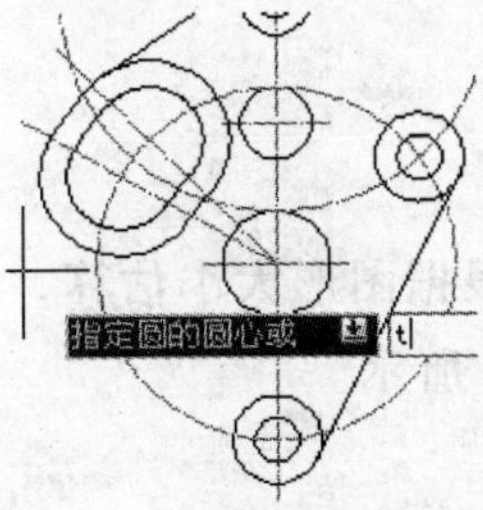

输入 t

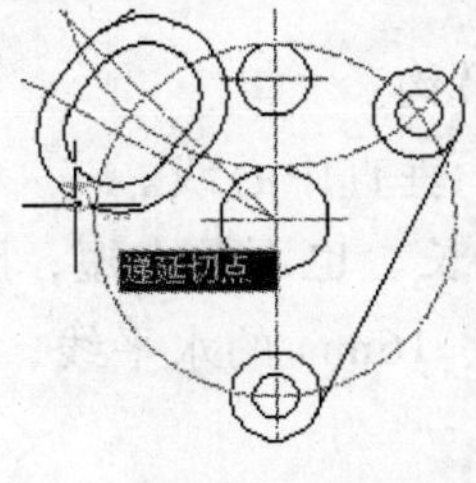

选择圆上切点

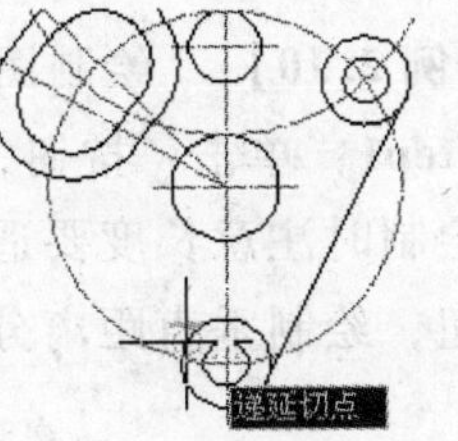

选择另一圆上切点

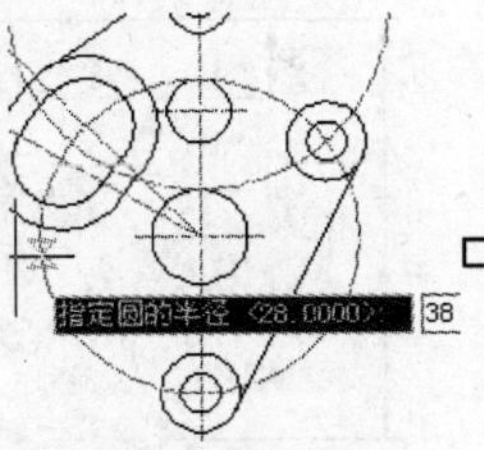

输入半径 38

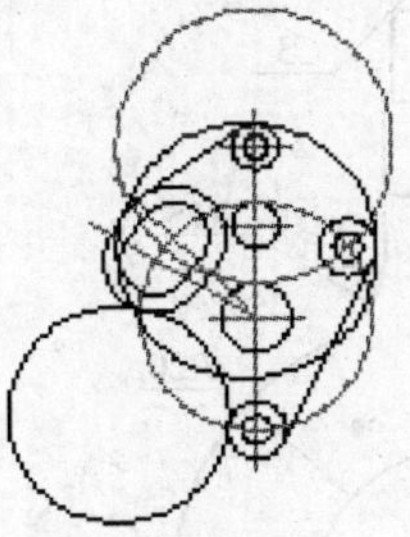
相同方法绘制半径 45 的圆

图 2.66　绘制圆

段；若单击在线外某处，第二个断点为单击处到对象的垂足点。

◆　对于直线，若指定的两个打断点其中一个在直线的两个端点之内，另一个在直线的延长线上，则把两个打断点之间的部分删去，直线只剩下一段。

◆　若被打断的对象是一个完整的圆或椭圆，AutoCAD 将把从第一个打断点开始逆时针方向到第二个打断点之间部分删除。

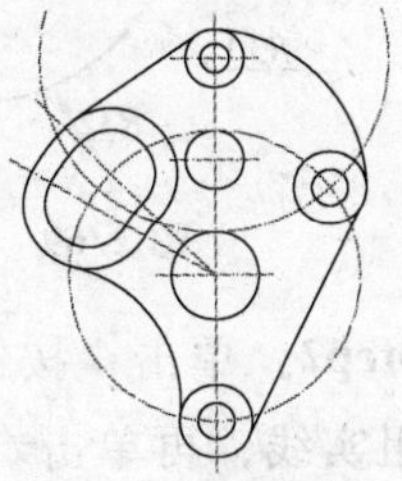
图 2.67　修剪圆弧

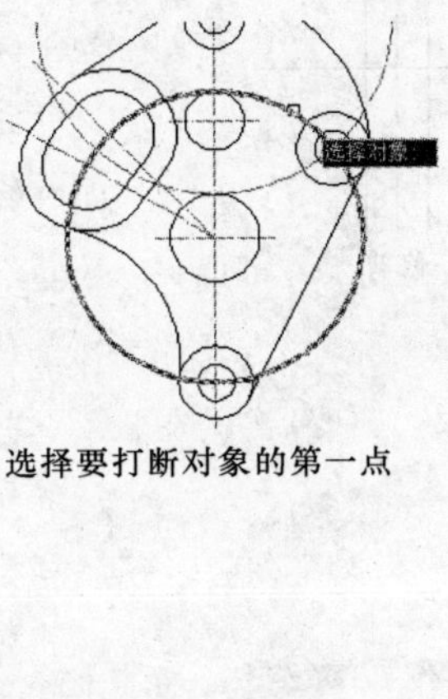

选择要打断对象的第一点

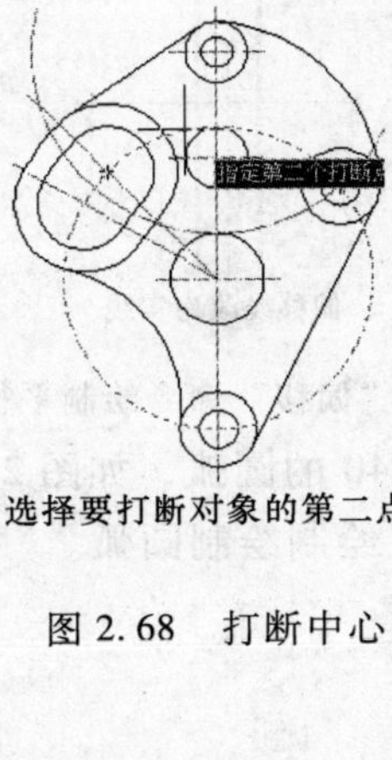

选择要打断对象的第二点

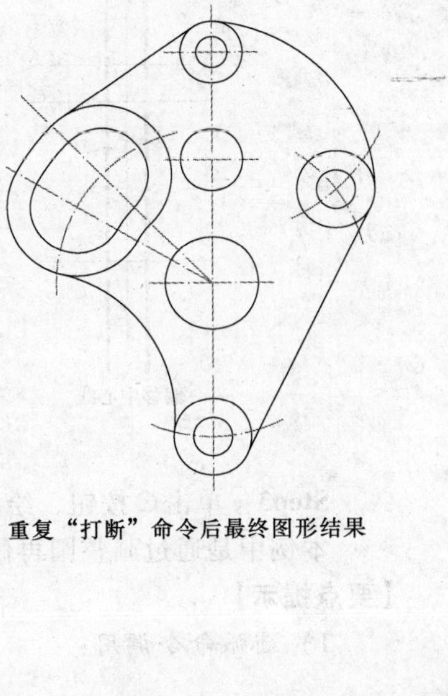
重复“打断”命令后最终图形结果

图 2.68　打断中心圆

2.5.2　圆弧、倒角和圆角

【例 2.10】　绘制图 2.69 所示吊钩。

Step1：单击 按钮，绘制水平、垂直中心线。

绘制时注意长度要适中，不要太长、也不要太短，距离大小根据图形大小估算，再单击 按钮，绘制垂直距离分别为 85mm、16mm 的水平线，如图 2.70 所示。

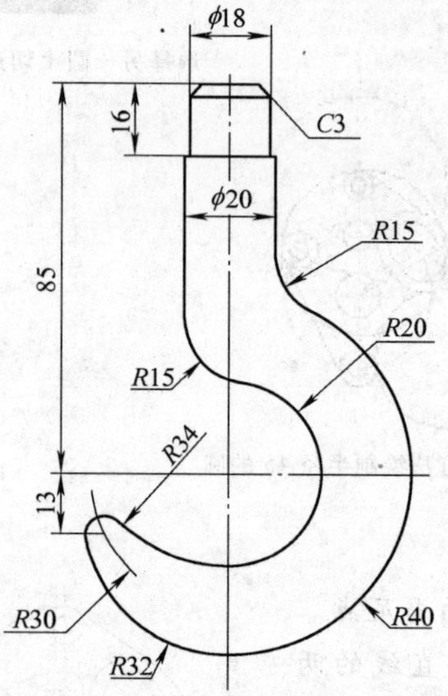

图 2.69　平面图形四

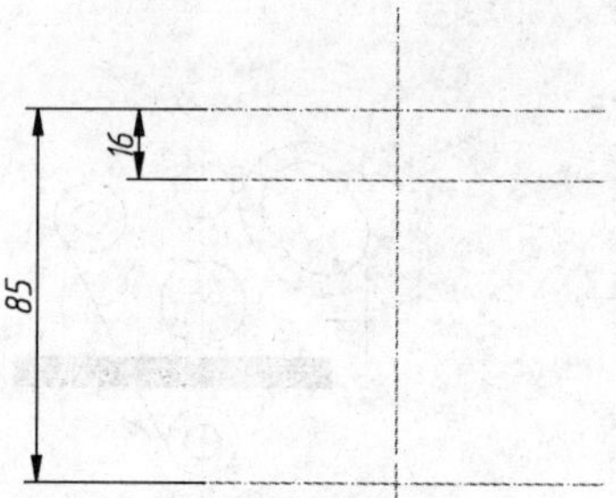

图 2.70　绘制中心线

Step2：单击 按钮，分别偏移 9mm、10mm，获得 ϕ18mm、ϕ20mm 的线段，再切换线型到粗实线，再单击 按钮，修剪多余线段，如图 2.71 所示。

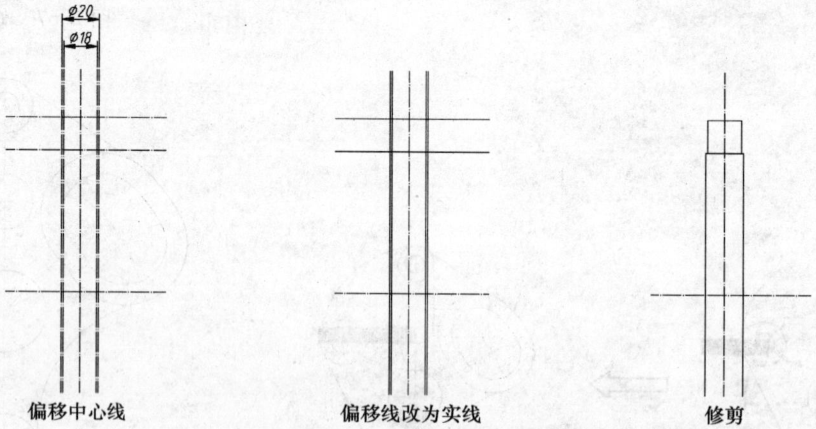

图 2.71　"偏移"命令绘制平行直线

Step3：单击 按钮，绘制 R20、R40 的圆弧，如图 2.72 所示。

本例中是通过画整圆再修剪的方式绘制绘制圆弧。

【要点提示】

1）圆弧命令调用：

工具栏：在“绘图”工具条中单击按钮。

菜单：“绘图”→“圆弧”→“三点”（见图 2.73）。

2）功能：根据已知参数，使用多种方法绘制圆弧。

3）在 AutoCAD 2008 中，可以有十种方法绘制圆弧。与圆相似，菜单命令与键盘命令有区别。圆弧的画法虽有多种，但一般情况下用得并不多，而先画出整圆，再经剪断处理生成圆弧则显得更加直观、方便。

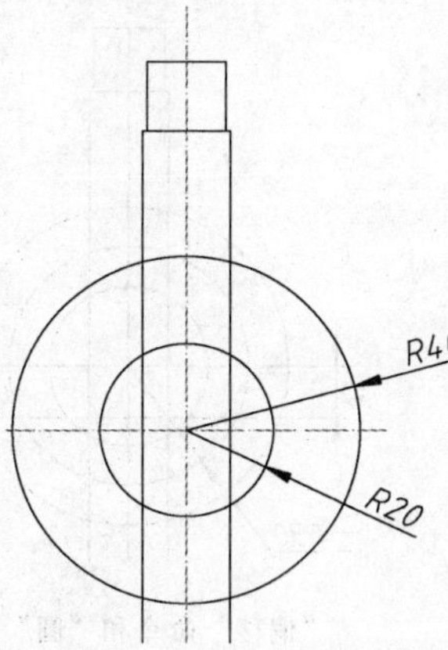

图 2.72　“圆”命令绘制

方法一：默认情况下，通过给定的三个点绘制圆弧。应依次指定圆弧的起点、弧上一点和端点。

方法二：起点、圆心、端点。通过依次指定圆弧的起点、圆心、端点绘制圆弧。

方法三：起点、圆心、角度。通过依次指定圆弧的起点、圆心和圆弧的圆心角绘制圆弧。

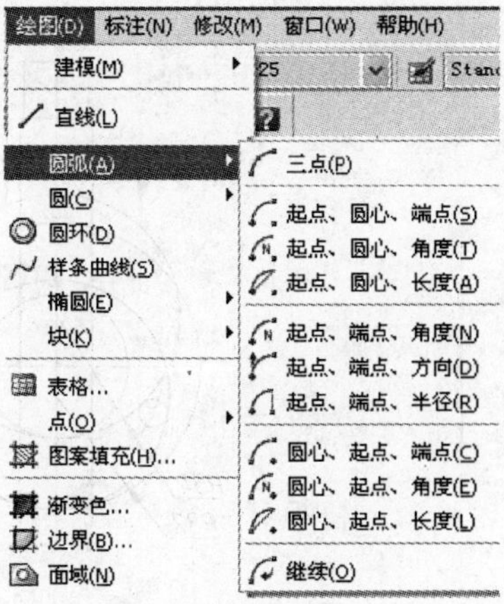

图 2.73　“圆弧”命令菜单

方法四：起点、圆心、长度。通过依次指定圆弧的起点、圆心和圆弧弦长、逆时针绘制圆弧。如果为正值，绘制劣弧（劣弧圆心角小于180°）；如果弦长为负值，绘制优弧（劣弧圆心角大于180°）。

方法五：起点、端点、角度。通过依次指定圆弧的起点、端点和圆弧的包含角绘制圆弧。如果角度为正，逆时针绘制圆弧；如果角度为负，顺时针绘制圆弧。

方法六：起点、端点、方向。通过依次指定圆弧的起点、端点和圆弧起点的切向方向绘制圆弧。绘制在起点与指定方向相切的圆弧。绘制从起点开始到端点结束的任何圆弧，二不考虑是劣弧、优弧。

方法七：起点、端点、半径。通过依次指定圆弧的起点、端点和半径绘制圆弧。如果半径为正，从起点向端点逆时针绘制一条劣弧；如果半径为负，绘制一条优弧。

方法八：圆心、起点、端点。通过依次指定圆弧的圆心、起点和端点绘制圆弧。

方法九：圆心、起点、角度。通过依次指定圆弧的圆心、起点和圆弧的圆心角绘制圆弧。

方法十：圆心、起点、长度。通过依次指定圆弧的圆心、起点和圆弧弦长绘制圆弧。

Step4：分别单击和按钮，先找圆弧 *R*4 的圆心，再绘制 *R*4 的圆，再单击和按钮，删除辅助线段和打断中心线圆，绘制过程如图 2.74 所示。

Step5：单击按钮，利用“相切、相切、半径”的绘圆方式绘制 *R*32 和 *R*34 的连接圆，再单击按钮，修剪多余线段，过程如图 2.75 所示。

Step6：单击按钮，作 *R*15 的圆角，如图 2.76 所示。

【要点提示】

1）倒圆角命令调用：

工具栏：在“修改”工具条中单击按钮。

命令行：F

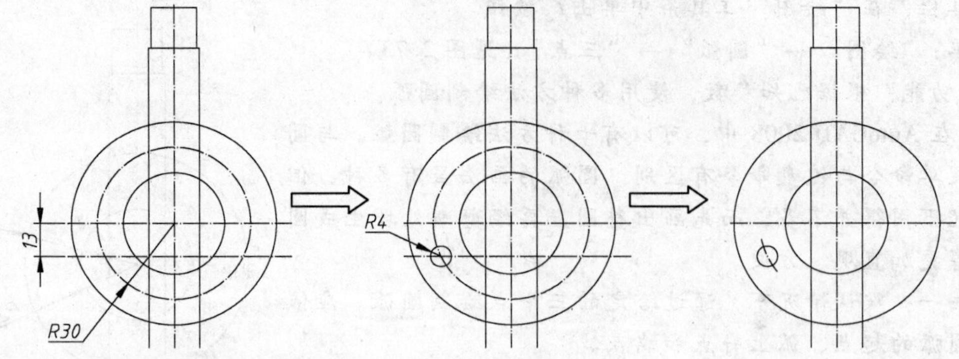

“偏移”命令和“圆”命令绘制　　“圆”命令绘制　　“打断”命令绘制

图 2.74　绘制圆

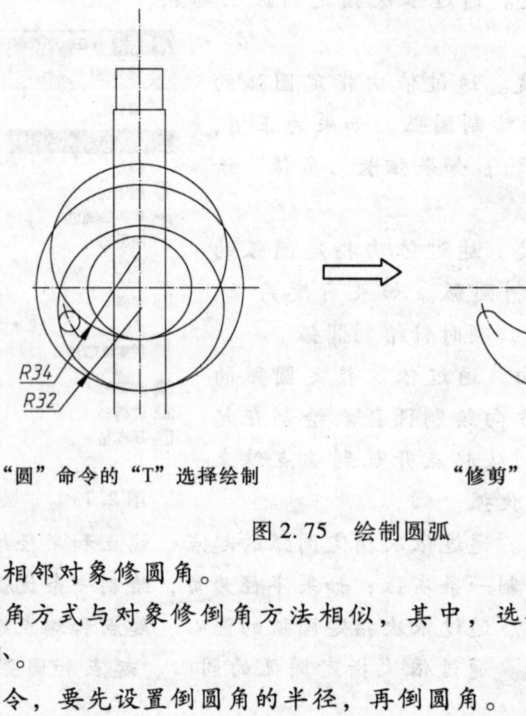

“圆”命令的“T”选择绘制　　“修剪”命令修剪多余圆弧

图 2.75　绘制圆弧

2）功能：为相邻对象修圆角。

3）对象修圆角方式与对象修倒角方法相似，其中，选择“半径（R）”选项，可以设置圆角的半径大小。

4）执行该命令，要先设置倒圆角的半径，再倒圆角。

5）如果倒圆角的半径过大，则不能倒圆角，因为对象无法容纳这么大的圆角。

6）如果倒圆角为零，则不倒圆角。可以用这种方法将不相交的两个对象相交于一点或将相交的直线修剪掉对角的那部分。

7）两平行线可以倒圆角，不管圆角半径设置的是多少，AutoCAD 都自动在两平行线的端点画半圆，且半径为两平行线垂直距离的一半。

Step7：单击按钮，倒 *C*3 的直角，再单击按钮，连接倒角，如图 2.77 所示。

【要点提示】

（1）倒直角命令调用

工具栏：在“修改”工具条中单击按钮。

菜单：“修改”→“倒角”。

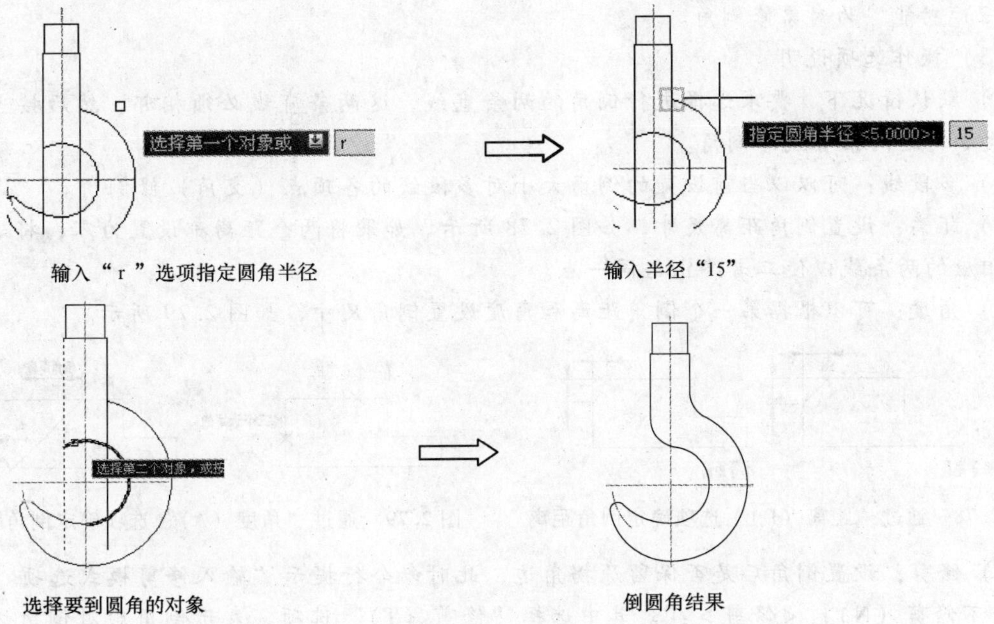

图 2.76　倒圆角

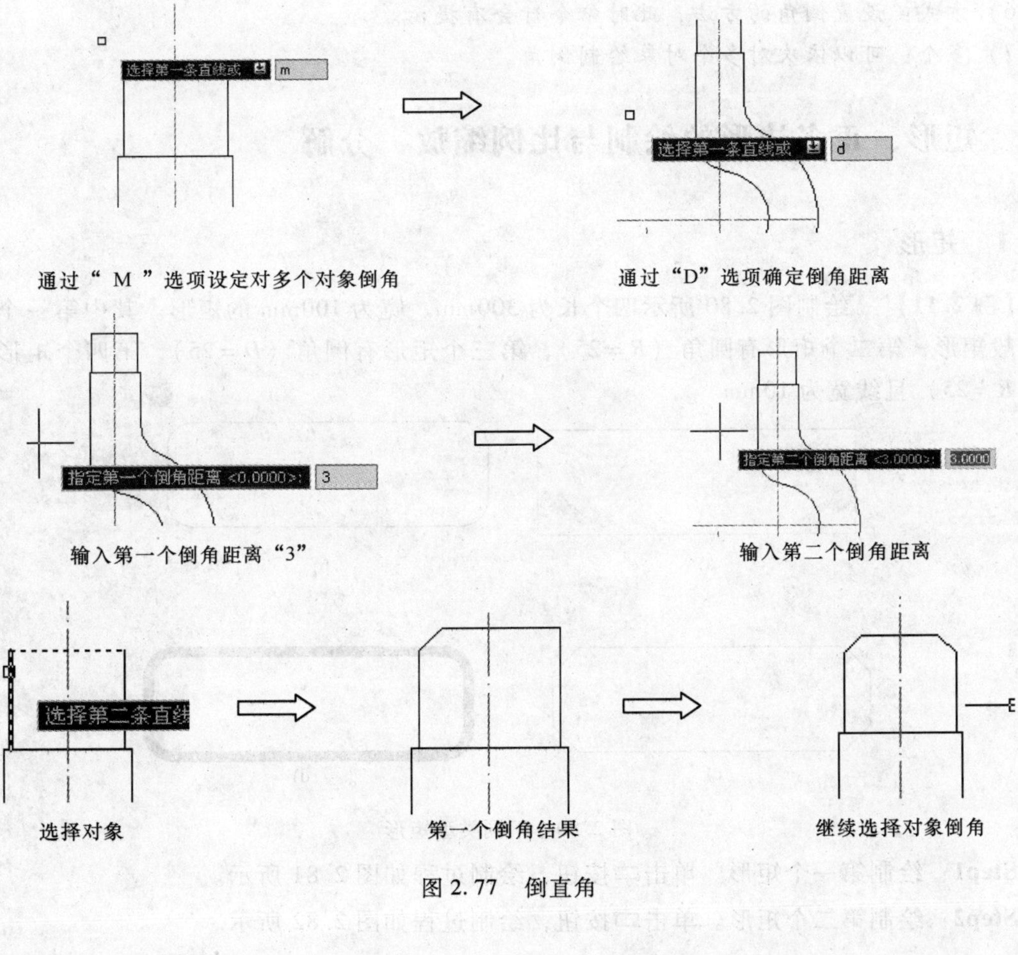

图 2.77　倒直角

（2）功能　为对象修倒角。

（3）操作选项说明

1）默认情况下，要求选择进行倒角的两条直线，这两条直线必须相邻，然后按当前的倒角大小对这两条直线修倒角。

2）多段线：可以以当前设置的倒角大小对多段线的各顶点（交角）修倒角。

3）距离：设置倒角距离尺寸，如图 2.78 所示。如果将两个距离都设置为零，将延伸或修剪相应的两条线以使二者终止与同一点。

4）角度：可以根据第一个倒角距离和角度设置倒角尺寸，如图 2.79 所示。

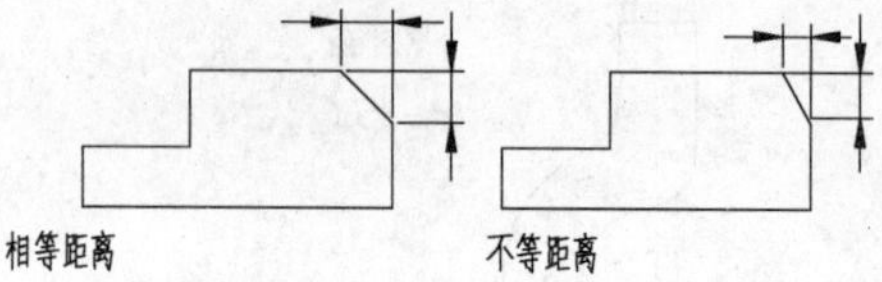

图 2.78　通过“距离（D）”选项确定倒角距离

图 2.79　通过“角度（A）”选项确定倒角距离

5）修剪：设置倒角后是否保留原拐角边，此时命令行提示“输入修剪模式选项［修剪（T）/不修剪（N）］＜修剪＞:”。其中选择“修剪（T）”选项，表示倒角后对倒角边进行修剪；选择“不修剪（N）”选项，表示不修剪选定直线。

6）方式：设置倒角的方法，此时命令行会有提示。

7）多个：可以依次对多个对象绘制倒角。

2.6　矩形、正多边形的绘制与比例缩放、分解

2.6.1　矩形

【例 2.11】　绘制图 2.80 所示四个长为 300mm、宽为 100mm 的矩形。其中第一个矩形为一般矩形，第二个矩形有圆角（$R=25$），第三个矩形有倒角（$D=25$），第四个矩形有圆角（$R=25$）且线宽为 10mm。

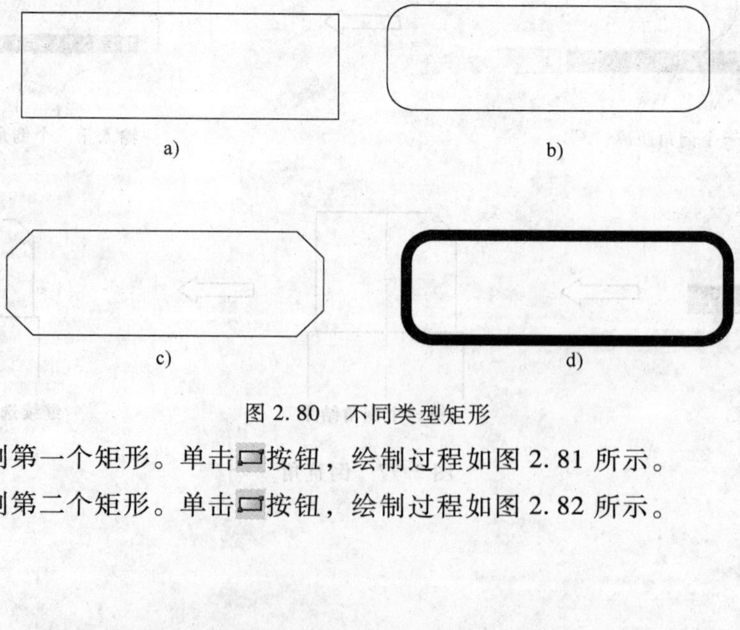

图 2.80　不同类型矩形

Step1：绘制第一个矩形。单击按钮，绘制过程如图 2.81 所示。

Step2：绘制第二个矩形。单击按钮，绘制过程如图 2.82 所示。

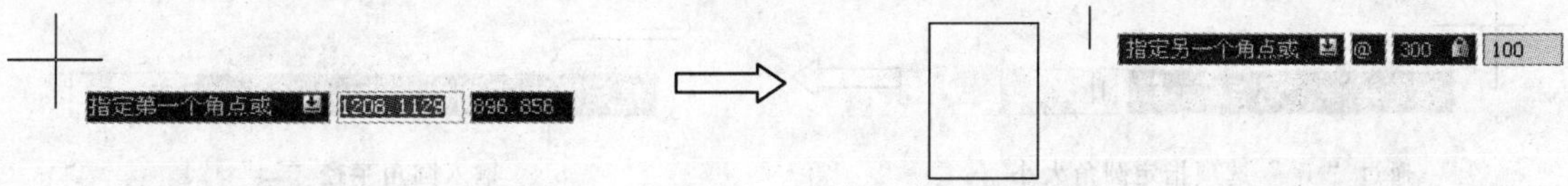

任意指定一点为第一角点　　　　　　　　输入另一个角点的相对坐标值

图 2.81　绘制直角矩形

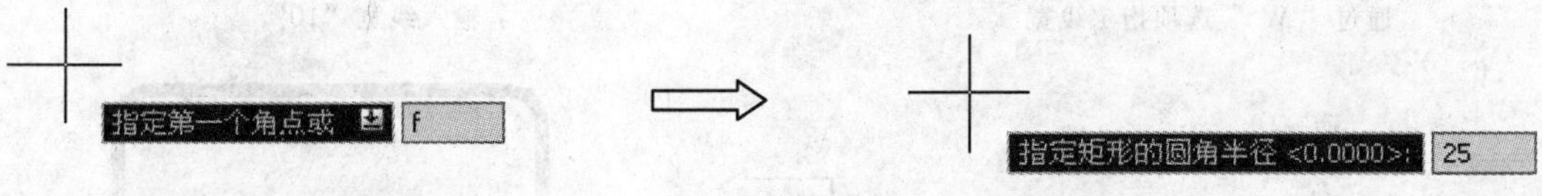

通过“F”选项指定圆角大小　　　　　　　　输入圆角半径“25”

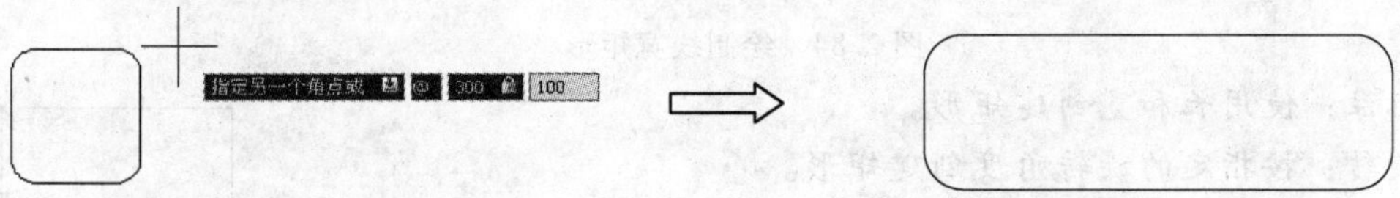

输入另一个角点的相对坐标值　　　　　　　　图形结果

图 2.82　绘制带圆角矩形

Step3：绘制第三个矩形。单击按钮，绘制过程如图 2.83 所示。

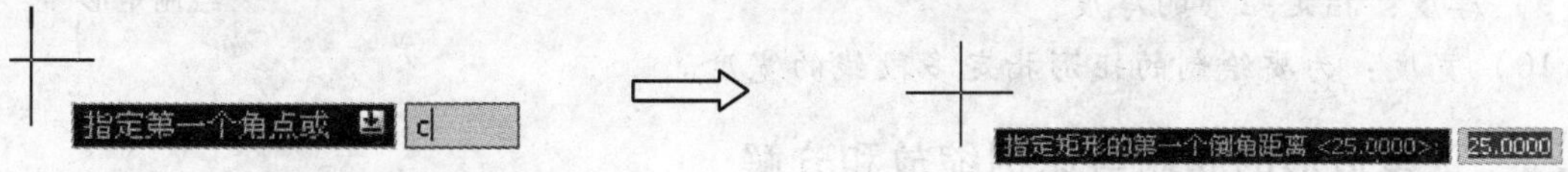

通过“C”选项指定倒角距离　　　　　　　　输入倒角距离“25”

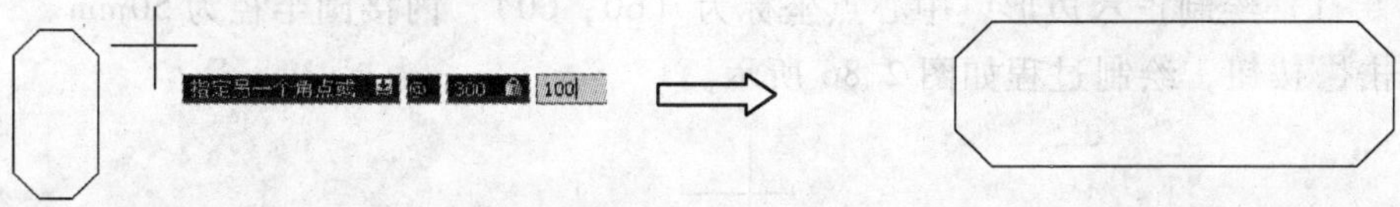

输入另一个角点的相对坐标值　　　　　　　　图形结果

图 2.83　绘制带直角矩形

Step4：绘制第一个矩形。单击按钮，绘制过程如图 2.84 所示。

【要点提示】

(1) 倒直角命令调用

工具栏：在“绘图”工具条中单击按钮。

菜单：“绘图”→“矩形”。

(2) 功能　绘制各种形式的矩形。

(3) 操作选项说明

1) 第一个角点：指定矩形的一个角点。

2) 指定另一个角点或 [面积 (A) /标注 (D) /旋转 (R)]：指定点或输入选项另一个角点：使用指定的点作为对角点创建矩形，如图 2.85 所示。

3) 区域：使用面积与长度或宽度创建矩形。如果“倒角”或“圆角”选项被激活，则区域将包括倒角或圆角在矩形角点上产生的效果。

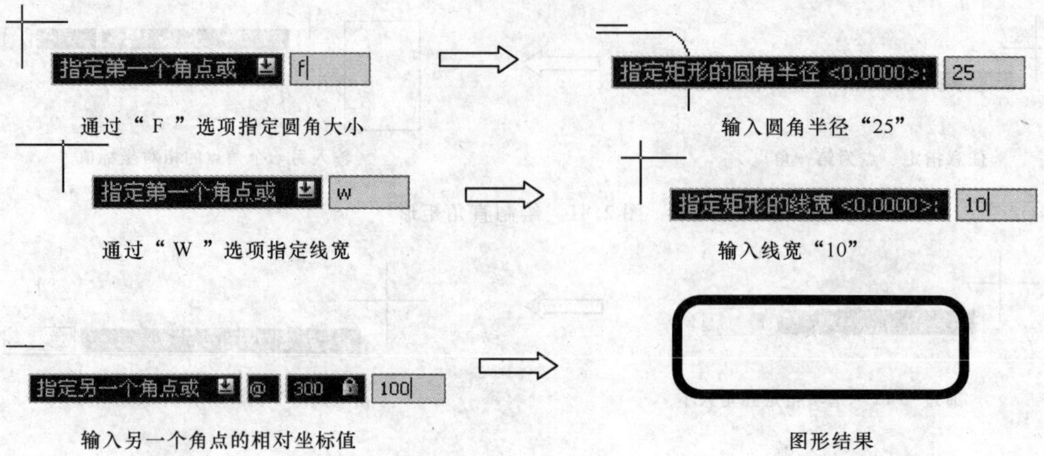

图 2.84　绘制线宽矩形

4）标注：使用长和宽创建矩形。

5）旋转：按指定的旋转角度创建矩形。

6）倒角：设置矩形的倒角距离。

7）标高：指定矩形的标高。

8）圆角：指定矩形的圆角半径。

9）厚度：指定矩形的厚度。

10）宽度：为要绘制的矩形指定多段线的宽度。

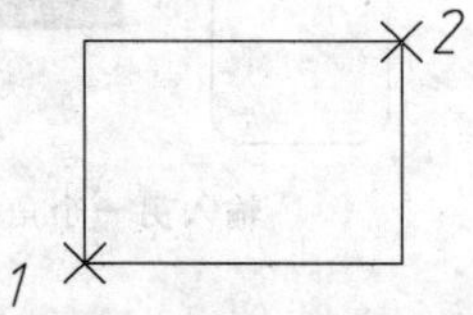

图 2.85　指定两对角绘制矩形

2.6.2　正多边形的绘制与比例缩放和分解

【例 2.12】　1）绘制正六边形，中心点坐标为（60，60），内接圆半径为 50mm。

Step1：单击按钮，绘制过程如图 2.86 所示。

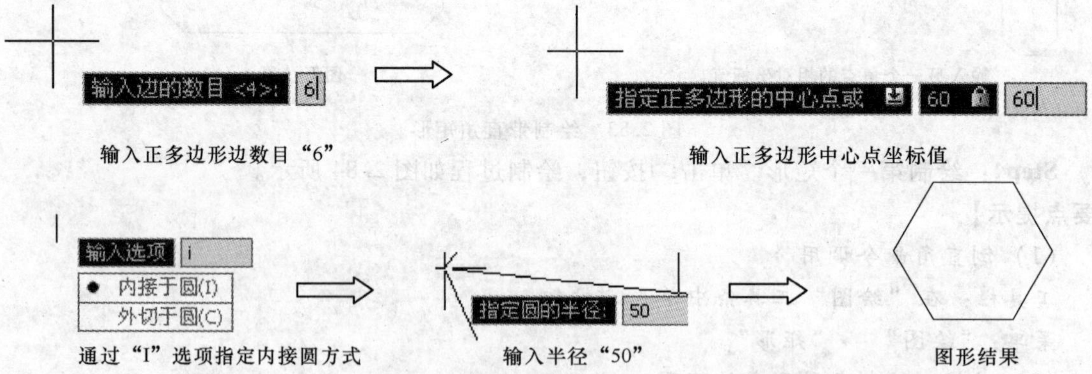

图 2.86　绘制正六边形

2）绘制五边形，边长为 45mm。

Step2：单击按钮，绘制过程如图 2.87 所示。

【要点提示】

（1）多边形命令调用

工具栏：在“绘图”工具条中单击按钮。

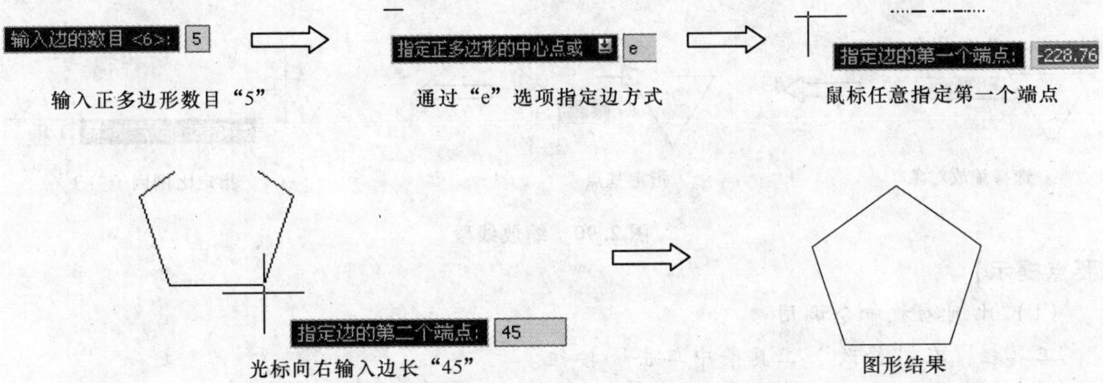

图 2.87　绘制正五边形

菜单：“绘图”→“正多边形”。

(2) 功能　绘制边数为 3~1024 的正多边形。

(3) 操作选项说明

1) 正多边形中心点：定义正多边形中心点。

2) 内接于圆：指定外接圆的半径，正多边形的所有顶点都在此圆周上。

外切于圆：指定从正多边形中心点到各边中点的距离。

3) 用定点设备指定半径，决定正多边形的旋转角度和尺寸。指定半径值将以当前捕捉旋转角度绘制正多边形的底边。

4) 边：通过指定第一条边的端点来定义正多边形。

【例 2.13】　绘制粗糙度符号。

Step1：单击按钮，画任意大小的圆内接正三角形。(注意打开正交工具，移动鼠标，使 *BC* 边处于水平位置)，如图 2.88 所示。

Step2：单击“修改”工具栏中的按钮，分解正三角形。

【要点提示】

1) 分解命令调用：

工具栏：在“修改”工具条中单击按钮。

2) 功能：将由多个对象组成的组合对象分解开，可以使用用户对单个实体对象进行编辑。

3) 分解后的独立对象仍然保留颜色、线型、图层等属性。

4) 多段线分解后将丢失宽度信息，即宽度为零，各点坐标以原中心线为准。圆环分解后丢失宽度信息，直径是内径和外径之和的一半。

5) 某种程度上可以认为分解面域是面域的逆操作。

Step3：单击按钮，复制 *AB* 边得到 *BD*，如图 2.89 所示。

Step4：单击“修改”工具栏中的按钮，将 *BD* 边拉长为原来的 1.1 倍，如图 2.90 所示。

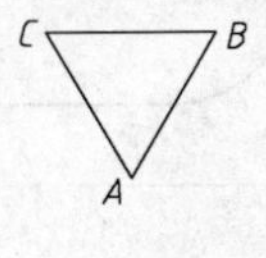

图 2.88　绘制正三角形

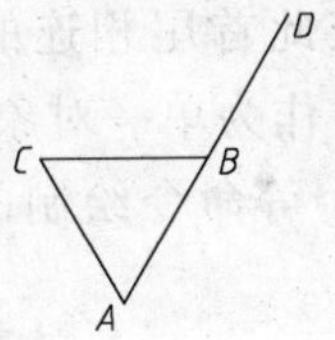

图 2.89　复制 *AB* 到 *BD*

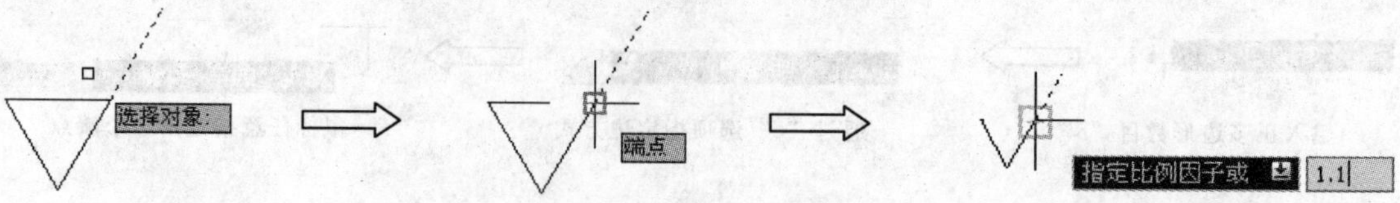

选择缩放对象　　指定基点　　指定比例因子“1.1”

图 2.90　缩放线段

【要点提示】

（1）比例缩放命令调用

工具栏：在“修改”工具条中单击□按钮。

菜单：“修改”→“缩放”。

（2）功能　将由多个对象组成的组合对象分解开，可以使将选定对象按指定的比例因子相当于指定基点进行尺寸缩放。

（3）操作选项说明

1）比例因子：按指定的比例放大选定对象的尺寸，还可以拖动光标使对象变大或变小。

2）复制：创建要缩放的选定对象的副本。

3）参照：按参照长度和指定的新长度缩放所选对象。

Step5：单击□按钮，将三角形高度 AE 变为 5mm，如图 2.91 所示。

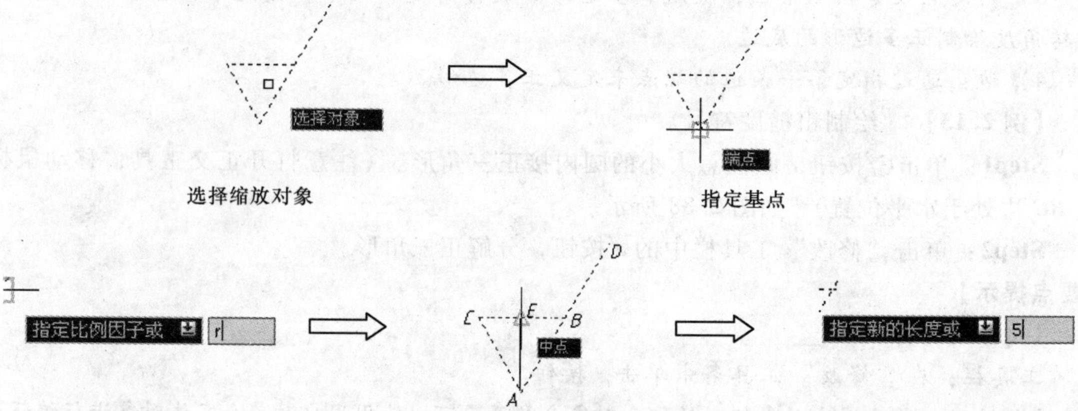

选择缩放对象　　指定基点

通过“r”选项指定参照方式　　选取参照 *AE*　　指定新长度“5”

图 2.91　“参照”选项缩放对象

2.7　多段线

多段线由彼此首尾相连的、可具有不同宽度的直线段或弧线组成，并作为单一对象使用。使用“rentang”、“polygon”、“donut”等命令绘制的矩形、正多边形和圆环等均属于多段线对象。

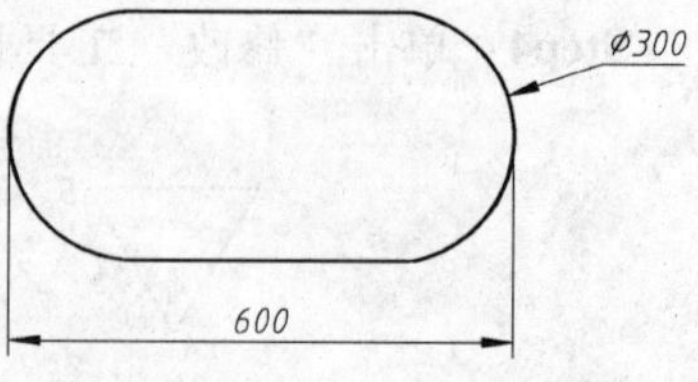

图 2.92　多段线图例

【例 2.14】　绘制图 2.92 所示多段线。

Step：单击按钮，绘图过程如图 2.93 所示。

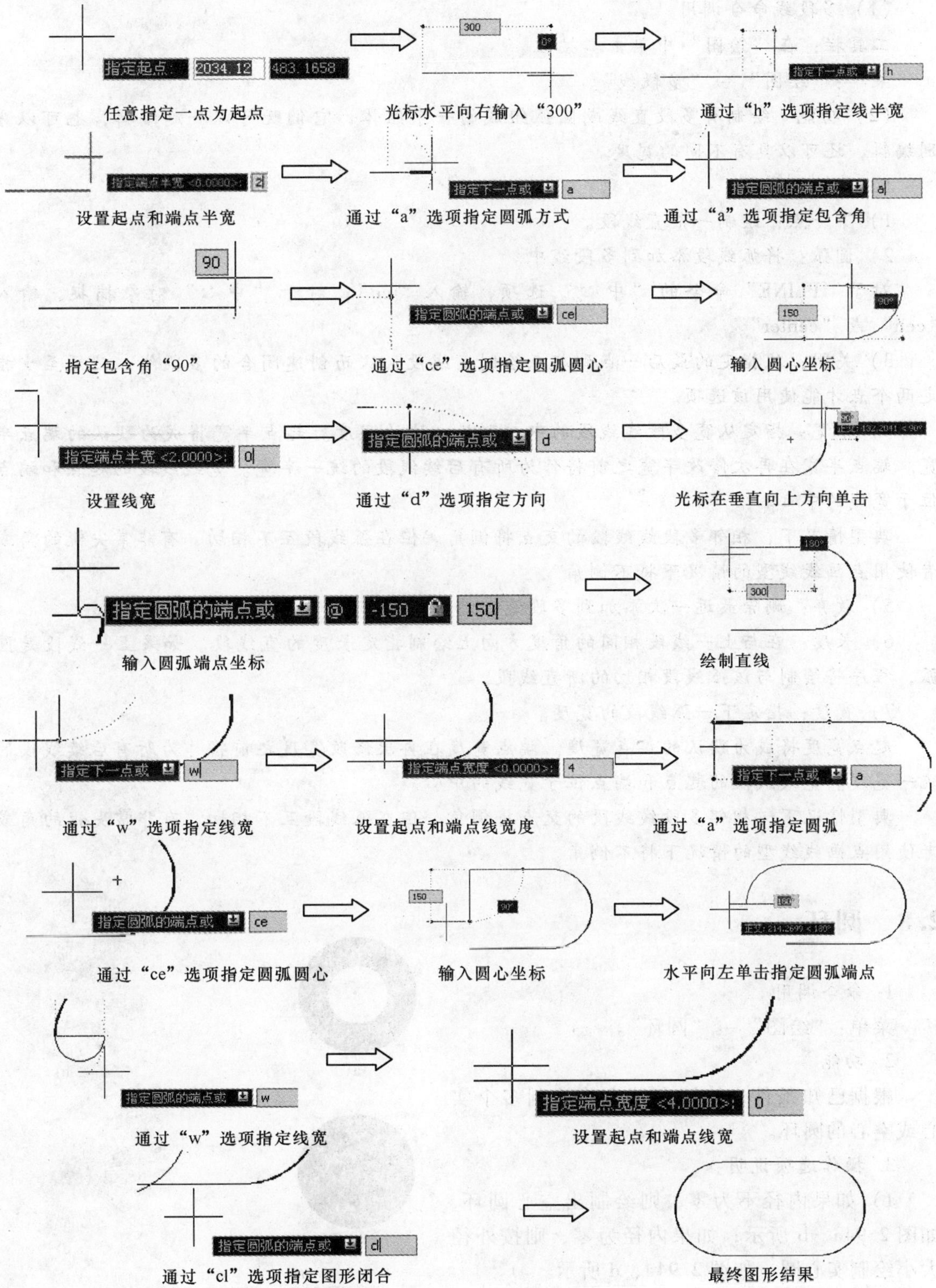

图 2.93　多段线的绘制过程

【要点提示】

（1） 多段线命令调用

工具栏：在“绘图”中单击按钮。

菜单：“绘图”→“多段线”。

（2） 功能　绘制有多段直线或圆弧组成的一个组体，它们既可以一起编辑，也可以分别编辑，还可以具有不同的宽度。

（3） 选项说明

1） 下一点：绘制一条直线段。

2） 圆弧：将弧线段添加到多段线中。

对于“PLINE”命令的“中心”选项，输入“ce”；对于“中心”对象捕捉，输入“cen”或“center”。

3） 关闭：从指定的最后一点到起点绘制直线段，从而创建闭合的多段线。必须至少指定两个点才能使用该选项。

4） 半宽：指定从宽多段线线段的中心到其一边的宽度。起点半宽将成为默认的端点半宽。端点半宽在再次修改半宽之前将作为所有后续线段的统一半宽。宽线线段的起点和端点位于宽线的中心。

典型情况下，相邻多段线线段的交点将倒角。但在弧线段互不相切、有非常尖锐的角或者使用点画线线型的情况下将不倒角。

5） 放弃：删除最近一次添加到多段线上的弧线段。

6） 长度：在与上一线段相同的角度方向上绘制指定长度的直线段。如果上一线段是圆弧，程序将绘制与该弧线段相切的新直线段。

7） 宽度：指定下一弧线段的宽度。

起点宽度将成为默认的端点宽度。端点宽度在再次修改宽度之前将作为所有后续线段的统一宽度。宽线线段的起点和端点位于宽线的中心。

典型情况下，相邻多段线线段的交点将倒角。但在弧线段互不相切、有非常尖锐的角或者使用点画线线型的情况下将不倒角。

2.8　圆环

1. 命令调用

菜单：“绘图”→“圆环”。

2. 功能

根据已知条件，使用多种方法绘制多个实心或空心的圆环。

3. 操作选项说明

1） 如果内径不为零，则绘制出空心圆环，如图 2.94a、b 所示；如果内径为零，则按外径大小绘制实心圆，如图 2.94c、d 所示。

2） 利用“Fill”变量设置圆环是否填充。

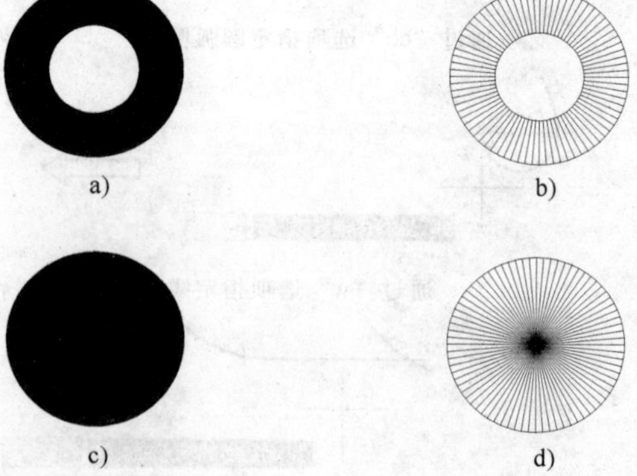

图 2.94　圆环及其填充状态

Fill 为“开（ON）”时，表示填充，如图 2.94a、c 所示；Fill 为“关（OFF）”时，表示不填充，如图 2.94b、d 所示。

2.9　多线

1. 命令调用

菜单：“绘图”→“多线”。

2. 功能

绘制一种由多条平行线组成的组合对象，平行线之间的间距及平行线的数目是可以调整的。

3. 操作选项说明

（1）起点　指定多线的下一个顶点。

（2）对正　确定如何在指定的点之间绘制多线。

1）上：在光标下方绘制多线，因此，在指定点处将会出现具有最大正偏移值的直线。

2）无：将光标作为原点绘制多线，因此“MLSTYLE”命令中“元素特性”的偏移 0.0 将在指定点处。

3）下：在光标上方绘制多线，因此，在指定点处将出现具有最大负偏移值的直线。

比例：控制多线的全局宽度。该比例不影响线型比例。这个比例基于在多线样式定义中建立的宽度。

（3）样式　指定多线的样式，默认样式为“STANDARD”。

2.10　图案填充与阵列

【例 2.15】　绘制图 2.95 所示图形。

Step1：单击按钮，绘制 $R20$ 的圆。

Step2：单击按钮，绘制正六边形，大小适中即可，如图 2.96a 所示。

Step3：单击按钮，复制正六边形，如图 2.96b 所示。

Step4：单击按钮，作辅助线，如图 2.96c 所示。

Step5：其余正六边形采用阵列的方法。单击修改工具栏中的按钮，系统弹出“阵列”对话框如图 2.97 所示。

图 2.95　“足球”图例

【要点提示】

（1）阵列命令调用

菜单：“修改”→“阵列”。

（2）矩形阵列　矩形阵列以矩形阵列方式复制对象，此时对话框如图 2.98 所示。

1）“行”文本框：用于设置矩形阵列的行数。

2）“列”文本框：用于设置矩形阵列的列数。

3）“偏移距离和方向”选项区域：在“行偏移”、“列偏移”、“阵列角度”文本框中可以输入矩形阵列的行距、列距（见图 2.99）和阵列角度，也可以单击右边的“拾取两个偏移”按钮或“选择对象”按钮，在绘图区域窗口中通过指定点来确定距离和方向。

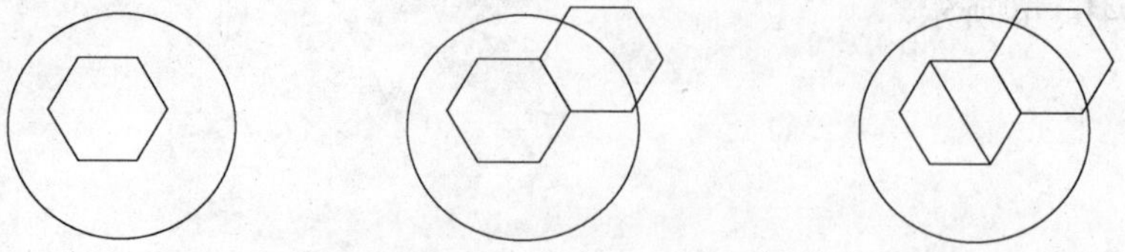

a)　　b)　　c)

图 2.96　绘制圆和复制正六边形
a）绘制圆和正六边形　b）复制正六边形　c）绘制辅助线

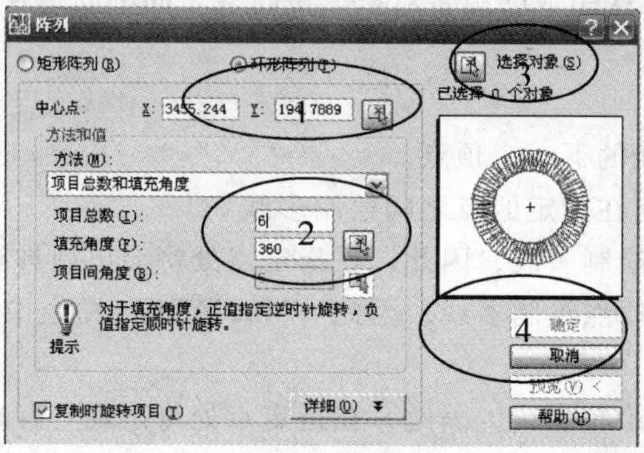

“阵列”对话框

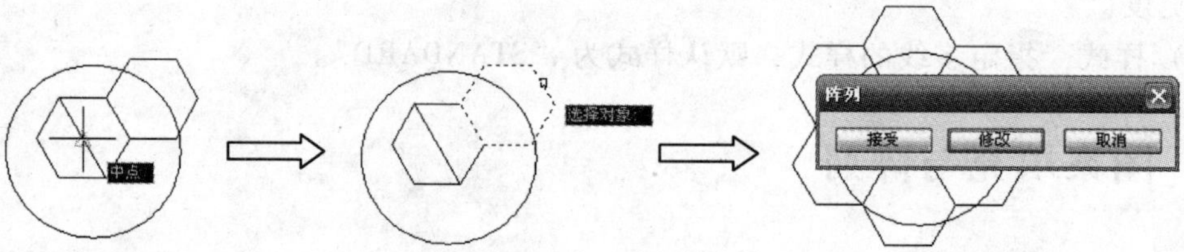

1：选取阵列中心点　　3：选择阵列对象图　　4：确定阵列结果

图 2.97　环形阵列的绘制

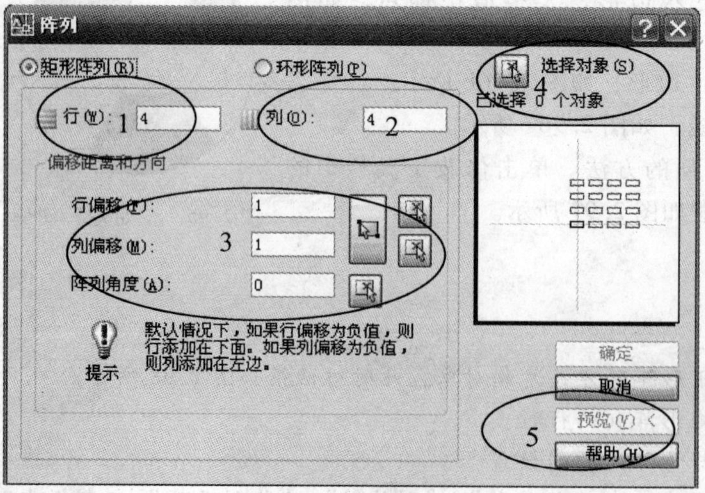

图 2.98　“矩形阵列”对话框

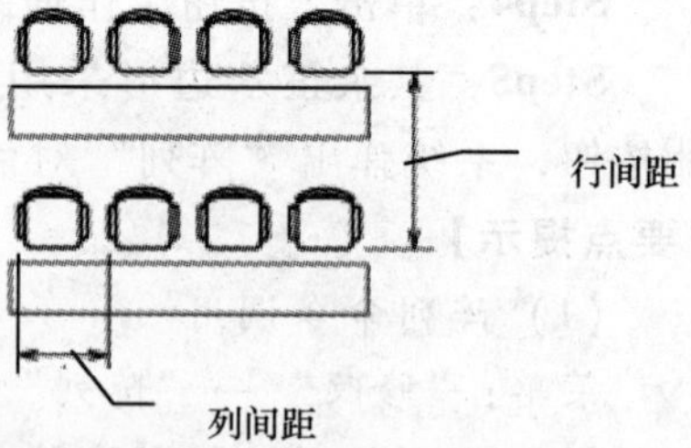

图 2.99　行距和列距

4）“选择对象”按钮：单击该按钮将切换到绘图区域窗口，在该窗口中可以选择进行阵列复制的对象。

5）“预览”按钮：单击该按钮将切换到绘图窗口，在该窗口中可预览阵列复制效果。

（3）环形阵列复制　矩形阵列以环形阵列方式复制对象，此时对话框如图 2.100 所示。

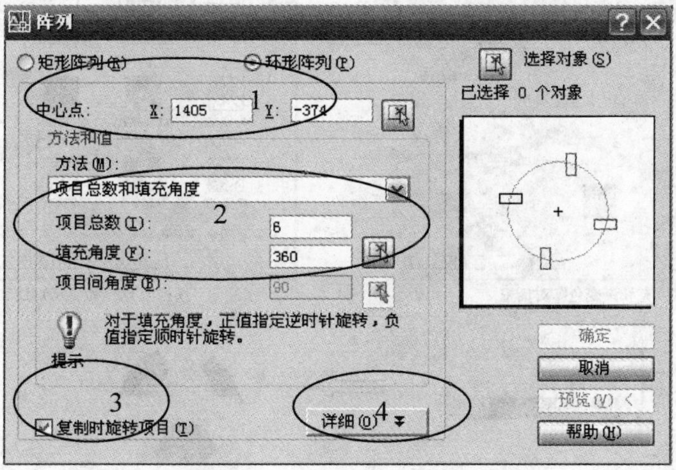

图 2.100　“环形阵列”对话框

1）“中心点”选项区域：在 X 和 Y 文本框中，输入环形阵列的中心点坐标。也可以单击右边的按钮，切换到绘图窗口中，直接指定一点作为阵列的中心点。

2）“方法和值”选项区域：设置环形阵列复制的方法和值。其中，在“方法”下拉列表框中选择环形的方法，包括“项目总数和填充角度”、“项目总数和项目间的角度”、“填充角度和项目间的角度”三种。选择的方法不同，设置的值也不同。用户可以直接在对应的文本框中输入值，也可以通过单击相应按钮，在绘图窗口中指定。

3）“复制时旋转项目”复选框：用于设置在阵列时，是否将复制出对象绕中心点旋转。

4）“详细”按钮：单击该按钮，对话框中将显示选定对象的基点信息，用户可以利用这些信息设置对象的基点。

Step6：删除多余直线。单击按钮，绘制结果如图 2.101 所示。

Step7：修剪多余直线。单击按钮，绘制结果如图 2.102 所示。

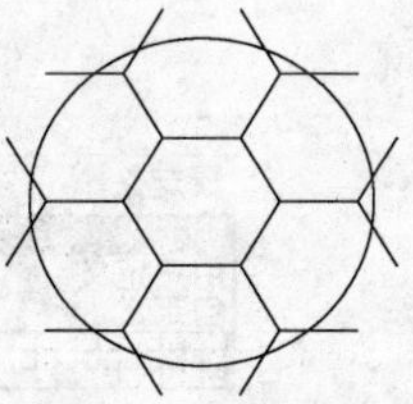

图 2.101　删除辅助线图

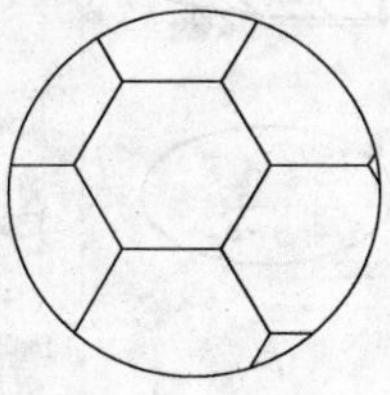

图 2.102　修剪多余线段

Step8：填充图案。单击按钮，填充过程如图 2.103 所示。

【要点提示】

（1）填充图案命令调用

工具栏：在“绘图”工具栏中单击按钮。

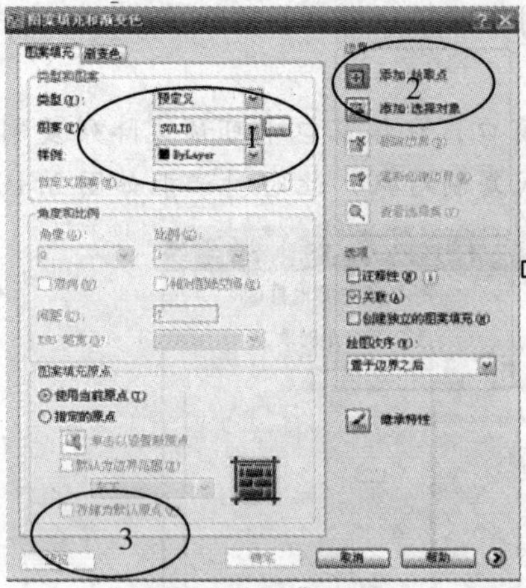

"图案填充和渐变色"对话框

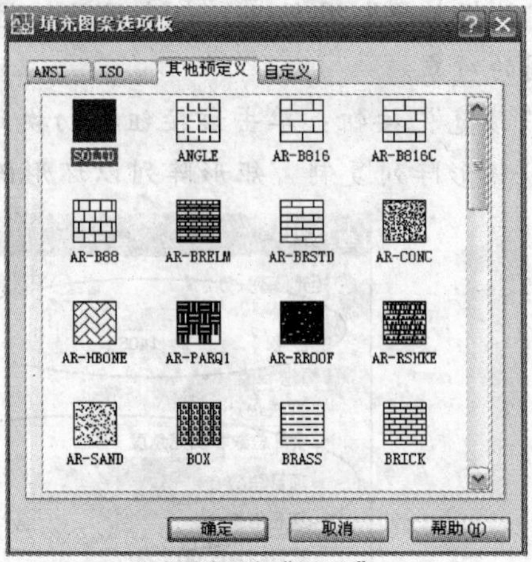

选择填充图案"SOLID"

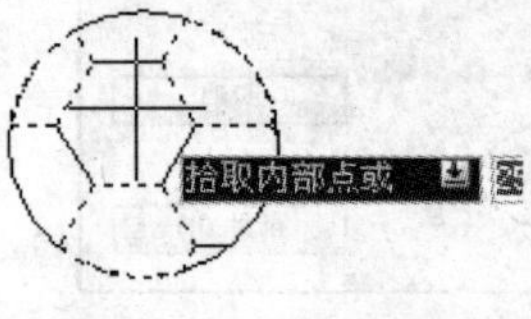

点选填充区域

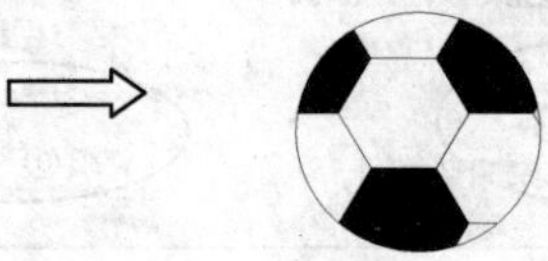

确定填充结果

图 2.103　图案填充

菜单："绘图"→"图案填充"。

命令行：h

(2) 功能　使用指定线条图案来填充图形的指定区域，常用于表达剖切面和不同类型物体对象的外观纹理等。

(3) 操作选项说明　调用图案填充的命令后，系统将弹出"图案填充和渐变色"对话框，在该对话框中可以设置图案填充时的图案、填充边界以及填充方式等，如图 2.104 所示。

1)"类型"下拉列表框　用于设置填充的图案类型(见图2.105),包括"预定义"、

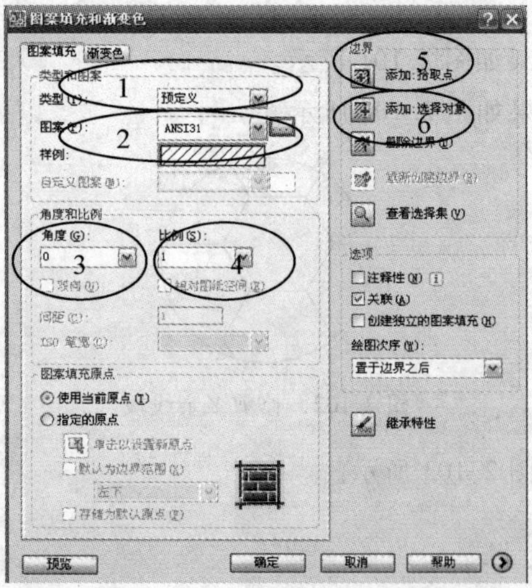

图 2.104　"图案填充和渐变色"对话框

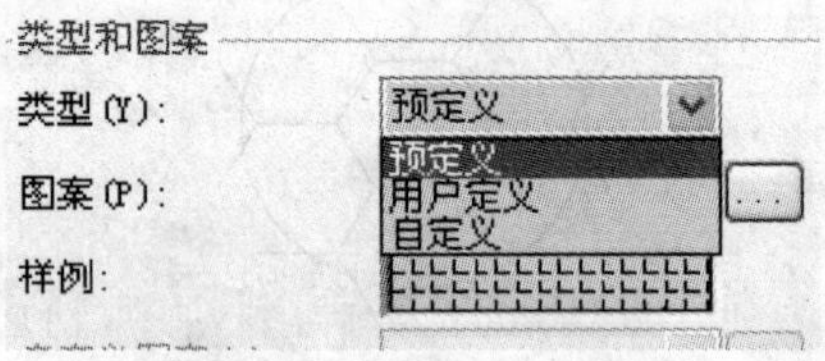

图 2.105　"类型和图案"选项区域

"用户定义"和"自定义"三个选项。

① 选择"预定义"选项，可以使用 AutoCAD 提供的图案。

② 选择"用户定义"选项，则需要用户临时定义图案。

③ 选择"自定义"选项，可以使用用户定义好的图案。

2）"图案"下拉列表框　在"类型"中选择"预定义"选项时，该下拉列表框才可用，该下拉列表框主要用于设置填充的图案。用户可以直接从该下拉列表框中根据图案名来选择图案，也可以单击其后…按钮，在打开的"填充图案选项板"对话框中选择。该对话框有"ANSI"、"ISO"、"其他预定义"、"自定义"四个选项卡，分别对应四种图案类型，如图 2.106 所示。

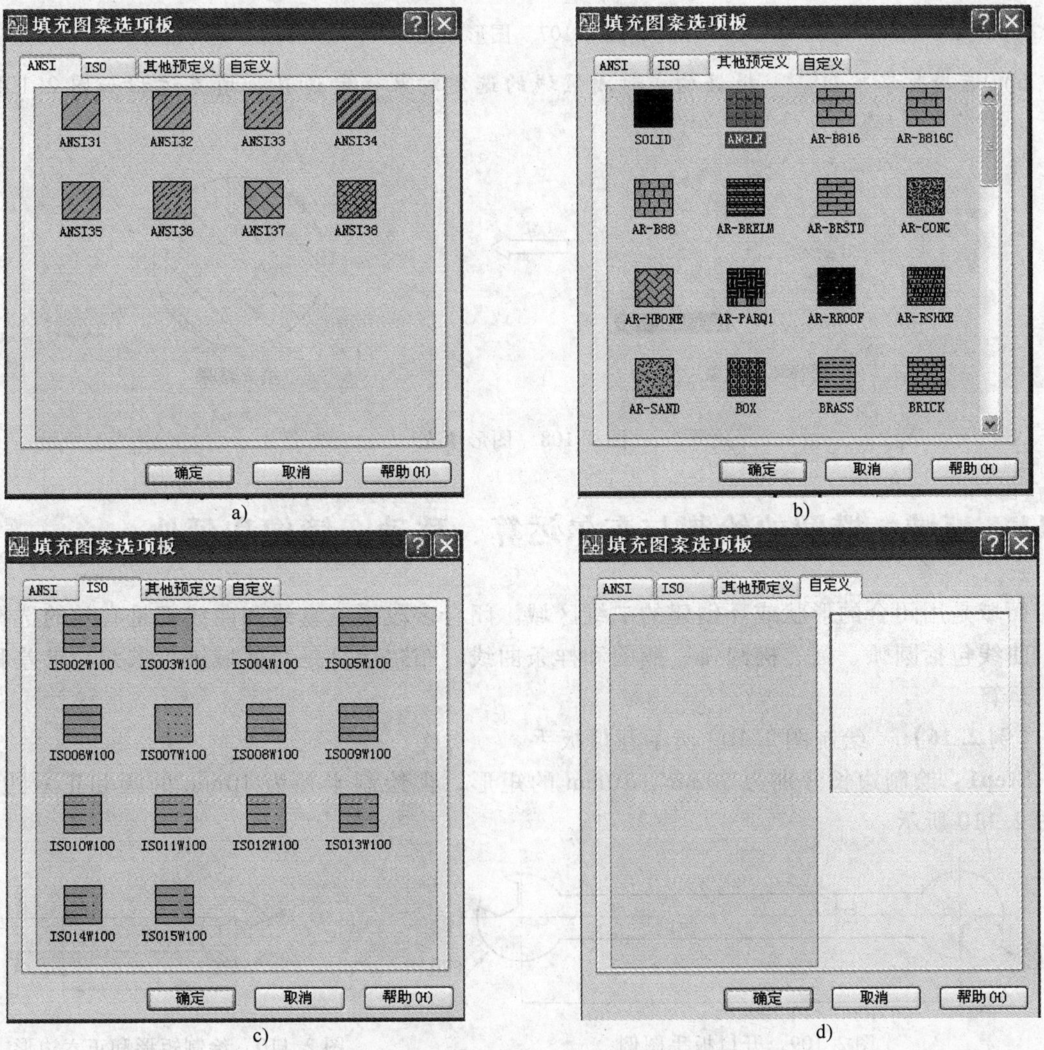

图 2.106　"填充图案选项板"对话框四个选项卡

a）ANSI 选项卡　b）ISO 选项卡　c）其他预定义选择卡　d）自定义选项卡

3）"角度"下拉对话框　用于设置填充图案的旋转角度，每种图案定义时旋转角度都为零。

4）“比例”下拉对话框　用于设置图案填充时的比例值，只有将“类型”设置为“预定义”或“自定义”，此选项才可用。

5）拾取点按钮　根据围绕指定点构成封闭区域的现有对象确定边界。对话框将暂时关闭，系统将会提示拾取一个点。填充过程如图 2.107 所示。

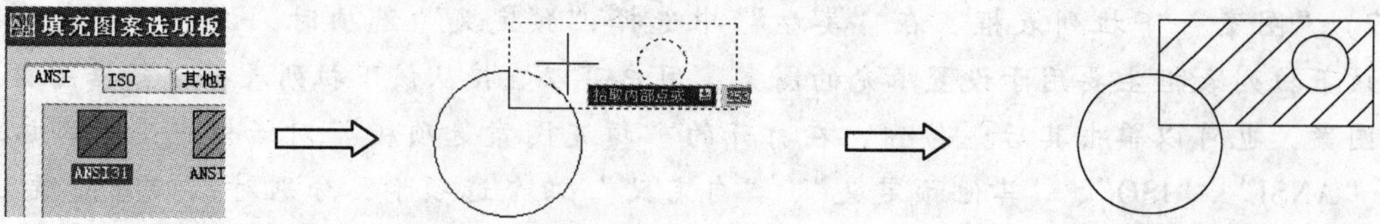

选择填充图案　　拾取填充区域的内部点　　填充结果

图 2.107　图形填充

6）选择对象按钮　根据构成封闭区域的选定对象确定边界。填充过程如图 2.108 所示。

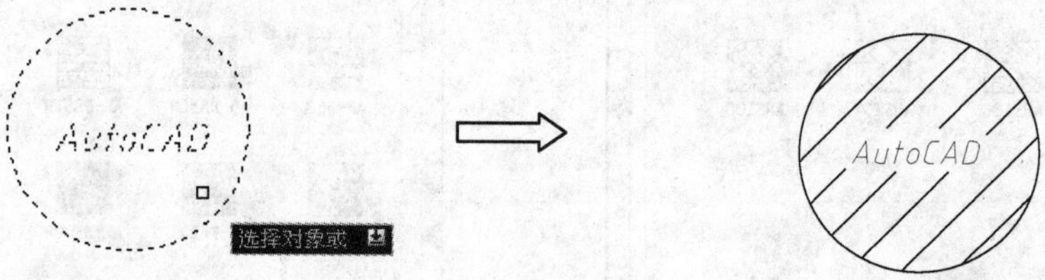

选择填充对象　　填充结果

图 2.108　图形填充

2.11　面域、椭圆的绘制与布尔运算、移动、镜像和延伸

面域是用闭合的形状或环创建的二维区域。闭合多段线、直线和曲线都是有效的选择对象。曲线包括圆弧、圆、椭圆弧、椭圆和样条曲线。布尔运算是对面域进行求并、求差和求交的运算。

【例 2.16】　绘制图 2.109 所示开口扳手。

Step1：绘制边长分别为 50mm、10mm 的矩形，再绘制半径为 10mm 的圆和正六边形，如图 2.110 所示。

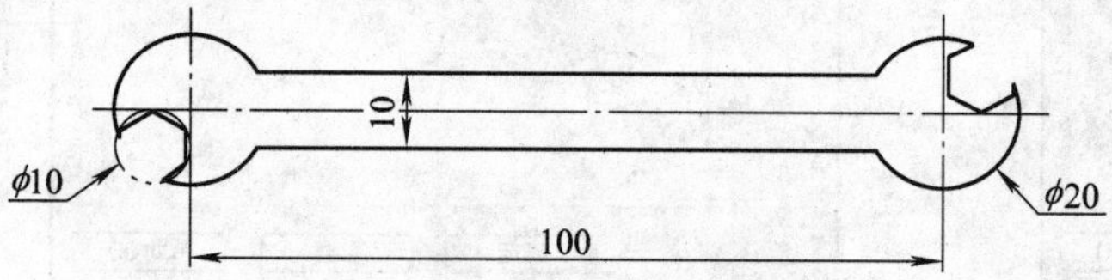

图 2.109　开口扳手图例

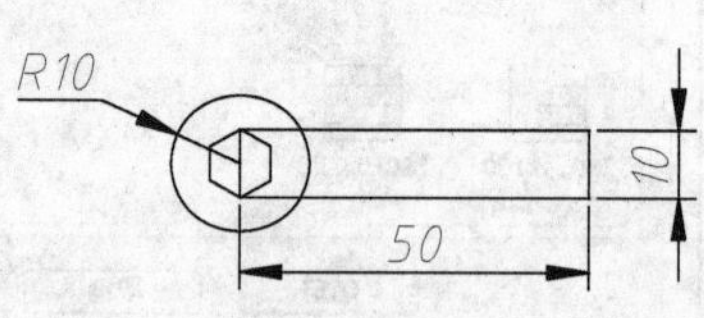

图 2.110　绘制矩形和正六边形

Step2：绘制右边部分。单击“修改”工具条中的按钮，操作过程如图 2.111 所示。

【要点提示】

1）镜像命令调用：

工具栏：在“修改”工具条中单击按钮。

选择对象

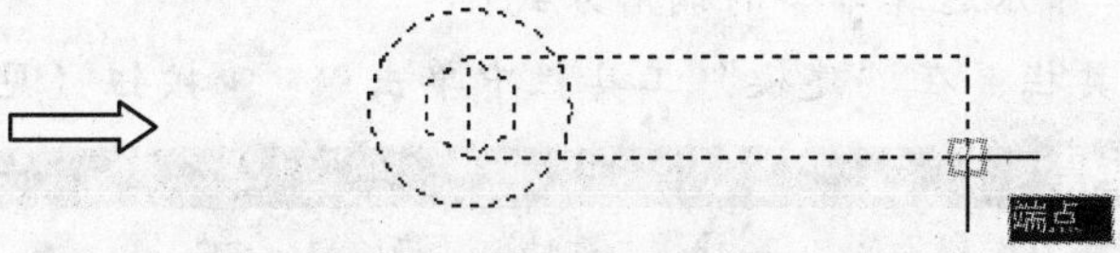

指定镜向线的第一点

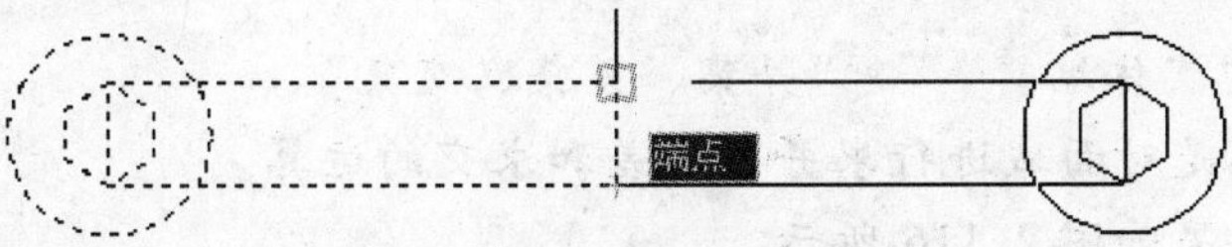

指定镜向线第二点

图 2.111　镜像对象

菜单："修改"→"镜像"。

2）功能：以镜像线为中心，在与原图形对称的位置镜像复制或镜像移动选定对象。

3）默认情况下，镜像文字对象时，不更改文字的方向。如果确实要反转文字，需将"MIRRTEXT"系统变量设置为 1，如图 2.112 所示。

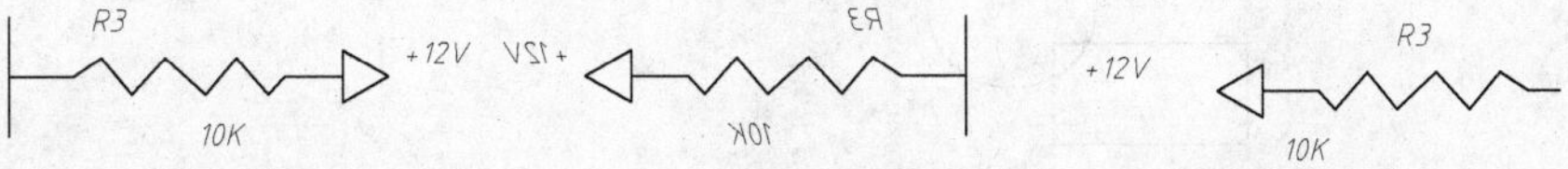

镜像前　　镜像后 MIRRTEXT=1　　镜像后 MIRRTEXT=0

图 2.112　镜像文字设置

Step3：创建面域对象。单击按钮，操作如图 2.113 所示。

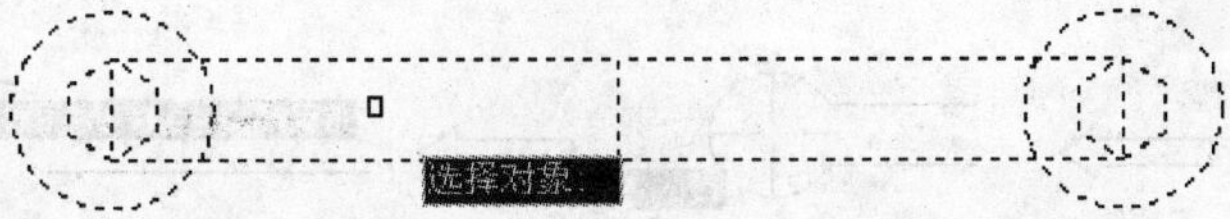

图 2.113　全选创建面域

【要点提示】

1）面域命令的调用方式：

工具栏：在"绘图"工具条中单击按钮。

菜单："绘图"→"面域"。

2）功能：通过添加操作合并选定面域或实体。

Step4：合并面域。单击按钮，操作如图 2.114 所示。

图 2.114　点选除两个正六边形的所有对象进行合并

【要点提示】

1）布尔运算命令的调用方式：

工具栏：在“建模”工具栏中单击 按钮（见图 2.115）。

图 2.115　并集、差集和交集工具栏

菜单：“修改”→“实体编辑”→“并集、差集、交集”。

2）功能：布尔运算是对面域进行求并、求差和求交的运算。

3）布尔运算绘制结果如图 2.116 所示。

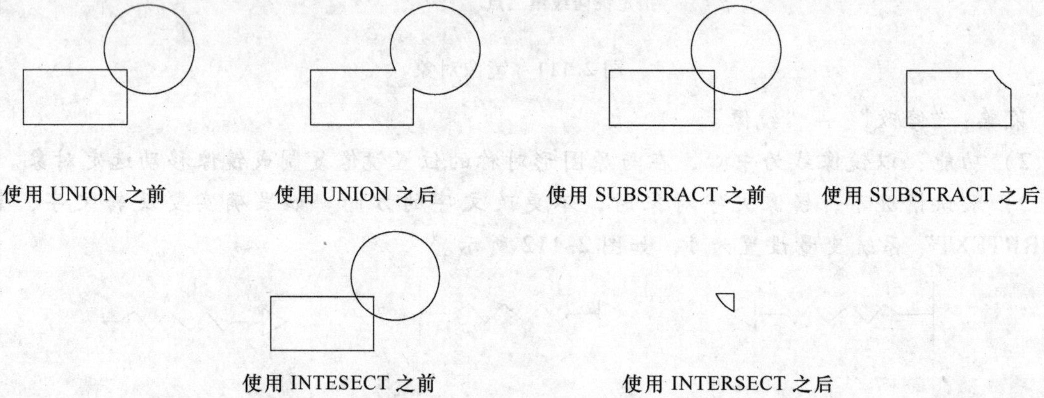

图 2.116　布尔运算效果图

Step5：移动两个正六边形。单击“修改”工具栏中的 按钮，移动过程如图 2.117 所示。

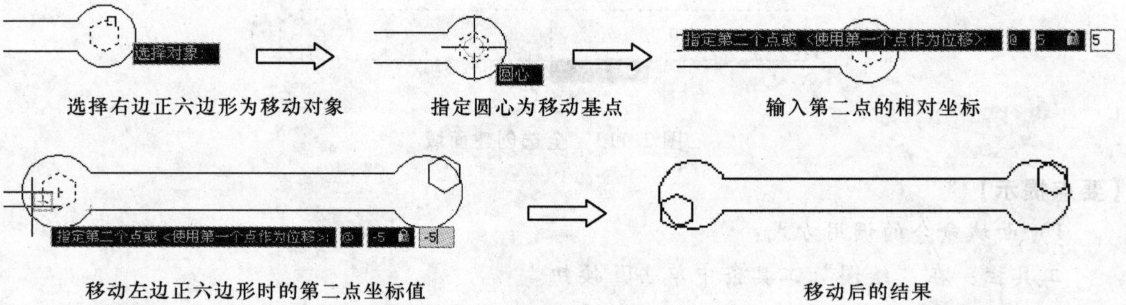

图 2.117　移动正六边形

【要点提示】

1）移动命令调用：

工具栏：在“修改”工具条中单击 按钮。

菜单：“修改”→“移动”。

命令行：M

2）功能：在指定方向上按指定距离平移对象。

Step6：差集处理。单击 按钮，操作过程如图 2.118 所示。

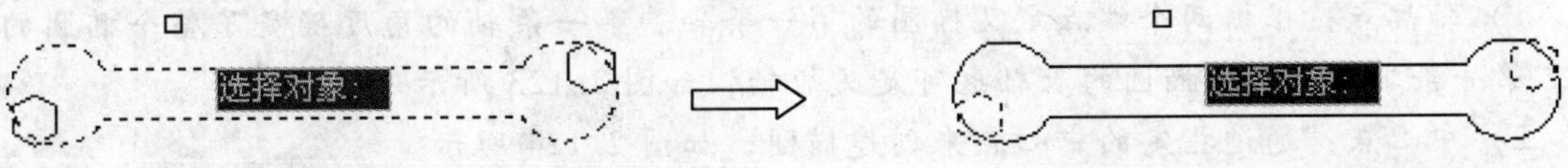

选择要从中减去的面域　　选择两个正六边形为要减去的面域

图 2.118　差集处理

【例 2.17】　绘制图 2.119 所示五角星。

Step1：单击按钮，绘制一个长、宽分别为 400mm、280mm 的矩形，如图 2.120 所示。

图 2.119　五角星图例

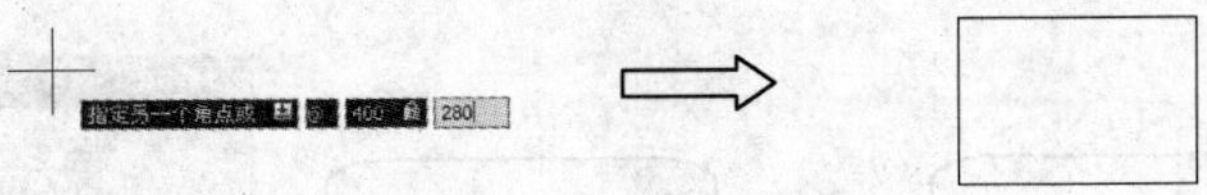

图 2.120　绘制矩形

Step2：单击按钮，绘制矩形的中心线，再单击按钮，绘制 $R100$ 的圆，如图 2.121 所示。

Step3：单击按钮，绘制长轴半径为 150mm，短轴半径为 120mm 的椭圆，如图 2.122 所示。

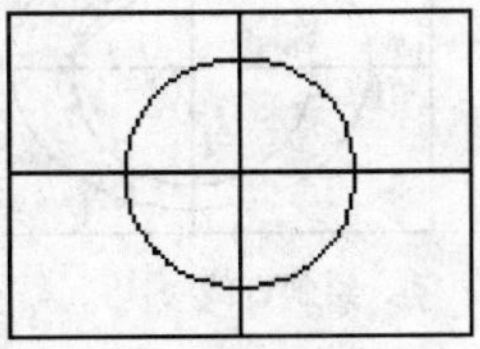

图 2.121　绘制中心线和圆

【要点提示】

(1) 椭圆命令调用

工具栏：在“绘图”工具条中单击按钮。

菜单：“绘图”→“椭圆”→“中心点”。

(2) 功能　绘制椭圆和椭圆弧。

(3) 操作选项说明

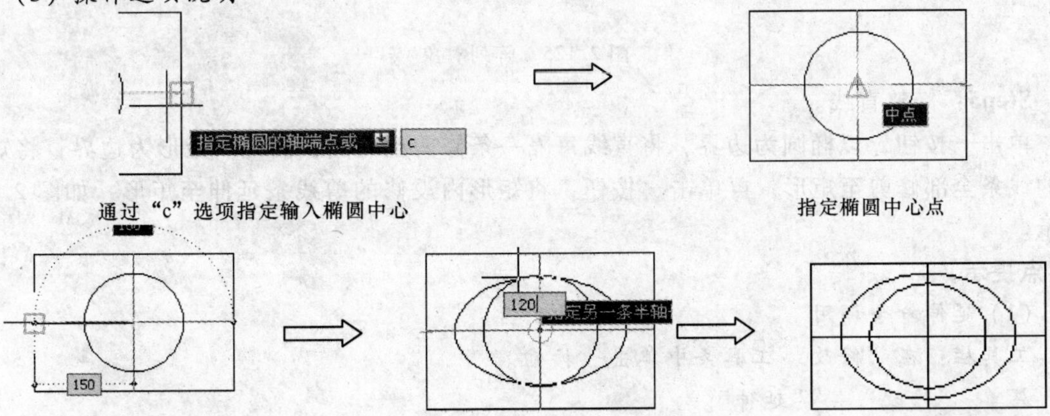

通过“c”选项指定输入椭圆中心　　指定椭圆中心点

水平方向输入长轴半径　　垂直方向输入短轴半径　　椭圆结果

图 2.122　绘制椭圆

1）轴端点：根据两个端点定义椭圆的第一条轴。第一条轴的角度确定了整个椭圆的角度。第一条轴既可定义椭圆的长轴也可定义短轴，如图 2. 123 所示。

2）中心点：通过指定的中心点来创建椭圆，如图 2. 124 所示。

Step4：单击按钮，连接圆的四分之一象限点和矩形一边中点；再单击按钮，阵列直线，如图 2. 125 所示。

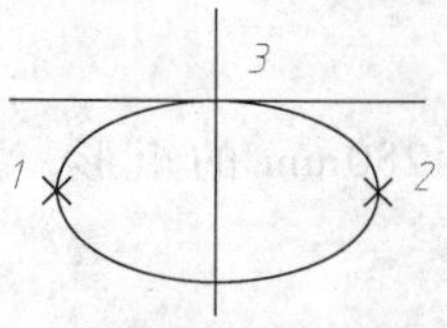

图 2. 123 “轴端点”方式绘制椭圆

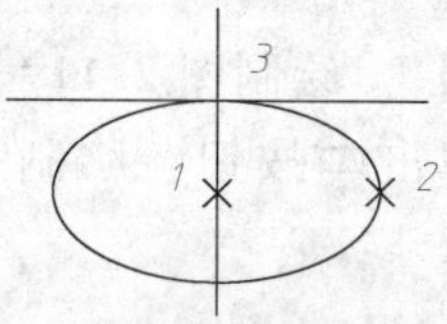

图 2. 124 “中心点”方式绘制椭圆

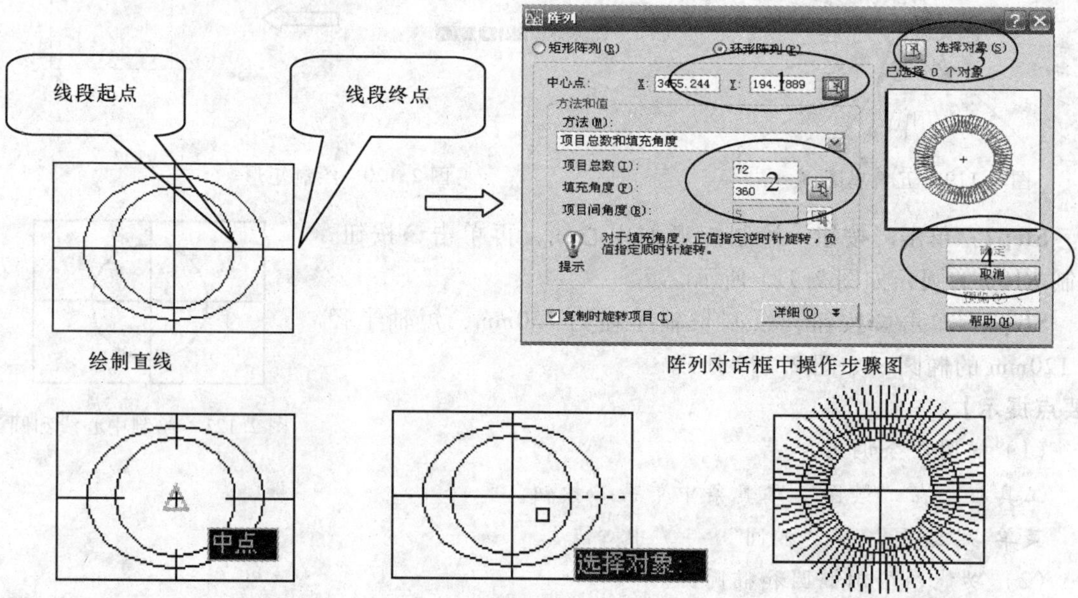

绘制直线　　阵列对话框中操作步骤图

1：指定阵列中心点　　3：选择阵列对象　　4：阵列确定后结果

图 2. 125 阵列对象

Step5：修整直线。

单击按钮，以椭圆为边界，将直线每隔一条修剪至椭圆；同时以矩形为边界，将矩形外的线条全部修剪至矩形；再单击按钮，将矩形内没修的剪线条延伸至矩形，如图 2. 126 所示。

【要点提示】

（1）延伸命令调用

工具栏：在“修改”工具条中单击按钮。

菜单：“修改”→“延伸”。

（2）功能 延长指定对象，使其与另一对象相交或从外观上相交。

（3）执行“EXTEND”命令时，要先选择边界，再选择延伸边。

（4）只能用直接点取方式选择延伸边，其他方式无效。延伸边可以是直线、圆弧、未封

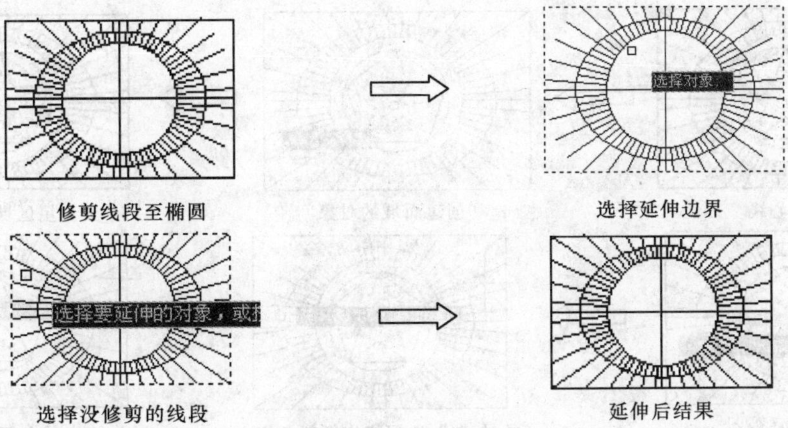

图 2.126　修整线段

闭的二维多段线和三维多段线及射线。

（5）延伸边往哪个方向延伸，取决于所单击的延伸边的位置，通常总是从离单击点近的一端延伸，直线按直线延伸，圆弧按圆周方向延伸，一直延伸到指定的边界。

Step6：单击按钮，绘制一个 *R*80 圆；再单击按钮，绘制这个圆的内接正五边形；再单击按钮，将五边形的五个端点连成直线；最后单击按钮，修剪掉每边的中间部分就得到五角形，如图 2.127 所示。

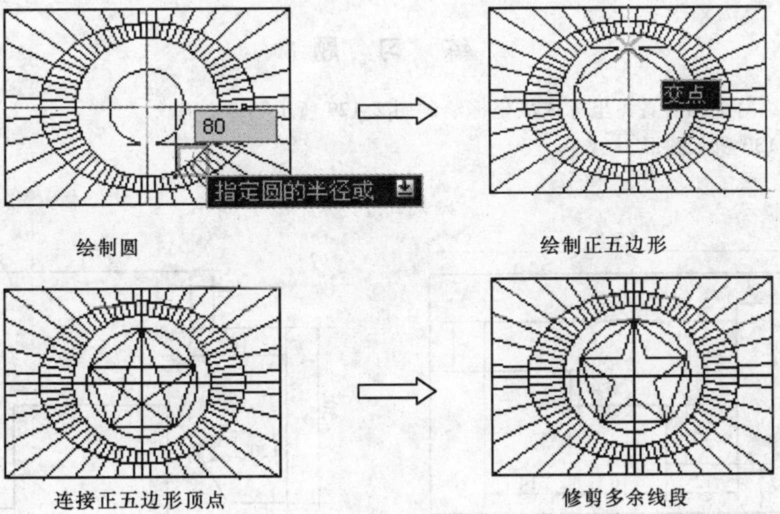

图 2.127　绘制五角星

Step7：先单击按钮，删除中心线；再点击按钮，先用交叉窗口选择的方法将五角形作成面域，再单击“建模”工具栏中的按钮，将其拉伸成高度为 30mm、角度为 30°的五角星，如图 2.128 所示。

Step8：单击按钮，删除多余线条，即得到如图 2.119 所示五角星图形最后结果。

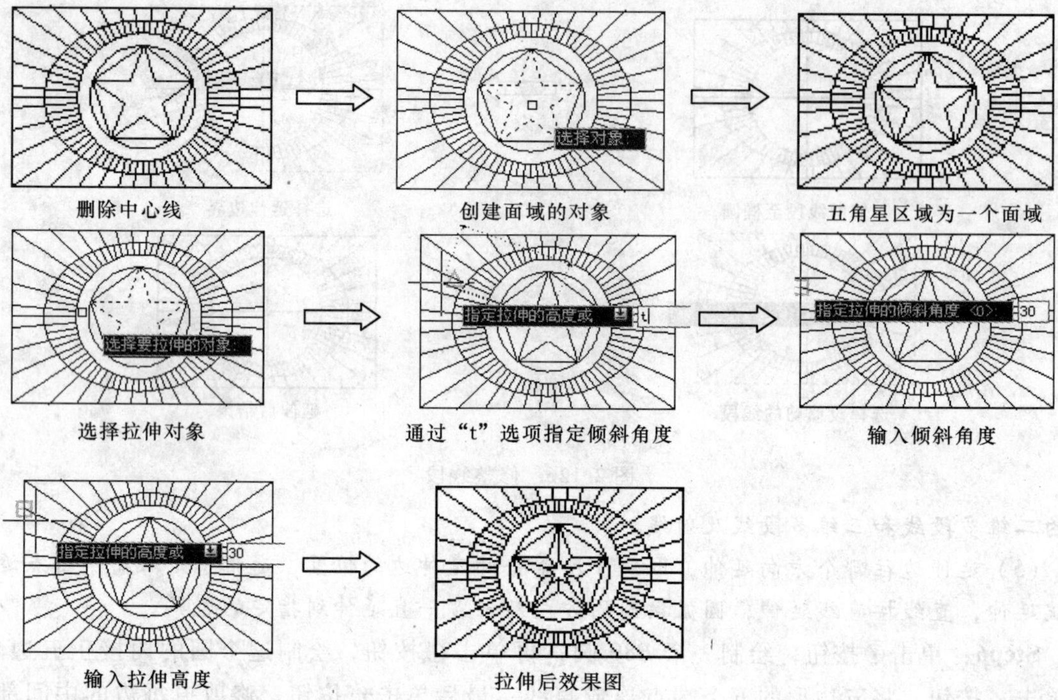

图 2.128　拉伸五角星

练　习　题

1. 利用点的绝对或相对直角坐标或极坐标绘制图 2.129 所示图形。
2. 绘制图 2.130 所示图形。

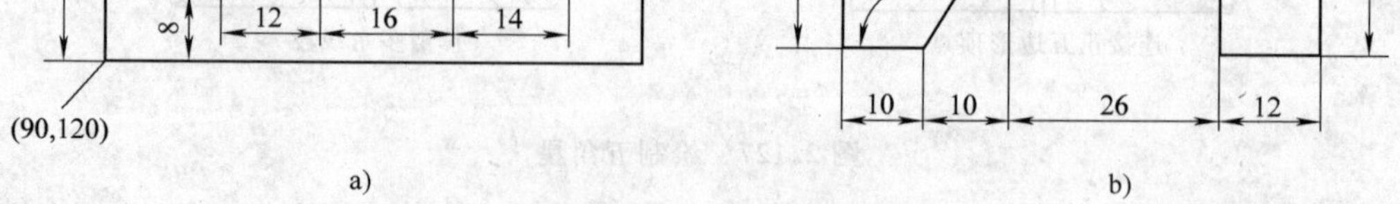

图 2.129　点、线绘制

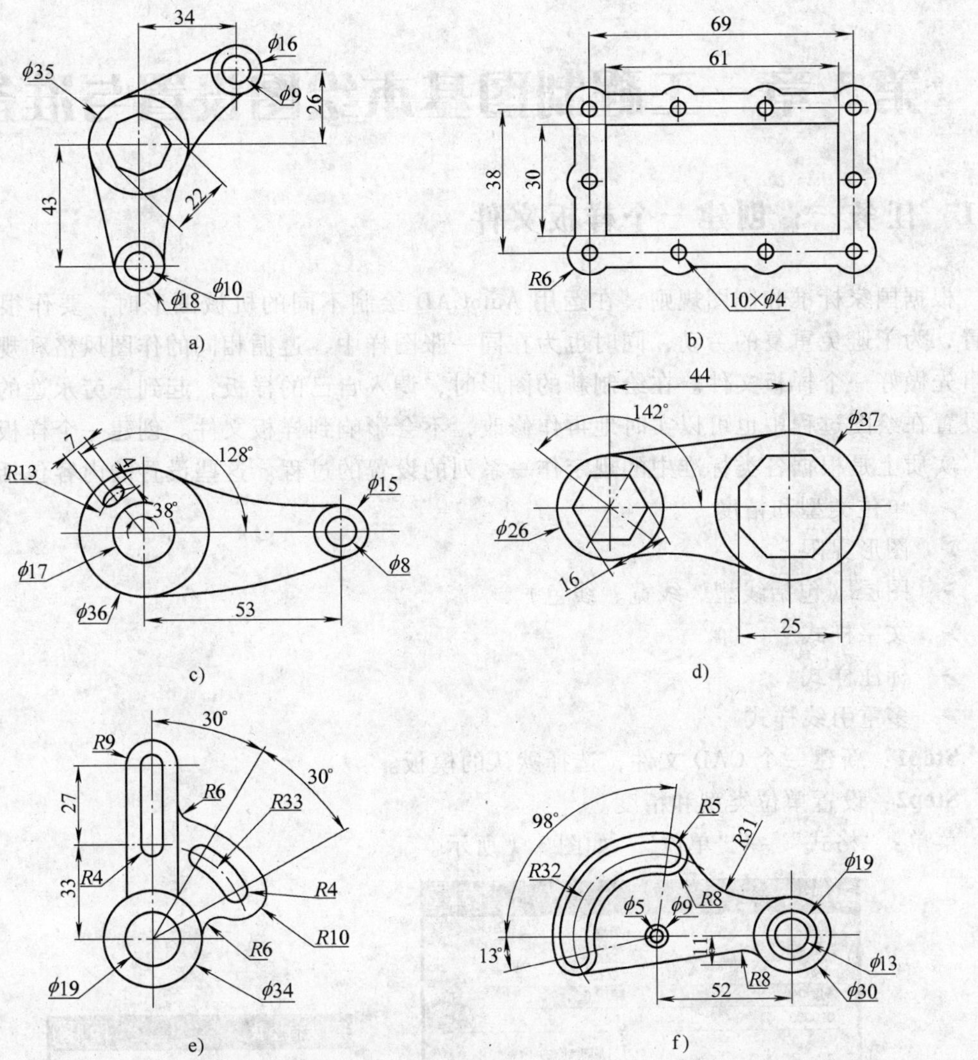
34
ϕ16
ϕ35
ϕ9
26
43
22
ϕ18
ϕ10
a)
69
61
38
30
R6
10×ϕ4
b)
7
4
R13
128°
38°
ϕ15
ϕ17
ϕ8
ϕ36
53
c)
44
142°
ϕ37
ϕ26
16
25
d)
30°
R9
30°
27
R6
R33
R4
33
R4
R10
R6
ϕ19
ϕ34
e)
98°
R5
R31
R32
ϕ19
ϕ5
ϕ9
R8
13°
11
ϕ13
R8
52
ϕ30
f)
R7
R4
R54
R18
119°
R4
R2
R8
7
11
R18
ϕ16
R29
R18
R5
15°
R3
94
g)

图 2.130　图形绘制

第3章　工程制图基本绘图设置与准备

3.1　任务一：创建一个样板文件

根据国家标准和制图规则，在运用 AutoCAD 绘制不同的机械图形时，要作很多共同的设置，为了避免重复的劳动，同时也为在同一张图样中，遵循相同的作图风格和规则，有必要事先做好一个样板文件。在绘制新的图形时，调入自己的样板，起到一劳永逸的作用。这些设置在绘图过程中也可以实时地再作修改，不会影响到样板文件。创建一个样板文件的过程，实质上是根据各类标准中的规定作一系列的设置的过程。这些设置的内容包括：

- 单位类型和精度
- 图形界限
- 图层（包括线型、线宽、线色）
- 文字样式
- 标注样式
- 多重引线样式

Step1：新建一个 CAD 文件，选择默认的模板。

Step2：设置单位类型和精度。

菜单："格式"→"单位"，如图 3.1 所示。

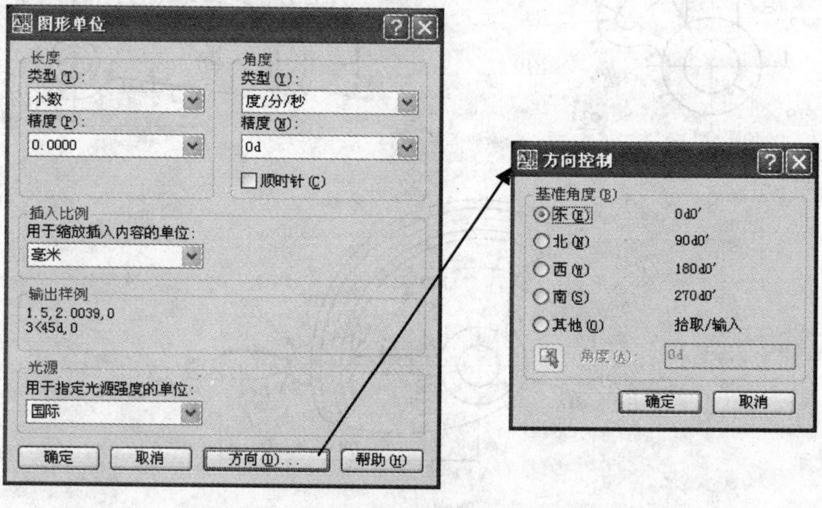

图 3.1　单位类型和精度设置

Step3：设置图形界限。

图形界限即绘图的大小范围，系统以矩形区域限定。

菜单："格式"→"图形界限"。

命令行显示：

命令：limits

重新设置模型空间界限：

指定左下角点或［开（ON）/关（OFF）］ <0.0000，0.0000>：//回车或重新输入值。

指定右上角点 <420.0000，297.0000>：　　　　　　　　//回车或重新输入值。

注：图形界限可以打开也可关闭。建议关闭，在提示输入左下角点时输入“off”可关闭。

Step4：设置图层（包括线型、线宽、线色），如图 3.2、图 3.3 所示。

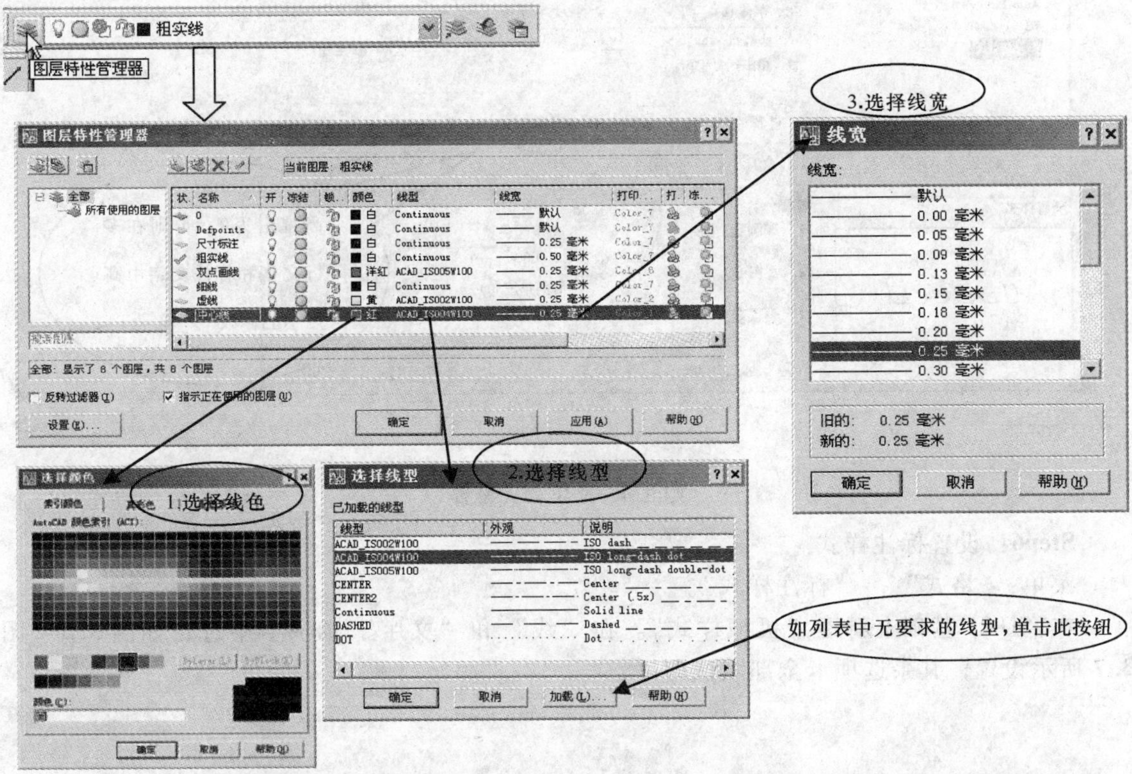

图 3.2　图层设置过程

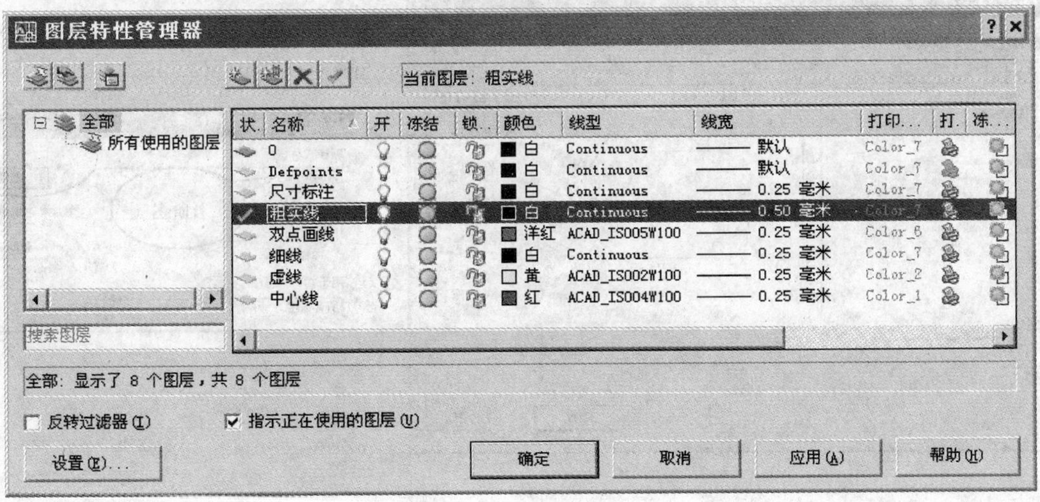

图 3.3　图层设置结果

Step5：设置文字样式。

菜单：“格式”→“文字样式”，如图 3.4 所示。

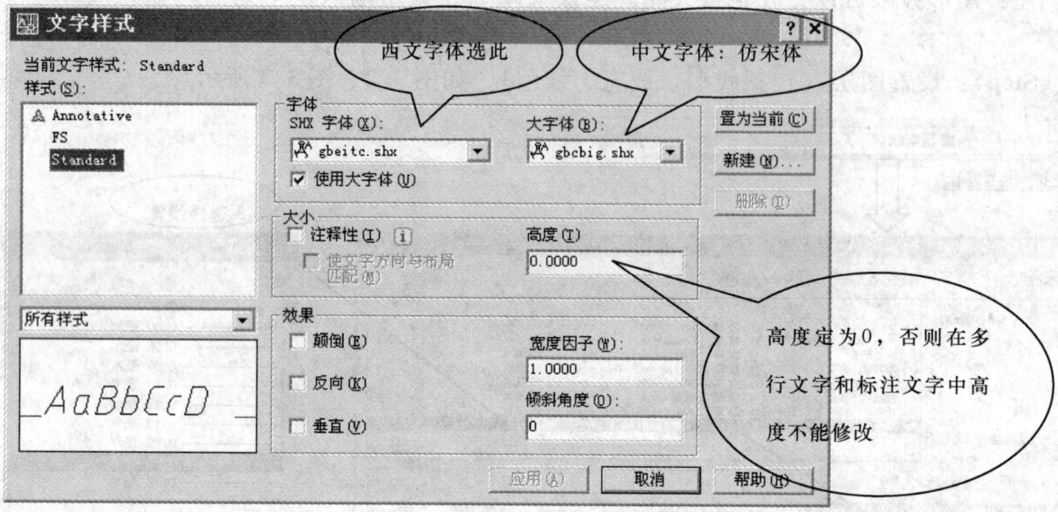

图 3.4　文字样式设置

Step6：设置标注样式。

菜单：“格式”→“标注样式”。

在 ISO-25 基础上新建“机械样式”。在“线”和“文字”选项卡中进行如图 3.5～图 3.7 所示设置，其余选项卡全部默认即可。

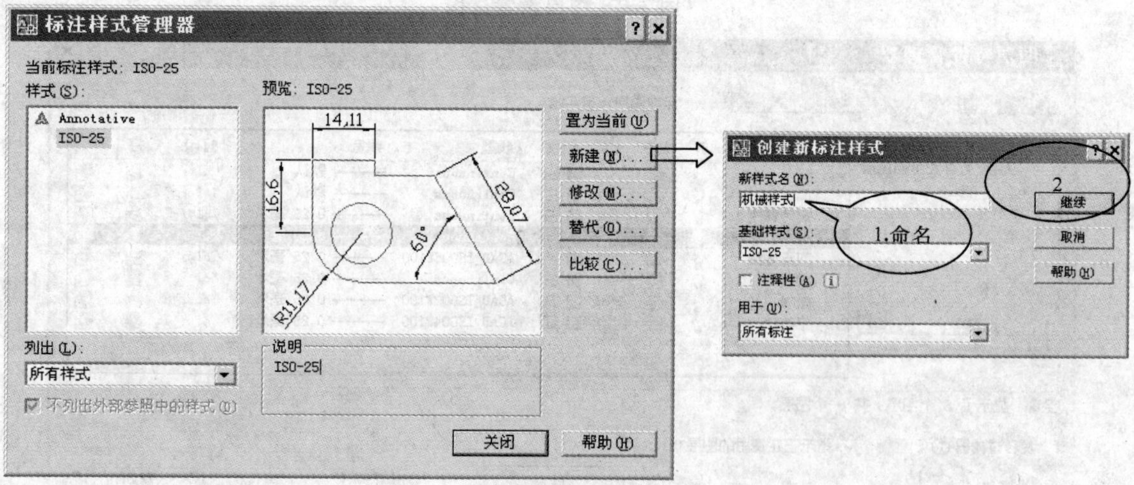

图 3.5　标注样式设置（第一步）

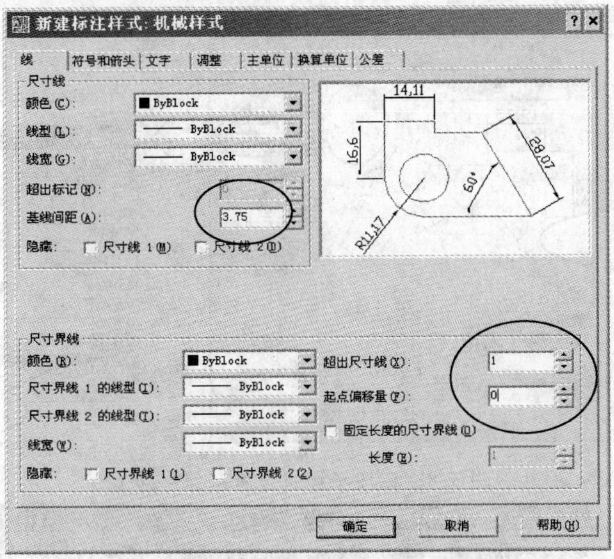

图 3.6　标注样式设置（第二步）

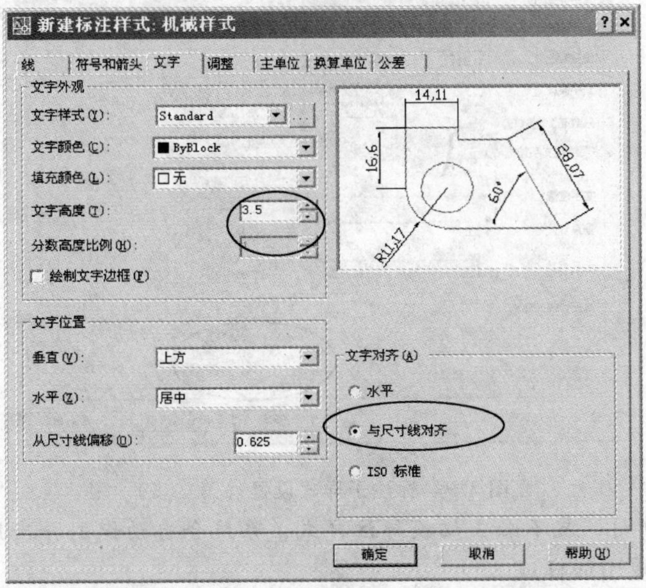

图 3.7　标注样式设置（第三步）

按照国家标准，半径、直径标注文字为 ISO 标准，角度的标注文字为水平。所以有必要在机械样式内部再建立半径、直径和角度子样式。这三个子样式仅对其中的文字对齐项进行设置。其余选项卡保持与机械样式一致。创建半径子样式的过程如图 3.8、图 3.9 所示。

创建直径子样式过程同半径子样式，仅在图 3.8 中的第 3 步选择直径标注即可。创建角度子样式时，除在第 3 步选择角度标注外，在文字对齐项选择“水平”。

【要点提示】

在机械样式的基础上创建子样式，是为了在遇到半径、直径和角度标注时，按照子样式的文字对齐方式摆放标注文字。创建子样式既继承了大部分母样式（机械样式）的设置又在文字对齐这一点有了自定义方式。比起重新再建立一个与机械样式并列的样式要方便、高

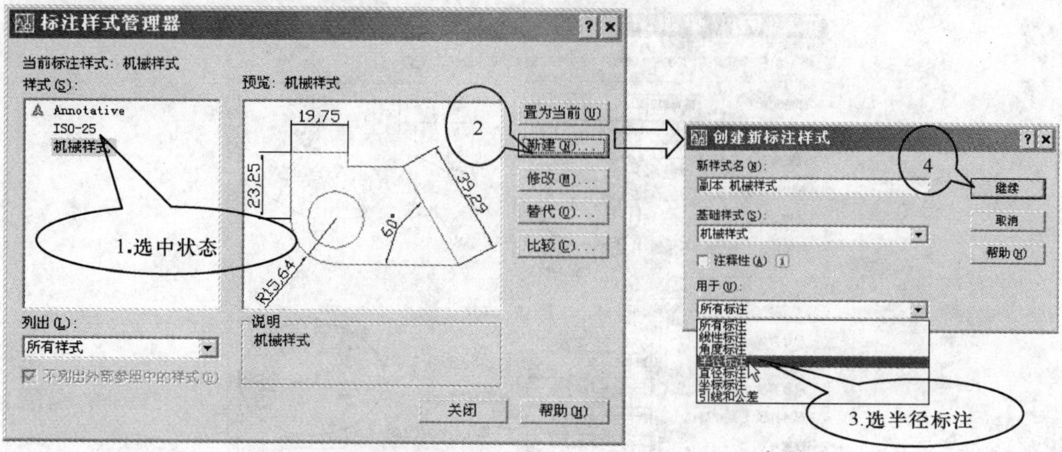

图 3.8　标注子样式设置（第一步）

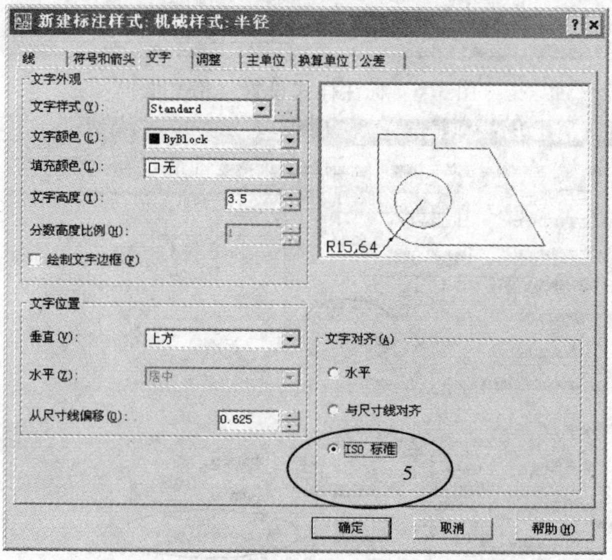

图 3.9　标注子样式设置（第二步）

效。在具体标注尺寸时，就不必去切换标注样式，系统会自动识别并应用子样式中的设置。

Step7：设置多重引线样式。

需要建立图 3.10 所示三种类型的引线样式。

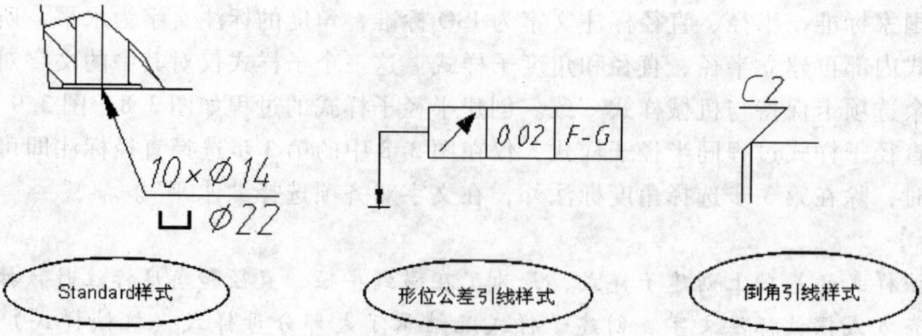

图 3.10　引线样式类型

1）Standard 样式建立过程如下：该样式只在系统默认的 Standard 样式中作如图 3.11 所示修改即可。

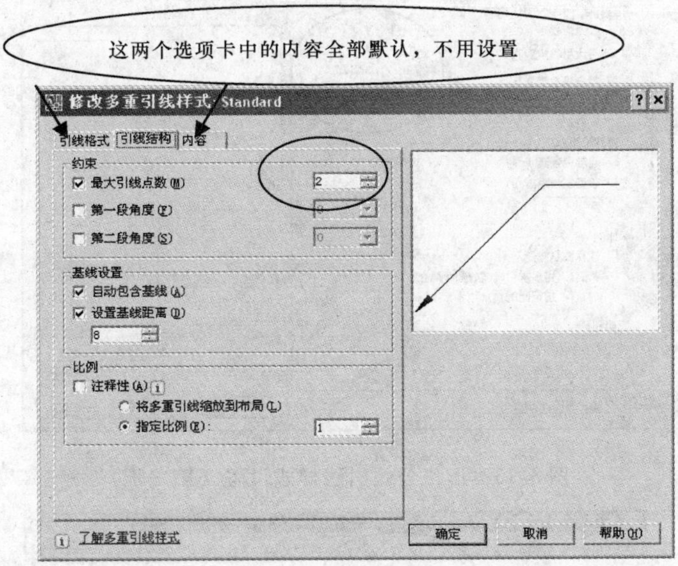

图 3.11　引线样式

2）形位公差引线样式建立过程如图 3.12 ~ 图 3.14 所示。

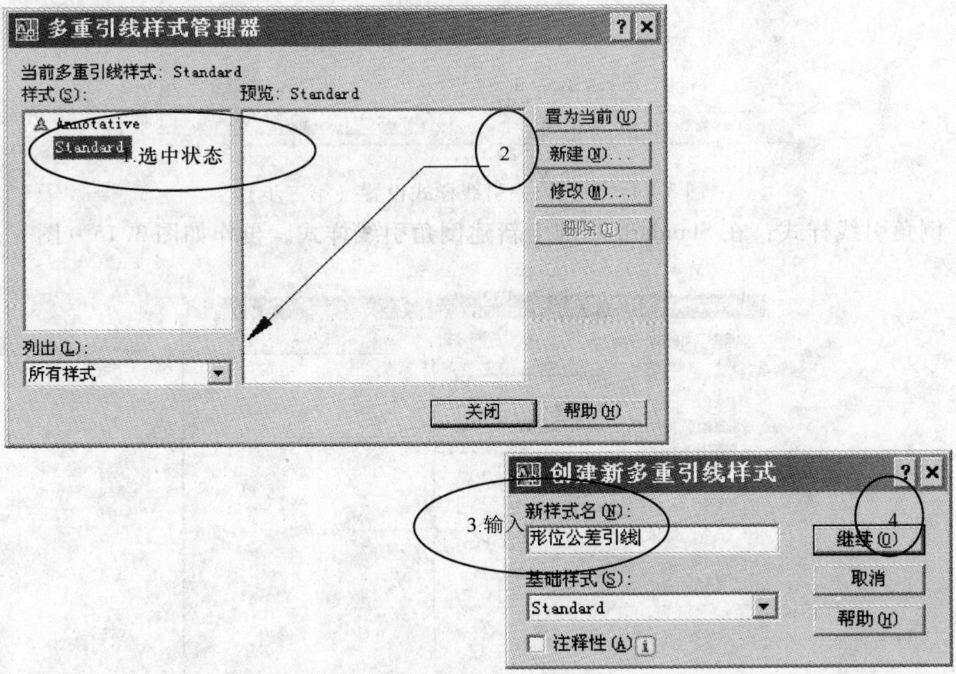

图 3.12　形位公差引线样式设置（第一步）

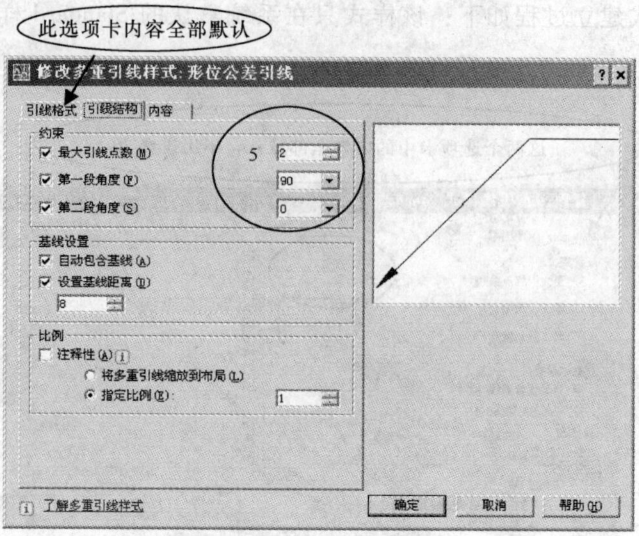

图 3.13　形位公差引线样式设置（第二步）

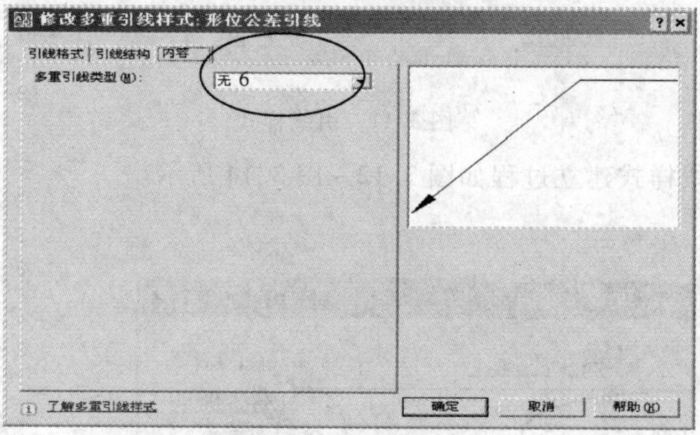

图 3.14　形位公差引线样式设置（第三步）

3）倒角引线样式：在 Standard 基础上新建倒角引线样式，再作如图 3.15 ~ 图 3.17 所示设置。

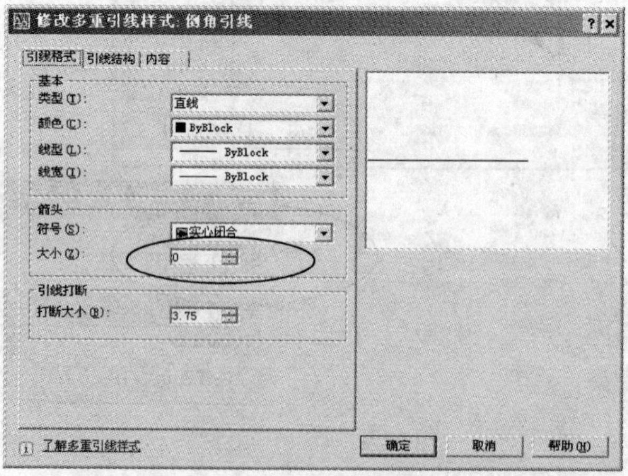

图 3.15　倒角引线样式设置（第一步）

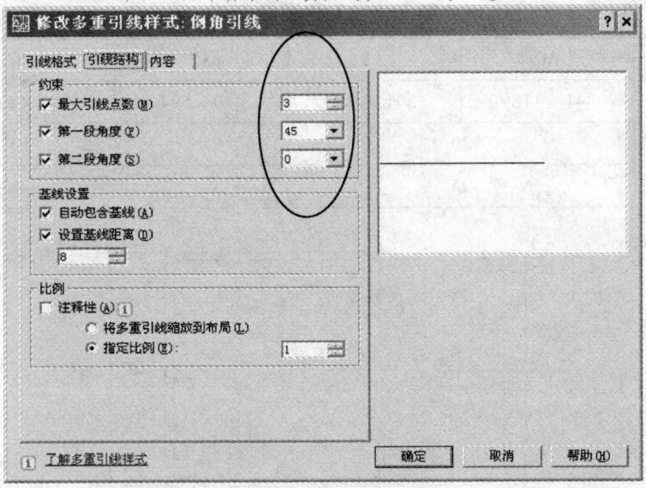

图 3.16　倒角引线样式设置（第二步）

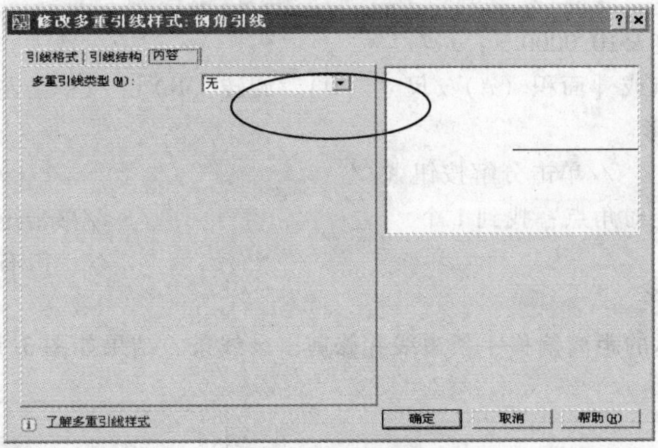

图 3.17　倒角引线样式设置（第三步）

Step8：保存文件为 dwt 格式，命名为“样板文件”。

3.2　任务二：绘制一幅 A3 图框

工程上的图幅标准见表 3.1。

下面以 A3 图幅为例，说明作法。

Step1：画矩形。

命令：_rectang　　//单击矩形按钮。

指定第一个角点或［倒角（C）/标高（E）/圆角（F）/厚度（T）/宽度（W）］：

//在屏幕上任意单击一点。

指定另一个角点或［面积（A）/尺寸（D）/旋转（R）］：d

//使用尺寸方式确定另一点。

指定矩形的长度 <23.0000>：420　　//输入“420”。

表 3.1　工程图幅标准

图幅代号	A0	A1	A2	A3	A4
尺寸 $B \times L$/mm × mm	841 × 1189	594 × 841	420 × 594	297 × 420	210 × 297
c/mm	20		10		
a/mm	25				

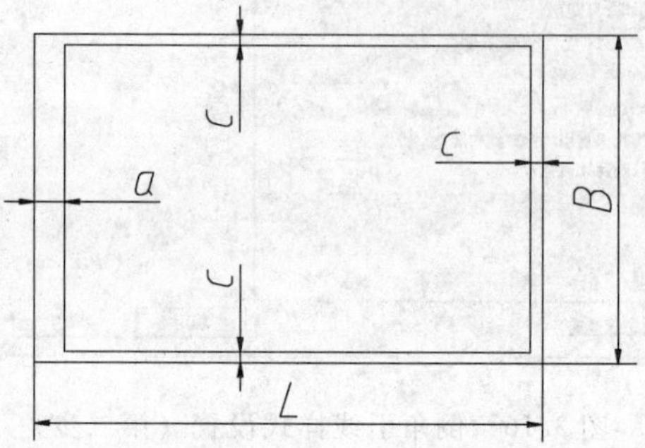

指定矩形的宽度 <10.0000>：297　　　　　　　　　　　　//输入“297”。

指定另一个角点或［面积（A）/尺寸（D）/旋转（R）］：//单击左键结束。

Step2：分解矩形。

命令：_explode　　//单击分解按钮 //

选择对象：指定对角点：找到 1 个　　　　　　　　　　//单击矩形。

选择对象：　　　　　　　　　　　　　　　　　　　　//单击右键确定。

Step3：偏移线条。

按图 3.18a 所示的距离偏移 4 条边线并修剪多余线条，结果如图 3.18b 所示。

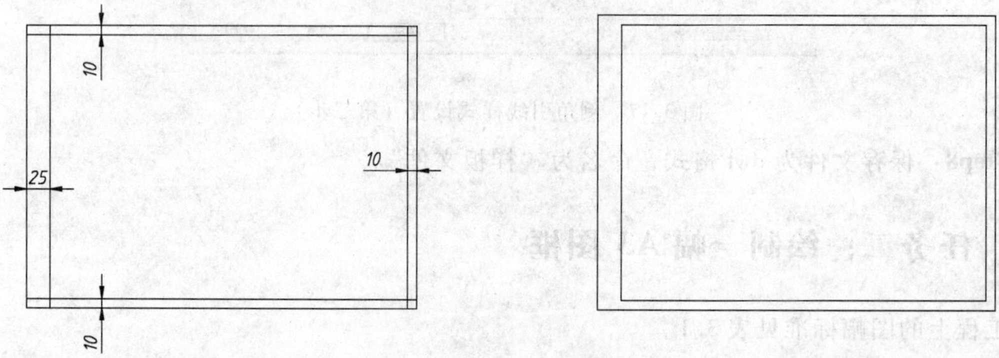

a)　　　　　　　　　　　　　　　　b)

图 3.18　偏移和修剪

Step4：保存文件为“A3 图框”。

3.3　任务三：编写一段技术要求

编写技术要求涉及到 AutoCAD 文本输入与编辑功能。请完成图 3.19 所示一段技术要求的输入和编辑。

技术要求

1. 底板固定孔 $4 \times \phi 20$。

2. 齿顶高系数 $h_a^* = 1$。

3. 两孔中心线应满足 $f_x = \pm 0.025$mm。

图 3.19 技术要求

Step1：输入文本前，请确认已经按照任务一 Step5 中设置了文字样式。

Step2：单击多行文字 **A** 按钮。

系统要求在屏幕上指定书写区域，随意在屏幕上单击两点（如果发现书写区域位置不理想，可在书写完成后拖动改变），系统弹出如图 3.20 所示工具条。

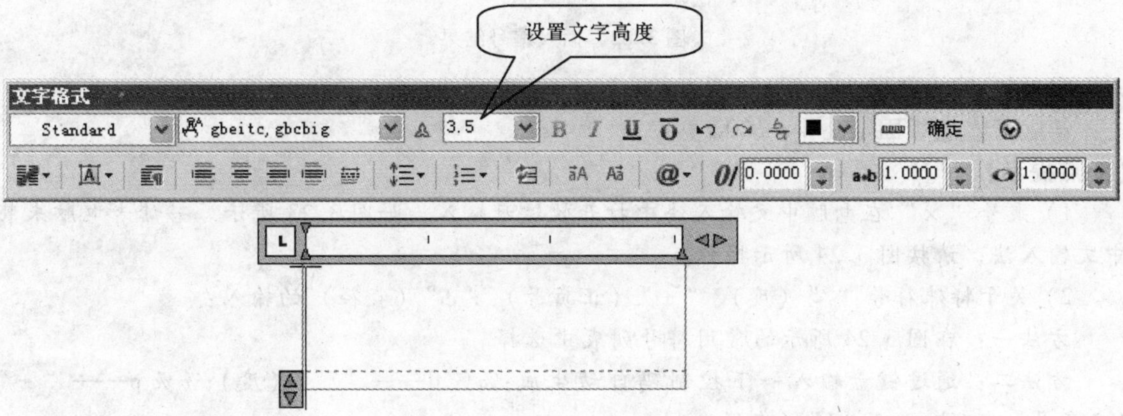

图 3.20 多行文字工具条

Step3：插入段落编号。

单击工具条上的 按钮，完成如图 3.21 所示操作，结果如图 3.22 所示。

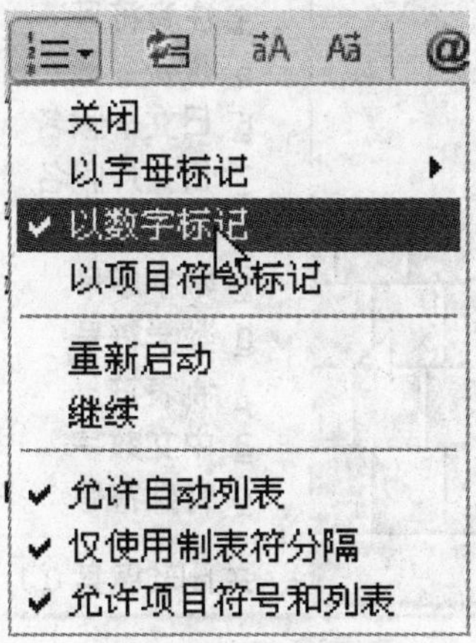

图 3.21 插入段落编号

图 3.22 插入编号结果

Step4：输入文字。

第一行：底板固定孔 4 × ϕ20。

【要点提示】

1）乘号“×”在电脑中文输入法中打开软键盘输入，如图 3.23 所示。若读者电脑未装中文输入法，请按图 3.24 所示操作。

2）关于特殊符号“°”（度）、“±”（正负号）、“ϕ”（直径）的输入：

方法一：在图 3.24 所示的常用符号列表中选择。

方法二：通过键盘输入一下控制码自动生成：%%d——“°”（度）；%%p——“±”（正负号）；%%c——“ϕ”（直径）。

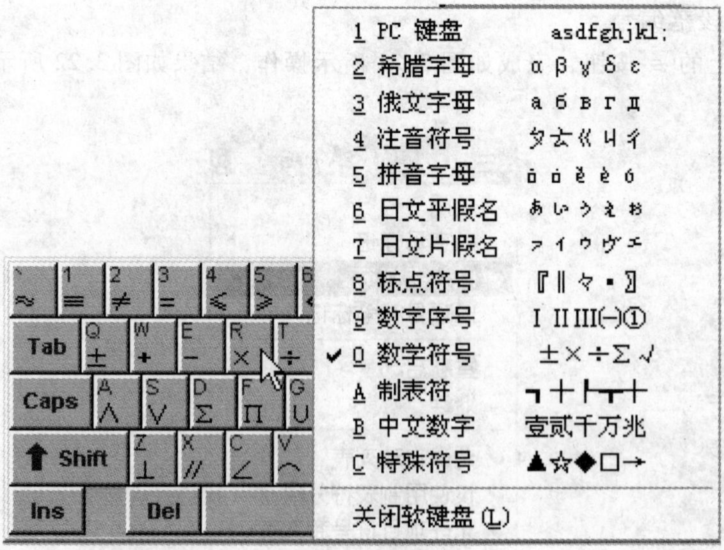

图 3.23 中文输入法软键盘

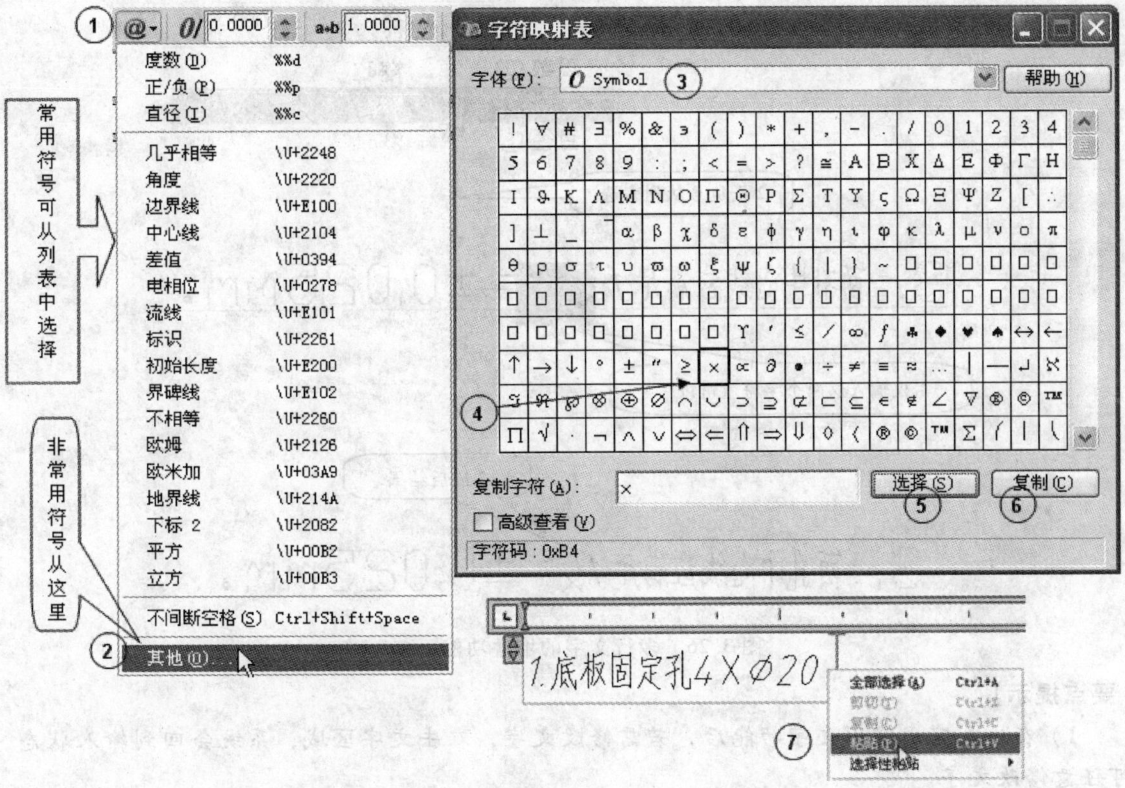

图 3.24　多行文字特殊符号输入法

Step5：回车，继续输入文字。

第二行：齿顶高系数 $h_a^* = 1$。按如图 3.25 所示操作。

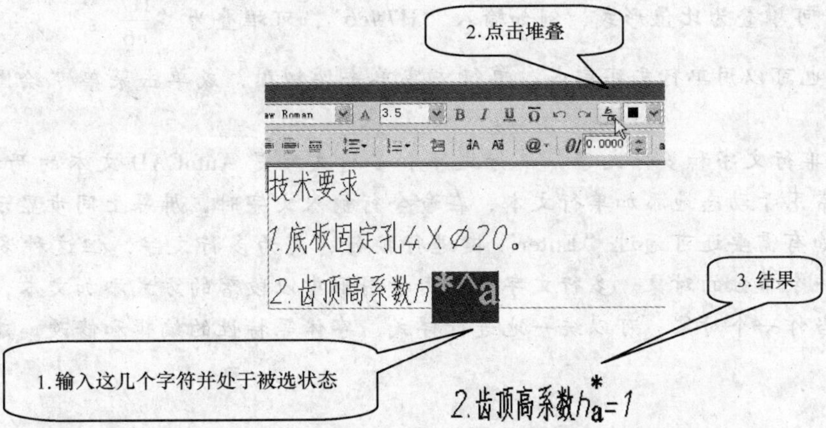

图 3.25　多行文字的堆叠功能（一）

Step6：回车，继续输入文字。

第三行：两孔中心线应满足 $f_x = \pm 0.025\text{mm}$。按如图 3.26 所示操作。

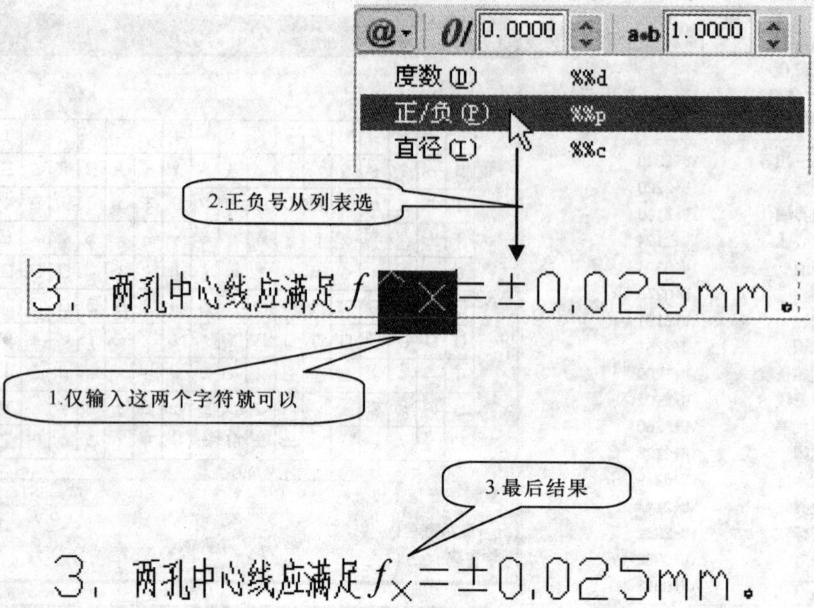

图 3.26 多行文字的堆叠功能（二）

【要点提示】

1）在输入完成退出文字功能后，若需修改文字，双击文字区域，系统会回到输入状态，可任意修改文字。

2）对于有上下标的字符或者是尺寸公差，利用多行文字的堆叠功能。堆叠时，上下字符要有控制码分隔。分隔码有两种：

◆ "/" 可堆叠为分式的形式，例如输入"H7/C6"，可堆叠为$\frac{H7}{C6}$。

◆ "^" 可堆叠为上下的形式，如本例。再如输入"+0.012^-0.059"，可堆叠为$^{+0.012}_{-0.059}$。

◆ "#" 可堆叠为比值形式，例如输入"H7#c6"，可堆叠为"$\frac{H7}{c6}$"。

3）本例也可以用单行文字完成。单行文字单击按钮，或单击菜单"绘图/文字/单行文字"。

4）关于单行文字和多行文字：单行文字和多行文字是 AutoCAD 文本的两种输入方式。单行文字通常用于动态地添加单行文本，在命令行输入文字时，屏幕上同步显示正在输入的每个字符，如有需要还可通过"Enter"键进行换行，变为多行文字，但这种多行文字中的每一行都是一个单独的对象。多行文字主要用于图形中以段落的方式添加文本，AutoCAD 将输入的文本当作一个对象，可以统一地进行样式、字体等特性的编辑和修改。建议读者使用多行文字。

3.4 任务四：绘制零件图标题栏

图 3.27 所示是常见的零件图标题栏。绘制标题栏可以采用传统的直线偏移法。此处用 AutoCAD 提供的表格功能完成。

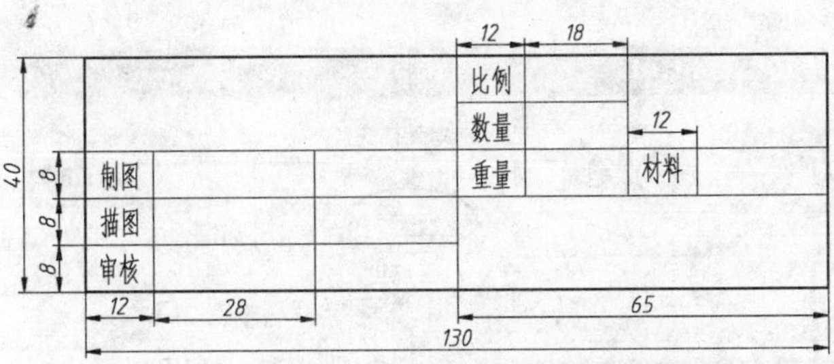

图 3.27　零件图标题栏

Step1：新建一个 CAD 文件，模板采用任务一建立的模板（也可采用默认的模板）。

Step2：单击表格按钮，操作过程按图 3.28～图 3.31 所示的 1～8 顺序完成。

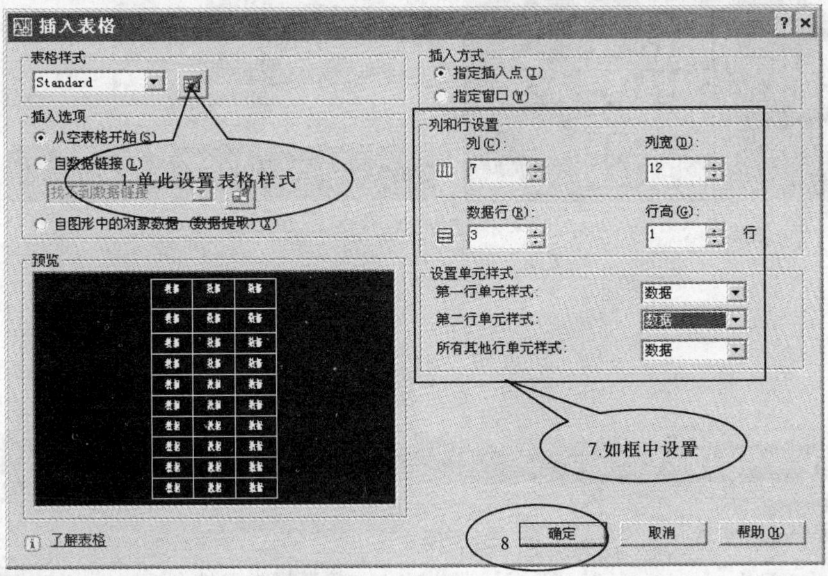

图 3.28　创建表格（一）

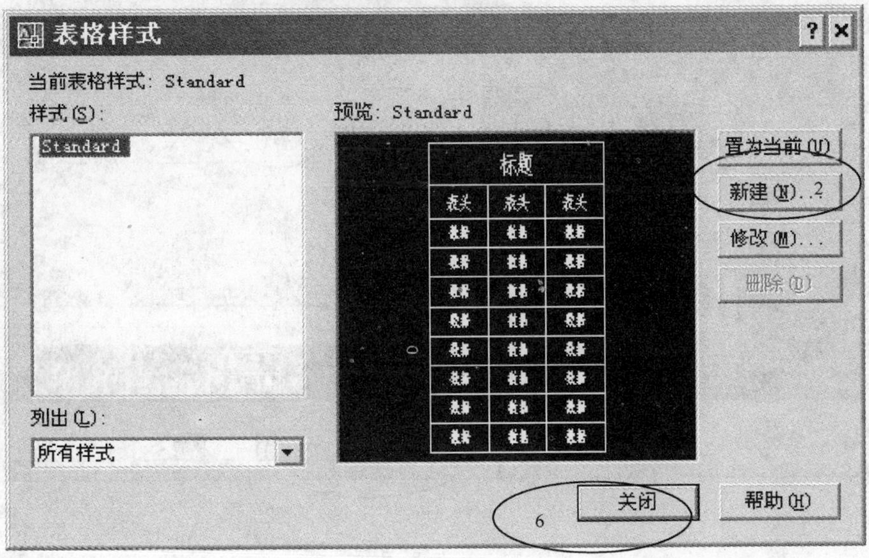

图 3.29　创建表格（二）

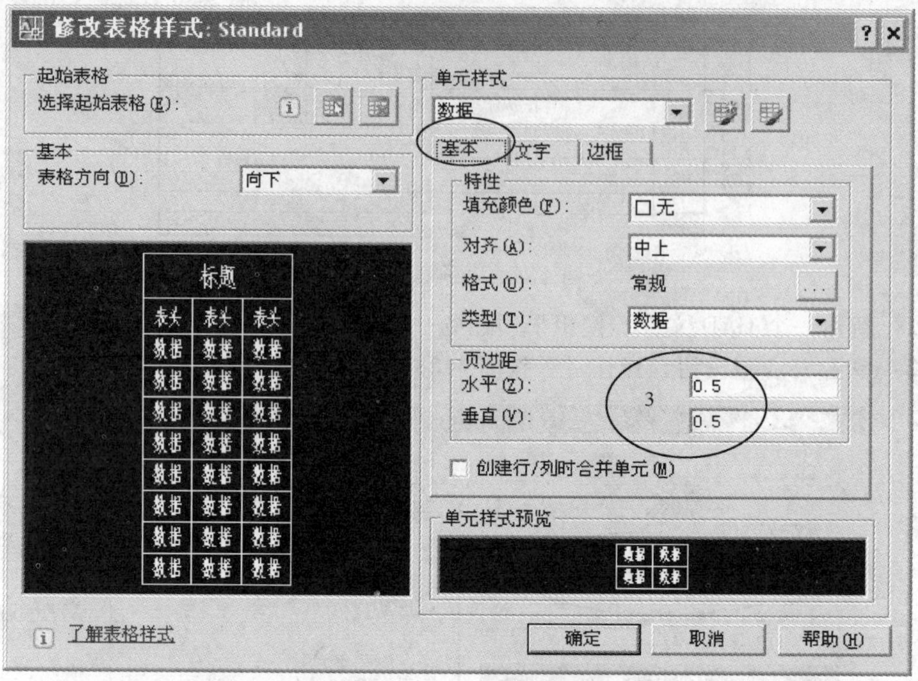

图 3.30　创建表格（三）

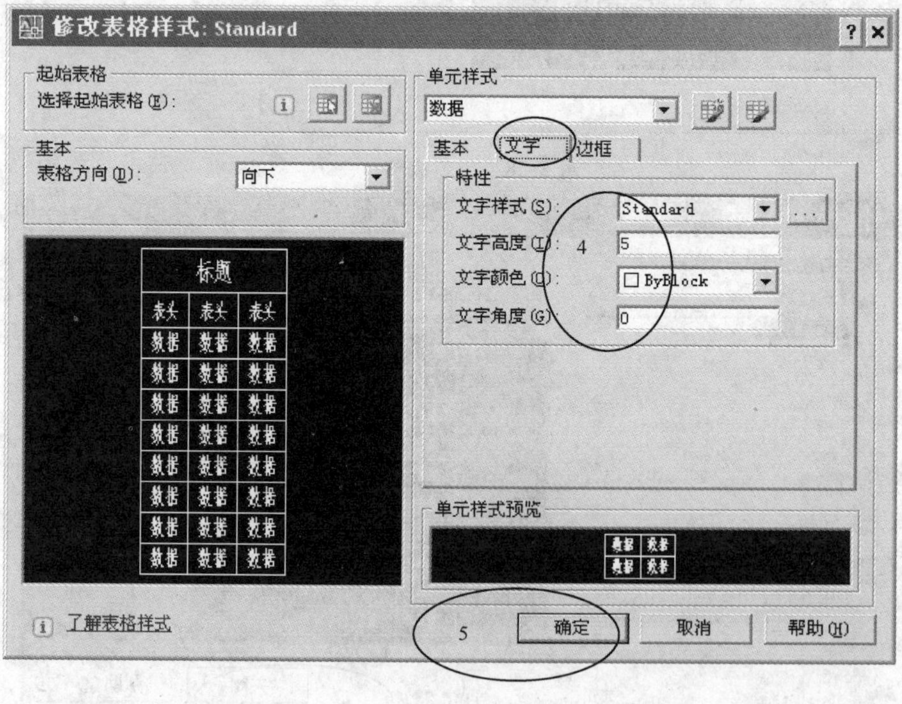

图 3.31　创建表格（四）

【要点提示】

1) AutoCAD 列宽和行高计算标准不同。列宽是 mm。行高 = 文字高度 × 行数 + 垂直页边距 ×2 + 多行文字行距（多行文字行距：一行文字为 0.5 × 字高/1.5；两行文字为 1 × 字高/1.5；三行文字为 2 × 字高/1.5；以此类推。）

基于以上算法，本例行高为 $5 + 0.5 \times 2 + 0.5 \times 5/1.5 = 7.67$。因要求的行距 $8 > 7.67$，所以可在特性工具条中修改行距到“8”。即读者自定义的行距不可小于计算出的行高。

2) CAD 表格的前两行为标题行和表头行，可修改为数据行，如图 3.28 中的第 7 步操作。此时，设置的总行数应包含这两行，所以此处数据行设为 $5 - 2 = 3$。

Step3：合并表格。选中表格 1、2 的 A、B、C 部分，单击右键，选择“合并”，如图 3.32 所示。依此操作，继续合并 1、2 的 F、G 和 4、5 的 E、F、G 两部分，结果如图 3.33 所示。

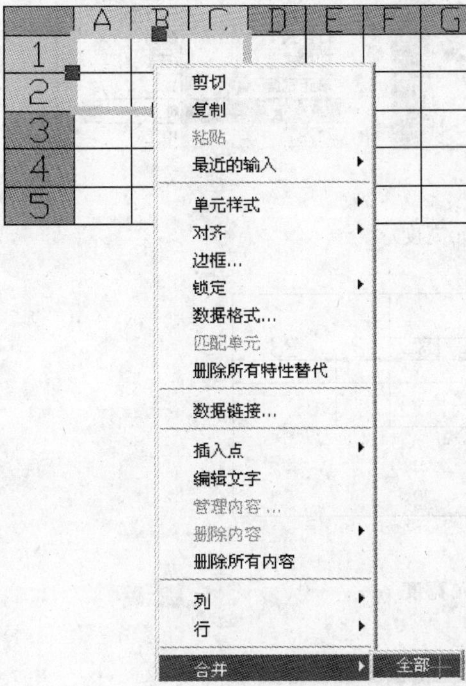

图 3.32　合并表格

图 3.33　合并表格结果

Step4：修改单元高度。打开“特性”工具条，把第一行到第五行“单元高度”依次修改为“8”，如图 3.34 所示。

Step5：修改单元宽度。继续利用“特性”工具，按图 3.35 所示的计算所得尺寸修改各单元格“单元宽度”。

Step6：输入文字。双击单元格，填入文字，如图 3.36 所示。最后结果如图 3.27 所示。

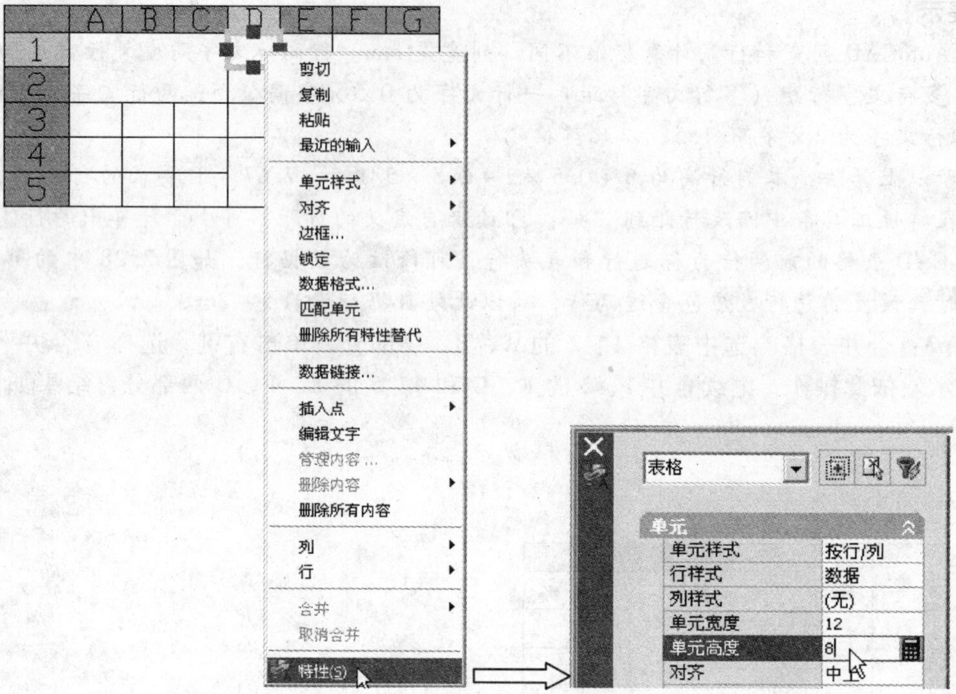

图 3.34　修改单元高度

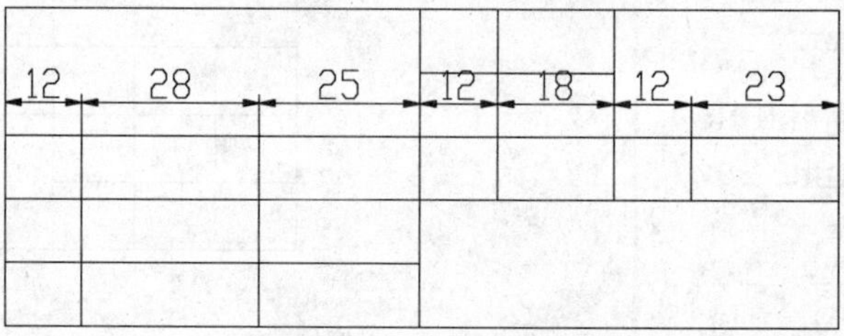

图 3.35　修改单元宽度

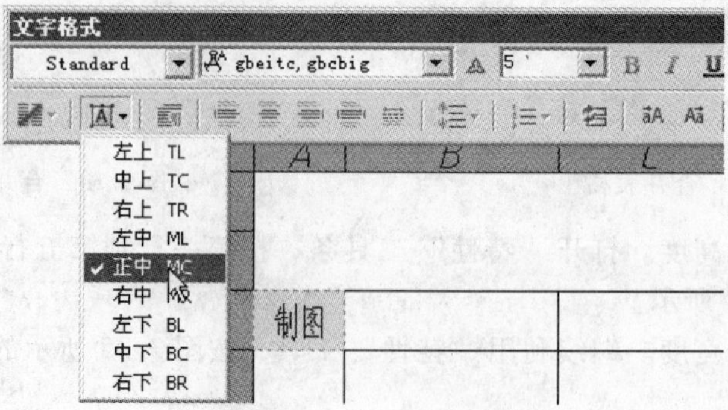

图 3.36　输入文字

练　习　题

1. 创建自己的样本文件并保存为“2008 样板 . dwt”。以后在新建绘图文件时，不再采用系统默认的样本，而是调用这个已保存的样板文件。

2. 根据表 3.1 尺寸，绘制 A0、A1、A2 图框，然后在其上配上标题栏，输入必要的文字，并保存，以后可随时调用。

第4章　典型零件图与装配图的绘制

在学习了前面各章的基本绘图方法后，本章正式开始应用 AutoCAD 绘制工程图样，包括零件图和装配图两部分。本章将以减速器和典型模具为例，详细介绍不同种类零件图的绘制方法，以及在完成零件图的基础上，如何拼画出装配图。这个过程，可以看做是一个正向的设计过程。另外，在工程实践中，还存在逆向的设计过程，即先有装配图，再拆画零件图，这种作图过程往往更多见。

以下内容以一台减速器中的零件为例介绍轴类、齿轮类、箱体类零件图的绘制方法；接着，在已完成的零件图基础上生成整个装配图的方法；最后，再以一个典型的模具装配图为例，介绍直接绘制装配图的过程，使读者能够在一个具体的工程实践中学会 AutoCAD 的使用。

4.1　任务一：绘制轴类零件

轴类零件主要由一系列同轴回转体构成，其上常分布孔、槽等结构。它的视图表达方案是将轴成水平放置的位置作为主视图的位置，一般情况下仅主视图就可表现其主要的结构形状，对于局部细节，则利用局部视图、局部放大图和断面图来表示。

由于轴类零件是回转体，所以它的主视图具有对称性，作图时应以轴线为界画一半，然后使用镜像命令绘制另一半。

图 4.1 所示为减速器低速轴零件图。

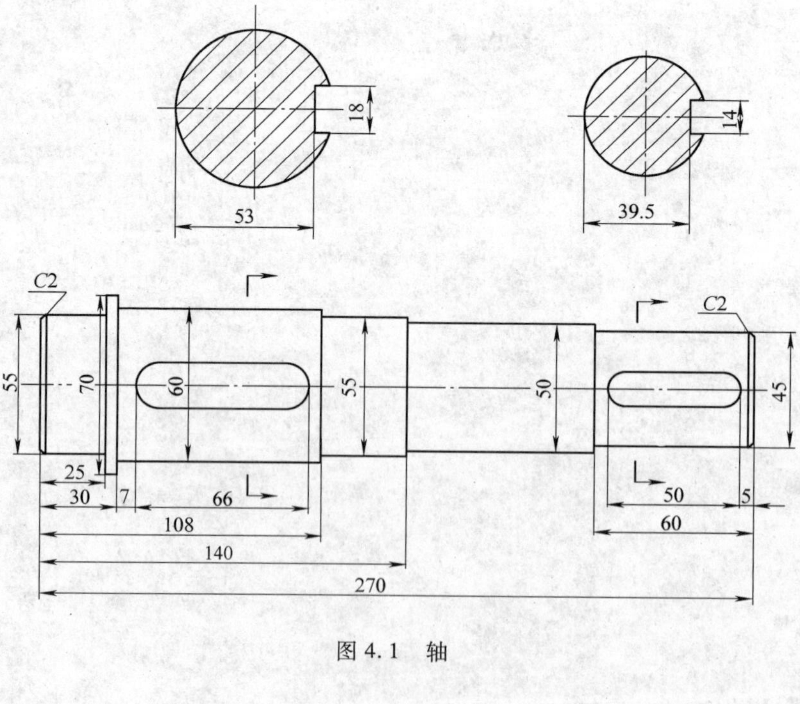

图 4.1　轴

Step1：先画中心线。

做法：图层定到轮廓线层，作水平中心线。

命令：_line 指定第一点：　　//单击直线按钮，然后在屏幕上随意单击一点。

指定下一点或［放弃（U）］：//根据光标上的动态显示，选择水平向右方向长度大概在 300mm 左右的一点（大于轴长度 270mm 即可），如图 4.2 所示。

指定下一点或［放弃（U）］：//单击鼠标右键，选择“确认”选项，或在键盘上按“回车”键。建议读者以后使用前者，如图 4.3 所示。

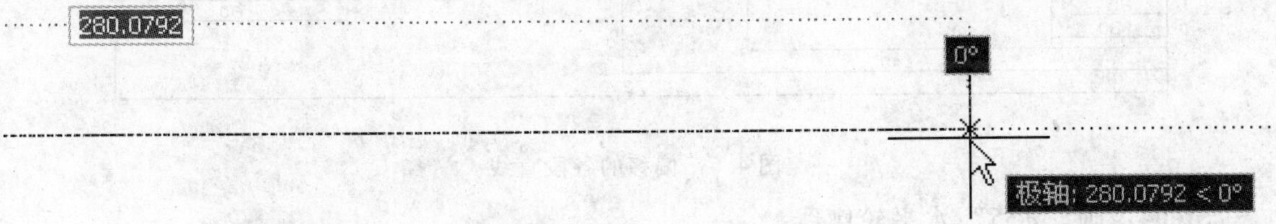

图 4.2　指定直线的第二点

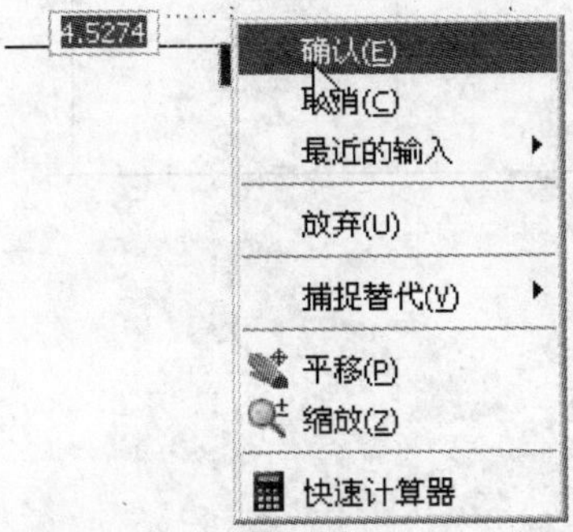

图 4.3　结束画线

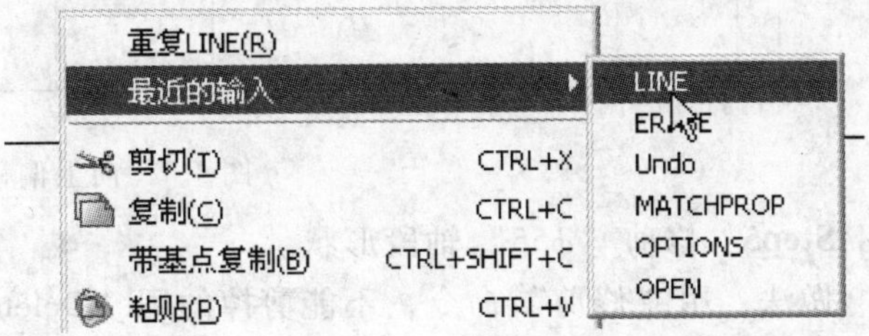

图 4.4　重复画线

Step2：画最左端竖线。

做法：单击鼠标右键，调出刚刚使用的“LINE”命令，如图 4.4 所示。

命令：line 指定第一点：　　//捕捉水平线左端点。

指定下一点或［放弃（U）］：//垂直向上随意单击一点，长度比“55/2”略长，如图 4.5 所示。

指定下一点或［放弃（U）］：//确认。

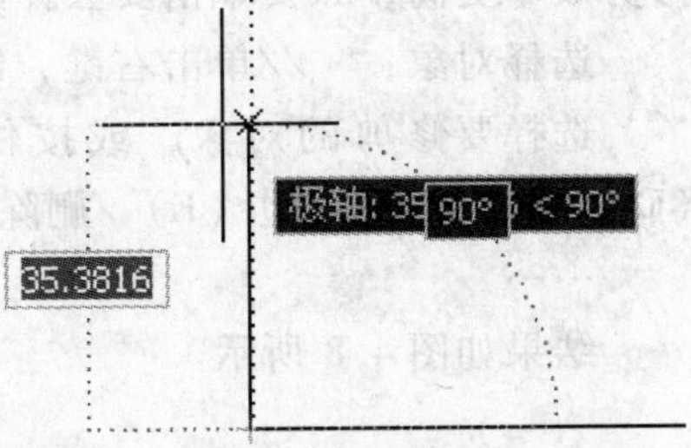

图 4.5　指定直线的另一点

Step3：画各轴段竖线。

做法：命令：_offset　　//单击偏移按钮。

当前设置：删除源 = 否　图层 = 源　OFFSETGAPTYPE = 0

指定偏移距离或［通过（T）/删除（E）/图层（L）］＜通过＞：25　　//输入“25”。

选择要偏移的对象，或［退出（E）/放弃（U）］＜退出＞：//单击最左端的竖直线。

指定要偏移的那一侧上的点，或［退出（E）/多个（M）/放弃（U）］<退出>：

//在竖直线右侧任意处单击一下。

选择要偏移的对象，或［退出（E）/放弃（U）］<退出>：　//确定。

重复以上操作，把最左端直线向右依次偏移 30mm、108mm、140mm、270mm，得 4 条竖线；然后把最右边的竖线向左偏移 60mm，再得一条竖线，结果如图 4.6 所示。

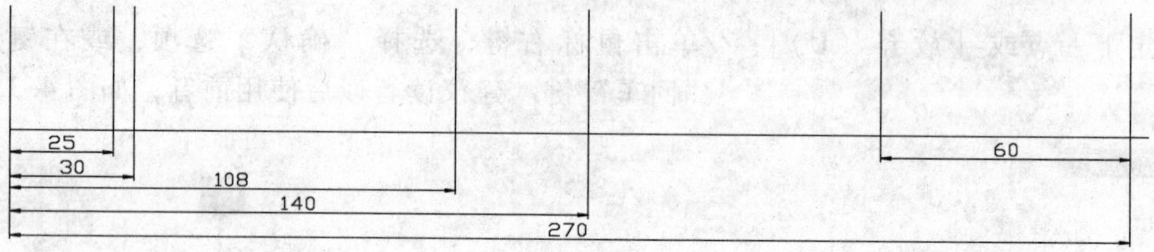

图 4.6　偏移的各段直线

Step4：画“ϕ55”水平轮廓线。

做法：把中心线向上偏移“55/2”（AutoCAD 支持此输入格式），结果如图 4.7 所示。

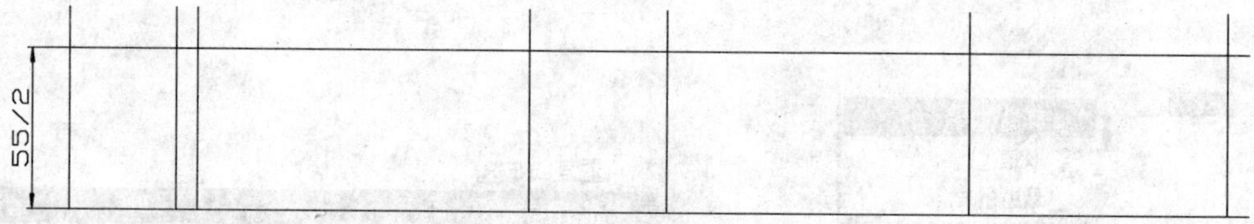

图 4.7　向上偏移线

Step5：修剪“ϕ55”轴段形状。

做法：用“修剪”命令，不能剪掉的用“Delete”删除。

命令：TRIM　　　　//单击 按钮。

当前设置：投影 = UCS，边 = 无

选择剪切边...

选择对象或<全部选择>：指定对角点：找到 9 个//框选全部线条，此处全选比局部选修剪效率更高，只要单击要去掉的线条即可。未单击的线段自动成为边界。

选择对象：　//单击右键，以示选择完毕。

选择要修剪的对象，或按住“Shift”键选择要延伸的对象，或［栏选（F）/窗交（C）/投影（P）/边（E）/删除（R）/放弃（U）］：　//连续选择要去掉的线段。

……

结果如图 4.8 所示。

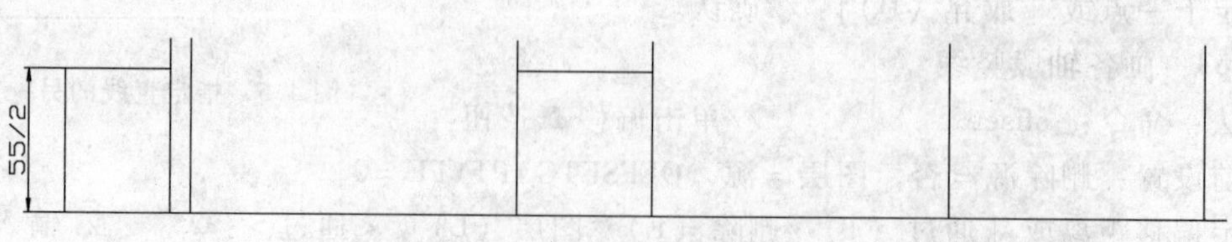

图 4.8　修剪轴段形状

Step6：向上偏移中心线“70/2”和“60/2”距离，得到两条偏移线，结果如图 4.9 所示。

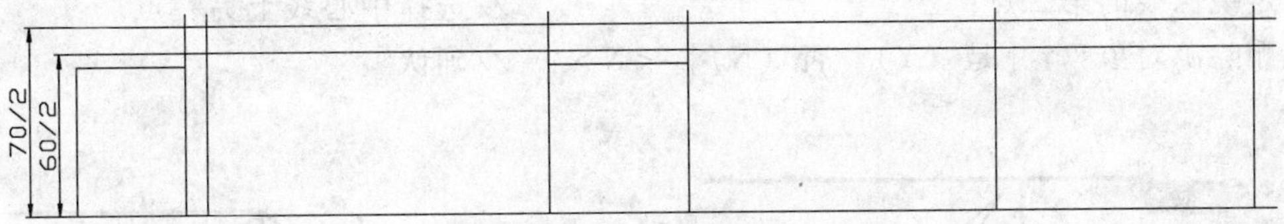

图 4.9　向上偏移两条线

Step7：修剪延伸（注：按住“Shift”键时修剪可变为延伸），结果如图 4.10 所示。

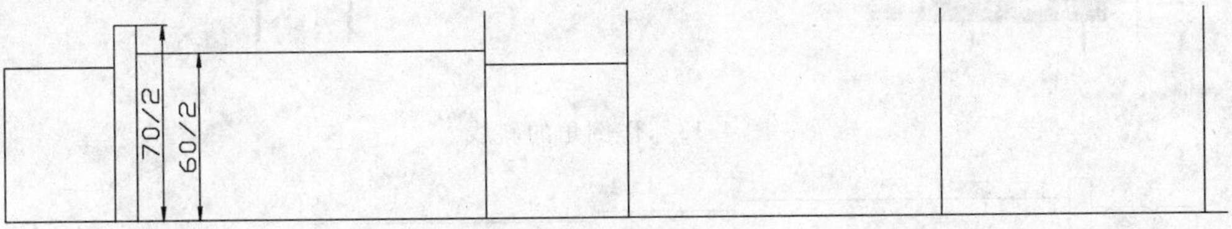

图 4.10　修剪线

Step8：继续向上偏移中心线“50/2”和“45/2”距离，得到两条偏移线并修剪，不能修剪的删除掉，结果如图 4.11 所示。

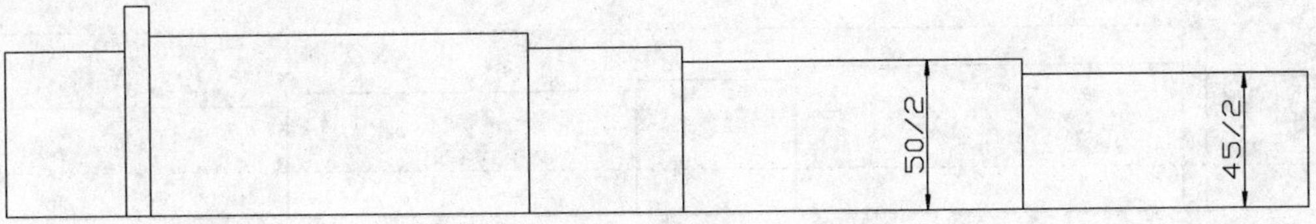

图 4.11　偏移和修剪两条线

Step9：作倒角线。把最左竖线和最右竖线分别向里偏移 2mm，结果如图 4.12 所示。

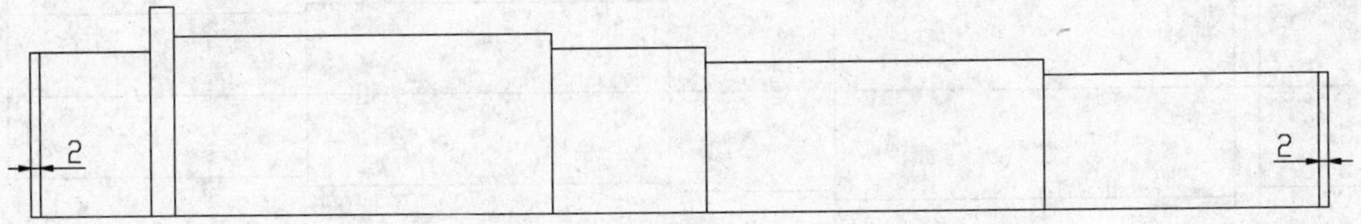

图 4.12　偏移两条线

Step10：用直线 ╱ 作倒角斜线。首先捕捉 *A* 点，然后按“Tab”键切换到角度，输入“135°”。如图 4.13 所示。

Step11：修剪倒角。同理作出最右侧倒角，结果如图 4.14 所示。

Step12：镜像轴下半部分，结果如图 4.15 所示。

做法：命令：_mirror　　　　　　　　　　　　//单击镜像按钮。

选择对象：指定对角点：找到 15 个　　　　　//用从右下到左上的交叉选择方式，选择除中心线以外的所有直线。

选择对象：
指定镜像线的第一点：　　　　　　　　　　　　　　//选择中心线上任一点。
指定镜像线的第二点：　　　　　　　　　　　　　　//选择中心线上另一点。
要删除源对象吗？［是（Y）/否（N）］＜N＞：　//确认。

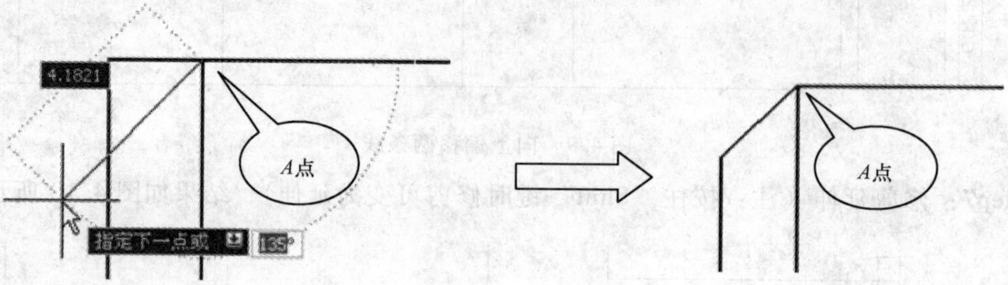

图 4.13　作倒角的斜线

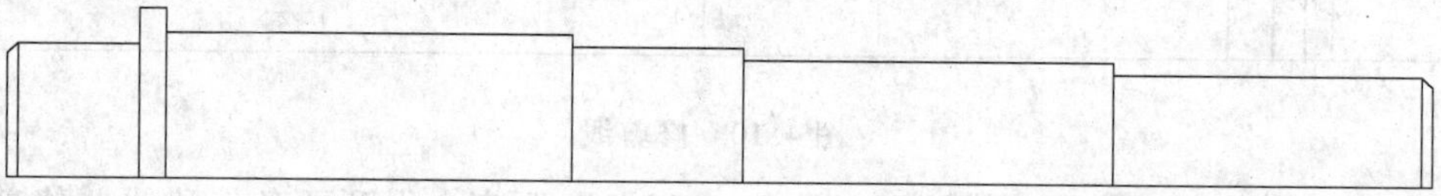

图 4.14　两边倒角结果

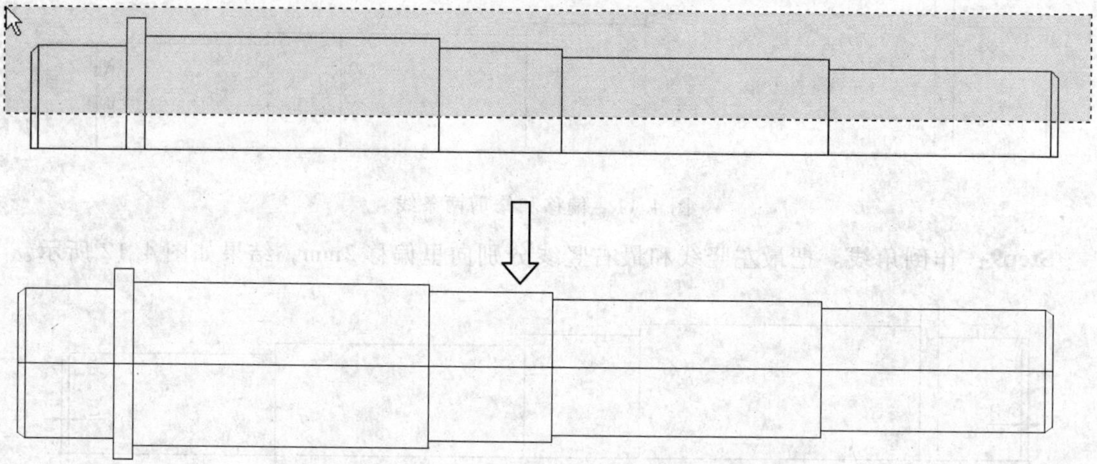

图 4.15　镜像轴下半部分

Step13：作左边键槽。

做法（见图 4.16）：

1）把1线偏移 7mm 得2线。

2）把2线偏移 66mm 得3线。

3）把2线、3线分别向里偏移 9mm（键槽圆的半径）得4线和5线。

Step14：作键槽左右两个圆和上下两条直线。

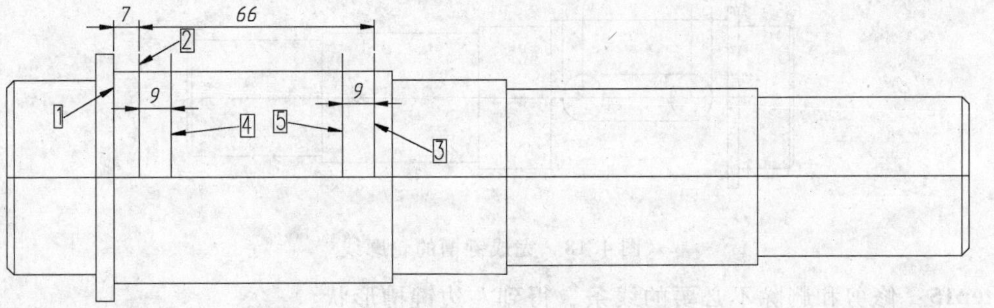

图 4.16　作键槽线

1）作左边圆：

命令：_circle 指定圆的圆心或［三点（3P）/两点（2P）/相切、相切、半径（T）］：<对象捕捉开>　　//单击画圆按钮，捕捉 4 线下端点。

指定圆的半径或［直径（D）］：　　//捕捉 2 线下端点。

2）重复画圆作右端圆。

3）作第一条线（见图 4.17）：

命令：_line 指定第一点：　　//捕捉交点 *A*。

指定下一点或［放弃（U）］：　　//捕捉交点 *B*。

指定下一点或［放弃（U）］：　　//确认。

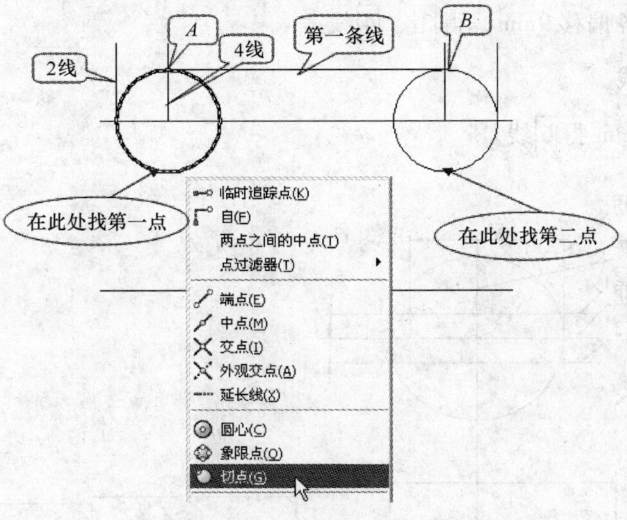

图 4.17　捕捉圆的切点

4）作第二条线：

命令：_line 指定第一点：_tan 到　　//按住"Shift"键单击鼠标右键，选择"切点"选项。

指定下一点或［放弃（U）］：_tan 到　　//按住"Shift"键单击鼠标右键，选择"切点"选项。

指定下一点或［放弃（U）］：　　//确认，结果如图 4.18 所示。

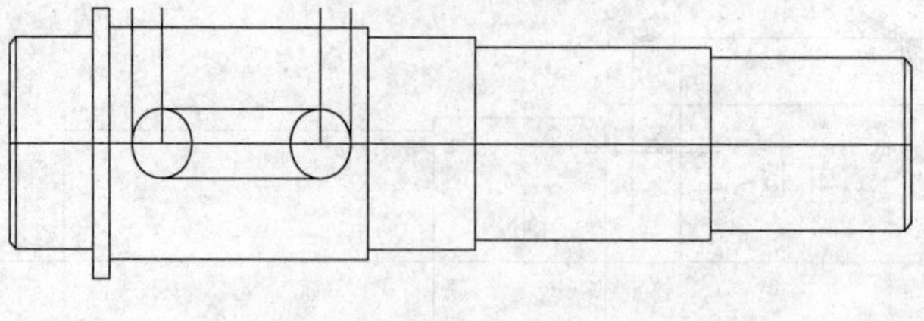

图 4. 18　完成键槽的轮廓线

Step15：修剪和删除不必要的线条，得到左边键槽形状。

采用与上述相同的操作方法作出右边键槽，结果如图 4. 19 所示。

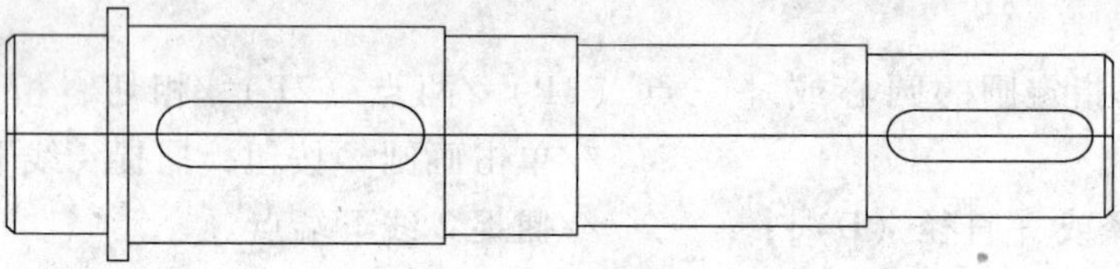

图 4. 19　修剪得到键槽

Step16：作左边键槽移出断面图，如图 4. 20 所示。

做法：

1）作1线和2线两条辅助中心线。

2）把2线上下各偏移 9mm，得3、4线。

3）作竖直线5线。

4）5线偏移 53mm 得6线。

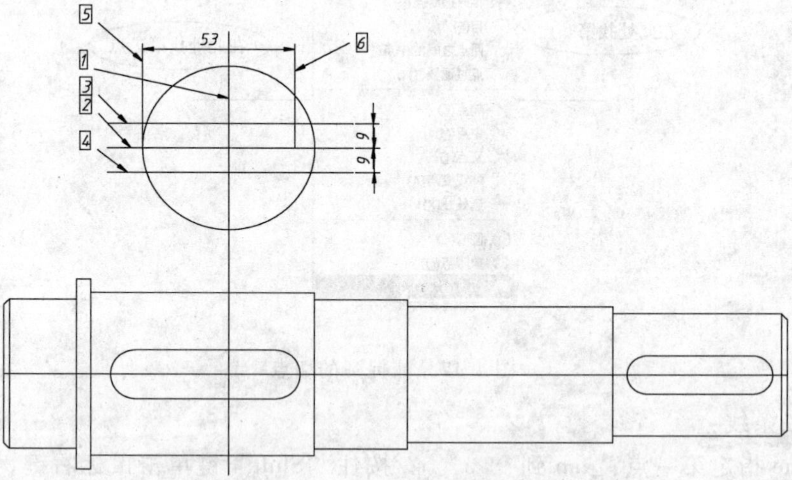

图 4. 20　移出剖面轮廓线

Step17：使用夹点拉伸6线下端点与4线相交，如图 4. 21 所示。

Step18：修剪和删除多余线，如图 4. 22 所示。

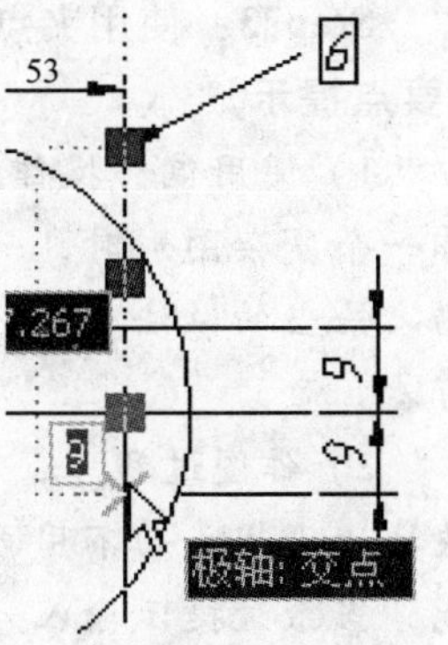

图 4.21　使用夹点拉伸一条线到指定点

Step19：同理，作出右侧键槽，如图 4.22 所示。

Step20：把1线在两个视图间隙 *AB* 处打断，如图 4.22 所示。

命令：_break 选择对象：　　//单击按钮，并单击1线 *A* 处。

指定第二个打断点或［第一点（F）］：＜对象捕捉关＞

//务必关掉对象捕捉并单击1线 *B* 处，采用相同的操作方法打断右侧键槽竖直中心线。

Step21：画键槽剖面线。

做法：菜单“绘图”→“图案填充”完成前三步，如图 4.23 所示；第四步单击键槽断面图上的所有封闭区域并确定。

Step22：改变中心线线型。

做法：选中轴和键槽的所有中心线，单击图层管理器下拉菜单，选择“中心线”层。

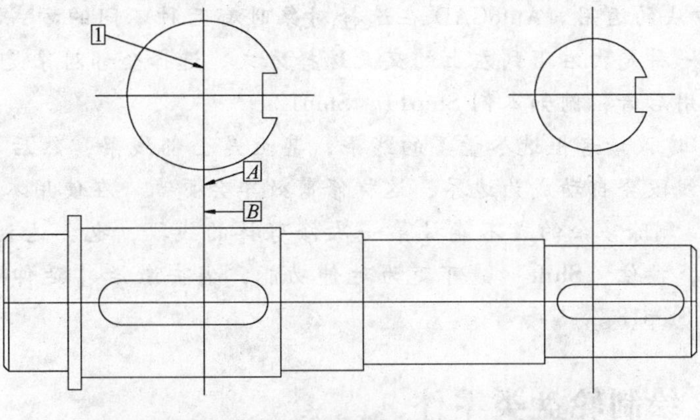

图 4.22　修剪出键槽和局部打断相连的中心线

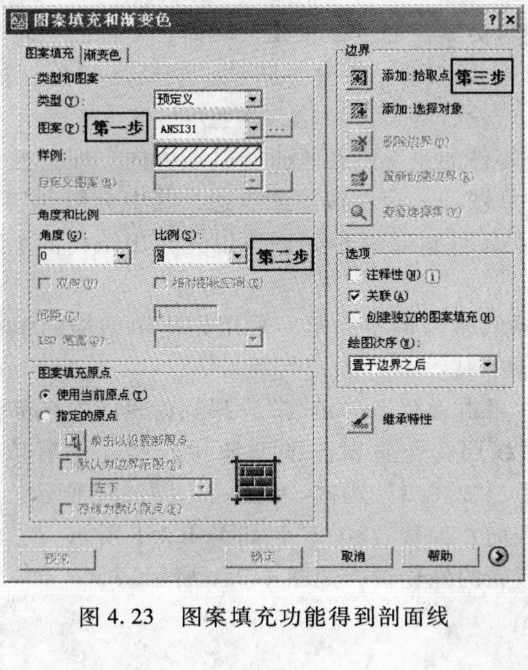

图 4.23　图案填充功能得到剖面线

Step23：使用夹点调整所有中心线的长度，最后结果如图 4.1 所示。

【要点提示】

1）使用偏移操作是作图最有效的方法，比起坐标法要易操作得多。值得注意的是：在作一个复杂图形时，一次不要偏移太多线条，然后才修剪它们，这样很容易在修剪时混淆出错。恰当的做法是一边偏移一边修剪，每次最多偏移两条线，修剪好后，再继续偏移、修剪。

2）作图过程中，单击鼠标右键会有一些快捷的功能，例如里面有使用过的命令，可以快捷地调用，而不用再次单击图标按钮或在命令行输入。还有，右键菜单里有临时捕捉功能，当系统提示输入点时，单击右键，可以选择你需要捕捉的点。这种操作比起到对象捕捉里临时设置要方便得多，并且，这种操作只具有“当次有效”的特点，不需要到对象捕捉里取消掉。有的读者可能会问，在对象捕捉里一次设置好可不可以呢？这样做不妥。当捕捉类型过多时，反而不能准确及时捕捉到所要的点，耗时费力。一般只设置一些常用的点，比如端点、圆心等，其他的点建议临时捕捉为好。

3）两种框选方法的运用。AutoCAD 在选择对象时有两种不同的方式：一种是由左上到右下的窗口方式；一种是由右下到左上的交叉选择方式。选择全部对象是建议用前者，选择部分对象时建议使用后者，例如本例 Step11、Step12。

4）在修剪时，建议读者框选尽量多的线条，甚至是全部线条，然后再单击要裁剪的线段，其余未单击的线段会自动成为边界，这样修剪效率会更高。在使用本功能时，若结合键盘的“Delete”键，删除多余的或不能被第一次修剪掉的线段，也会达到事半功倍的效果。另外，使用修剪时，按住“Shift”键可变为延伸功能，省去激活“延伸”命令，例如本例的 Step7 、Step11、Step18。

4.2 任务二：绘制轮盘类零件

和轴类零件类似，轮盘类零件的主体也是回转体，不同的是轮盘类零件轴向尺寸小而径向尺寸大。这类零件上常有退刀槽、凸台、凹坑、倒角、圆角、轮齿、轮辐、肋板、键槽等。这类零件包括齿轮、带轮、端盖、飞轮、法兰等。

一般情况下，轮盘类零件的主视图在垂直于轴线方向，即主视图的轴侧平放。因此，轮盘类零件通常用全剖的主视图和一个左视图来表达，其中会用到“直线”、“圆”、“偏移”、“镜像”等命令。由于此类零件也是对称的，所以先作出结构的 1/4 或 1/2，通过一到两次镜像得到完整的图形。

图 4.24 所示为减速器低速齿轮零件图，采用先作出结构的 1/4，再镜像两次的绘制方法。

Step1：先画中心线，再由近及远“偏移”，得到齿轮的上半部分。

做法：图层定到轮廓线层。作主视图的两条中心线。然后依次偏移水平线“60/2”、“226.96/2”、“232.96/2”、“238/2”距离，结果如图 4.25a 所示。

Step2：把竖直中心线向左偏移“80/2”，如图 4.25b 所示。

Step3：修剪成 1/4 齿轮的外轮廓，如图 4.25c 所示。

Step4：倒角 *C*2。

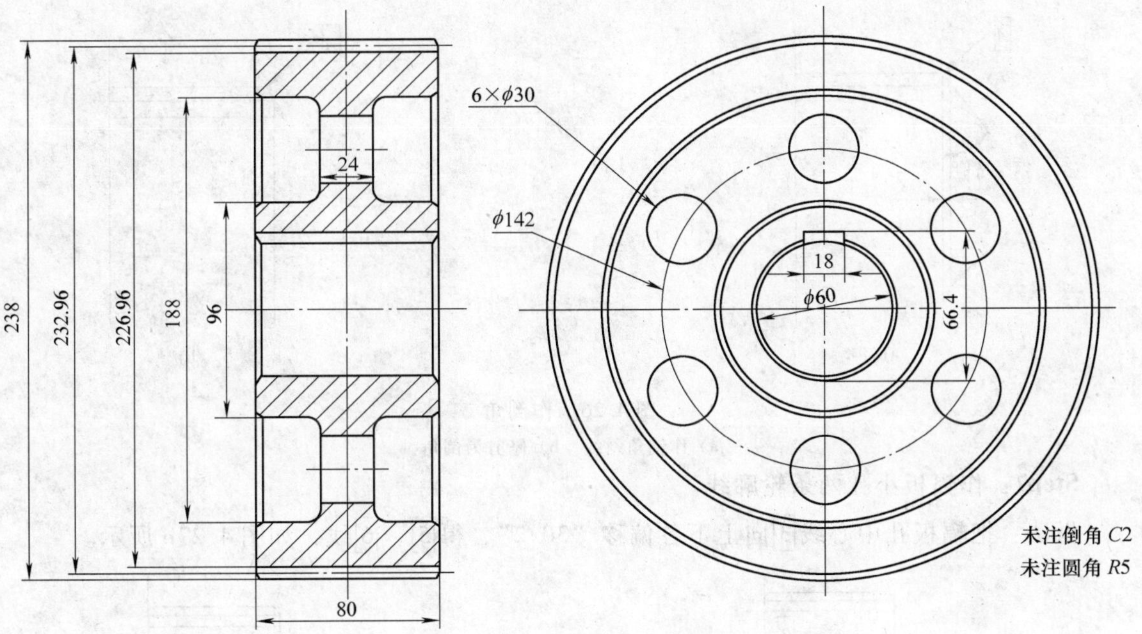

图 4.24　齿轮

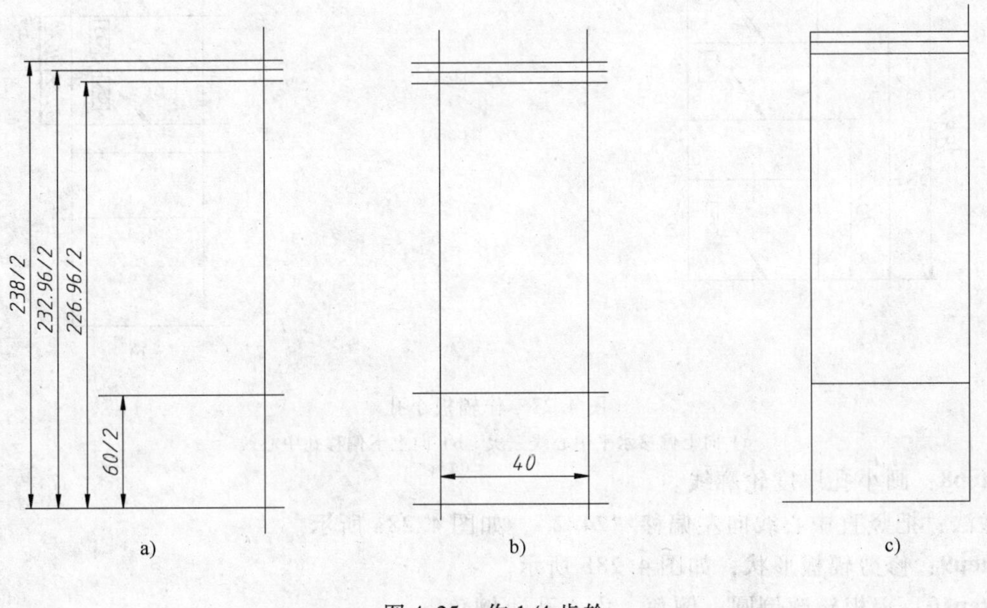

图 4.25　作 1/4 齿轮

a）向上偏移四条线　b）向左偏移一条线　c）修剪得到 1/4 齿轮

作法：向里偏移[1]线 2mm，捕捉 A 点，作 45°斜线，如图 4.26a 所示。

Step5：修剪倒角，结果如图 4.26b 所示。

Step6：画辐板孔的一条中心线和两条辐板边缘轮廓线。

做法：把齿轮中心线[1]向上偏移“142/2”、“188/2”和“96/2”，得辐板小孔中心线[3]、辐板轮廓线[2]、[4]，如图 4.27a 所示。

a)　　b)

图 4.26　作倒角

a）作倒角斜线　b）修剪为倒角

Step7：作辐板小孔两条轮廓线。

做法：把辐板孔中心线 3 向上下各偏移“30/2”，得 5 、 6 线，如图 4.27b 所示。

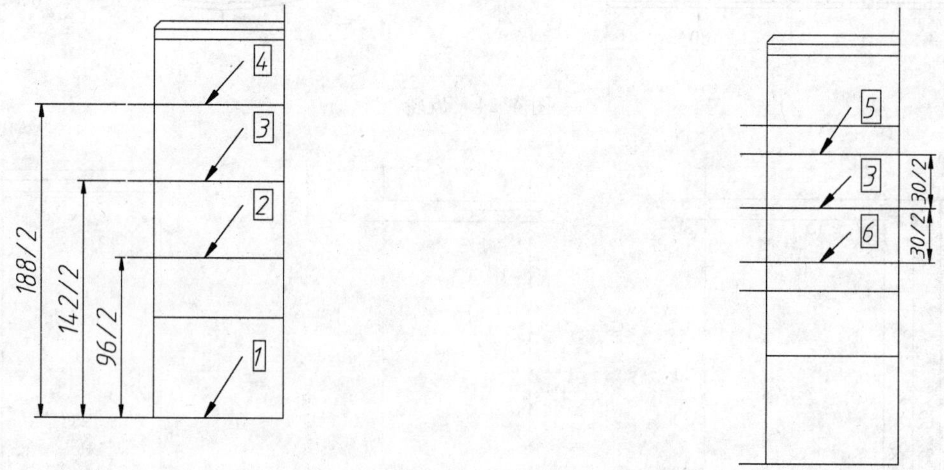

a)　　b)

图 4.27　作辐板小孔

a）向上偏移水平中心线三次　b）向上下偏移孔中心线

Step8：画小孔厚度轮廓线。

做法：把竖直中心线向左偏移“24/2”，如图 4.28a 所示。

Step9：修剪辐板形状，如图 4.28b 所示。

Step10：辐板轮廓倒圆、倒角，中心孔边倒角。

命令：_fillet　　　　//单击倒圆按钮。

当前设置：模式 = 修剪，半径 = 1.0000

选择第一个对象或［放弃（U）/多段线（P）/半径（R）/修剪（T）/多个（M）］：r

　　　　//输入 r，设置倒圆半径。

指定圆角半径 <1.0000>：5　　　　//输入半径为“5”。

选择第一个对象或［放弃（U）/多段线（P）/半径（R）/修剪（T）/多个（M）］：

　　　　//选择一条边。

选择第二个对象，或按住“Shift”键选择要应用角点的对象：　　　//选择另外一条边。

同上操作，作出另外一个圆角。

倒角的作法同 Step4，不再赘述，最后结果如图 4.28c 所示。

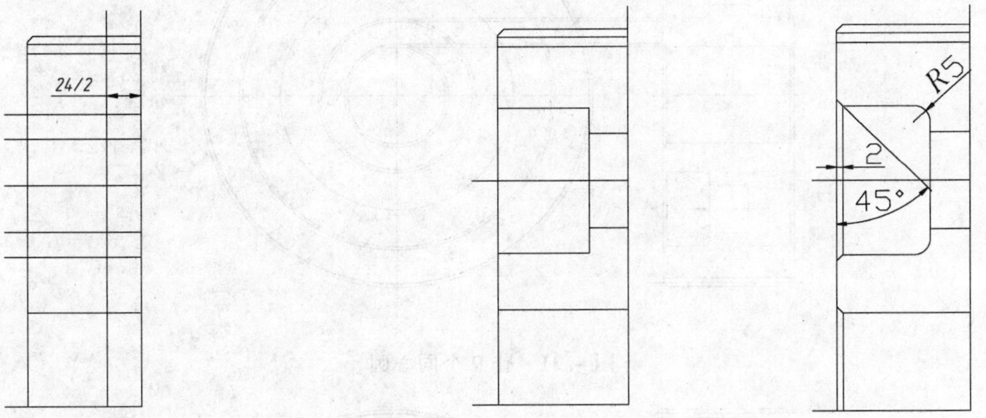

a)　　　　b)　　　　c)

图 4.28　作辐板

a）向左偏移竖直中心线　b）修剪为辐板形状　c）倒圆、倒角后得最后结果

Step11：镜像两次，得到完整的齿轮主视图。改变中心线和分度圆线图层为中心线层，并用夹点编辑方法调整其长度。

Step12：开始作左视图。先画中心线，利用对象追踪，画出与主视图水平中心线对齐的中心线，然后再画竖直中心线，如图 4.29 所示。

Step13：画辅助线。

捕捉齿轮主视图中各倒角、分度圆、中心线的端点，水平向右画线与竖直中心线相交，共 9 条水平辅助线，如图 4.30 所示。

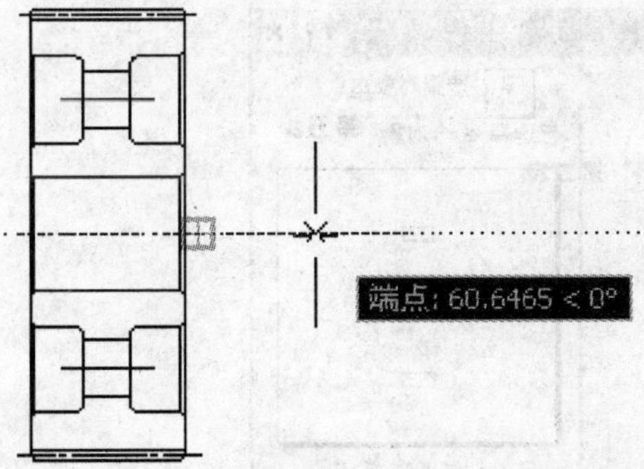

图 4.29　利用对象追踪画左视图中心线

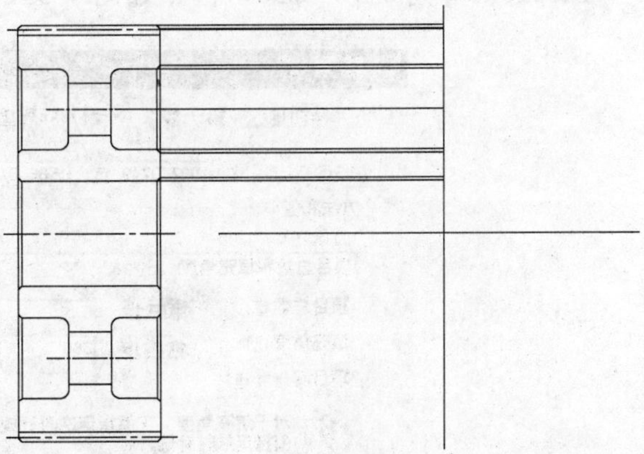

图 4.30　作 9 条水平辅助线

Step14：画 9 个同心圆，如图 4.31 所示。

Step15：删掉水平辅助线；作出第一个辐板孔圆“$\phi 30$”，如图 4.32 所示。

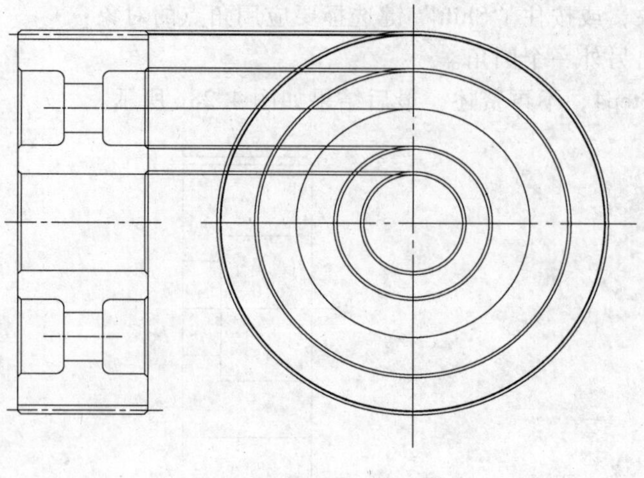

图 4.31　作 9 个同心圆

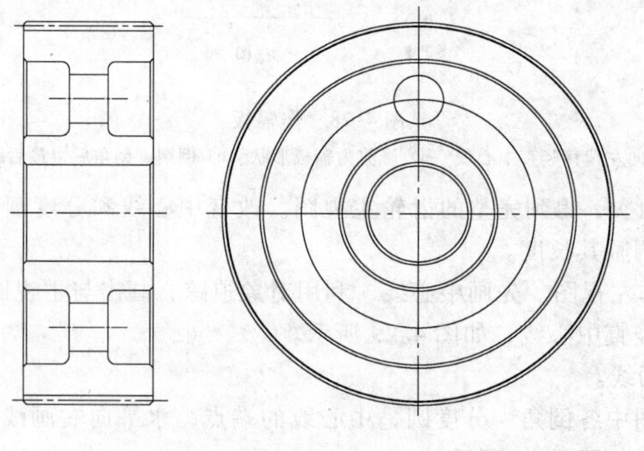

图 4.32　作辐板上的第一个孔

Step16：阵列 6 个"$\phi30$"圆，如图 4.33、图 4.34 所示。

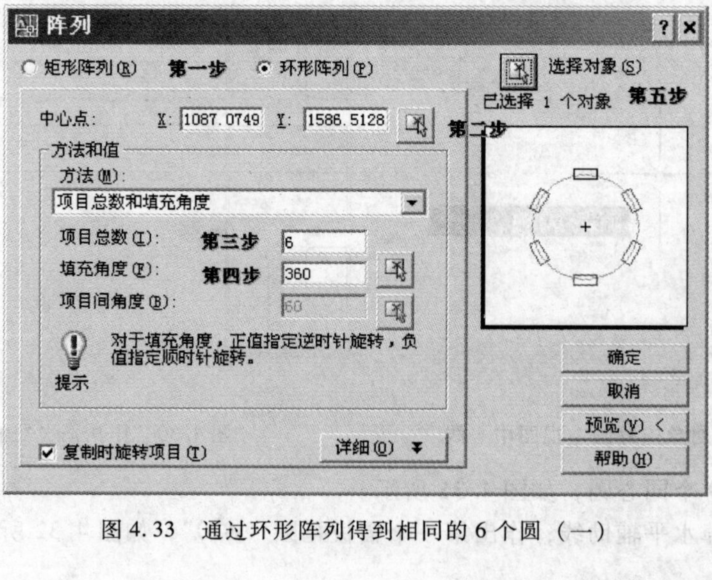

图 4.33　通过环形阵列得到相同的 6 个圆（一）

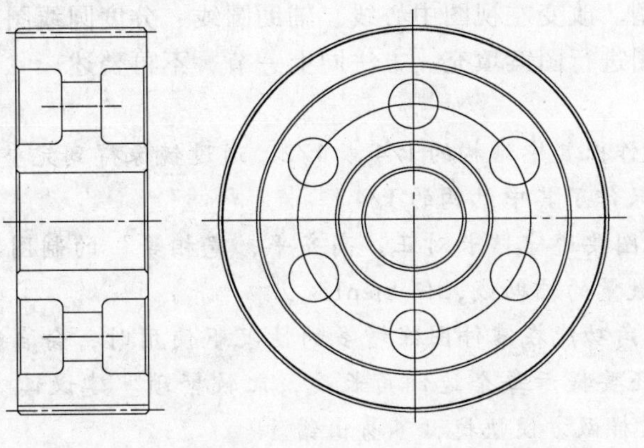

图 4.34　通过环形阵列得到相同的 6 个圆（二）

Step17：作键槽。

做法（见图 4.35）：

1）过 *A* 点作[1]线。

2）把[1]线向上偏移 64.4mm 得[2]线。

3）把竖直中心线向右偏移 9mm 得[3]线，如图 4.35a 所示。

Step18：修剪键槽形状，如图 4.35b 所示。

Step19：镜像另一半键槽形状。通过“对象追踪”作出主视图中键槽的轮廓线，如图 4.36 所示。

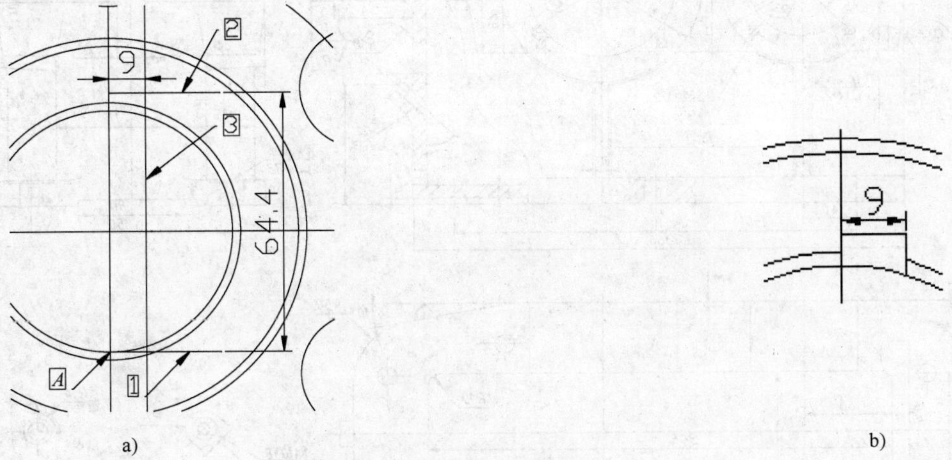

a)　b)

图 4.35　作键槽

a）偏移得键槽轮廓　b）修剪为半个键槽

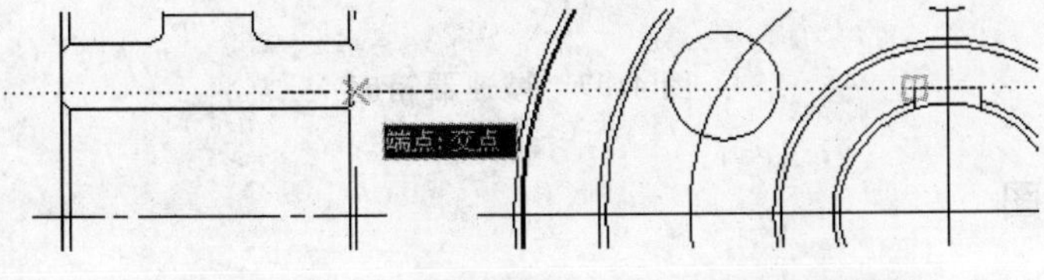

图 4.36　通过“对象追踪”作出主视图键槽轮廓

Step20：修改线型。改变左视图中心线、辅助圆线、分度圆线图层到中心线层。

Step21：对主视图进行图案填充。方法同上一节，不再赘述。

【要点提示】

1）对称的零件宜作出其中结构的1/4或1/2，通过镜像得到完整的视图，以减少重复劳动。本例齿轮主视图只作了其中结构的1/4。

2）零件图的各视图要遵守“长对正，高齐平，宽相等”的制图原则，所以在作图过程中，有必要做出一定数量的辅助线，例Step13。

3）AutoCAD的倒角功能在零件图线增多的情况下使用时，会自动删掉一些本来需要保留的线，另外，系统还要提示每个边倒角长度，比较繁琐。建议读者还是采用“偏移”加“修剪”来作倒角，这样做方便快捷，不易出错。

4.3 任务三：绘制箱体类零件

箱体类零件是一类非常重要的零件，含有较多空腔、台阶、孔等结构，形状比较复杂。其表达方案以最能反映其形状特征的一面作为主视图的投射方向，再加上两个以上的其他视图来表达其主要结构。在这些视图上，还要考虑作剖视和断面表达。很多时候，还需要用局部视图、局部剖视图或局部放大图来表达细微的部位。

图4.37是减速器箱座，其外轮廓比较清晰，采取由外往内的顺序作图。

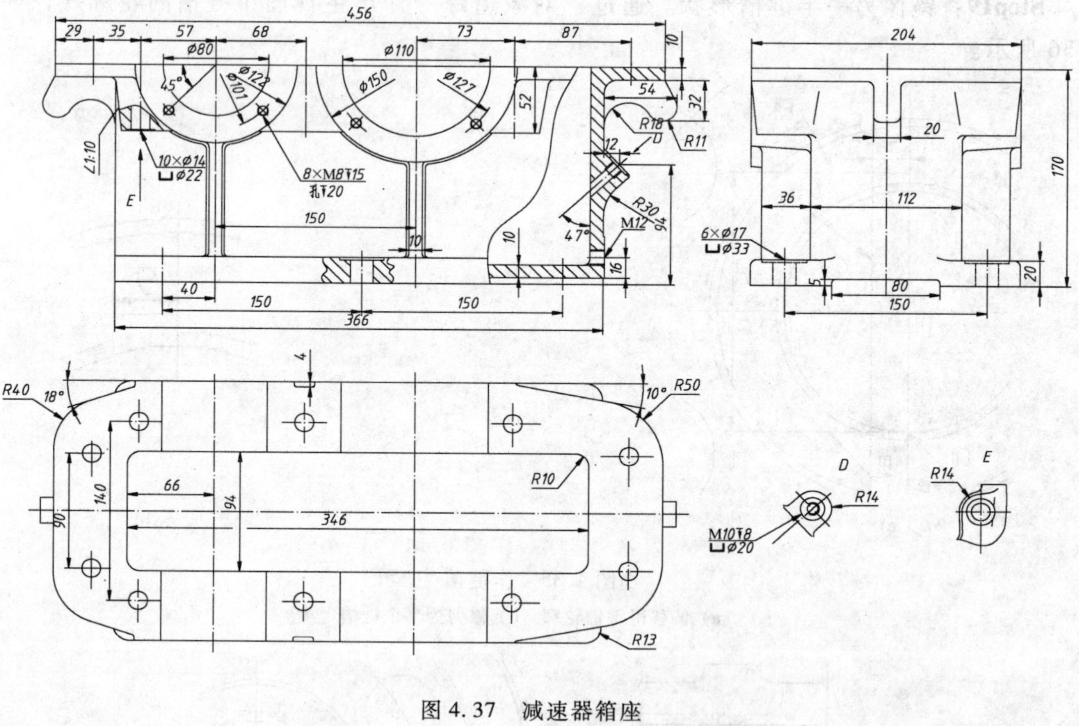

图4.37 减速器箱座

一、首先作俯视图

由于减速器箱座的俯视图是上下对称结构，所以只作出上半部分即可。

Step1：图层切换到轮廓线，画 3 条中心线，如图 4.38 所示。

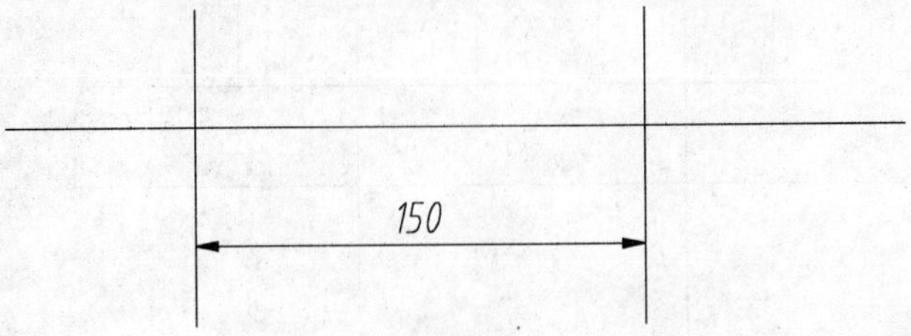

图 4.38　作 3 条中心线

Step2：作中间矩形。由图 4.39 中的偏移关系作出矩形的轮廓线。

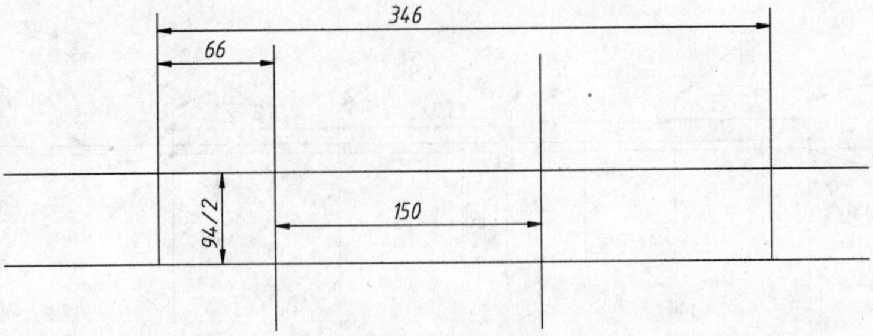

图 4.39　通过“偏移”作矩形轮廓

Step3：修剪得内部的矩形，把此矩形各边向外偏移 55mm 并延伸得外部大矩形，如图 4.40 所示。

图 4.40　修剪得小矩形、偏移得大矩形

Step4：内部矩形倒圆角 $R10$；偏移“80/2”和“110/2”并修剪得两个轴承座孔，如图 4.41 所示。

Step5：作轴承座外轮廓线。

做法（见图 4.42）：

1）中线1偏移“122/2”得2、3线。

2）中线4偏移“150/2”得5、6线。

3）7线向下偏移“4”得8线。

4）过 A 点作 18°线。

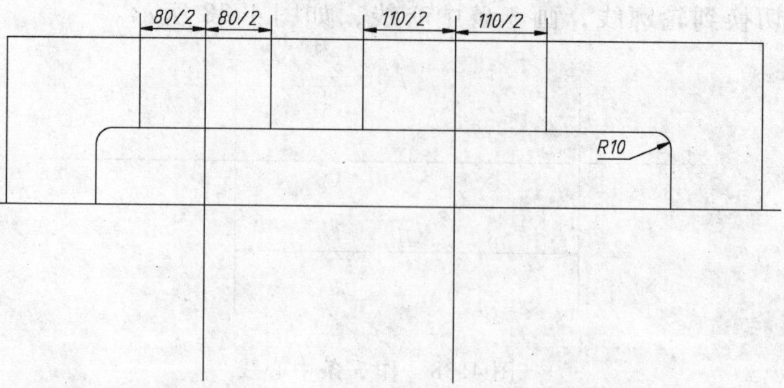

图 4.41 倒内部圆角、偏移得轴承座孔线

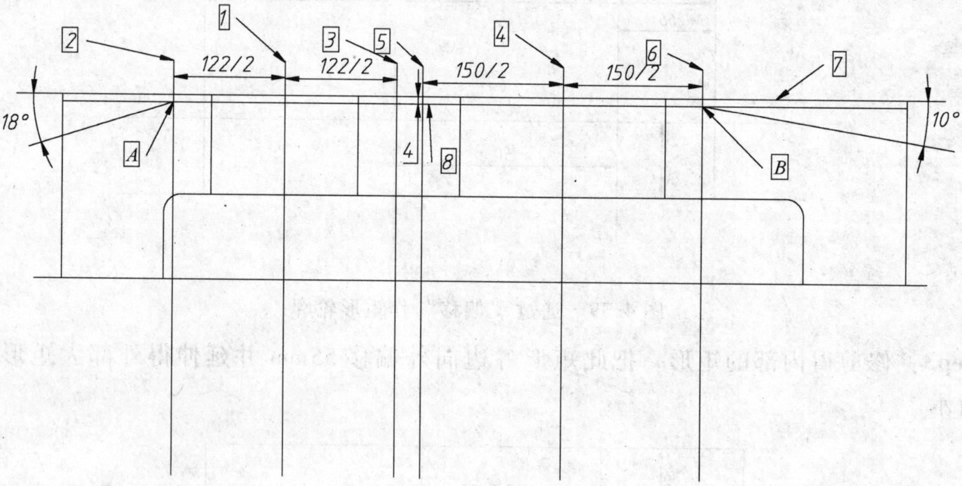

图 4.42 作轴承座外轮廓线

5）过 *B* 点作 10°线。

Step6：修剪，如图 4.43 所示。

图 4.43 修剪得轴承座

Step7：倒圆角 *R*40、*R*50、*R*2，如图 4.44 所示。

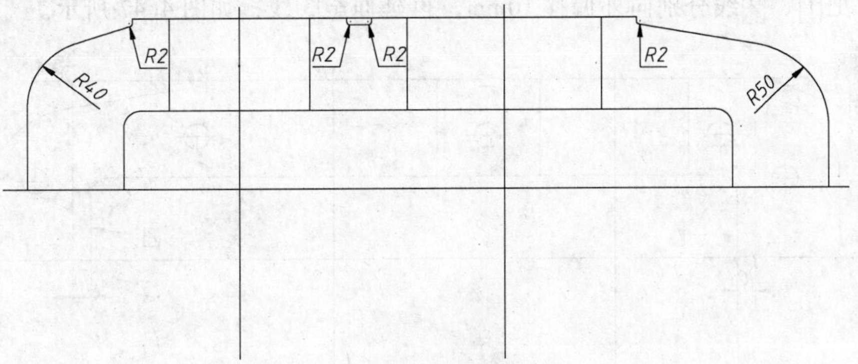

图 4.44　倒圆角 *R*40、*R*50、*R*2

Step8：按图 4.45 中偏移关系作紧固孔的中心线。

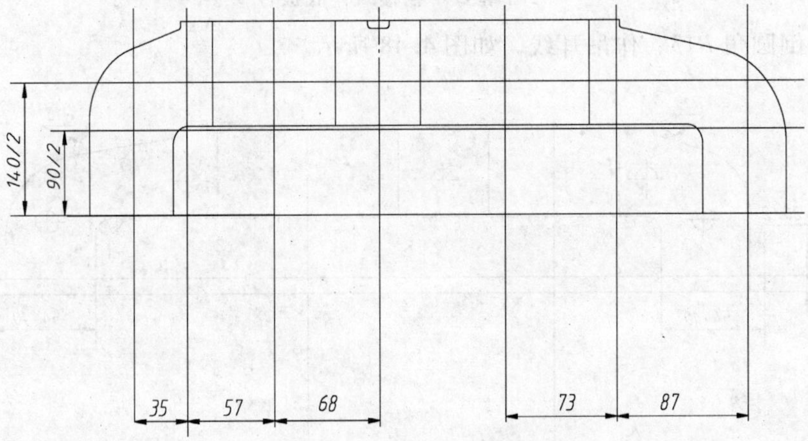

图 4.45　偏移得紧固孔中心线

Step9：如图 4.46 所示，画圆 5 × *ϕ*14；用打断工具把中心线修改成短十字线。

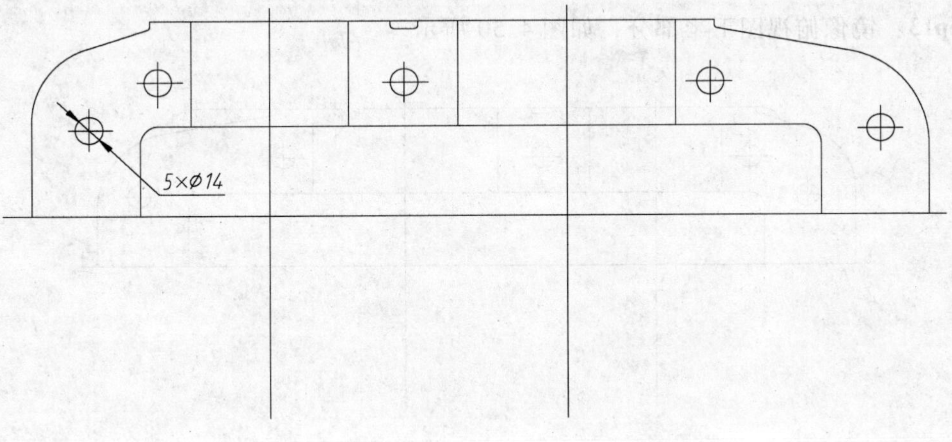

图 4.46　作 5 个 *ϕ*14 圆

Step10：画底板。

做法：把[1]、[2]线分别向外偏移 10mm，再延伸至[3]线，如图 4.47 所示。

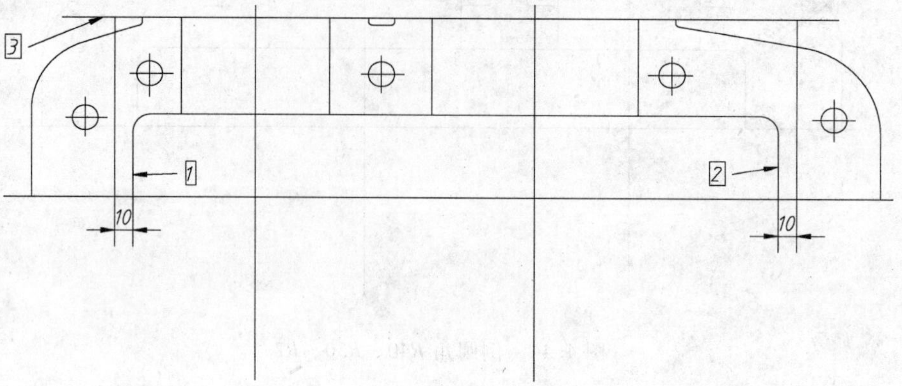

图 4.47 偏移线作底板

Step11：倒圆角 *R*13，作吊耳线，如图 4.48 所示。

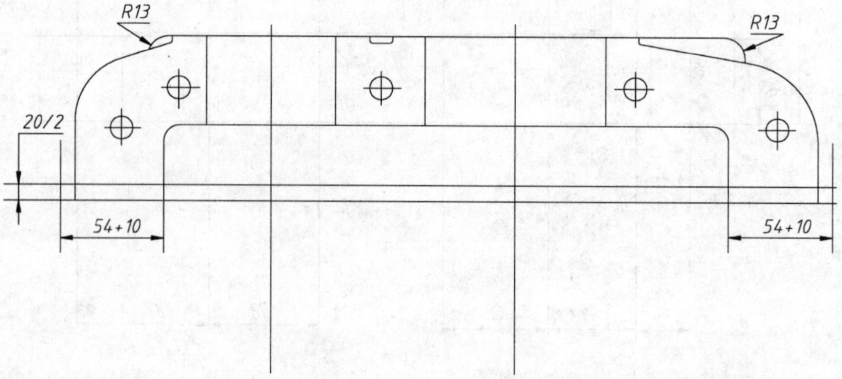

图 4.48 倒圆角 *R*13、偏移作吊耳线

Step12：修剪吊耳，如图 4.49 所示。

Step13：镜像俯视图下半部分，如图 4.50 所示。

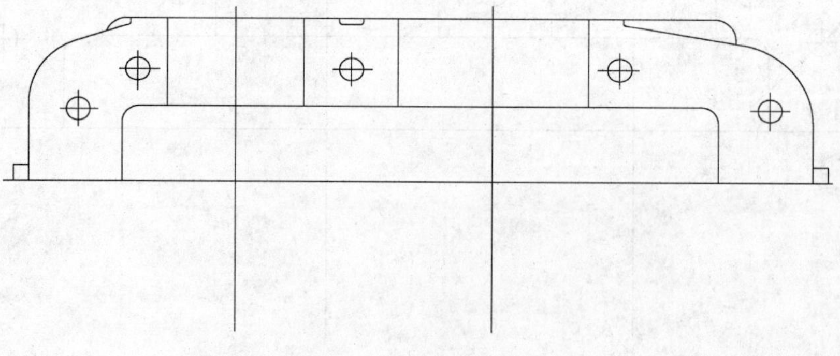

图 4.49 修剪成吊耳形状

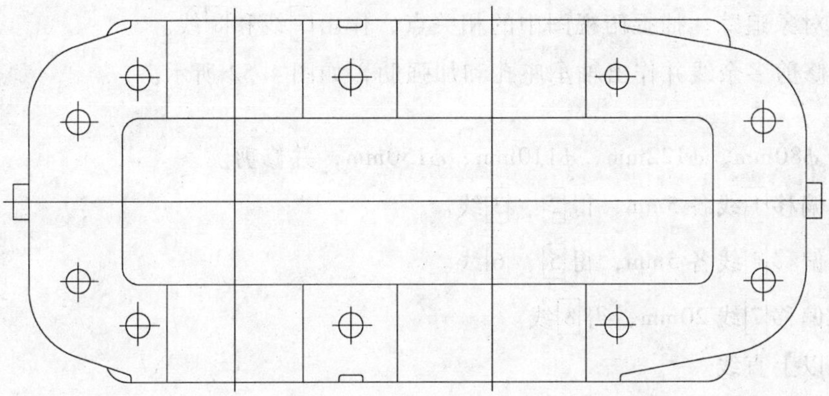

图 4.50　镜像得整个箱座俯视图

二、作主视图

Step1：根据视图对应规则作出辅助线和部分轮廓线，如图 4.51 所示。

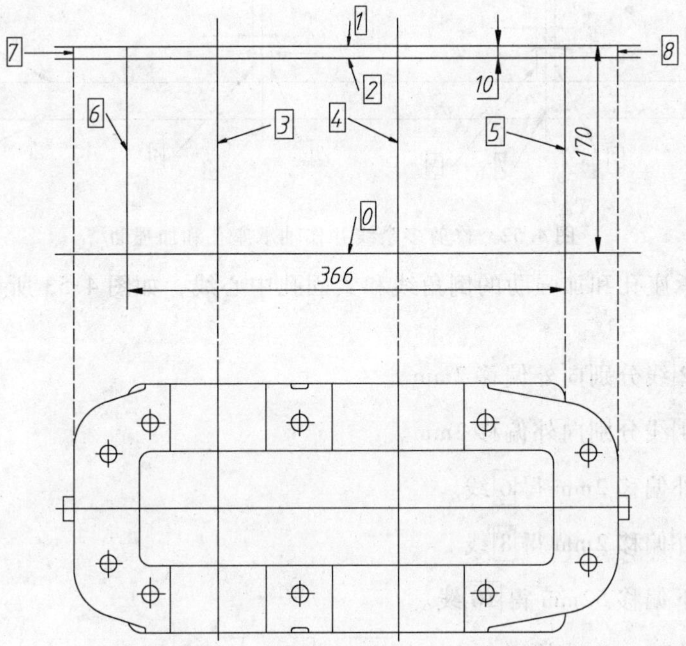

图 4.51　利用视图对应规则作主视图

做法：

1）在俯视图上方作0线。

2）0线向上偏移 170mm 得1线。

3）1线向下偏移 10mm 得2线。

4）利用对象追踪，捕捉俯视图中的相关点，作出中心线3、中心线4、边线5。

5）偏移5线 366mm 得边线6。

6）利用对象追踪，捕捉俯视图中的相关点，作出[7]线和[8]线。

Step2：修剪多余线并作出轴承座孔和加强肋，如图 4.52 所示。

做法：

1）作圆 ϕ80mm、ϕ122mm、ϕ110mm、ϕ150mm，并修剪。

2）左右偏移[1]线各 5mm，得[2]、[3]线。

3）左右偏移[4]线各 5mm，得[5]、[6]线。

4）向上偏移[7]线 20mm，得[8]线。

5）修剪以上直线。

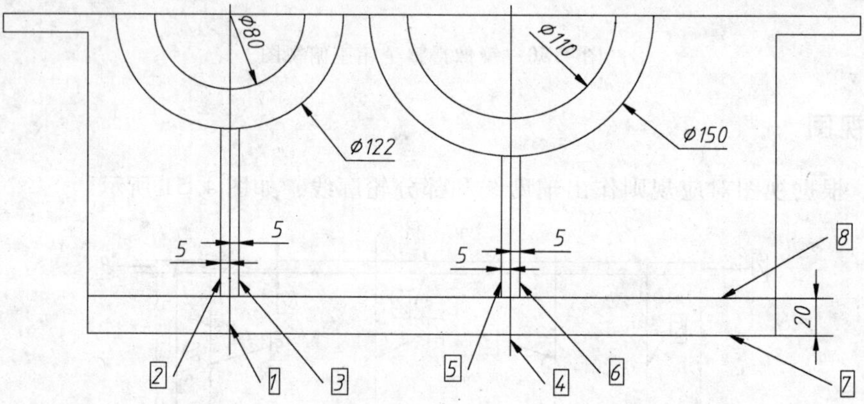

图 4.52　修剪多余线并作轴承座孔和加强肋

Step3：作轴承座孔和加强肋的倒角线和紧固孔中心线，如图 4.53 所示。

做法：

1）把[1]线和[2]线分别向外偏移 2mm。

2）把[3]线和[4]线分别向外偏移 2mm。

3）把[5]线向外偏移 2mm 得[6]线。

4）把[7]线向外偏移 2mm 得[8]线。

5）把[9]线向下偏移 52mm 得[10]线。

6）利用对象追踪，作孔的三条中心线[11]、[12]、[13]线。

7）把[11]线向外偏移 14mm 得[14]线。

8）把[13]线向外偏移 14mm 得[15]线。

Step4：修剪。结果如图 4.54 所示。

Step5：作过渡圆角，如图 4.55 所示。

做法：

1）[1]线和[2]线向外旋转 6°。

2）作相切圆 $R5$（共 20 个）。此处建议不要使用倒圆角工具，因为会导致线段丢失。

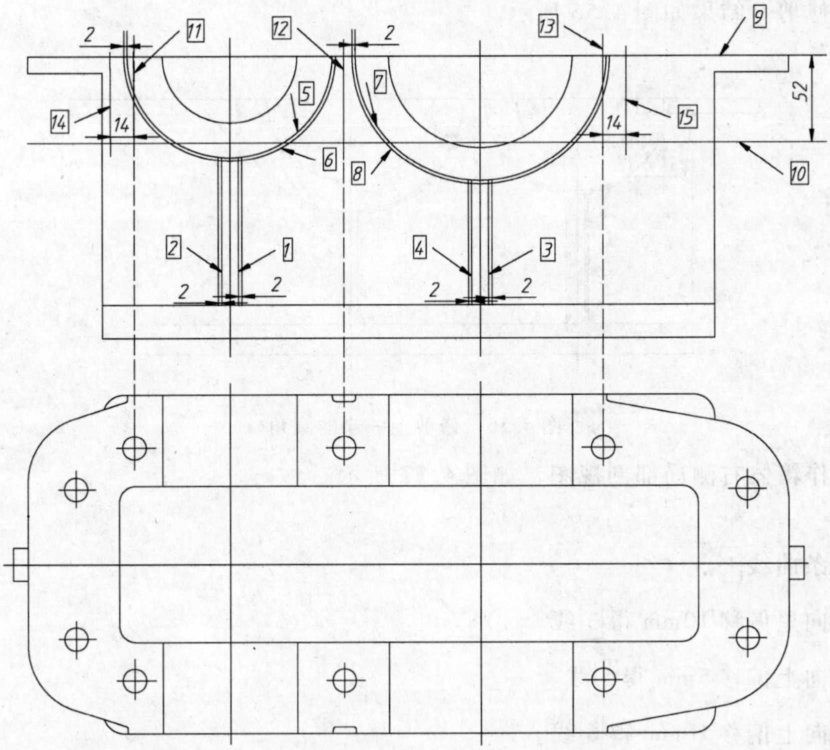

图 4.53　作轴承座孔和加强肋的倒角线和紧固孔中心线

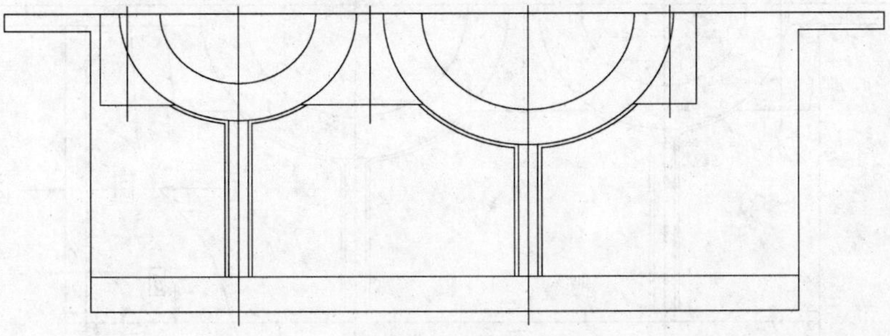

图 4.54　修剪的最后结果

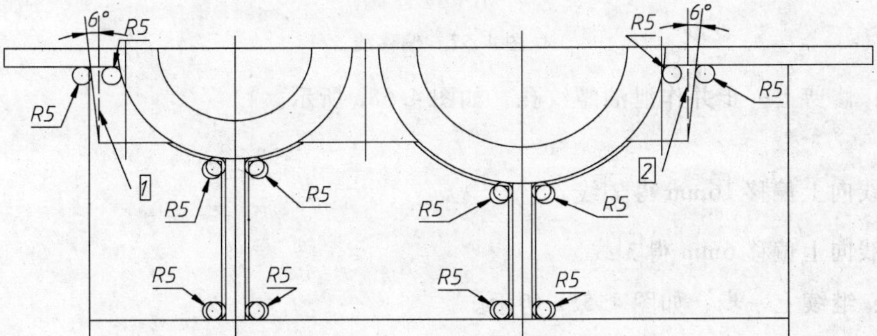

图 4.55　作过渡圆角

Step6：修剪。结果如图 4. 56 所示。

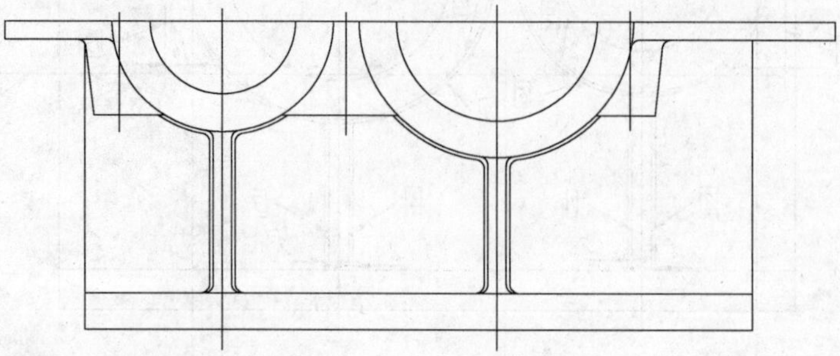

图 4. 56　修剪上一步的圆角

Step7：作箱体右侧局部剖视图，如图 4. 57 所示。

做法：

1）作样条曲线[1]。

2）[2]线向里偏移 10mm 得[3]线。

3）[4]线向上偏移 5mm 得[5]线。

4）[5]线向上偏移 10mm 得[6]线。

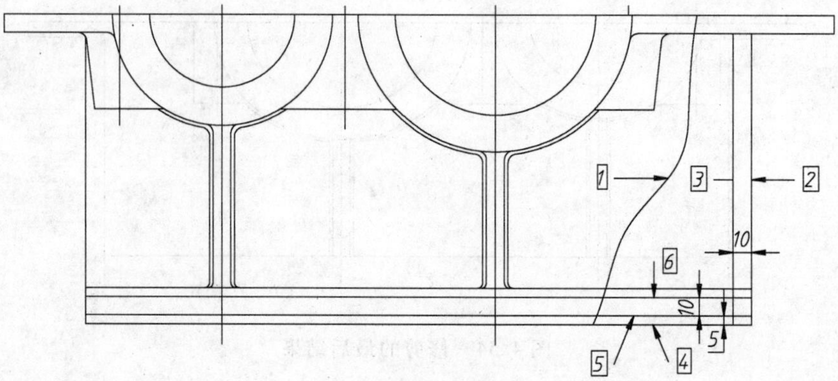

图 4. 57　偏移线

Step8：修剪上一步并作泄油螺纹孔，如图 4. 58a 所示。

做法：

1）[1]线向上偏移 16mm 得[2]线。

2）[2]线向上偏移 6mm 得[3]线。

Step9：继续上一步，如图 4. 58b 所示。

1）[1]线和[2]线分别向里偏移 1mm。

2）作倒圆角 *R*5。

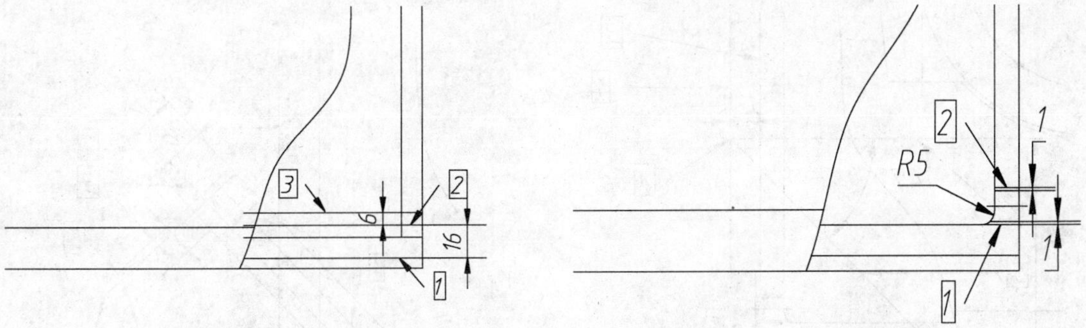

a)　　　b)

图 4.58　作泄油螺纹孔（一）

Step10：继续上一步，如图 4.59a 所示。

做法：

1）1线向外偏移 2mm 得2线。

2）作3线。

3）3线关于4线镜像得5线。

Step11：修剪。结果如图 4.59b 所示。

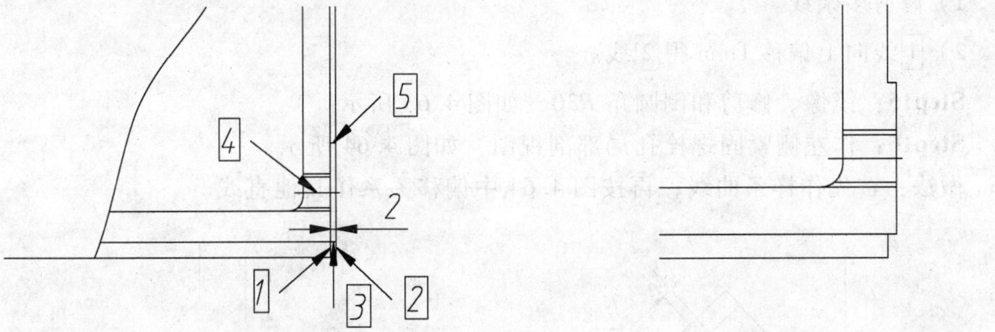

a)　　　b)

图 4.59　作泄油螺纹孔（二）

Step12：如图 4.60 所示，作油标孔结构。

做法：

1）先作其中心线。1线向上偏移 94mm 得2线。

2）3线偏移 12mm 得4线。

3）过交点 *A*，旋转2线得5线即为孔中心线。

Step13：继续上一步，如图 4.61 所示。

做法：

1）1线分别偏移 14mm、10mm、5mm 得2、3、4线。

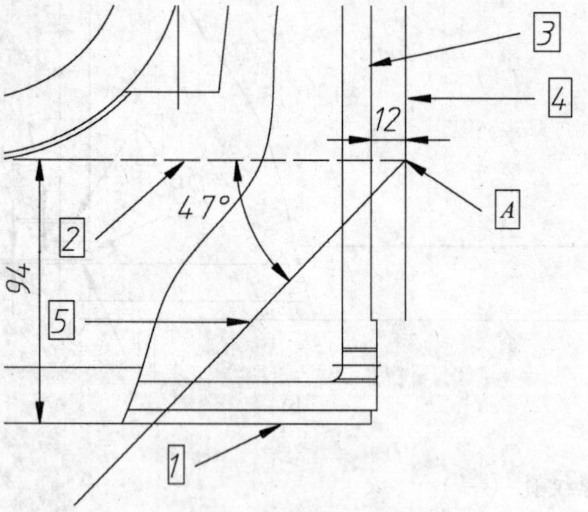

图 4.60 作油标孔（一）

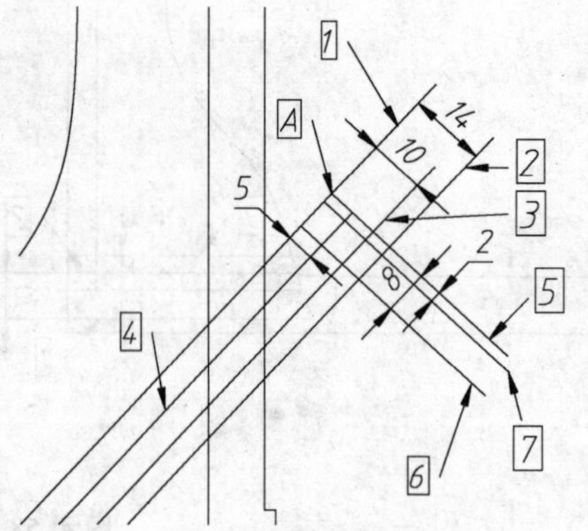

图 4.61 作油标孔（二）

2）过端点 *A* 作 1 线的垂线 5 。

3） 5 线向下偏移 8mm 得 6 线。

4） 5 线向下偏移 2mm 得 7 线。

Step14：继续上一步，如图 4.62 所示。

做法：

1）修剪多余线。

2） 1 线向上偏移 1mm 得 2 线。

Step15：镜像、修剪和倒圆角 *R*30，如图 4.63 所示。

Step16：作左侧紧固螺栓孔局部剖视图，如图 4.64 所示。

做法：首先作样条曲线，再按图 4.64 中偏移关系作其他直线。

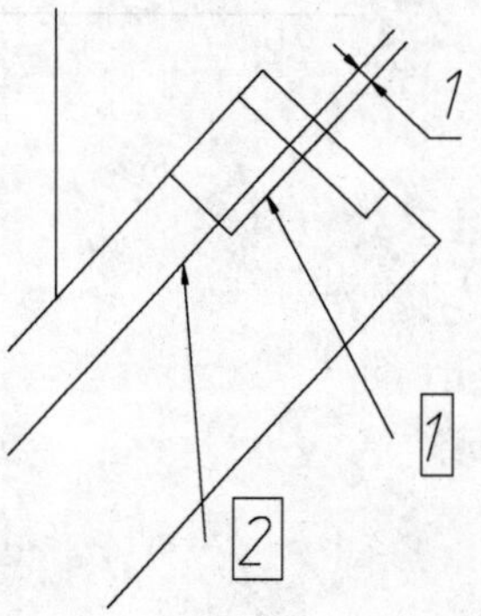

图 4.62 作油标孔（三）

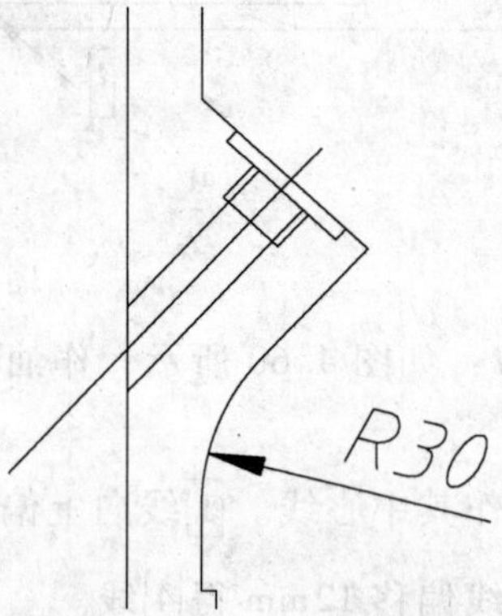

图 4.63 作油标孔（四）

Step17：修剪上一步多余线，完成紧固螺栓孔局部剖视图。作地脚螺栓孔局部剖视图，方法同上一步。

Step18：作吊耳，如图 4.65 所示。

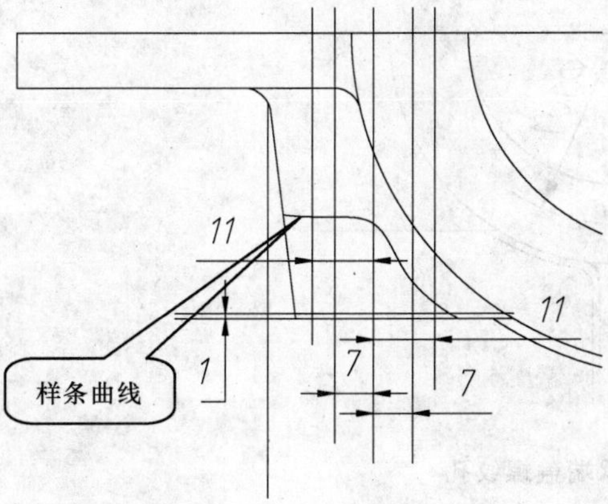

图 4.64　作左侧紧固螺栓孔局部剖视图

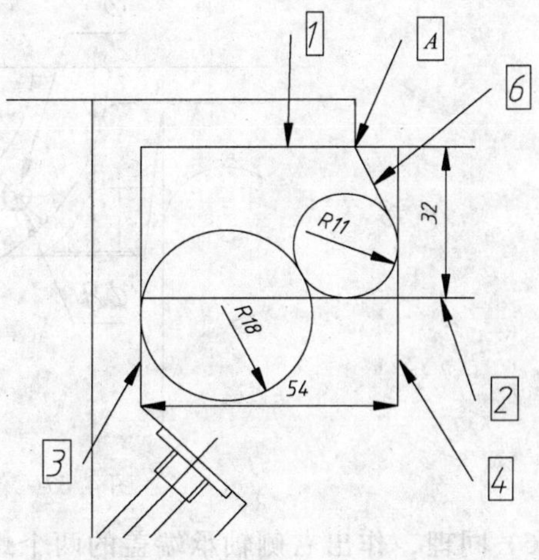

图 4.65　作吊耳

做法：

1）1线偏移 32mm 得2线。

2）3线偏移 54mm 得4线。

3）作2线和4线的相切圆 $R11$。

4）作 $R11$ 和3线的相切圆 $R18$。

5）过 A 点作 $R11$ 的切线6。

Step19：修剪吊耳并镜像之，如图 4.66 所示。

做法：

1）向左偏移1线"456/2"得2线。

2）以2线为中线镜像得左边吊耳。

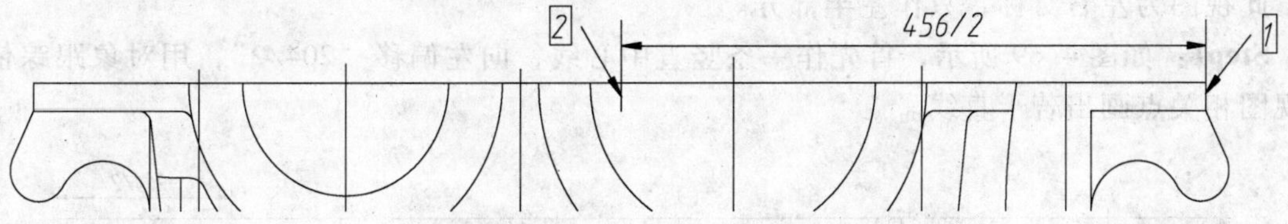

图 4.66　修剪吊耳并镜像

Step20：作左侧轴承端盖螺纹孔，如图 4.67 所示。

做法：

1）作 $\phi101$ 圆。

2）作 45°斜线。

3）在以上两线交点处作 $\phi8$ 和 $\phi7$ 两个圆。

4）打断多余线条。

5）关于中心线镜像另一个螺纹孔。

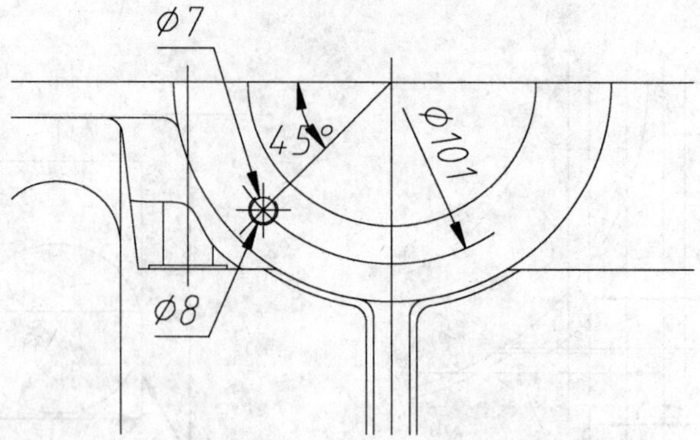

图 4.67 作左侧轴承端盖螺纹孔

6）同理，作出右侧轴承端盖的两个螺纹孔。

Step21：作三处局部剖的剖面线，如图 4.68 所示。

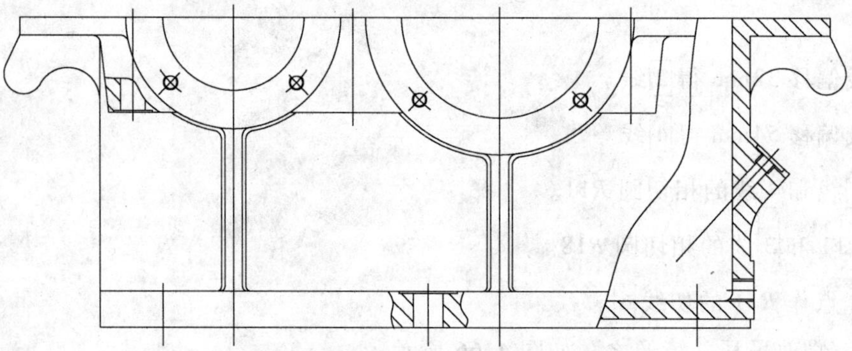

图 4.68 作三处局部剖的剖面线

三、作左视图

此视图为左右对称，只作左半部分。

Step1：如图 4.69 所示，首先作一条竖直中心线，向左偏移“204/2”，用对象跟踪依据主视图相关点画出若干直线。

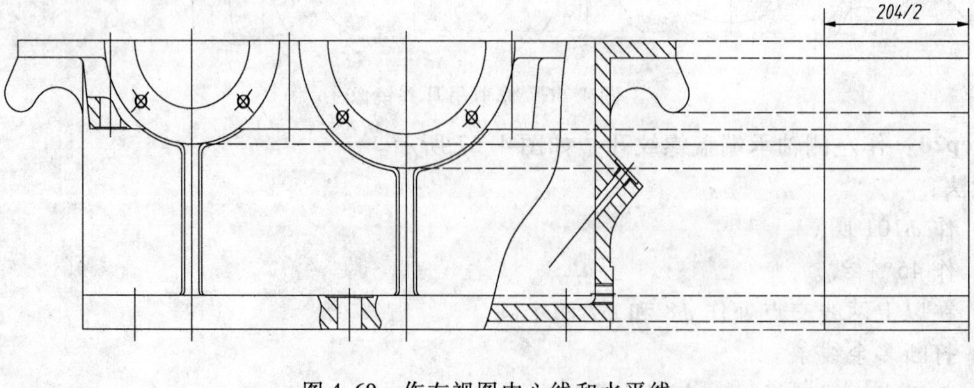

图 4.69 作左视图中心线和水平线

Step2：按图 4.70 中偏移关系作其他线并修剪之。

Step3：作斜线和旋转线，如图 4.71 所示。

1）过端点 *A* 作 7°斜线[1]并与相邻线做修剪。

2）[2]线和[3]线向下旋转 3°并做修剪。

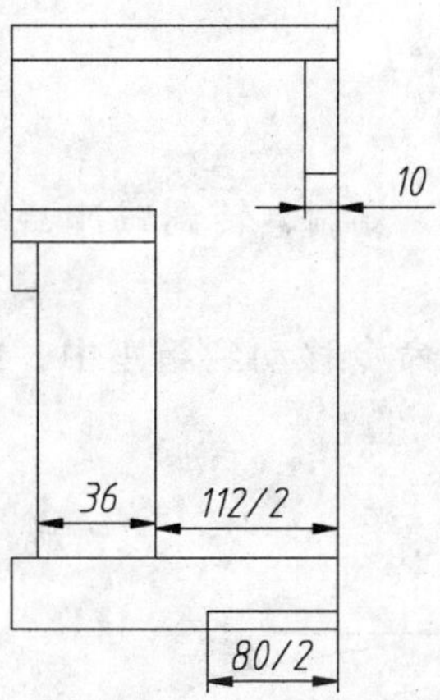

图 4.70　偏移并修剪线

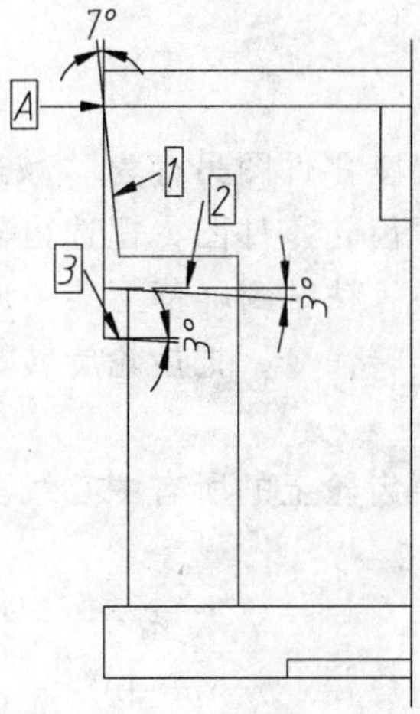

图 4.71　作斜线和旋转线

Step4：作地脚螺栓孔，如图 4.72 所示。

1）偏移“150/2”得到地脚螺栓孔中心线，然后从主视图中复制孔的所有线条，插入左视图。

2）把新线条的图层改变到虚线层。

Step5：作此视图中的所有倒圆角和其他必要的修饰线并镜像右半部，结果如图 4.73 所示。

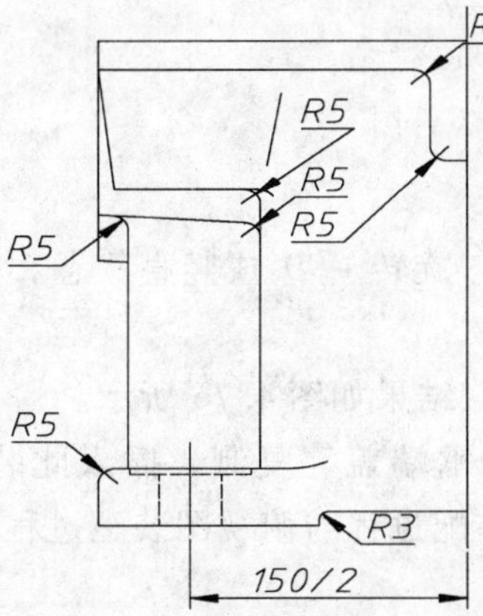

图 4.72　复制地角螺栓孔

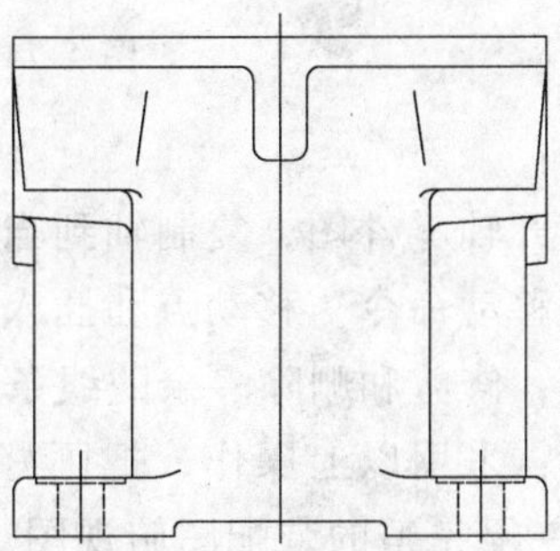

图 4.73　倒圆角、修饰和镜像

Step6：把所有中心线和辅助线改变到中心线层。

4.4 任务四：由零件图生成装配图

由零件图生成装配图类似于生产中的组装车间，把机器上的部件按照设计的相互位置关系装配起来。与工厂中不同的是，在 AutoCAD 中是虚拟的。下面继续以减速器为例说明这个过程。

Step1：

1）把箱座零件图另存为“减速器装配图”文件。

2）打开齿轮零件图，框选齿轮主视图并按“Ctrl + C”复制，转到减速器装配图窗口，按“Ctrl + V”粘贴到屏幕上某一地方备用。

3）用旋转命令，把齿轮旋转 90°成水平状态；用移动命令移动到箱座中，如图 4.74 所示。

4）删掉齿轮上的所有中心线。

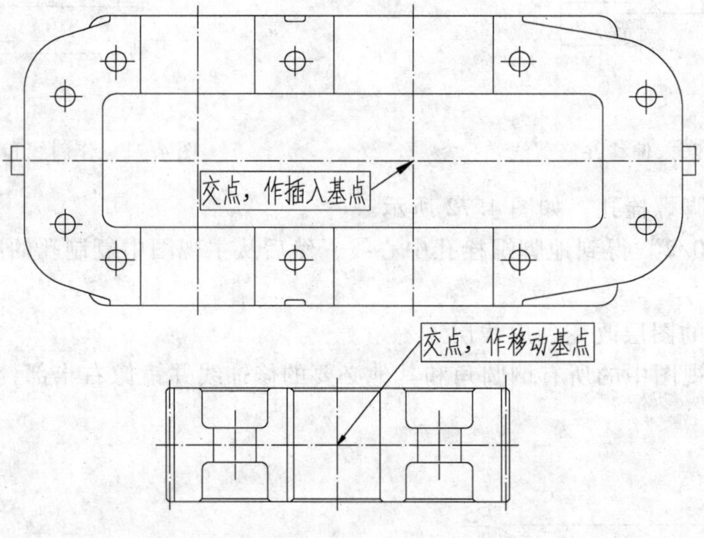

图 4.74　复制、旋转和移动齿轮零件图

Step2：

1）打开轴零件图，复制轴到当前装配图中某一位置，旋转 -90°成竖直状态。

2）用移动命令，移动点和插入点，如图 4.75 所示。

Step3：修剪和删除多余的线条；对轴端作截断画法。结果如图 4.76 所示。

Step4：采用以上操作，把画好的齿轮轴、轴承、轴承端盖等复制、插入此装配图中，最终形成一幅完整的装配图俯视图。主视图和左视图的装配过程与俯视图装配过程相同，只要注意零件图和装配图视图之间一一对应即可。

【要点提示】

1）根据视图规则，有的线是重复的，需删掉，有的线需由实线改为虚线。

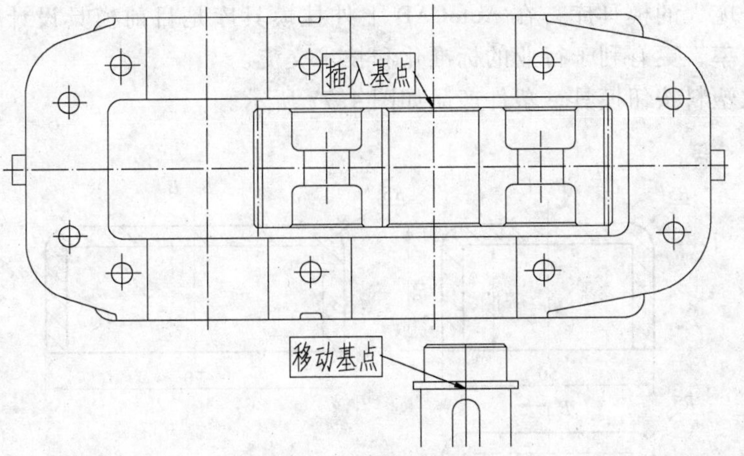

图 4.75　复制和移动轴零件图

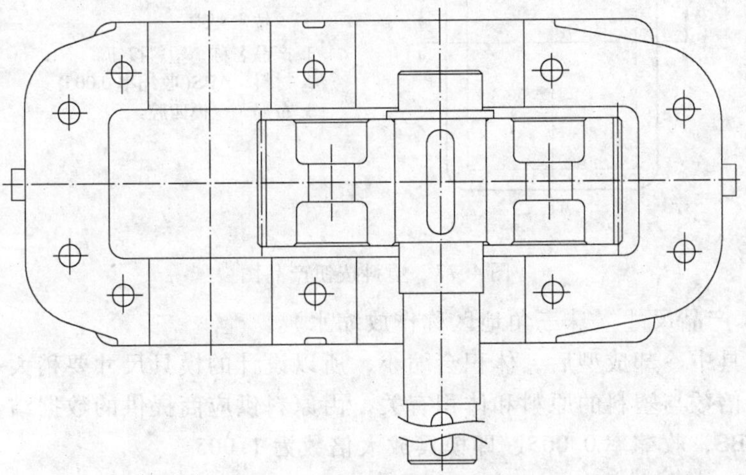

图 4.76　轴和齿轮装配完成

2）由零件生成装配图的另一种方法是先把零件定义为“块”，然后把这些“块”装配起来，这样做的好处是不会遗漏零件上的任何线条，缺点是在修改和编辑这些图形的时候，还要再次分解这些“块”。显得繁琐，所以笔者不建议用块操作。

4.5　任务五：直接绘制装配图

以上所介绍的是在完成所有零件图的设计后，再把它们“组装”成装配图。在很多情况下，这个过程是逆向的，即先完成整部机器或部件的装配设计后，再拆画零件图。这种思路更符合产品的开发过程，也有利于发挥创新思维。本节内容以机械行业中占比重很大的模具为例说明由装配图到零件图的生成过程。

模具行业发展到今天，越来越趋向于标准化。虽然一套模具由几十到上百个零件组成，但其中很多零件已经成为本行业约定俗成的标准零件，整套模具就是由这些“标准零件”和“自定义零件”组合而成（“自定义零件”也是在标准零件的基础上修改得来）。这些标准零件形成一个庞大的模具库，在 AutoCAD 上外挂模具库是目前模具设计的普遍做法，能大大提高设计效率，更有利于行业的标准化和技术交流。

本例为一款塑料按钮模具，塑件产品如图 4.77 所示。

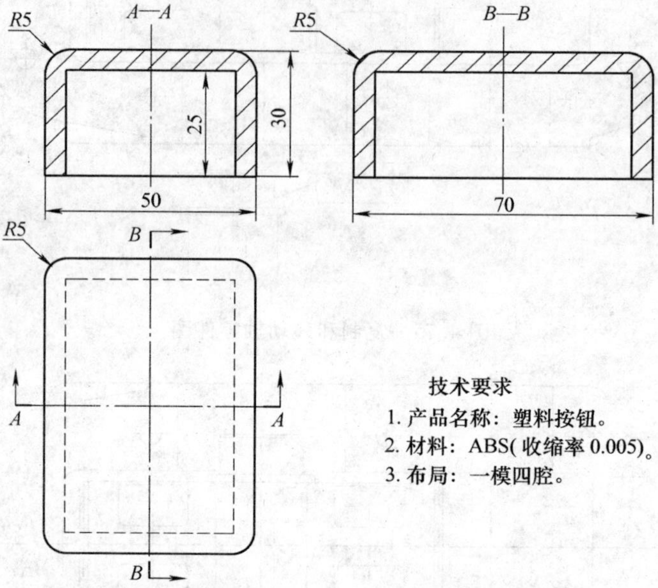

图 4.77　塑料按钮产品图

Step1：放大产品尺寸（珠三角地区称作放缩水）。

塑料件在模具中冷却成型后，体积会缩小，所以设计的模具尺寸要稍大一点以弥补这一缩小量。放大的倍数与塑料的原料和体积有关，由原料供应商提供的数据结合工厂经验值确定。本产品为 ABS，收缩率 0.005，即模具放大倍数为 1.005。

命令：_scale　　　　　　//单击缩放按钮。

选择对象：指定对角点：找到 56 个　　//框选全部图元。

选择对象：　//单击鼠标右键确定。

指定基点：　//在图面上随意单击一点。

指定比例因子或［参照（R）］：1.005　　//键盘输入“1.005”。

放大后的尺寸如图 4.78 所示。

Step2：拆面：拆分前后模轮廓线，即确定产品图上哪些线条属于前模，哪些属于后模，如图 4.79 所示。

Step3：排位：模具的布局。确定模具一模几腔及各腔的方位。本模具一模四腔，产品不旋转。

（1）分别对产品主视图和左视图排位

命令：_copy　　　　//单击复制按钮。

选择对象：指定对角点：找到 14 个　　//框选左侧全部图元。

选择对象：　//单击鼠标右键确定。

指定基点或位移，或者［重复（M）］：

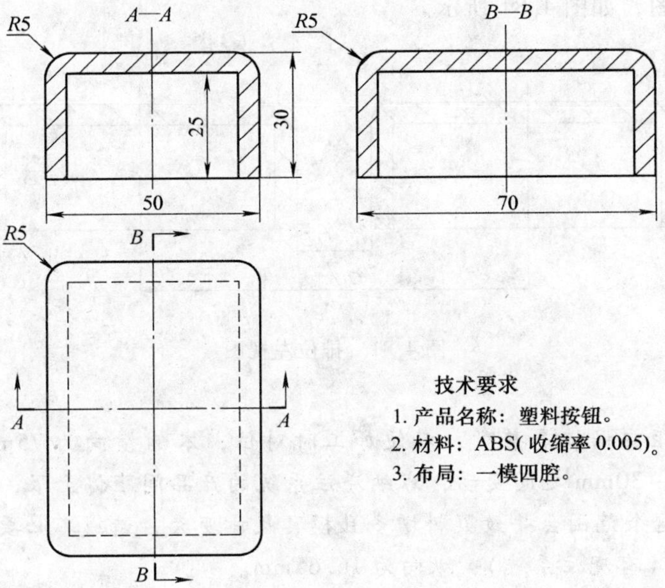

图 4.78 产品放大

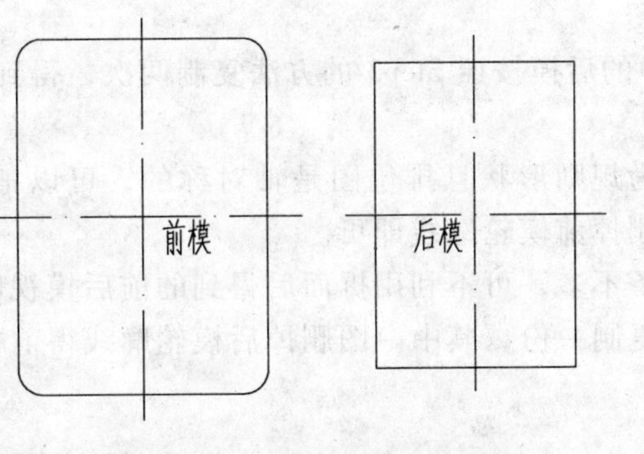

图 4.79 拆面后形成的前后模视图

需要点或选项关键字 //单击 A 点。

指定基点或位移，或者［重复（M）］：指定位移的第二点或 <用第一点作位移>：75//键盘输入 75。

结果如图 4.80 所示。

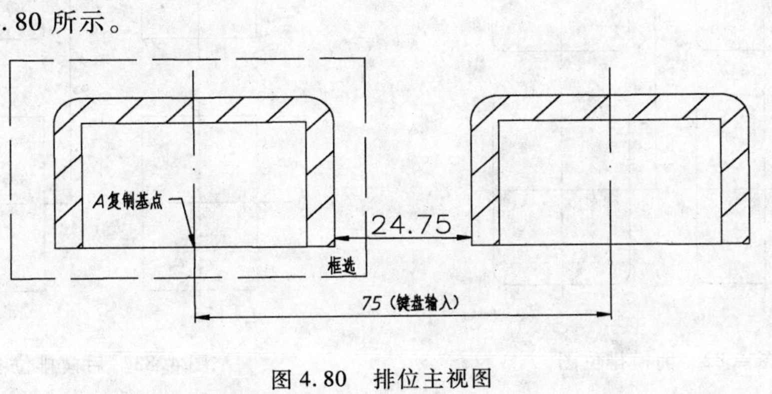

图 4.80 排位主视图

同理作出左视图，如图 4.81 所示。

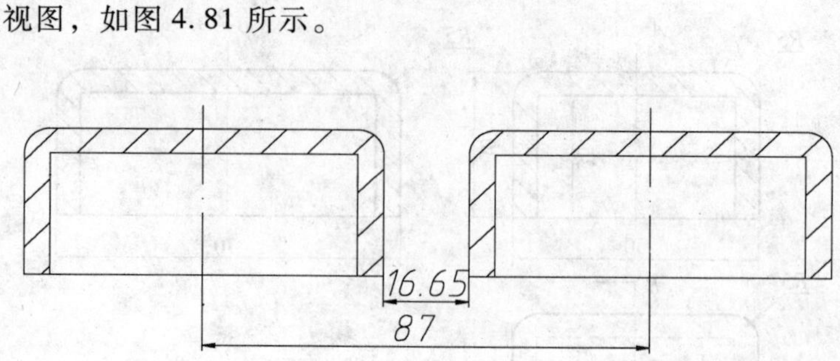

图 4.81 排位左视图

【要点提示】

塑料产品中心距要保证是整数，以便加工时对位，本例横向为 75mm，纵向为 87mm。产品间距一般在 15～30mm 之间变动，容纳浇注系统的产品间距偏上限，无浇注系统的产品间距偏下限，超过这个范围会导致凝料增多且模具尺寸变大，造成不必要的浪费，本例为横向间距为 24.75mm（有浇注系统），纵向为 16.65mm。

（2）前模排位俯视图　把 Step2 中的前模按照 Step3 的方法复制两次，得到前模排位图，如图 4.82 所示。

（3）后模排位俯视图

方法一　把 Step2 中的后模按照 Step3 的方法复制两次，得到后排位视图，如图 4.83 所示。

方法二　因为产品为规则形状且排位图是轴对称的，可以把后模用“多次复制”复制四个到前模排位上，再删掉前模轮廓线即可。

方法三　因产品线条不多，可不利用拆面后得到的前后模视图，而是直接用产品的俯视图排位，然后整体完全复制一份，其中一图删掉后模轮廓线得前模排位，另一图删掉前模轮廓线得后模排位。

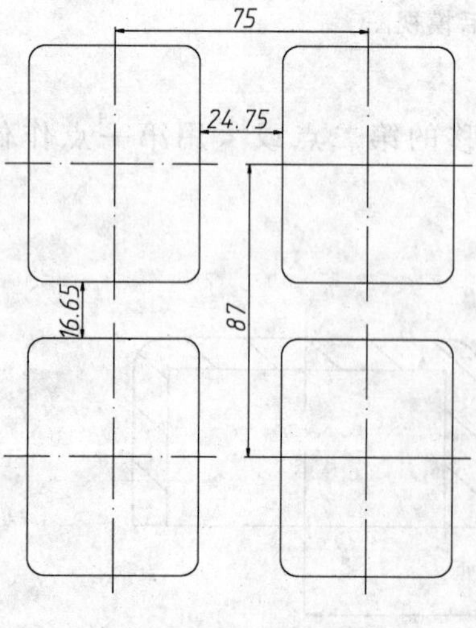

图 4.82 前模排位图

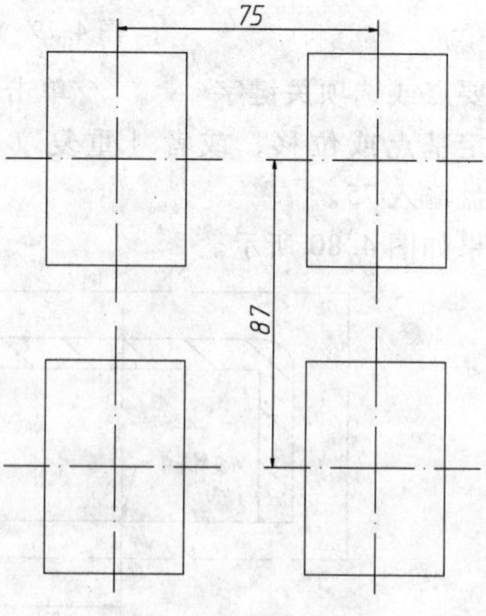

图 4.83 后模排位图

Step4：创建前后模大镶件（珠三角地区称模仁）

多数情况下不直接把前后模板（即 *A* 板和 *B* 板）加工成型腔或型芯，而是做成镶件镶到前后模板内。这样做既降低了加工失败造成的损失，也节省了贵重模具钢材的用量。

前后模镶件在珠三角地区被形象地称为模仁，类似于核桃仁的概念。这个概念有助于区别与其他镶件的区别。因为前后模镶件上一般还有更小的镶件，这么多镶件在名称上不易区别，所以把最大的一块镶件称为模仁，其他小镶件才称为镶件。一般情况下，产品最大边界向外扩展 20～30mm 即为大镶件的尺寸。

（1）创建前模仁的长和宽

做法：

1）把1线向左偏移 50mm 得2线。

2）把3线向上偏移 60mm 得4线。

3）同理作出5线和6线，如图 4.84 所示。

4）单击倒圆角按钮，设圆角半径为 0，分别两两单击2、4、5、6线，形成闭合的矩形，并把中心线型改为实线，如图 4.85 所示。

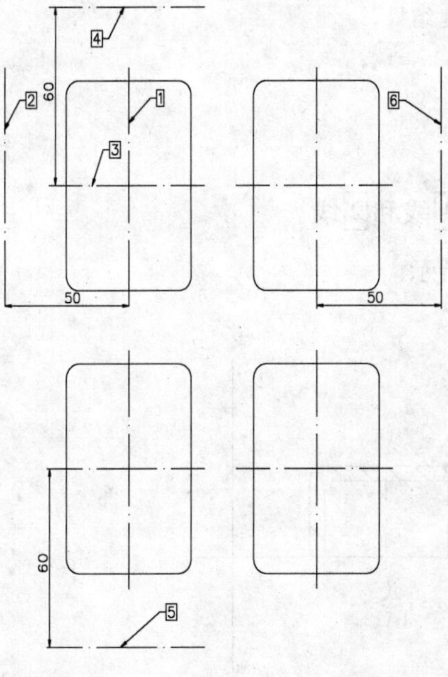

图 4.84　偏移产品中心线创建模仁边界

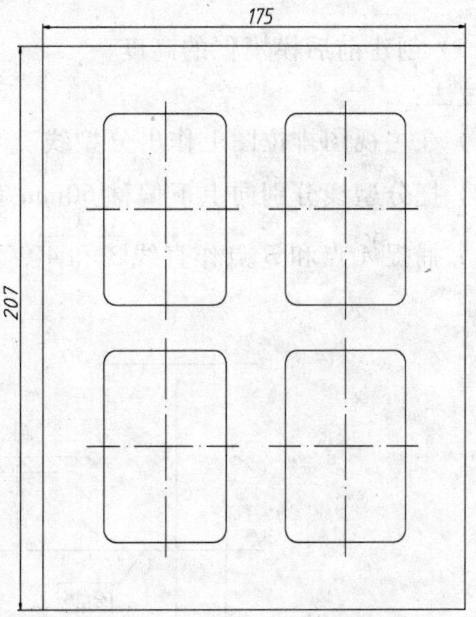

图 4.85　前模仁创建结果

【要点提示】

利用“倒圆角”命令时，当设圆角半径设为零时，可以替代修剪和延伸，其效果事半功倍。

（2）创建后模仁的长和宽

做法：

方法一 重复前述的方法。

方法二 因为产品为规则形状且排位图是轴对称的，所以更简便的方法是：把前模仁的四条轮廓线复制到后模排位图上，得到后模仁的轮廓，如图 4.86 所示。

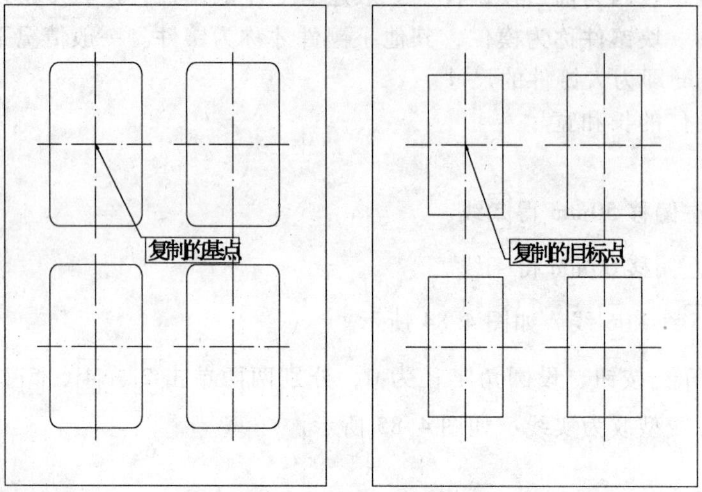

图 4.86 后模仁创建结果

（3）创建前后模模仁的高度

做法：

1）在主视图排位图上作出分型线。

2）把分型线分别向上下偏移 60mm 和 35mm 得 1 线和 2 线。

3）捕捉 *A* 点和 *B* 点作直线 3 和 4，如图 4.87 所示。

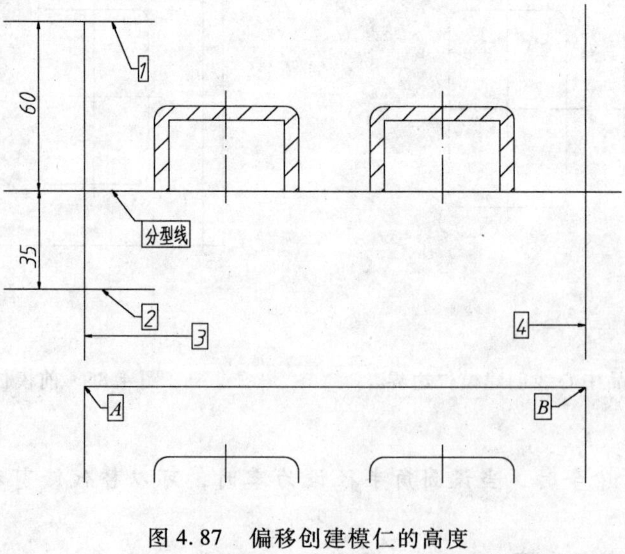

图 4.87 偏移创建模仁的高度

4）单击倒圆角按钮，设圆角半径为 0，分别两两单击[1]、[2]、[3]、[4]线，形成闭合的矩形，如图 4.88 所示。

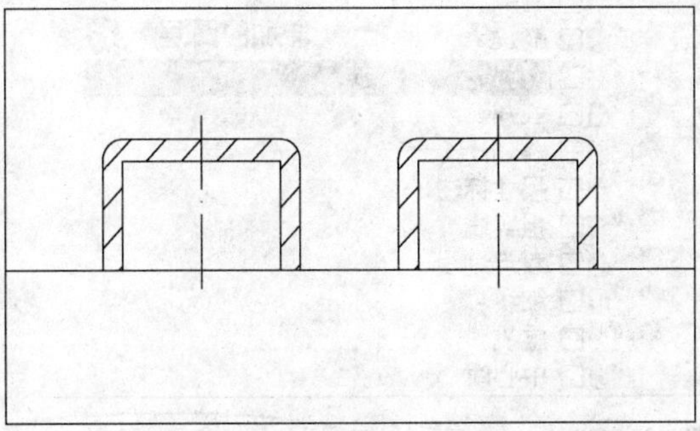

图 4.88　模仁高度创建结果

在以上三个视图的基础上，继续作出模仁左视图。最后结果如图 4.89 所示。

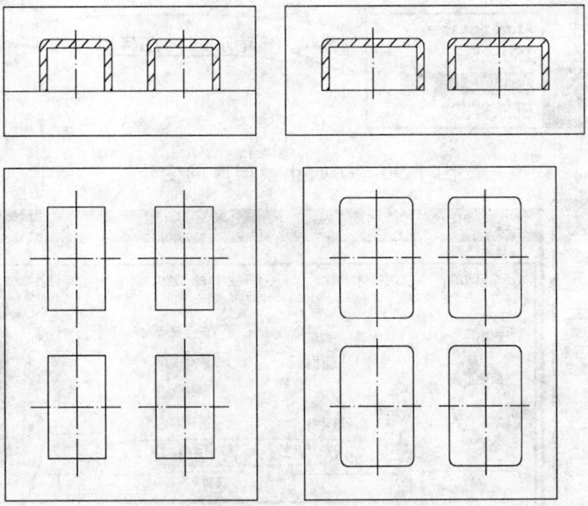

图 4.89　模仁全部视图创建完成

Step5：利用"LTOOLS"创建标准模架。

"LTOOLS"是专门用于模具设计的 AutoCAD 外挂工具，利用第 9 章的 AutoCAD 二次开发方法可以定制出自己企业个性化的外挂工具。在模具设计行业，常用的还有燕秀工具箱，与"LTOOLS"操作过程是类似的。

单击初始化按钮，使"LTOOLS"模架的图层、线型、标注样式、文字样式等绘图设置加载到当前 AutoCAD 系统中来。如图 4.90 所示，系统的设置增加了内容。

Step6：按图 4.91 步骤操作后，命令行提示"选择基准点"，在屏幕上任选一点，结果如图 4.92 所示。

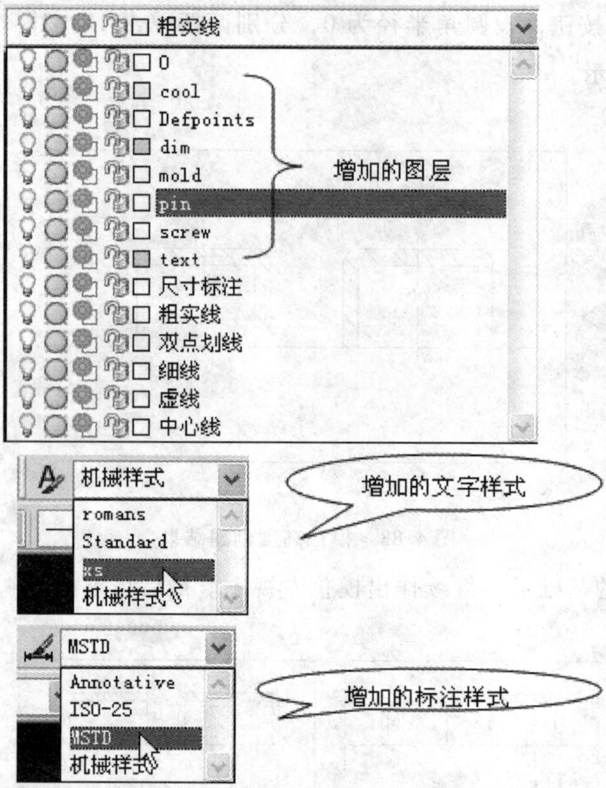

图 4.90　初始化模架库的变化

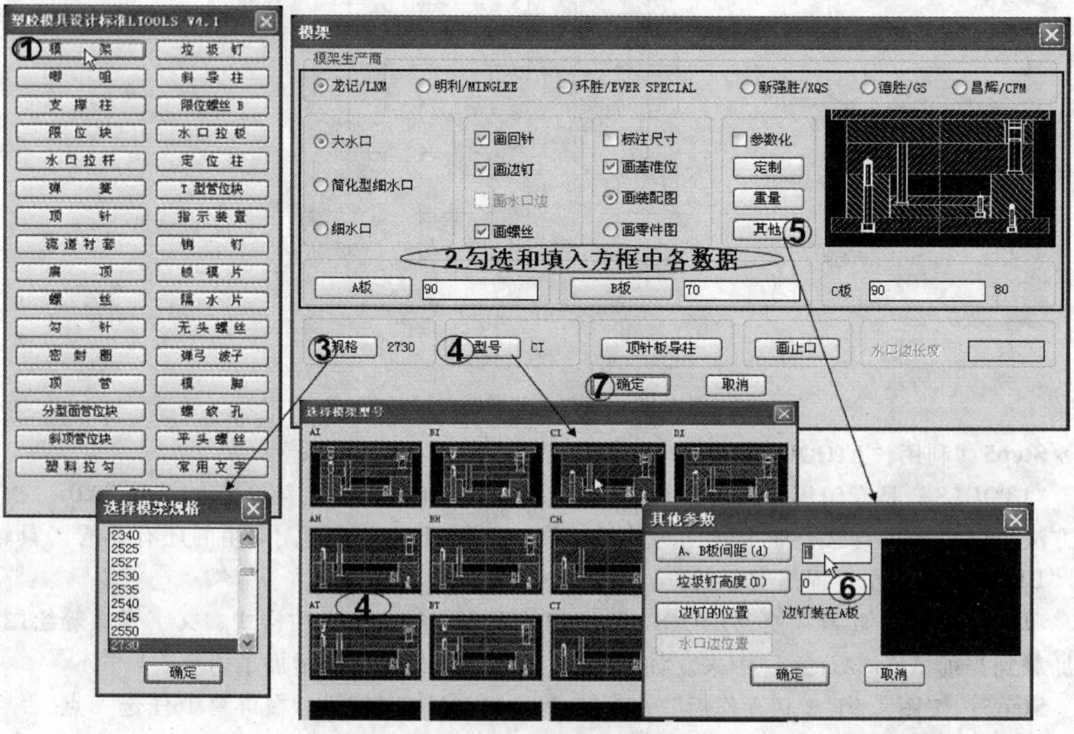

图 4.91　插入龙记标准模架

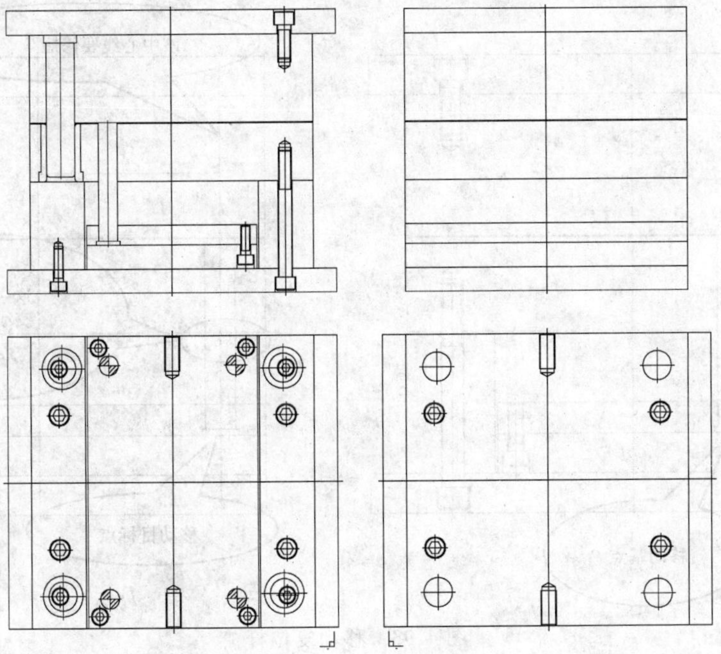

图 4.92　模架创建结果

【要点提示】

关于模架规格选择：前后模模仁宽度方向不能与导柱干涉，长度方向不能与复位杆干涉，本例前后模模仁尺寸为 207mm × 175mm，则根据龙记公司提供的标准模架尺寸图（可到该公司网站下载），2730 系列大水口模架是合适的。模架不宜选大，以免浪费材料。

模架中 A、B 板（即前后模板或称定模板、动模板）厚度的确定：从模仁底面到 A、B 板底面留 25 ~ 50mm，所以 A 板厚度 = （60 + 25） mm = 85mm，在龙记公司板厚系列值中，无 85mm 规格，则取为 90mm；B 板厚度 = （35 + 25） mm = 60mm，取 60mm。C 板（垫块或称垫铁）厚取标准值 90mm。表中数据皆由此而来。

Step7：移动复位杆。

在主视图中要作顶出系统，所以把主视图中的复位杆移动到左视图中表现。

1）单击✥按钮，把左视图中心线向左偏移 120 作为新的复位杆中心线（可在俯视图中测量）。

2）单击✥按钮，把复位杆从主视图移动到左视图，如图 4.93 所示操作。

Step8：装配模仁。

1. 创建模仁中心线

命令：cl　　//命令行输入“cl”。

选择一条直线或一段圆弧或一个圆：　　//选择模仁的一条边。

选择另一条直线：　　//选择对面的边。

重复命令“cl”三次，作出另外三条中心线，结果如图 4.94 所示。

2. 装配模仁

单击复制按钮，把前模仁和后模仁俯视图装入模架中。注意：复制的基点和放置的目标点分别是模仁和模架的对称中心，如图 4.95 所示。

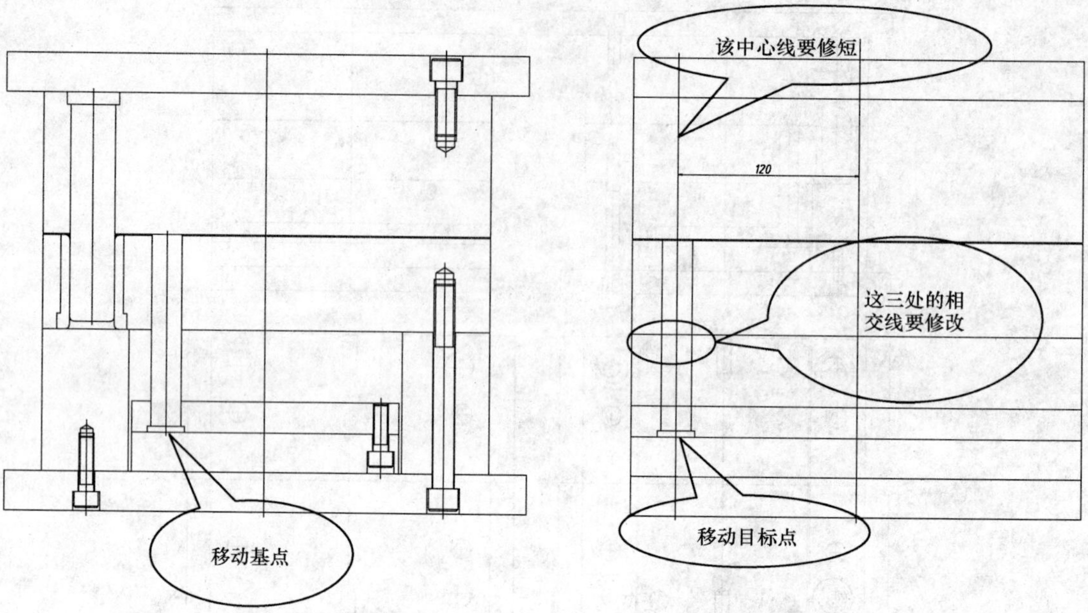

图 4.93　移动复位杆

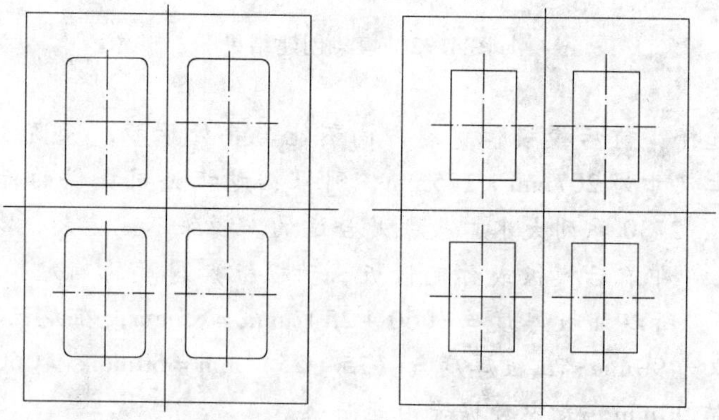

图 4.94　创建模仁中心线

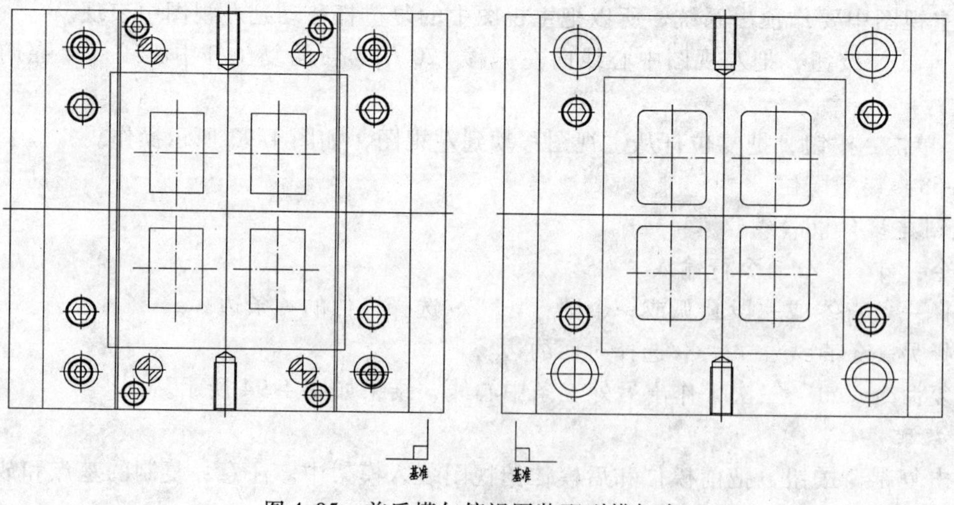

图 4.95　前后模仁俯视图装配到模架中

在主视图和左视图装配时注意：分型线要介于 A、B 板中间，如图 4.96 所示。装配后还要对相交的线进行修改，最后结果如图 4.97 所示。

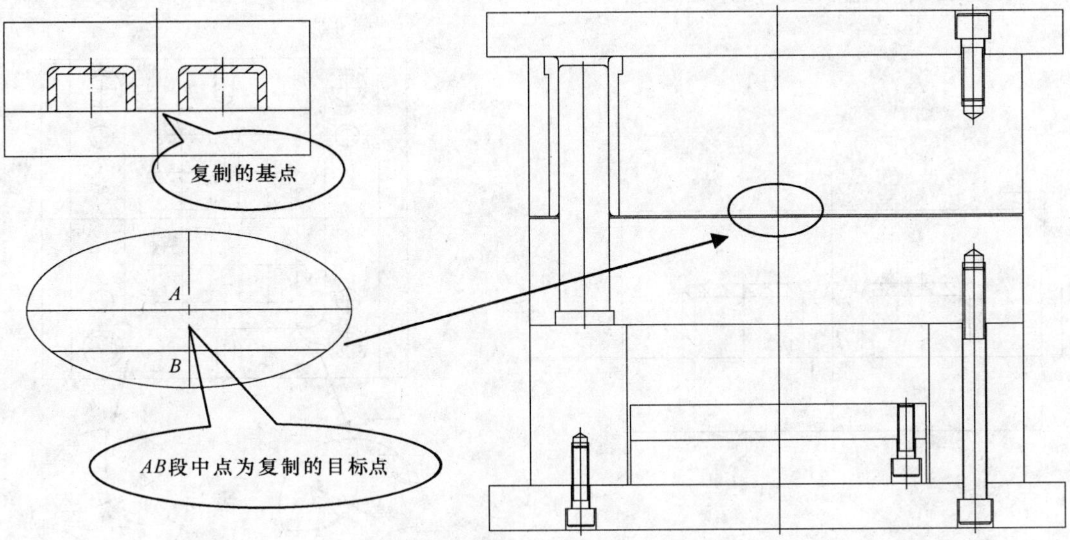

图 4.96　分型线位于留模间隙的中间

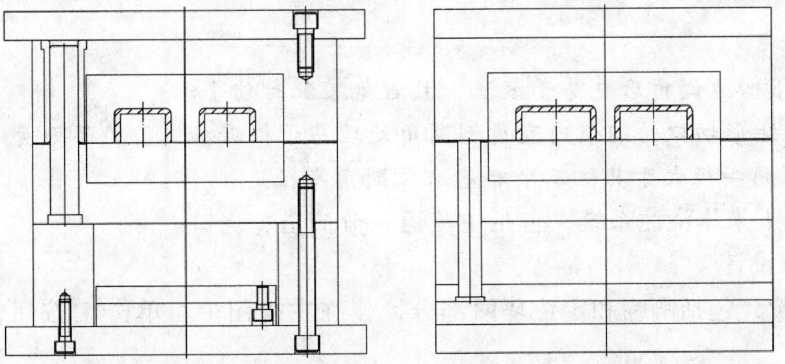

图 4.97　模仁装配完成

Step9：模仁周边倒角和圆角。

1）主视图和左视图上倒角，等边倒角距离为 5mm，如图 4. 98 所示。

2）前模和后模俯视图上倒圆角。三个非基准角的圆角半径为 $R14$、$R16$，基准角圆角半径为 $R16$、$R18$，如图 4. 99 所示。

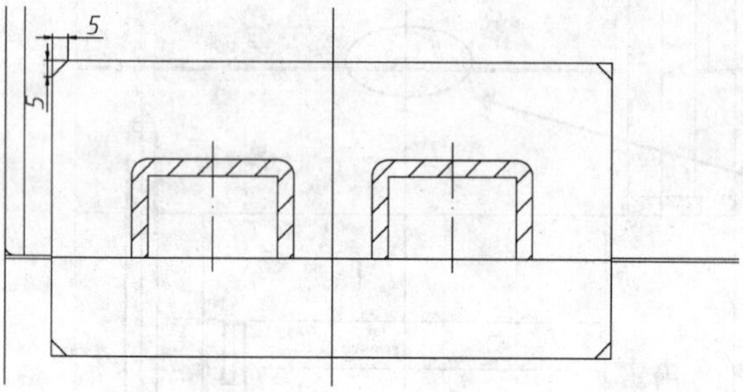

图 4. 98　模仁周边倒角

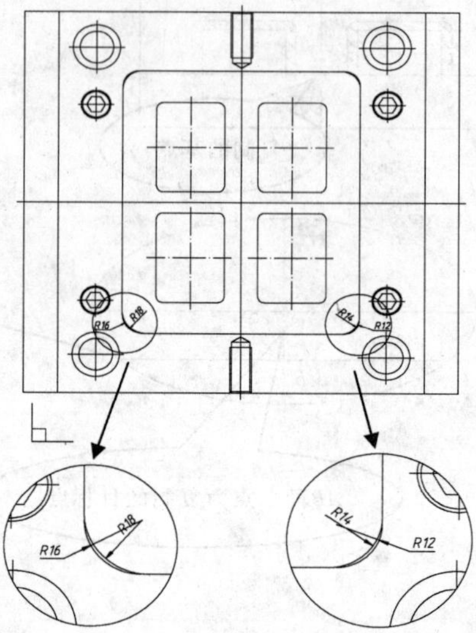

图 4. 99　模仁和模架内直角倒圆角

【要点提示】

1）模仁上下四边倒角后更易于装配，且避免装配时伤手。

2）A、B 板矩形切口的四个内直角倒圆角处理易于机床加工，为了避免在装配模仁时装反，基准位的圆角半径大于其他三个非基准位圆角半径。

Step10：接下来作浇注系统，包括主流道、分流道、浇口。

（1）主流道设计

1）主流道设计包括唧嘴和定位环两部分，作在主视图中。单击按钮，操作过程如图 4. 100 所示。

2）左视图仅作出定位环头部轮廓。从主视图复制过来修改即可，如图 4. 101 所示。

3）作出前模俯视图主流道轮廓。用“长对正、宽相等、高平齐”的制图原则绘制，从主视图测量值，然后单击画圆按钮，作两个同心圆，如图 4. 101 所示。

（2）分流道设计　按照图 4. 102 所示尺寸，通过偏移按钮得到①～⑥线，然后修剪和倒全圆角得到四分之一分流道。

【要点提示】

1）分流道到型腔的距离（即浇口的长度）要控制在 2mm 以下。本例为 1mm。

2）冷料穴长度控制在 6～8mm。本例为 6mm。

（3）浇口的设计　操作过程如图 4. 103 所示。

（4）镜像分流道和浇口　如图 4. 104 所示镜像两次，得到完整的浇注系统。

（5）主视图中分流道和浇口的轮廓　同样使用偏移、修剪、镜像的方法，结果如图 4. 105 所示。

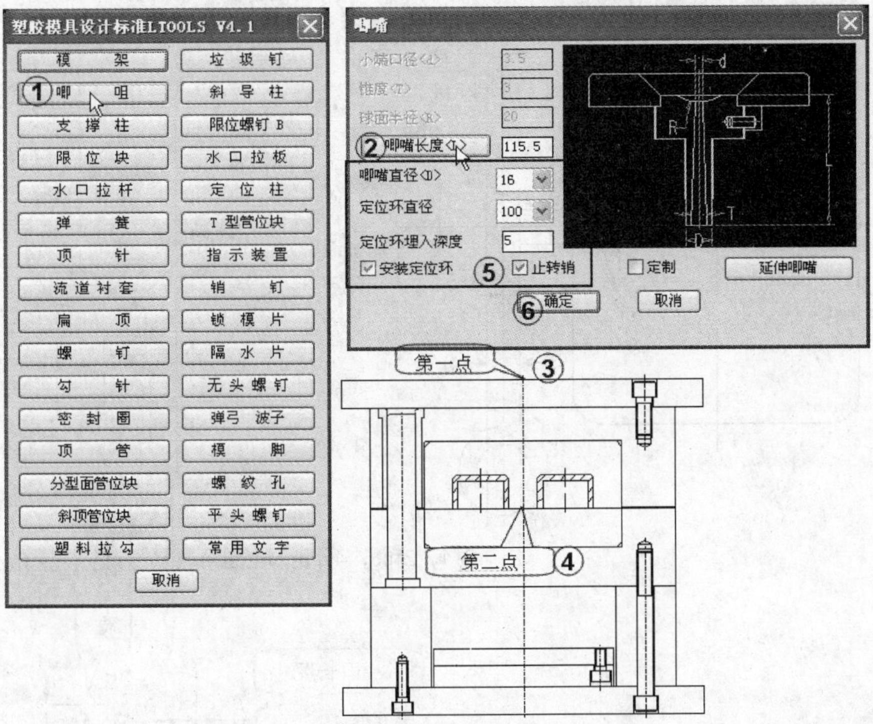

图 4.100　主视图上插入唧嘴和定位环

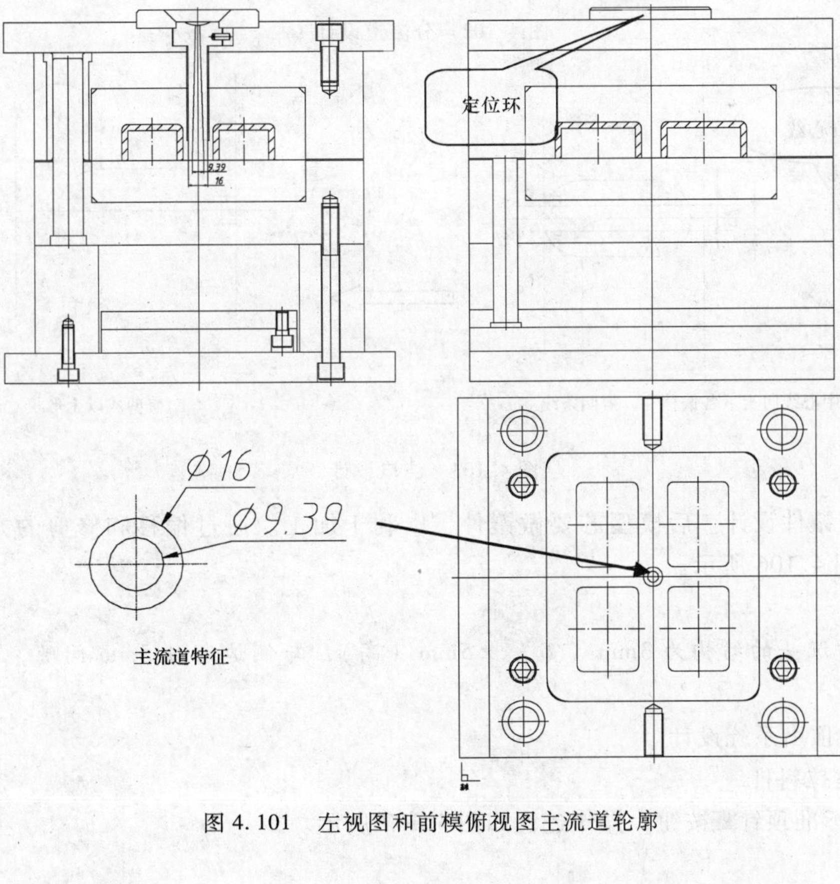

图 4.101　左视图和前模俯视图主流道轮廓

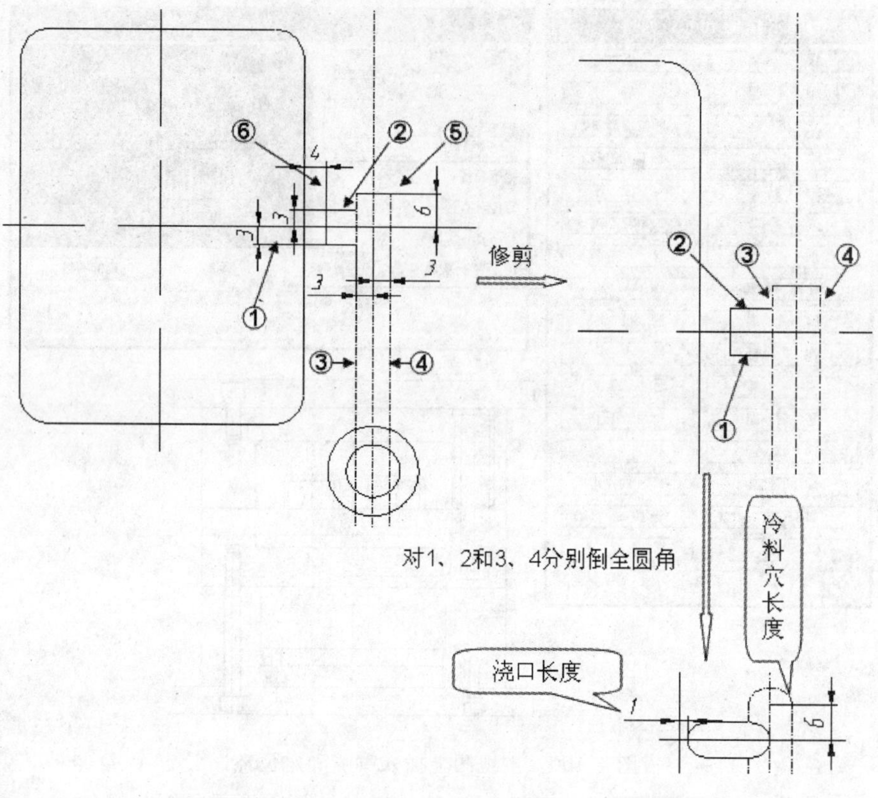

图 4.102　分流道设计

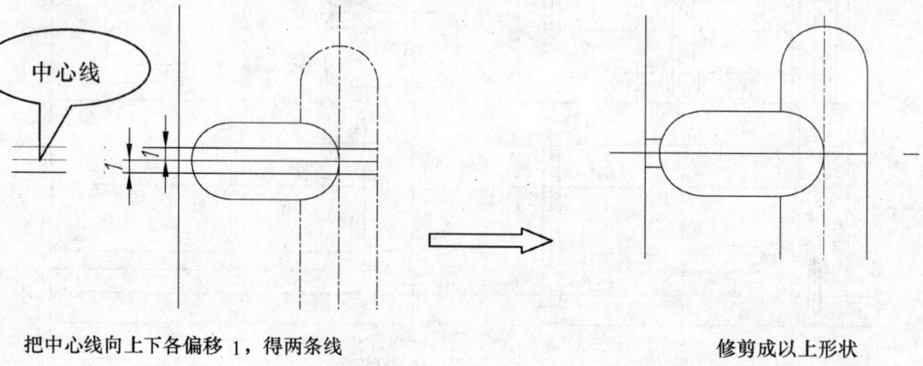

图 4.103　浇口设计

Step11：镶件设计。后模型芯要做镶件，以利于加工。通过偏移和修剪的方法设计镶件，结果如图 4.106 所示。

【要点提示】

模具镶件沉头的结构为 3mm（宽）×5mm（高），与侧边留 0.5mm 间隙，如图 4.106 所示。

Step12：顶出系统设计。

(1) 创建拉料杆

1）单击标准顶针按钮，操作过程如图 4.107 所示。

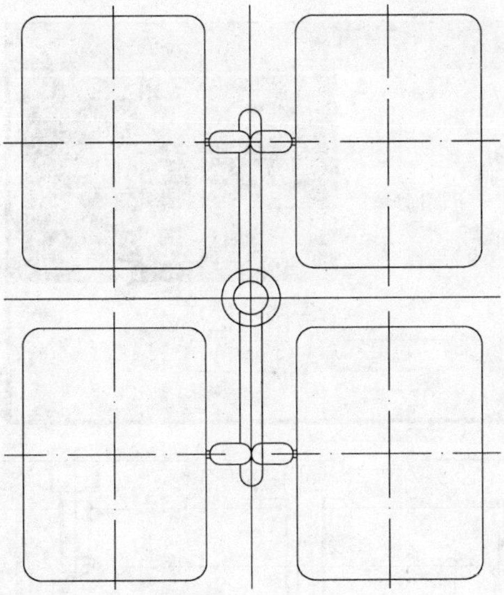

图 4.104　镜像分流道和浇口

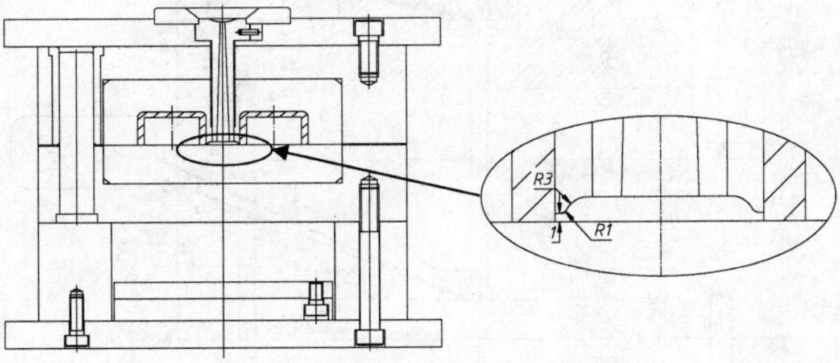

图 4.105　主视图中分流道和浇口的轮廓

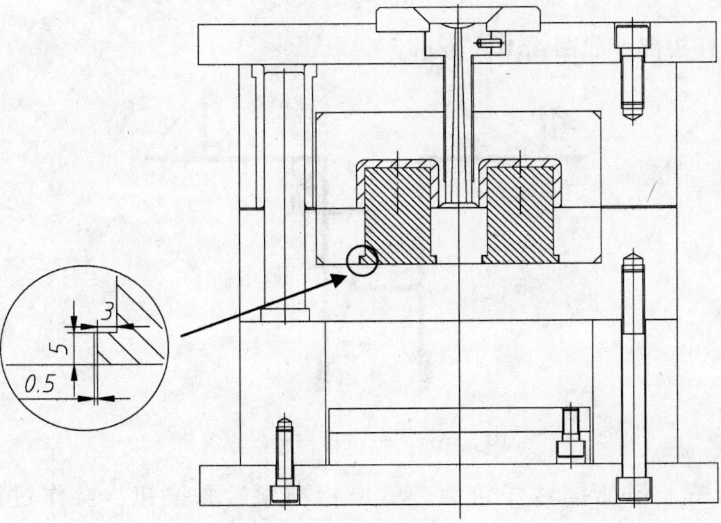

图 4.106　后模镶件设计

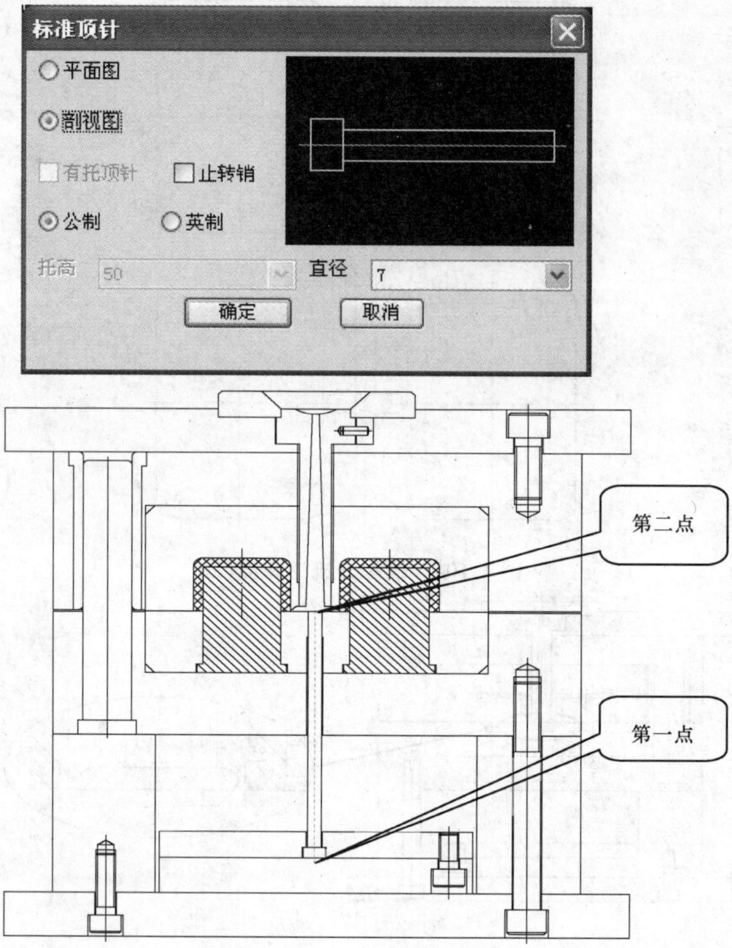

图 4.107　创建拉料杆

2）修改拉料杆头部，如图 4.108 所示。

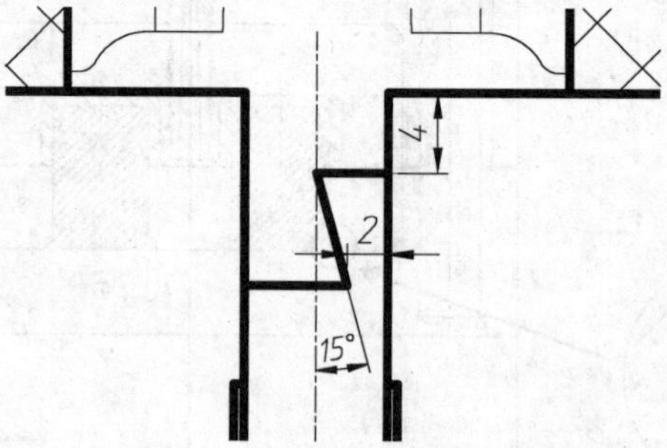

图 4.108　拉料杆创建结果

3）后模俯视图上添加拉料杆轮廓。单击标准顶针按钮，操作过程如图 4.109 所示。

（2）其他顶针（也称为推杆）

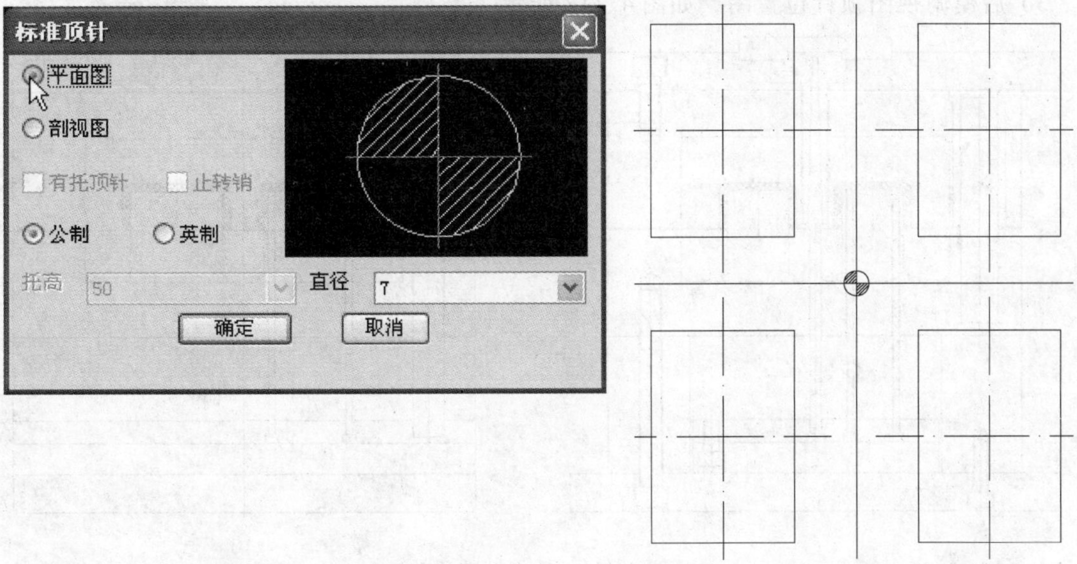

图 4.109　后模俯视图上添加拉料杆轮廓

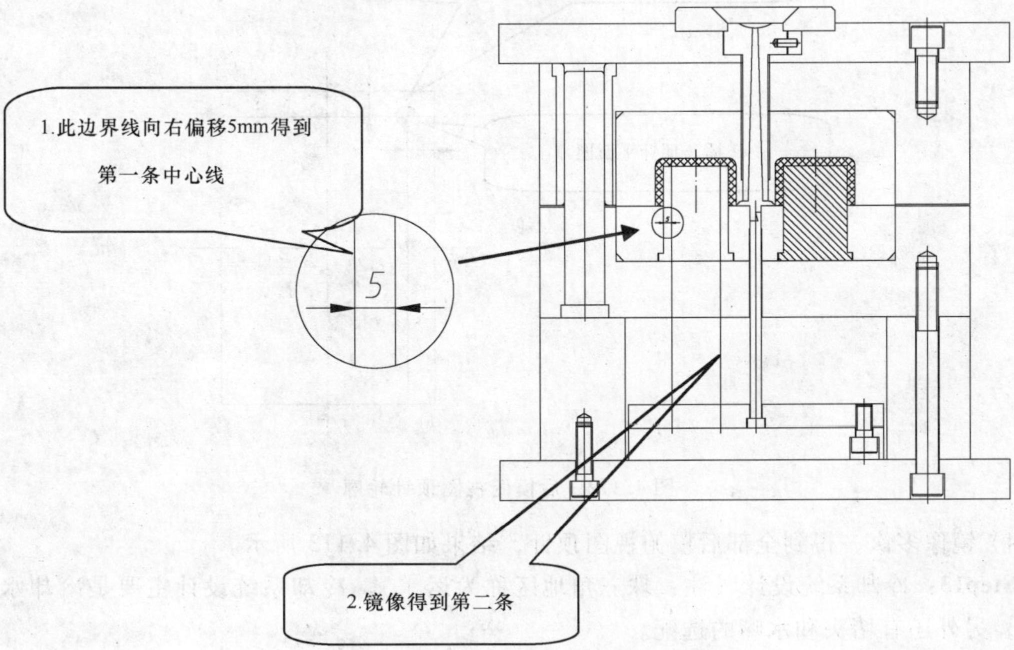

图 4.110　作顶针定位中心线

1）主视图上，通过偏移得到顶针定位中心线，然后镜像得到另一条，如图 4.110 所示。

2）单击标准顶针按钮，同生成拉料杆的操作，作出主视图和左视图上的四个顶针，结果如图 4.111 所示（注：另外一个型芯上的顶针不必画出，在下面俯视图上表达）。

3）后模俯视图顶针位置图，如图 4. 112 所示。

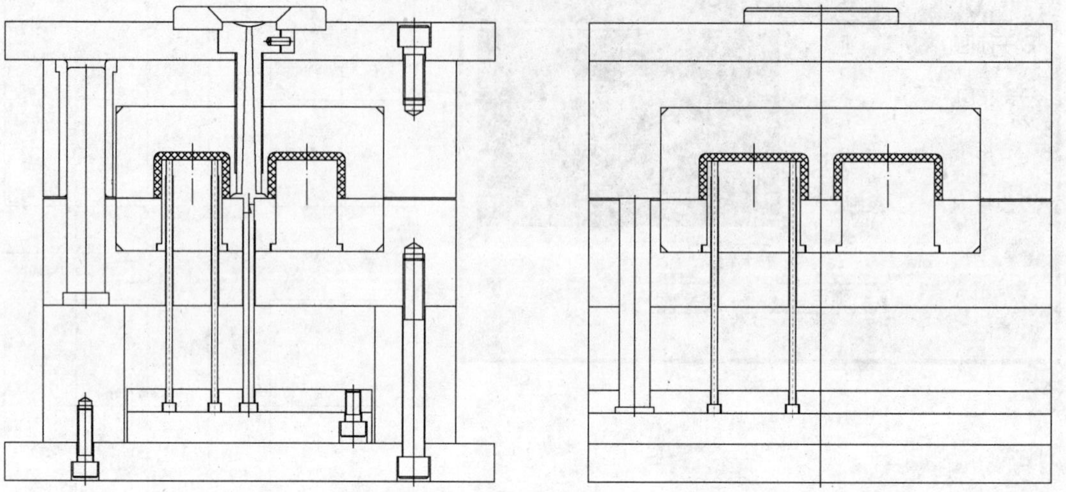

图 4. 111　插入标准顶针

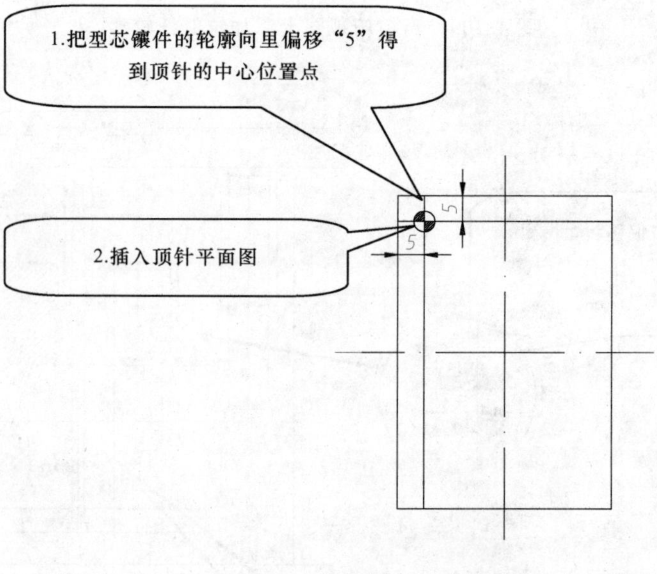

图 4. 112　后模俯视图顶针轮廓

4）镜像多次，得到全部后模俯视图顶针，结果如图 4. 113 所示。

Step13：冷却系统设计（注：珠三角地区称为运水）。冷却系统设计主要是冷却水道的排布，另外还有堵头和水嘴的选配。

（1）前模冷却水道（左视图）

1）作冷却水道定位中心线。在左视图上进行如图 4. 114 所示操作。

【要点提示】

在保证模具强度的前提下，冷却水道尽可能靠近型腔或型芯表面，并且围绕所成型的制品均匀布置，但冷却水道到塑料位应保持 15mm 以上间距；到顶针最少要保持 4mm 间距；水道密封圈到顶针最少要保持 2. 5mm 间距。

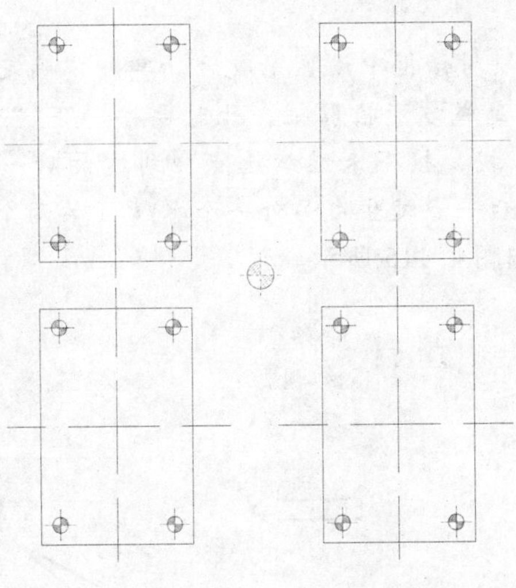

图 4. 113　后模全部顶针创建结果

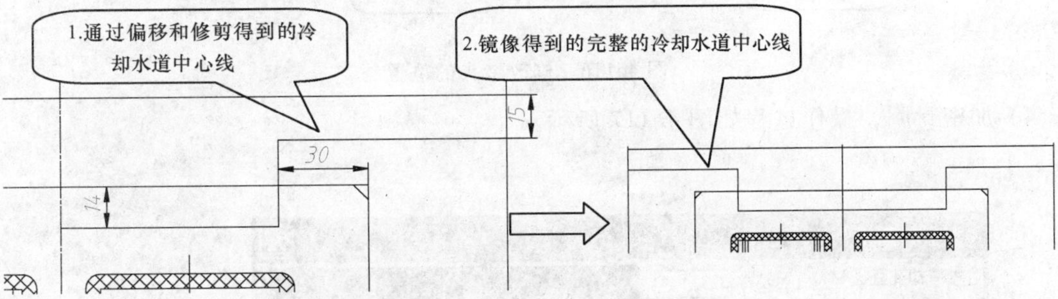

图 4. 114　作冷却水道定位中心线

2）单击冷却水道（运水）图标，操作过程如图 4. 115 所示。

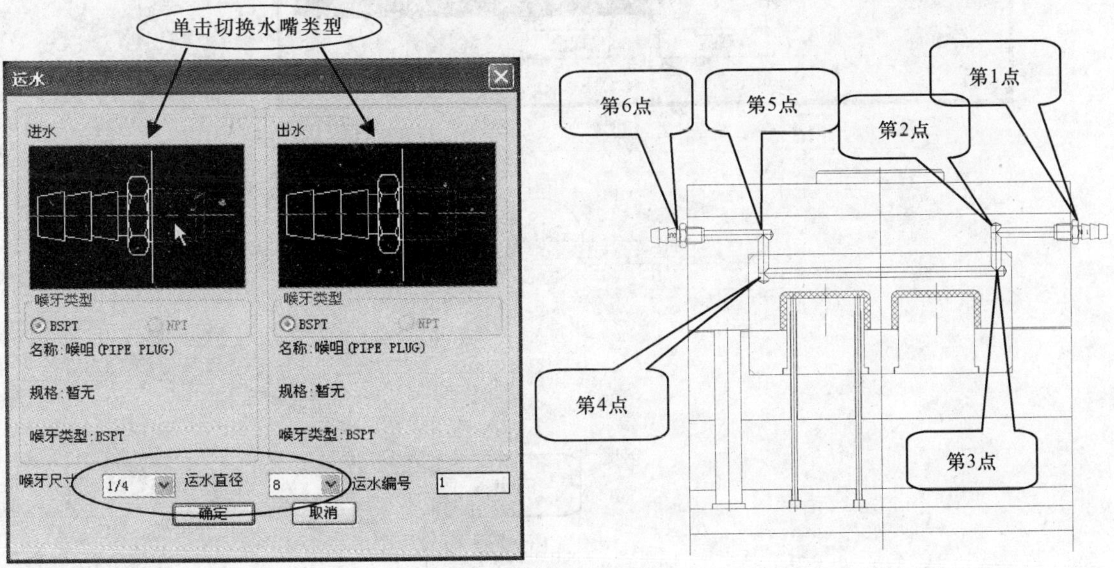

图 4. 115 插入冷却水道

【要点提示】

在“运水（冷却水道）”对话框中设置完成后，单击“确定”按钮，系统要求选点，在图面上选择三点后，图标会变成方形拾取框，此时要按一下“空格”键，这时在水道拐弯处自动生成两孔连接的相贯线，接下来继续选点，到达最后一点后，按两次“空格”键，表示完全结束，系统会在最后一点处生成另外一个水嘴（共两个）。

3）修改堵头的位置，如图 4.116 所示。

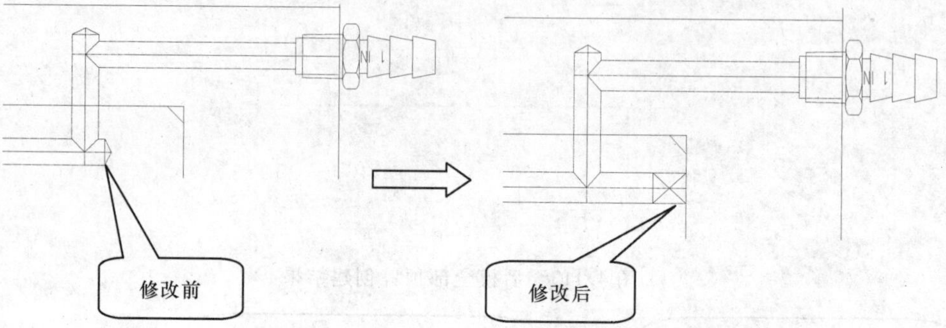

图 4.116　修改堵头的位置

4）加密封圈，操作过程如图 4.117 所示。

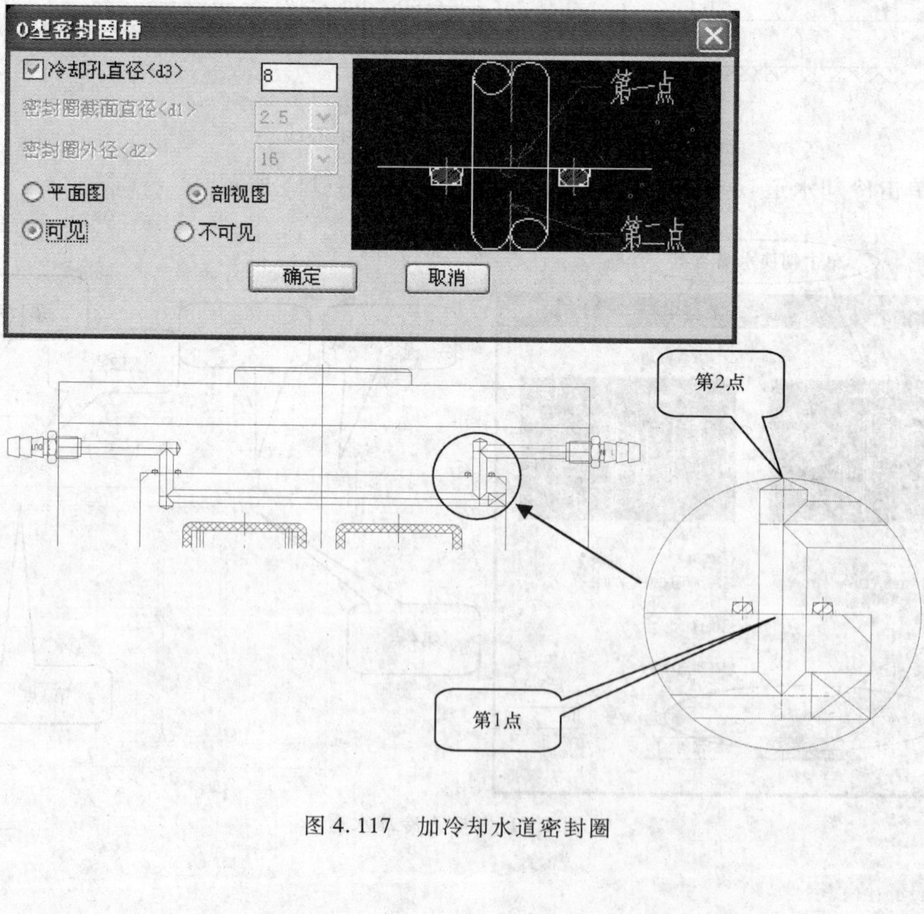

图 4.117　加冷却水道密封圈

(2) 后模冷却水道（左视图）

1）作后模冷却水道定位中心线。在左视图上进行如图 4.118 所示操作。

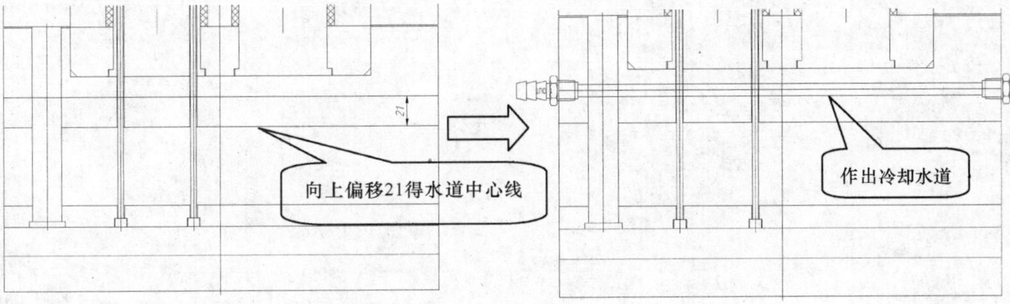

图 4.118　作后模冷却水道定位中心线

2）单击隔水片按钮，进行如图 4.119 所示操作。

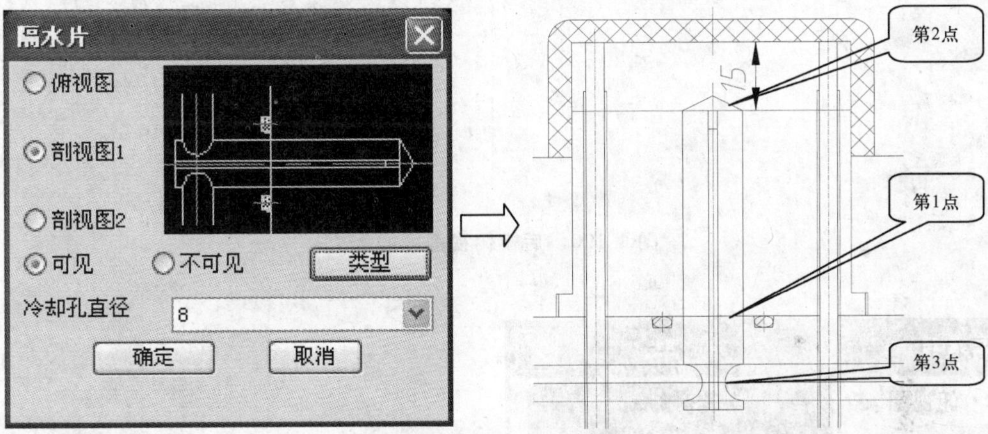

图 4.119　插入隔水片

(3) 后模冷却水道（俯视图）

1）作冷却水道，方法同前，结果如图 4.120 所示。

2）作隔水片俯视图。单击隔水片按钮，进行如图 4.121 所示操作。其他 3 个隔水片利用多重复制得到。

(4) 前模冷却水道（俯视图）

1）作冷却水道，方法同前，结果如图 4.122 所示。

2）作俯视图冷却水孔，操作过程如图 4.123 所示。其他 3 个冷却水孔利用多重复制得到。

命令：CD//单击运水孔（冷却水孔）图标按钮。

Cool Hole Diameter <8>：8　　//输入“8”。

Cool NO.：1　　//输入“1”。

Pick base point：　　//单击图中基准点。

(5) 主视图冷却水道　主视图需要作出的是前模冷却水孔和密封圈、后模隔水片和密封

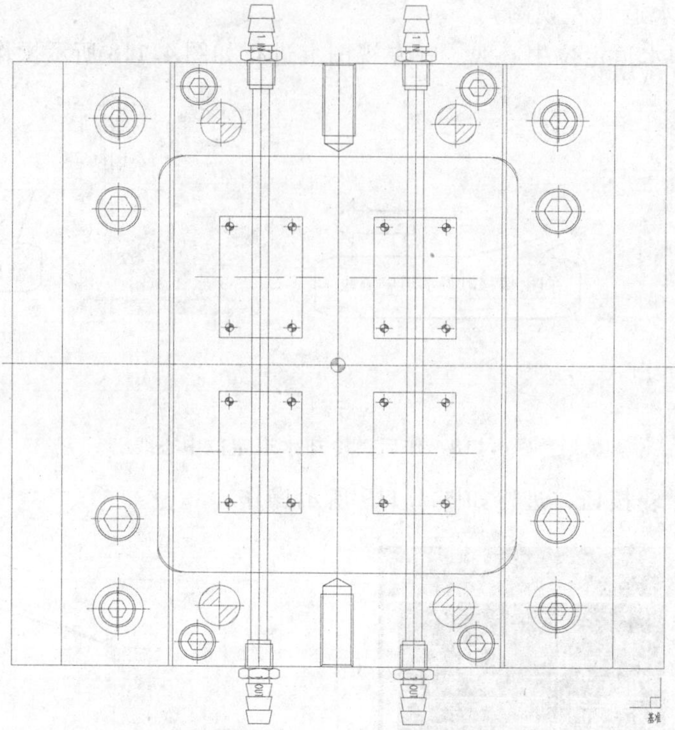

图 4. 120　后模俯视图冷却水道

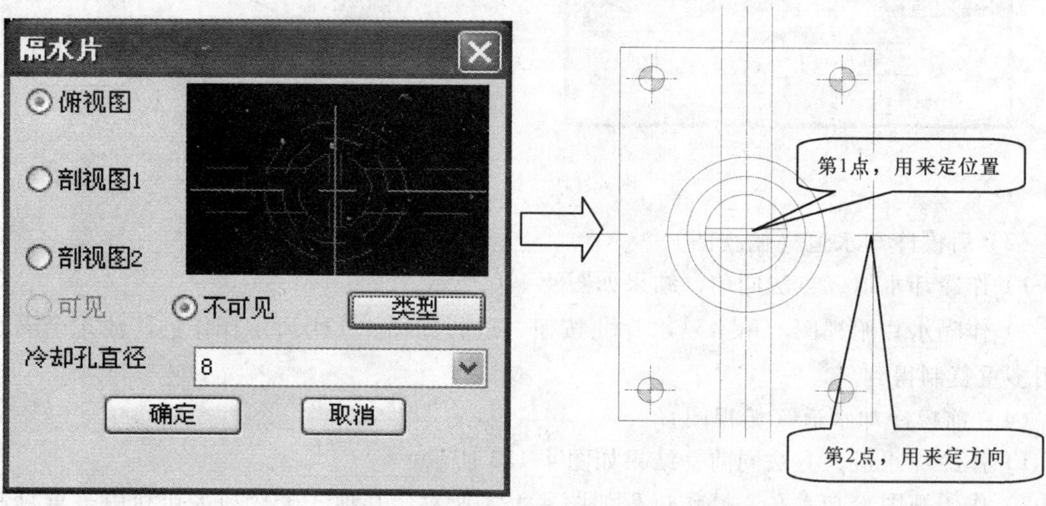

图 4. 121　后模俯视图加隔水片轮廓

圈，工作量较少。方法同前，结果如图 4. 124 所示。

Step14：紧固系统设计。

（1）俯视图螺栓加载（包括前模、后模）　先加载后模的螺栓，前模的螺栓从后模完全复制过去。单击标准螺栓按钮，进行如图 4. 125 所示操作，结果如图 4. 126 所示。

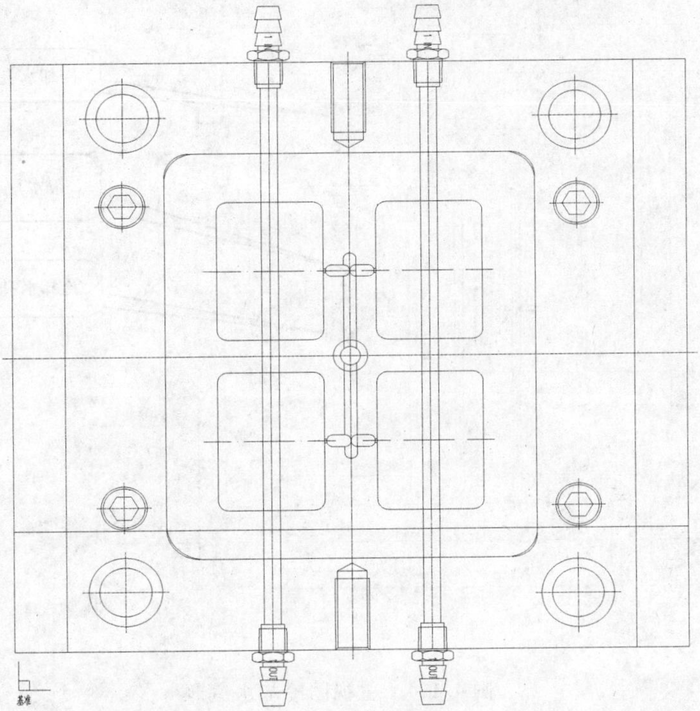

图 4.122　前模俯视图冷却水道

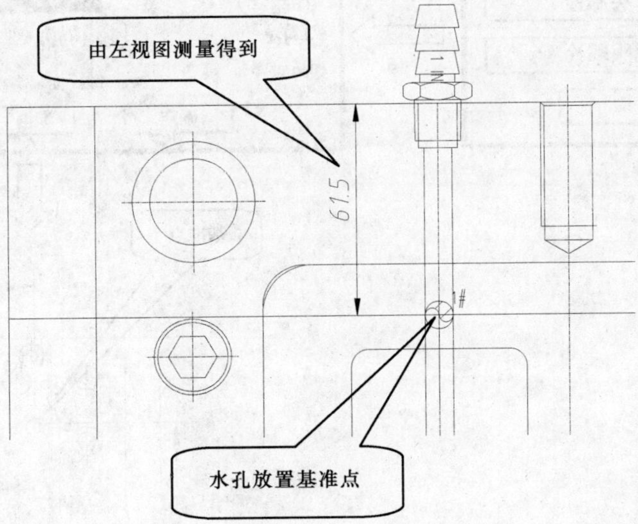

图 4.123　前模俯视图冷却水道加水孔

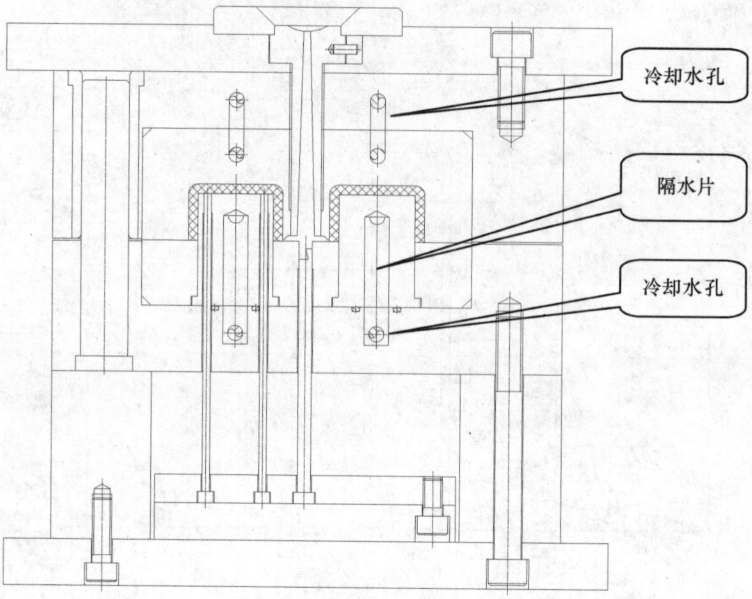

图 4.124　主视图冷却水道

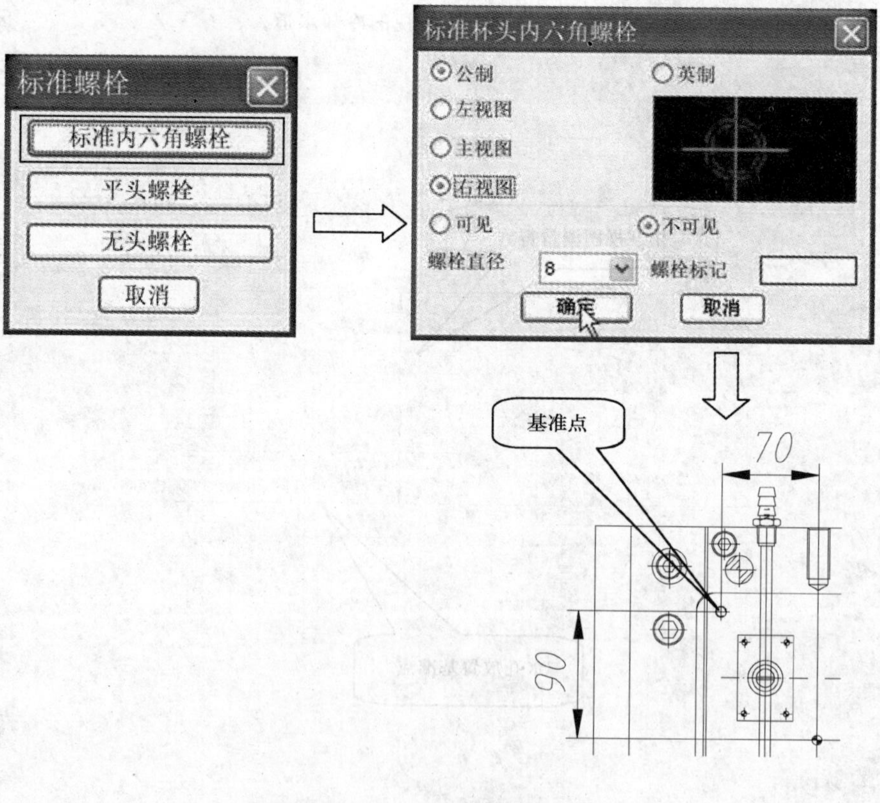

图 4.125　加载后模螺栓

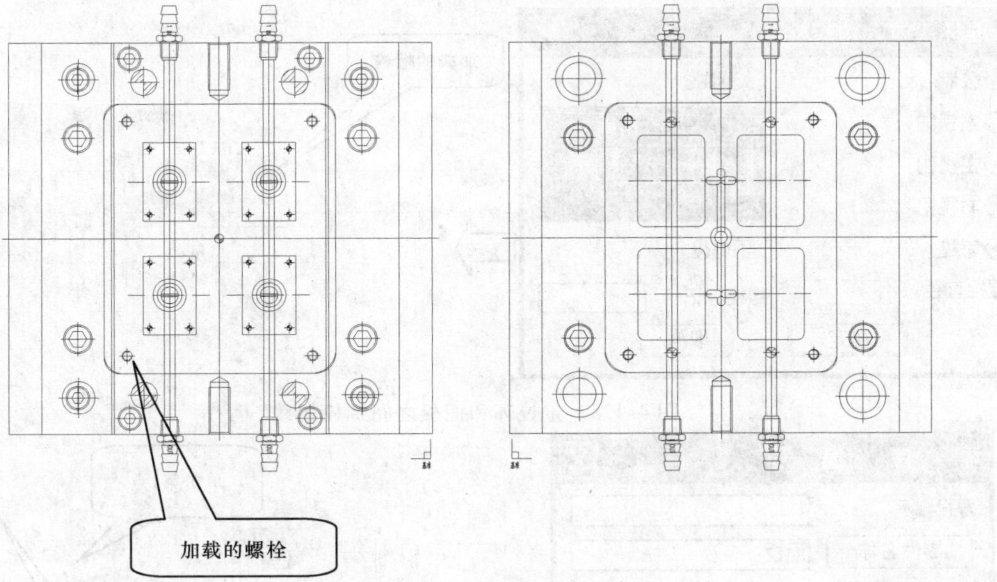

图 4. 126　前后模螺栓加载结果

（2）主视图螺栓加载

1）模仁与模板之间的螺栓加载如图 4. 127 所示设置。

2）定位环和面板之间的螺栓加载如图 4. 128 所示。

（3）左视图螺栓加载　同理，在此不再赘述。

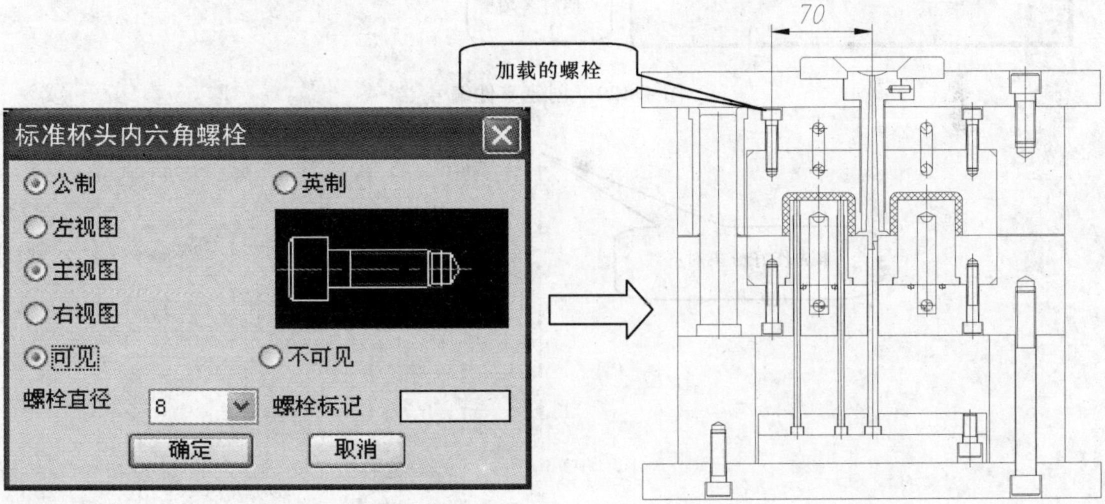

图 4. 127　前后模模仁与模板之间螺栓加载

Step15：BOM 表（明细表）设计。

（1）创建零件编号　单击零件编号按钮，进行如图 4. 129 所示操作。

（2）编号对齐　单击编号对齐按钮，进行如图 4. 130 所示操作。最后结果如图 4. 131 所示。

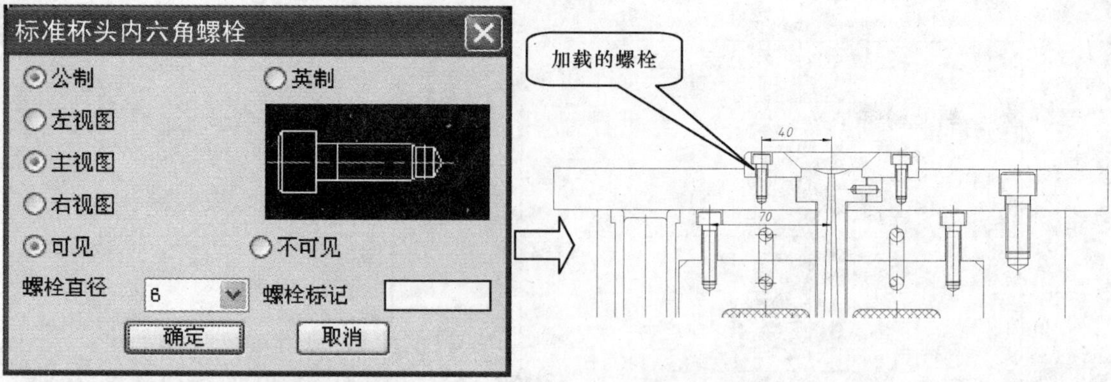

图 4.128　定位环和面板之间螺栓加载

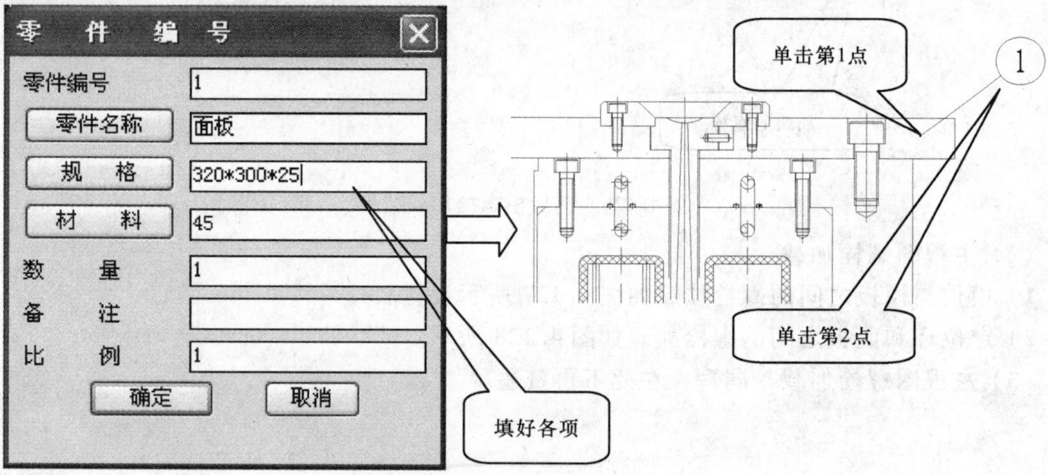

图 4.129　创建零件编号

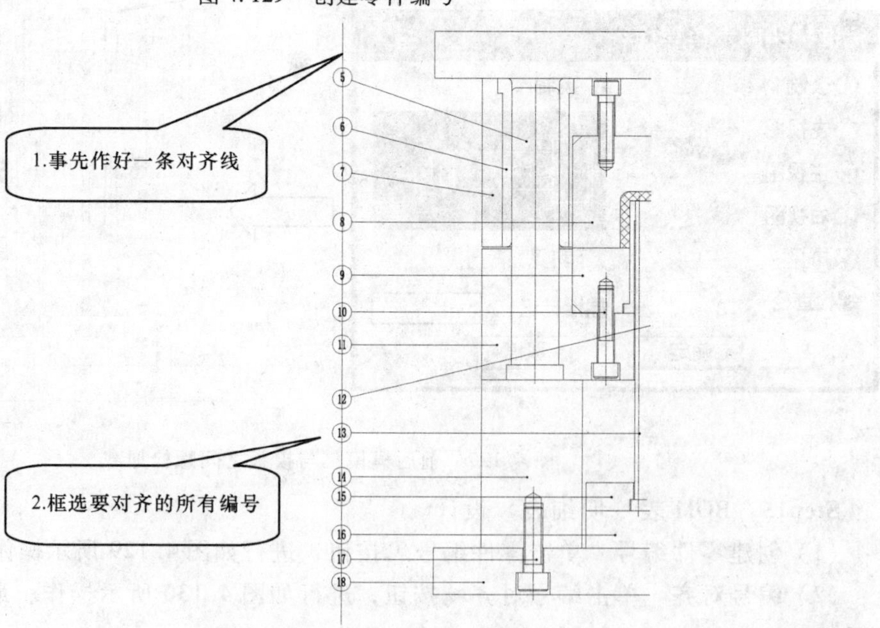

图 4.130　编号对齐

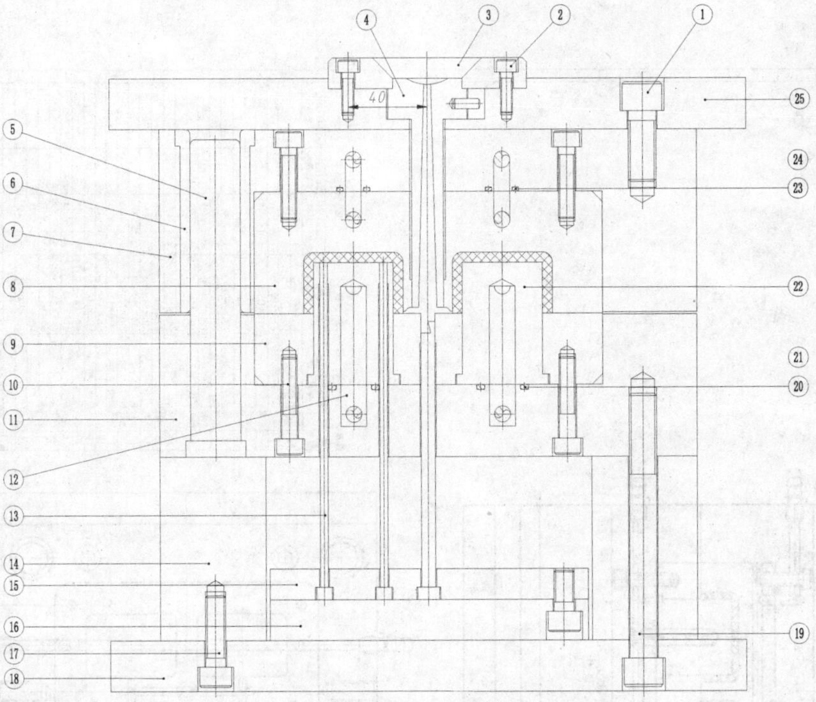

图 4.131　编号创建结果

(3) 自动生成明细表　单击模具明细表自动生成按钮，结果如图 4.132 所示。

(4) 自动生成图框和标题栏　单击自动生成标题栏按钮，结果如图 4.133 所示。

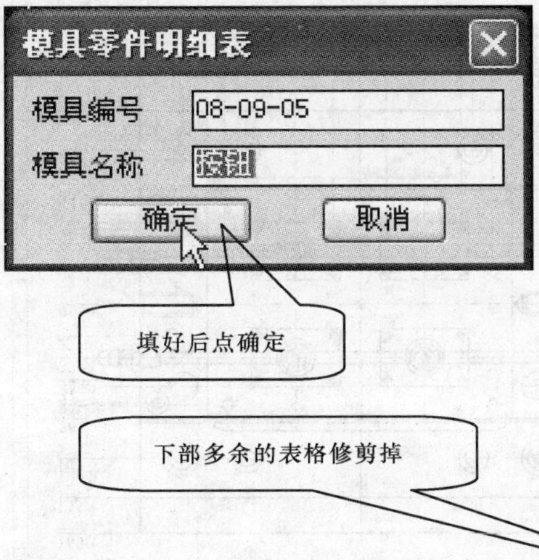

模具编号:08-09-05　　模具名称:按钮　　第1页 共1页

NO. 编号	PART NAME 零件名称	SIZE 规格	QTY. 数量	MAT'L 材料	O. STATUS 采购状况	REMARK 备注
1	杯头螺栓	M14*49	1	718		
2	杯头螺栓	M6*26	2	718		
3	定位环	ø100*16	1	718		
4	唧嘴	ø12*115.5	1	NAK80		
5	导柱	ø25*158	4	618		
6	导套	ø25*90	4	618		
7	A 板	270*300*90	1	45		
8	前模仁	270*300*90	1	GS2316		
9	后模仁	175*207*35	1	8407		
10	杯头螺栓	M8*48	4	STD		
11	B 板	175*207*35	1	45		
12	隔水片	56*3*2	4	45		
13	顶针	ø4*120	16	S136		
14	方铁	350*58*90	2	S136		
15	面针板	210*210*20	1	S136		
16	底针板	210*210*25	1	S136		
17	杯头螺栓	M10*45	4	STD		
18	底板	300*320	1	45		
19	杯头螺栓	M14*144	4	STD		
20	密封圈	ø8*20	4	STD		
21	复位杆	ø20*143	4	STD		
22	镶件	60.3*40.2*60.13	4	PAK90		
23	密封圈	ø5*18	4	STD		
24	水嘴	M1/4	8	STD		
25	面板	320*300*25	1	45		

图 4.132　自动生成明细表

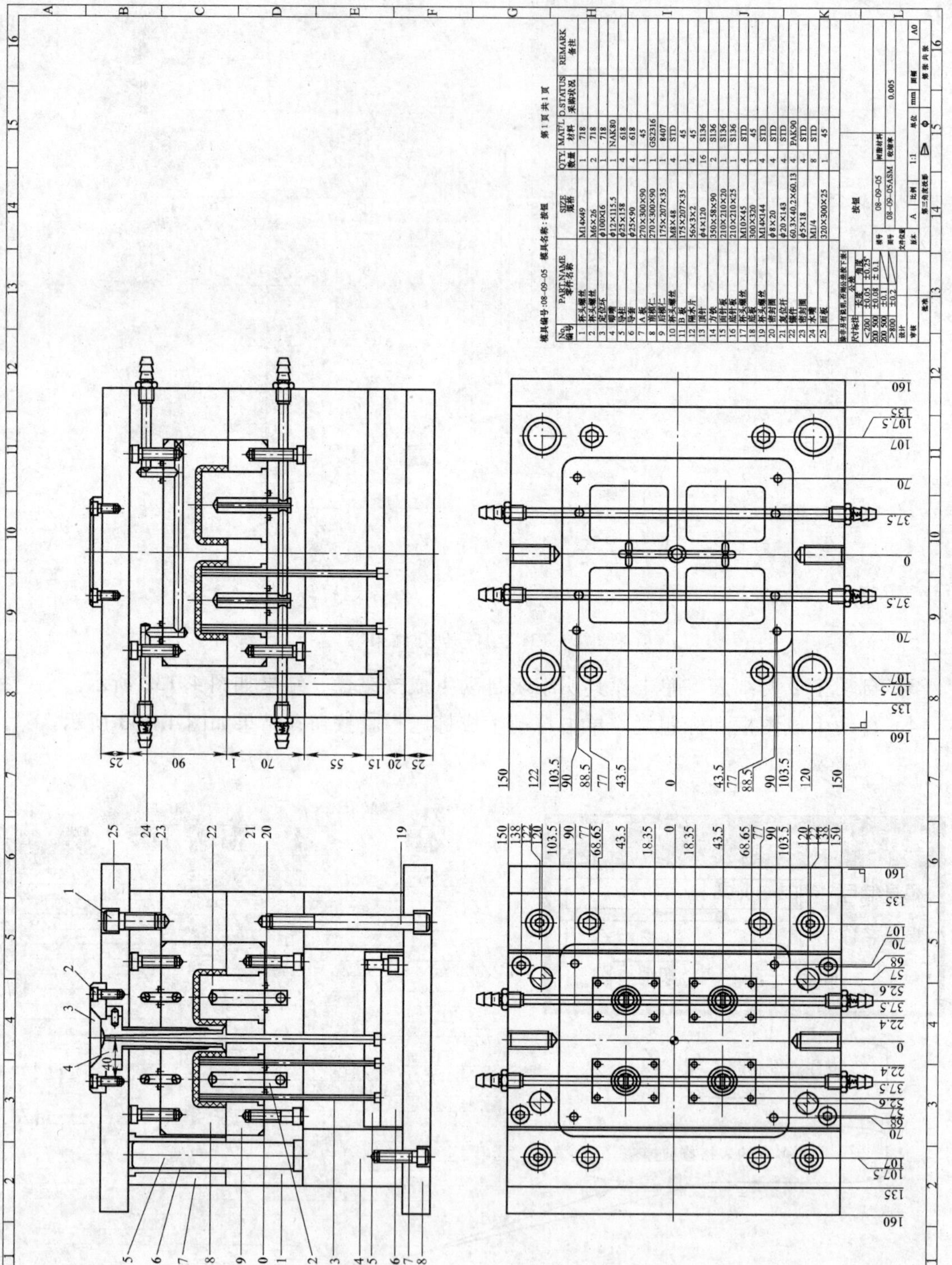

图 4.133 自动生成图框和标题栏

4.6　任务六：由装配图拆画零件图

由装配图拆画零件图，是将装配图中的非标准零件从装配图中分离出来画成零件图的过程。如果把零件图到装配图的过程理解为“加法”；那么装配图到零件图就是“减法”。

首先，把装配图以零件图的名称另存为一个文件，然后删除装配图上不属于本零件的多余线条。对缺线的地方要补线，整个过程是边删边补。操作时要注意以下两个问题：

1）由装配图拆画零件图要在看懂装配图的基础上进行。拆画时，根据零件序号和剖面线方向、投影关系，找出该零件的相关投影，看懂结构。

2）表达方案的确定：在拆画零件图时，应根据所拆画零件的类型和结构形状来选择表达方案，而不能简单地照抄装配图中该零件的表达方案；对于装配图中没有表达完全的零件结构，应根据零件的功用及零件结构知识加以补充和完善，并在零件图上完整、清晰地表达出来；对装配图中省略的工艺结构，如倒角、退刀槽等，应根据工艺需要在零件图上表示清楚。

下面以从任务五模具装配图拆前模仁的过程为例说明：

首先把模具装配图全部视图复制一份置于图面一侧。根据制图规则“长对正、高平齐、宽相等”删除与前模仁无关的线，对剩余的线条进行修改。在修改过程中还要对原来的视图方向进行调整（比如进行旋转），以符合零件图的看图习惯。结果如图 4. 134 所示。

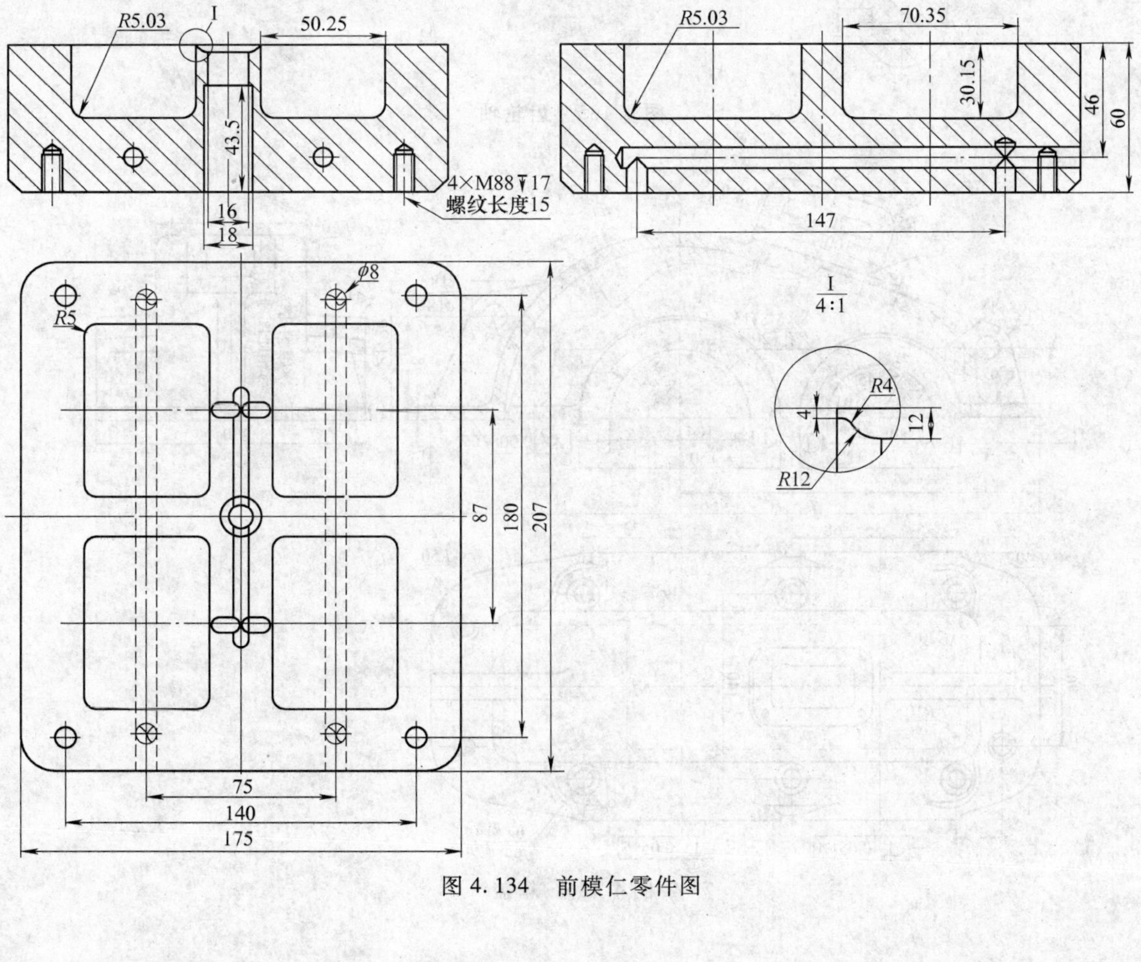

图 4. 134　前模仁零件图

练 习 题

1. 请绘制本章减速器中另外一个轴类零件：齿轮轴，如图 4. 135 所示。

2. 请绘制本章减速器中另外一个箱体类零件：箱盖，如图 4. 136 所示。

3. 用 4. 4 节介绍的方法，把图 4. 135、图 4. 136 所示的两个零件装配到减速器上，形成一台完整的减速器。结果参考图 4. 137。

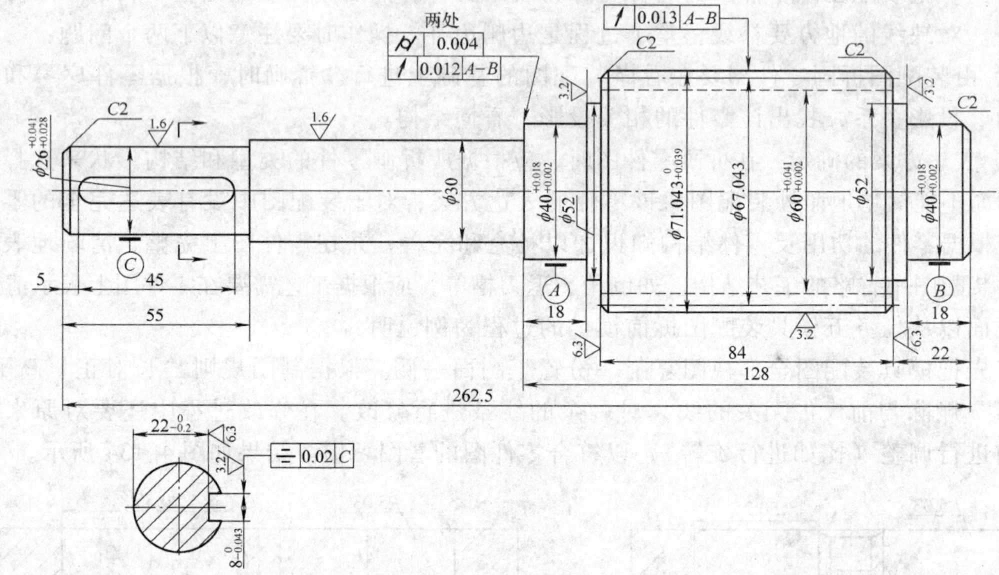

图 4. 135　齿轮轴

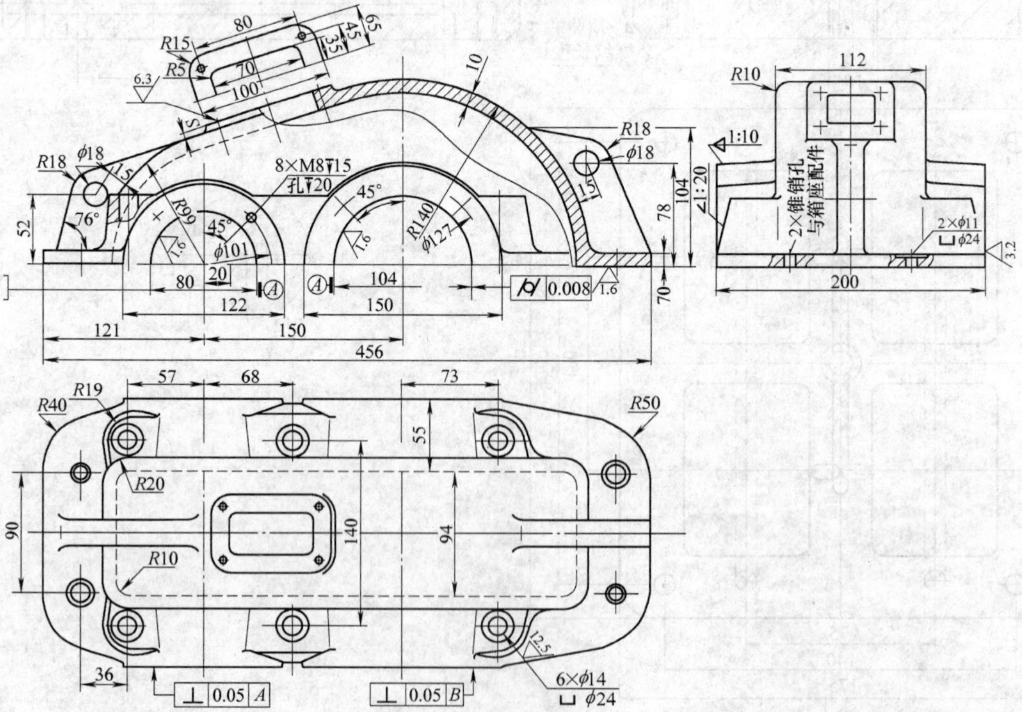

图 4. 136　箱盖

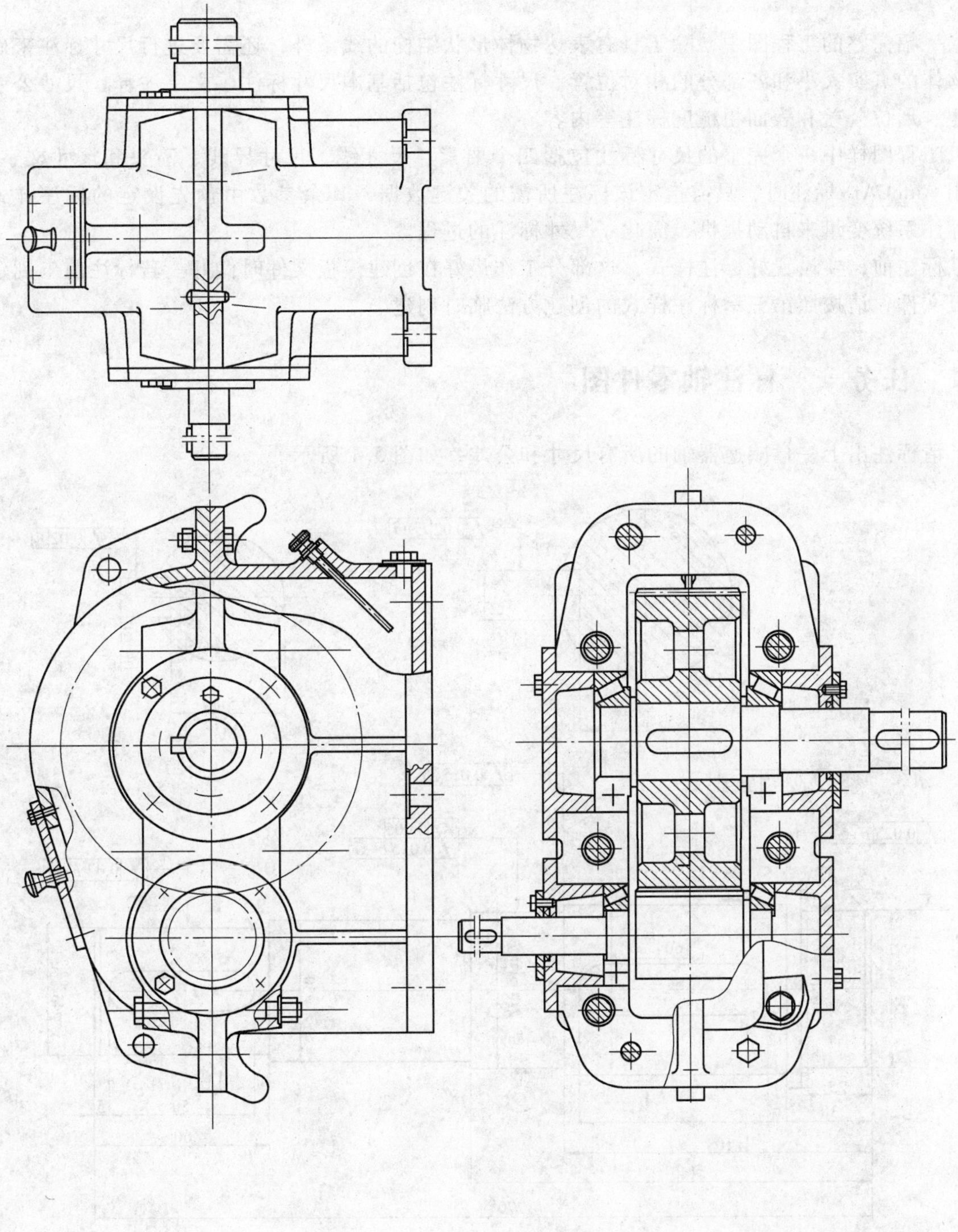

图 4.137　减速器装配图

第 5 章　尺寸与公差的标注

一幅完整的工程图中，除了具有表达物体形状结构的线条外，还需要进行尺寸标注来确定物体的真实大小和各部分的相对位置。尺寸标注包括基本尺寸标注、文字注释、尺寸公差标注、形位公差和表面粗糙度标注等内容。

工程图样中一个完整的尺寸标注包括四个要素：尺寸线、尺寸界线、箭头和尺寸文字。利用 AutoCAD 标注时，只需指定该标注所需的关键数据，其余参数由预先设定的标注样式和标注系统变量来自动提供，简化了尺寸标注的过程。

标注前，要设置好标注样式，这部分工作最好在创建模板文件时做好。若标注前未创建样板文件，请按照第三章标注样式的创建方法临时创建。

5.1　任务一：标注轴零件图

请标注出上一章减速器轴的所有尺寸和公差，如图 5.1 所示。

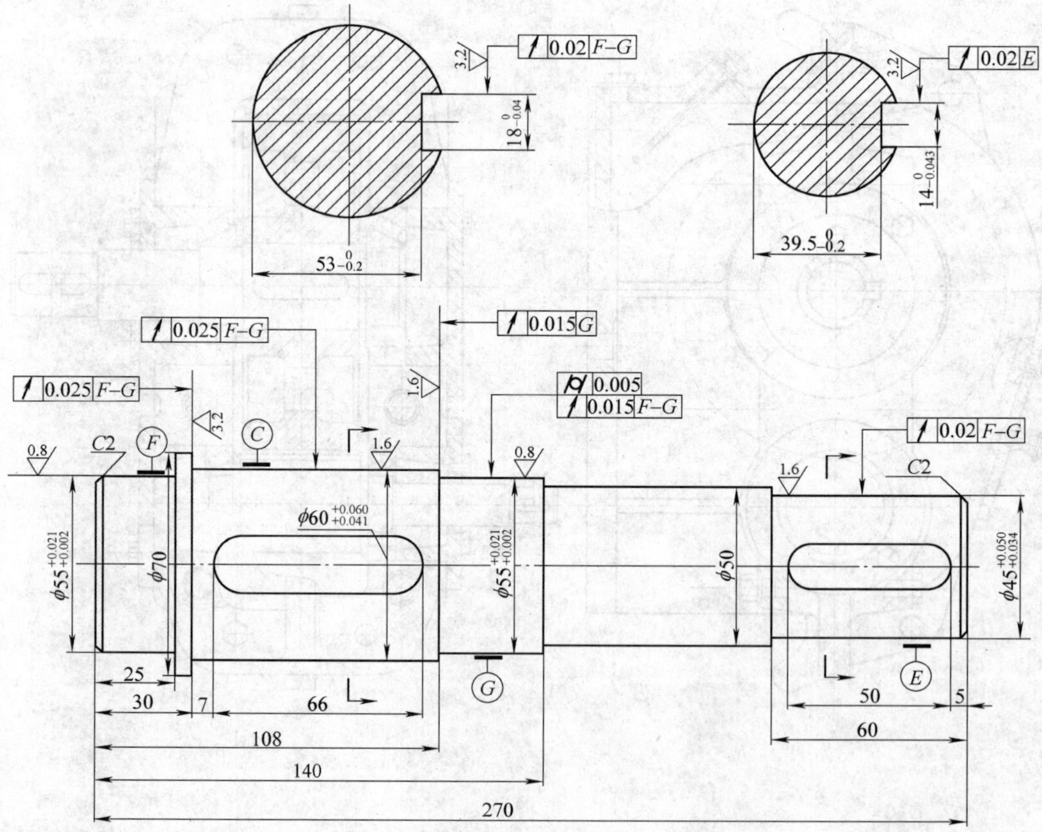

图 5.1　轴

5.1.1　标注长度尺寸

Step1：首先用线性标注按钮，标出第一个尺寸“25”，然后换用基线标注按钮，捕捉 *C*、*D*、*E*、*F* 四点，标注左端“30”、“108”、“140”、“270”长度尺寸，如图 5.2 所示。

命令：_dimlinear　　//单击按钮。

指定第一条尺寸界线原点或<选择对象>：　　//捕捉 *A* 点。

指定第二条尺寸界线原点：　　//捕捉 *B* 点。

指定尺寸线位置或[多行文字(M)/文字(T)/角度(A)/水平(H)/垂直(V)/旋转(R)]：

标注文字 =25　　//系统测量值。

命令：_dimbaseline　　//单击按钮。

选择基准标注：　　//单击“25”的左尺寸界线。

指定第二条尺寸界线原点或[放弃(U)/选择(S)]<选择>：　　//捕捉 *C* 点。

标注文字 =30

指定第二条尺寸界线原点或[放弃(U)/选择(S)]<选择>：　　//捕捉 *D* 点。

标注文字 =108

指定第二条尺寸界线原点或[放弃(U)/选择(S)]<选择>：　　//捕捉 *E* 点。

标注文字 =140

指定第二条尺寸界线原点或[放弃(U)/选择(S)]<选择>：　　//捕捉 *F* 点。

标注文字 =270

指定第二条尺寸界线原点或[放弃(U)/选择(S)]<选择>：*取消*//按“Esc”键。

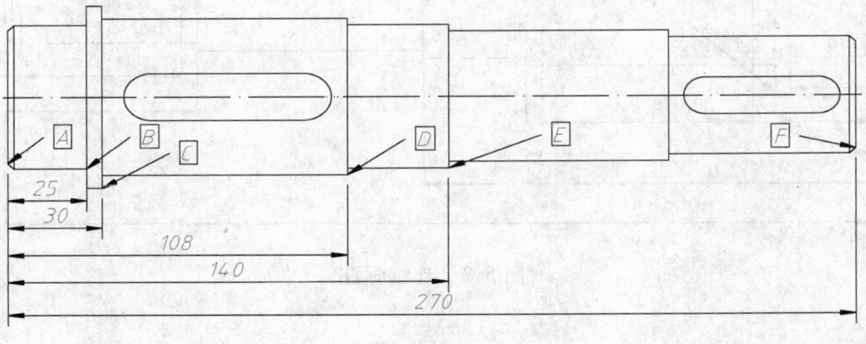

图 5.2　线性标注和基线标注

【要点提示】

(1) 线性标注　可标注水平、垂直的线性尺寸。

选项说明：

1) 多行文字 (M)：选择该选项，系统弹出“多行文字编辑器”对话框，通过该对话框输入并设置标注文字。

2）文字（T）：选择该选项，系统以单行文字方式输入要标注的文字。

3）角度（A）：设置标注文字的旋转角度。

4）水平（H）/垂直（V）：标注水平/垂直尺寸。

5）旋转（R）：设置标注对象的尺寸线旋转角度。

（2）基线标注　是多个尺寸标注共用一个尺寸界线作为第一尺寸界线的标注。需要先有一个线性的、坐标的或角度的标注存在，然后单击这个标注的尺寸界线，才能开始标注。

选项说明：

1）默认：直接指定第二个尺寸界线的位置。

2）Undo：取消上一步操作。

3）Select：重新选择第一个尺寸界线的位置。

Step2：同理，使用线性标注，标注出最右端“5”、“50”、“60”长度尺寸。

Step3：使用连续标注，标注“7”、“66”长度，如图 5.3 所示。

命令：_dimcontinue　　//单击按钮。

选择连续标注：　　//单击 1 线。

指定第二条尺寸界线原点或[放弃(U)/选择(S)]<选择>：　　//捕捉 *A* 点。

标注文字 =7

指定第二条尺寸界线原点或[放弃(U)/选择(S)]<选择>：　　//捕捉 *B* 点。

标注文字 =66

指定第二条尺寸界线原点或[放弃(U)/选择(S)]<选择>：*取消* //按“Esc”键。

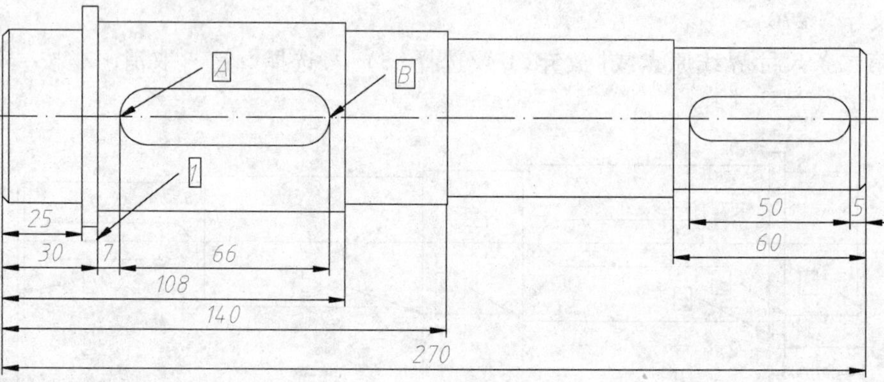

图 5.3　连续标注

【要点提示】

连续标注：多个尺寸标注首尾相连的标注。选择连续标注，AutoCAD 将自动以前一个线性、角度或者坐标标注的第二条尺寸界线的原点作为第一点，效率很高。若在标注方向上还没有任何其他标注存在，此功能不可用。

选项说明：

1）默认：直接指定第二个尺寸界线的位置。

2）Undo：取消上一步操作。

3）Select：重新选择第一个尺寸界线的位置。

5.1.2　标注直径及其尺寸公差

Step1：标左边第一个“55”尺寸。

命令：_dimlinear　　//用线性标注。

指定第一条尺寸界线原点或 <选择对象>：　　//捕捉轴段顶点。

指定第二条尺寸界线原点：

指定尺寸线位置或

[多行文字(M)/文字(T)/角度(A)/水平(H)/垂直(V)/旋转(R)]：标注文字 = “55”　　//系统自动测量值。

Step2：重复线性标注，依次标出“70”、“60”、“55”、“50”、“45”尺寸。

Step3：给“55”加前缀“ϕ”。

双击“55”尺寸，系统弹出“特性”工具条，填入如图 5.4 所示项目。

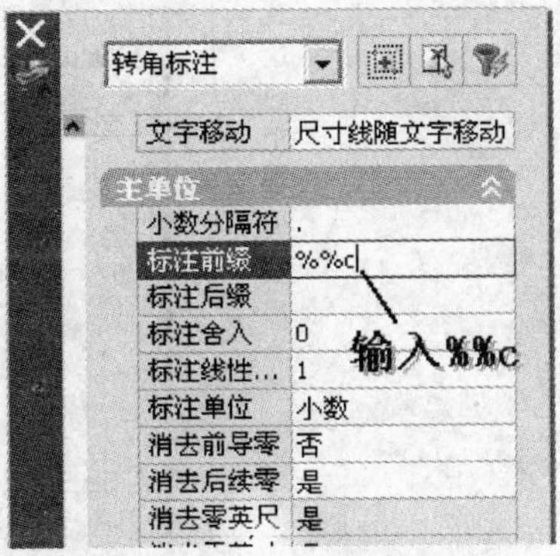

图 5.4　“特性”工具条

Step4：批量给其他直径尺寸加“ϕ”符号。

做法：单击特性匹配按钮；单击“ϕ55”；依次单击“70”、“60”、“55”、“50”、“45”尺寸值，结果如图 5.5 所示。

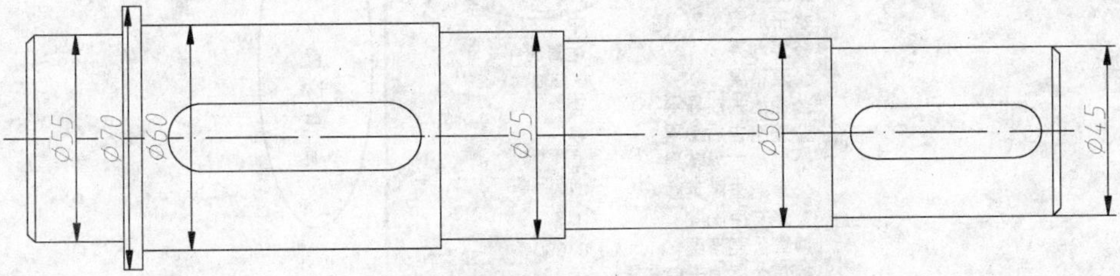

图 5.5　直径标注

【要点提示】

此法免除了每个尺寸都要输入%%C 的麻烦。

Step5：给每个尺寸加公差。

如图 5.6 所示，先在标注样式中修改公差选项，以便减少在后来的“特性”工具条中的重复劳动。

再次双击“55”尺寸，系统弹出“特性”工具条，填入如图 5.7 所示项目。同理再标出“60”、“45”的公差（另一个“55”尺寸公差用特性匹配按钮作出），结果如图 5.8 所示。

【要点提示】

1）上偏差默认为正值，下偏差默认为负值。若改上偏差为负，前面加一个负号即可；若改下偏差为正，前面需加一个负号抵消之。

2）尺寸公差不建议在标注样式管理器/公差选项板中去作，这样会导致所有尺寸公差相同，不同的尺寸公差不能实现自定义。

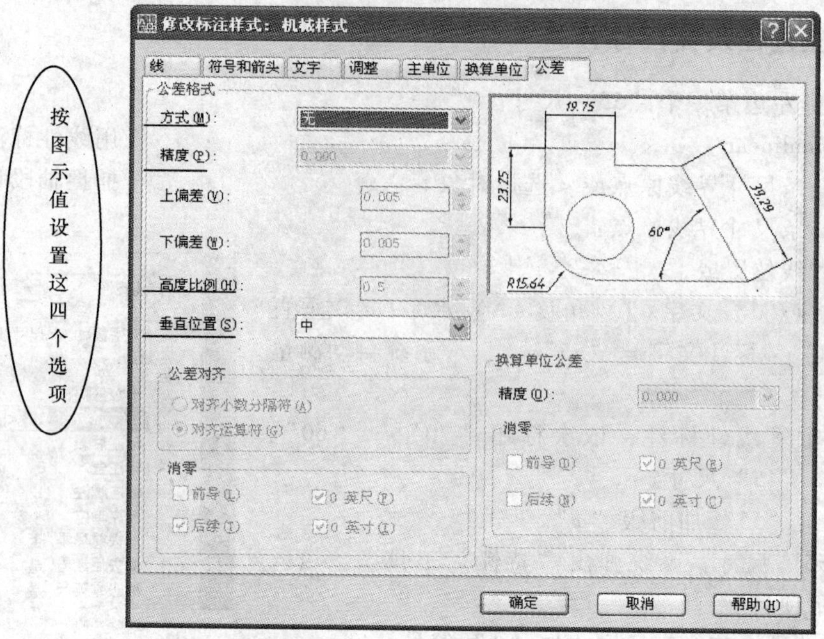

图 5.6　修改标注样式

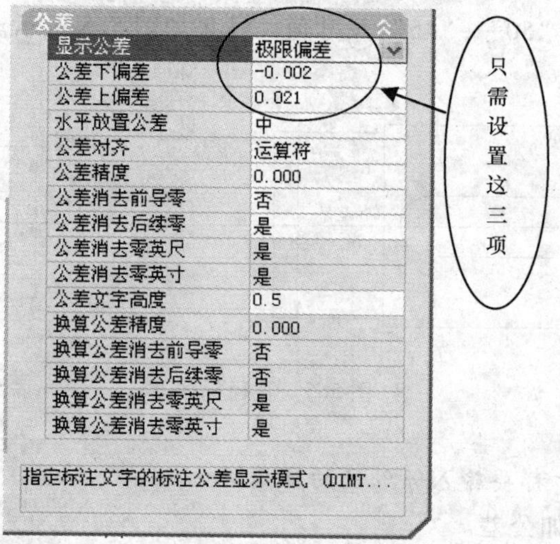

图 5.7　“特性”工具条

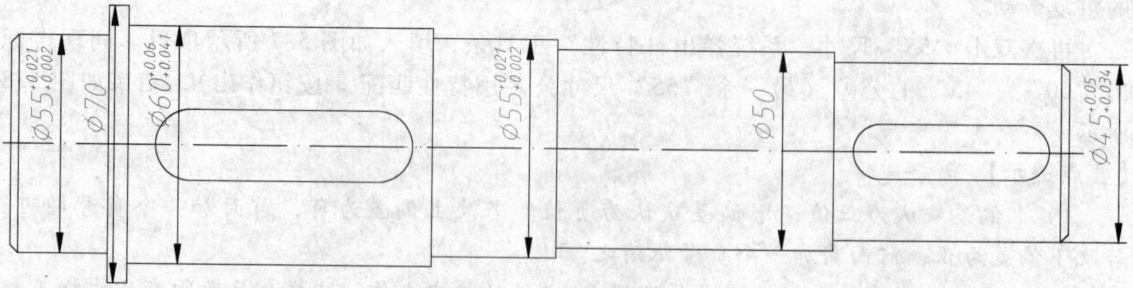

图 5.8　直径公差标注结果

5.1.3　形位公差标注

Step1：先作引线。

单击“多重引线样式管理器”下拉列表，选择“形位公差引线”样式，如图 5.9a 所示；再单击多重引线按钮，作出竖直的引线，如图 5.9b 所示。

a)　　　　　　b)

图 5.9　形位公差引线部分

Step2：单击形位公差按钮，按如图 5.10 所示顺序操作。

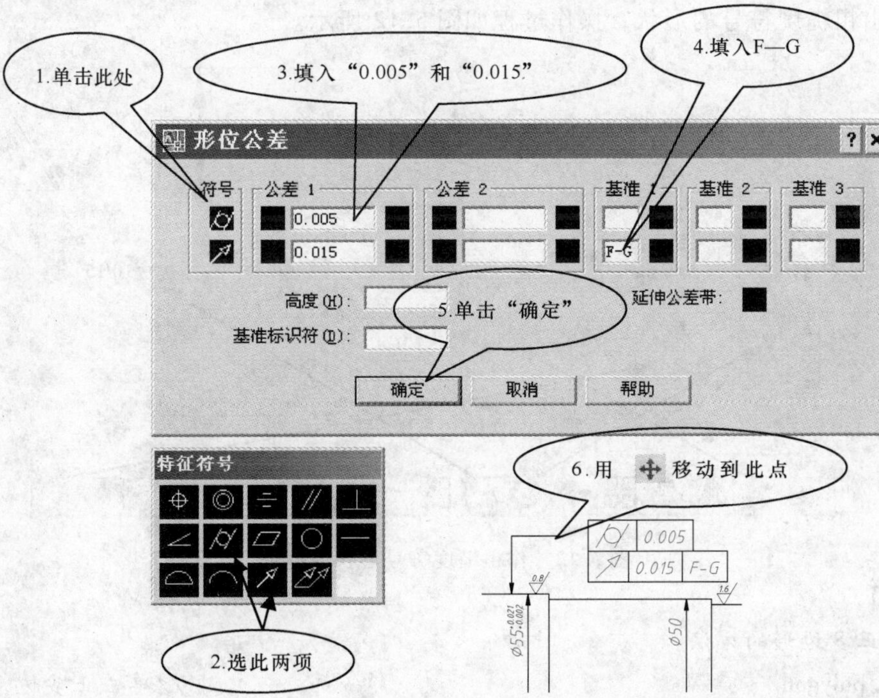

图 5.10　形位公差文字部分

Step3：同上操作，作出其他形位公差。

【要点提示】

形位公差介绍如图 5.11 所示。

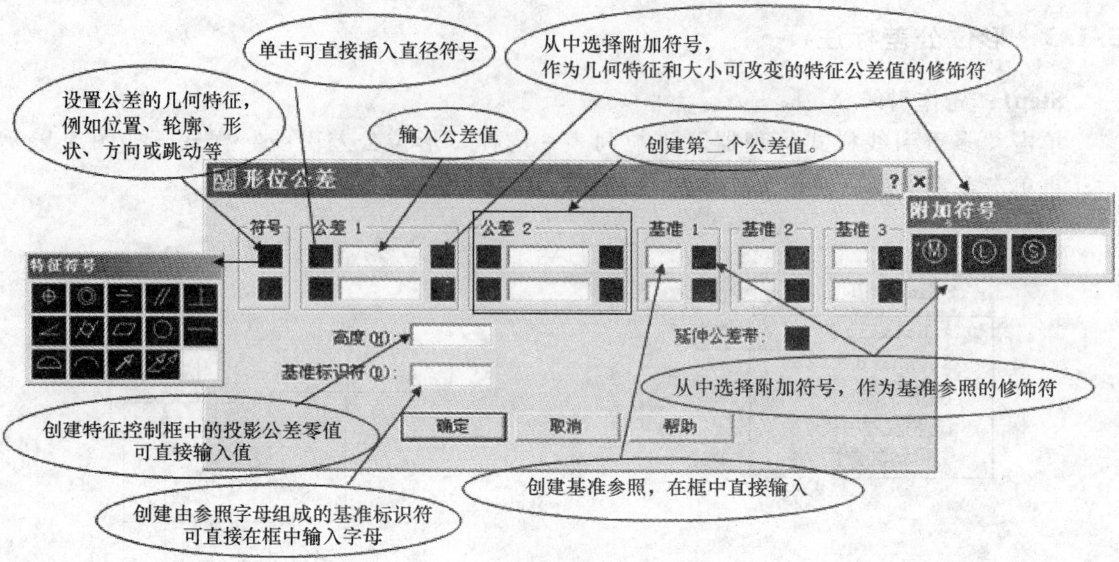

图 5.11　形位公差介绍

5.1.4　标注粗糙度

Step1：创建粗糙度动态。

1）作出粗糙度符号的形状，操作过程如图 5.12 所示。

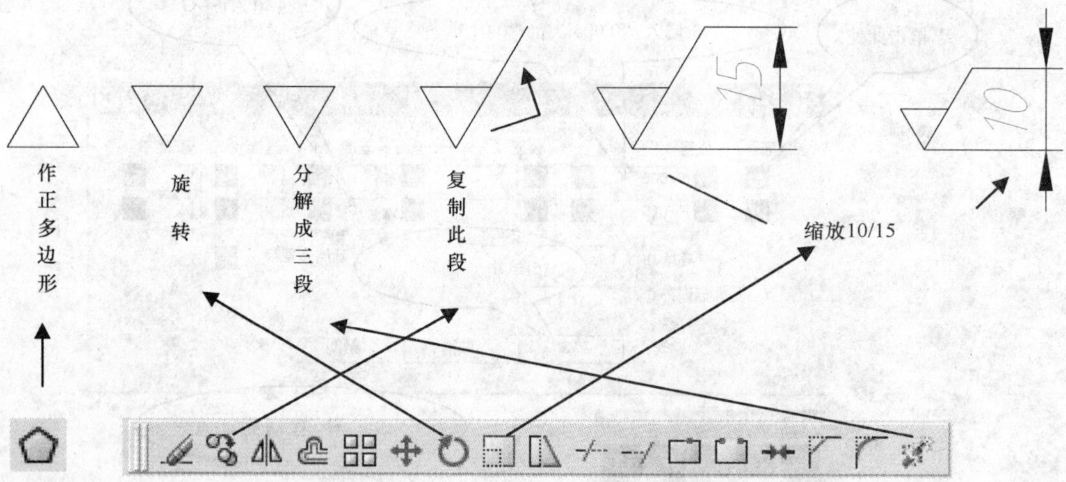

图 5.12　作粗糙度符号形状的过程

【要点提示】

1）作正多边形的方法：

命令：_polygon　//单击正多边形按钮。

输入边的数目 <3>：3　//输入“3”。

指定正多边形的中心点或[边(E)]：　//屏幕上随意单击一点。

输入选项[内接于圆(I)/外切于圆(C)] <I>：I　//选内接与圆。

指定圆的半径：5　//输入“5”。

2）缩放倍数“10/15”可直接输入，不必换为小数。

3）添加块属性。操作过程如图 5.13 所示。

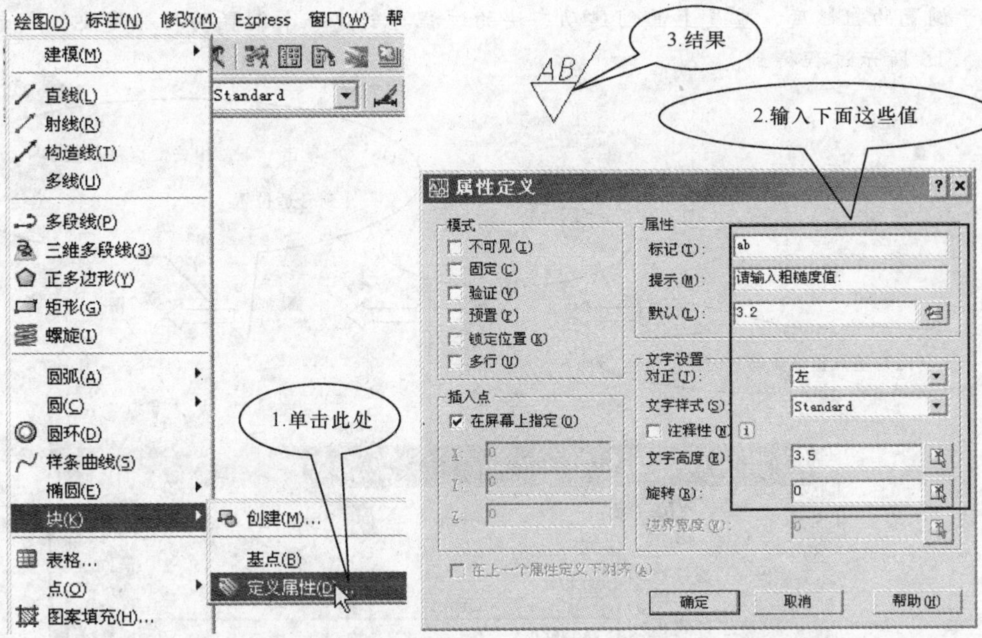

图 5.13　添加属性

4）创建块。操作过程如图 5.14 所示。

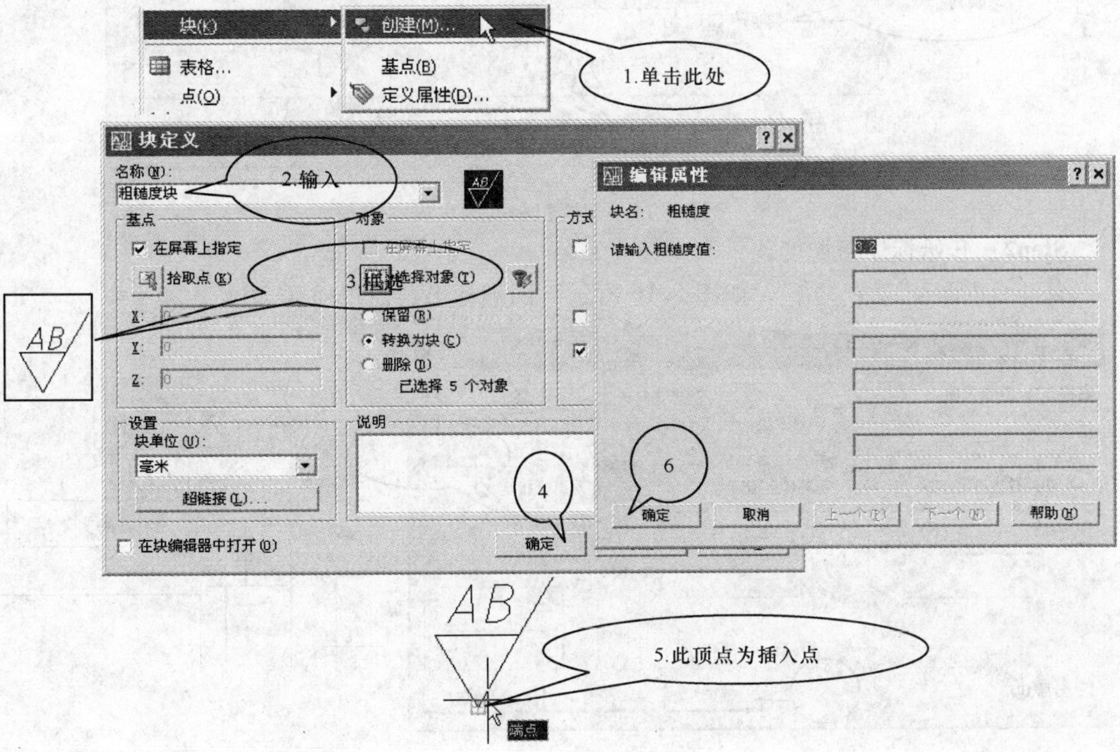

图 5.14　创建

5）保存为“粗糙度.dwg”以备用。

【要点提示】

对于倒置的粗糙度，重复上面创建动态块的过程再创建一个倒置的粗糙度块，或者可采用如图 5.15 所示过程得到。

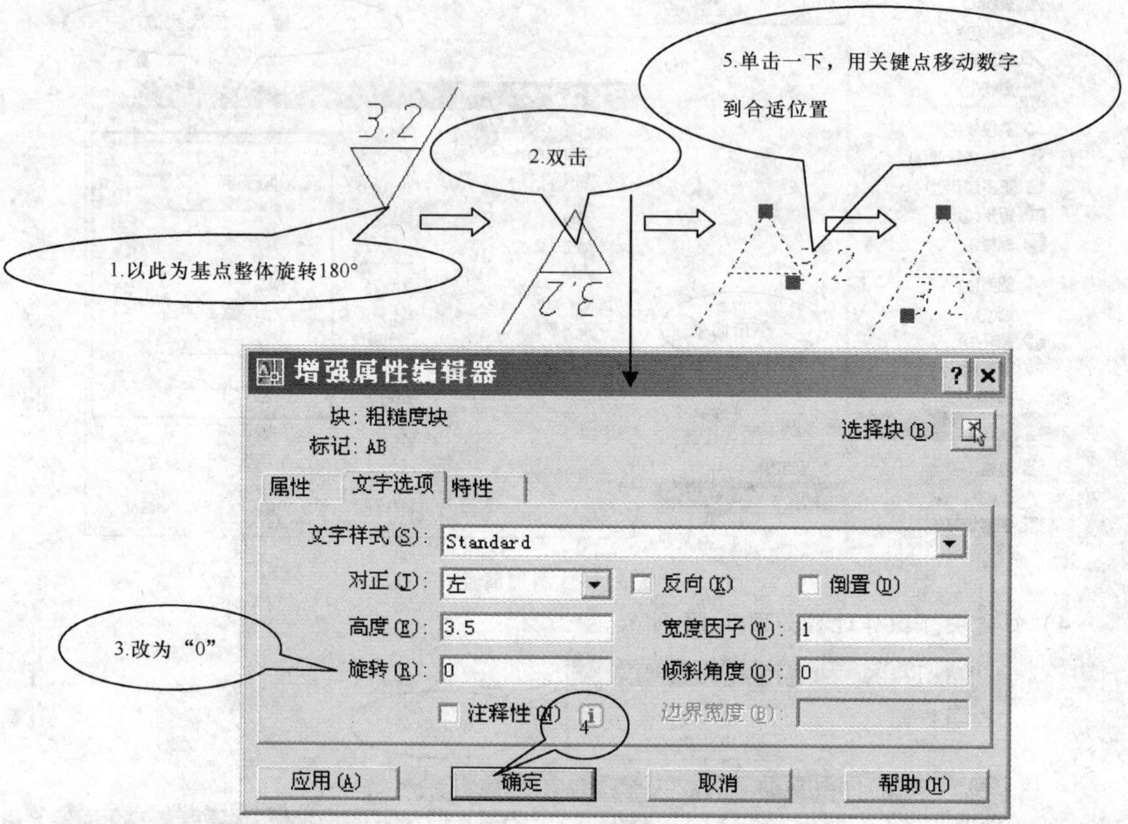

图 5.15　倒置粗糙度的生成

Step2：开始标注粗糙度。

菜单：“插入”→“块”，如图 5.16 所示。同理标出其他粗糙度。

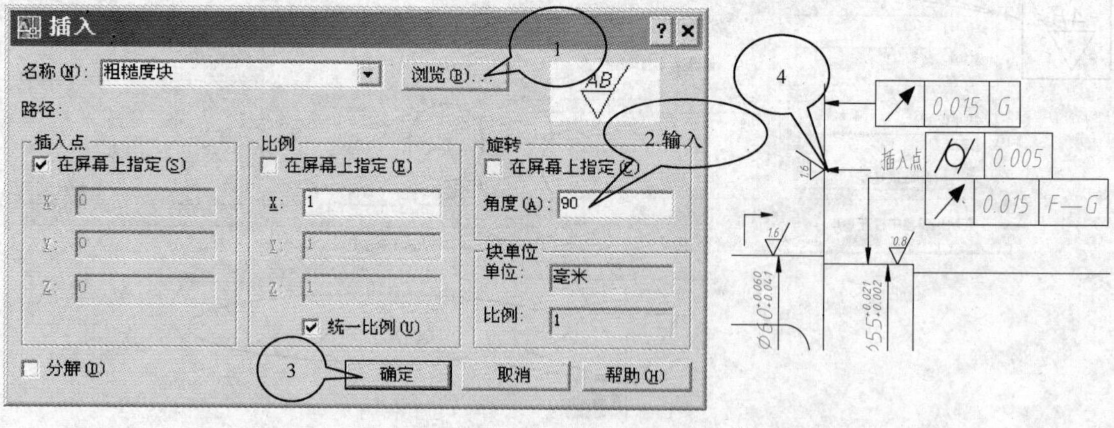

图 5.16　插入

【要点提示】

块操作：在绘制零件图和装配图时，常会遇到大量重复出现的结构和符号，如螺栓、螺钉、垫圈、表面粗糙度符号、基准符号和箭头等，在绘制过程中需要大量重复性的工作。对于这类问题，经常是将它们做成一个块对象，并按指定的名称保存起来，以后可随时将它插入到图形中而不必重新绘制，大大提高了绘图的速度和质量。本例中以粗糙度为例，对块的操作做了详细的演示，请读者自行完成此图中所需的投影方向箭头、形位公差基准符号的块操作。

5.1.5　倒角标注

Step1：单击多重引线按钮，画出左边45°倒角引线形状，如图 5.17 所示。

Step2：去掉引线箭头，操作过程如图 5.18 所示。

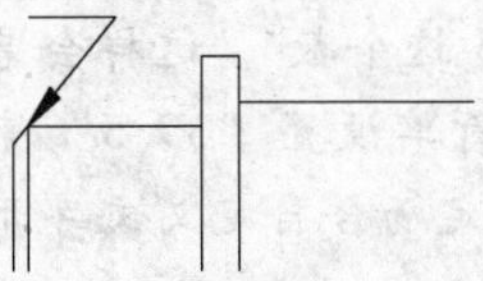

图 5.17　倒角引线

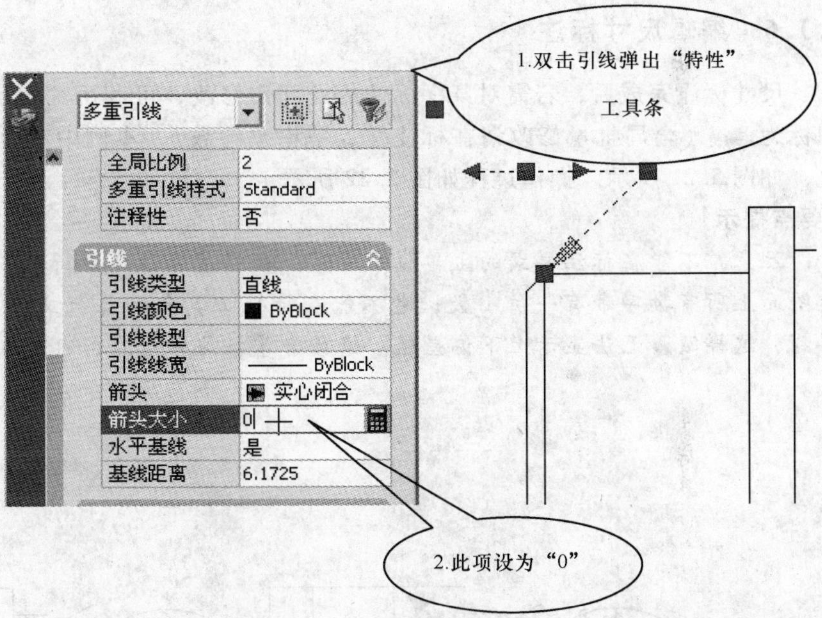

图 5.18　去掉引线箭头

【要点提示】

注意：不能在引线样式中设置“箭头大小”为“0”去掉这个箭头，否则会同时去掉图面上所有其他引线的箭头。本步骤还有更一劳永逸的办法，即在多重引线样式中再新建一个倒角引线样式，在其中设“箭头大小”为“0”，以后在遇到倒角标注时，选择它即可，避免了不同样式的互相干扰。这种设置最好在自己的样板文件中做好。上一章有相关的介绍，请读者参看。

Step3：单击多行文字 A 按钮，进行如图 5.19 所示操作。

Step4：用关键点拖动调整引线长度和文字的位置，如图 5.20 所示。

Step5：同上操作，标出右侧轴端的倒角。

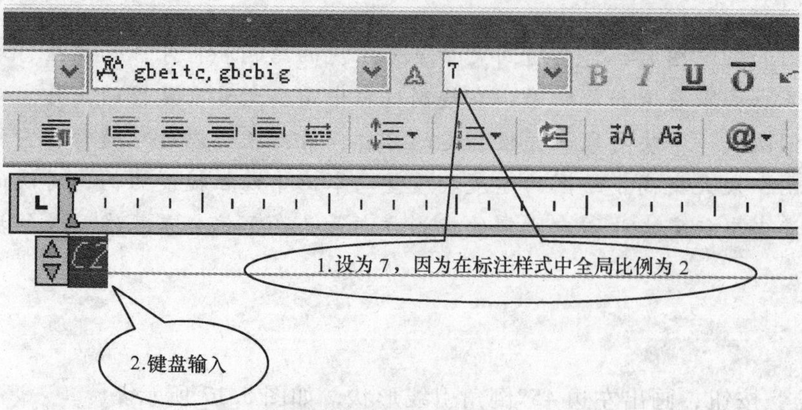

图 5.19　输入倒角文字内容

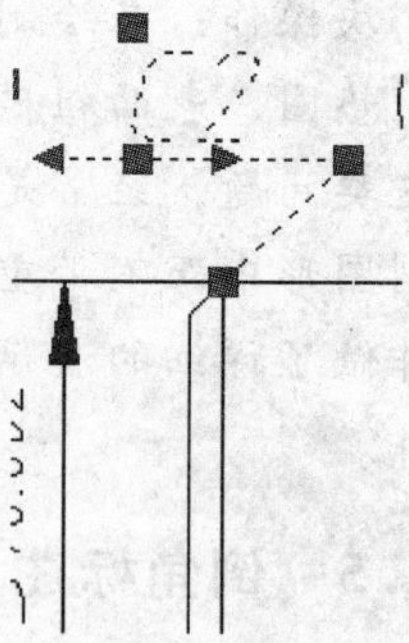

图 5.20　调整引线和文字的位置

5.1.6　编辑尺寸标注

尺寸标注完成后，若需对某一标注的局部作修改，可利用“编辑标注”功能进行修改，图标为 A。（全局批量修改请在标注样式中更改参数）。本例中右边键槽的深度尺寸需要修改，如图 5.21 所示。操作过程如图 5.22 所示。

【要点提示】

注意：不能在标注样式的主单位中设置小数精度为 0.0 来得到 39.5 这个数，这样会导致图面上所有数字带有一位小数；也不能在特性工具条的替代文字中简单设置“39.5”来得到，这样做，无法显示上下偏差值。请读者掌握这种方法，可以在特定场合自定义文字形式。

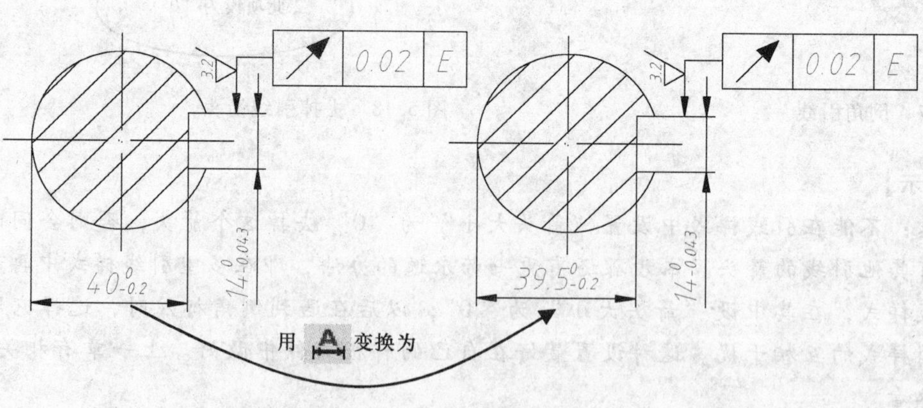

图 5.21　需要修改的尺寸标注

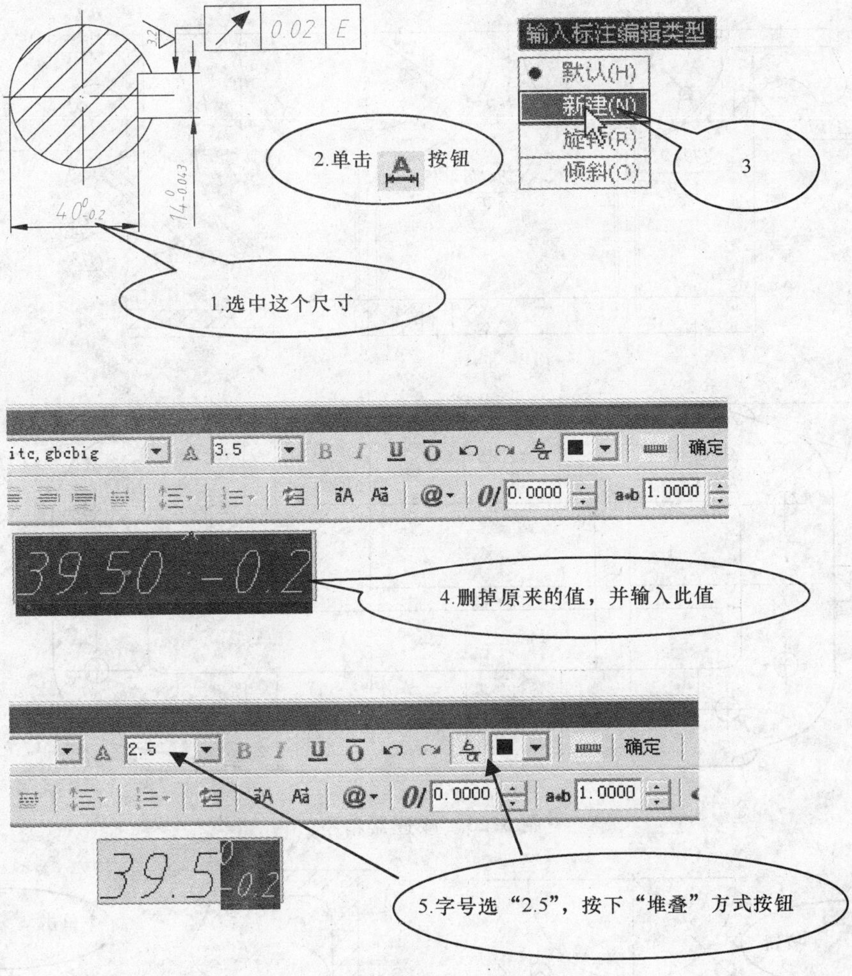

图 5.22　编辑尺寸标注的过程

5.2　任务二：标注箱座零件图

图 5.23 所示为上一章绘制的箱体零件图，现在标注出它的尺寸。本任务只标注任务一里没有涉及的标注类型。

5.2.1　标注直径

Step1：进行如图 5.24 所示操作。

Step2：相同操作，标注出其他直径尺寸。

5.2.2　标注半径

Step1：进行如图 5.25 所示操作。

Step2：相同操作，标注出其他半径尺寸。

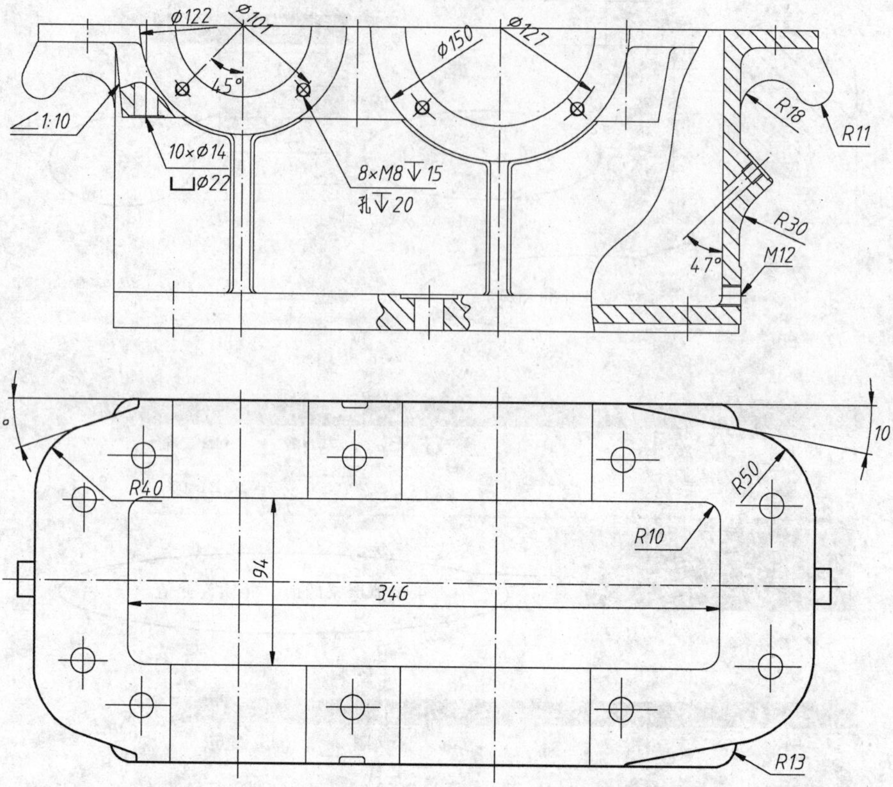

图 5.23　减速器箱座

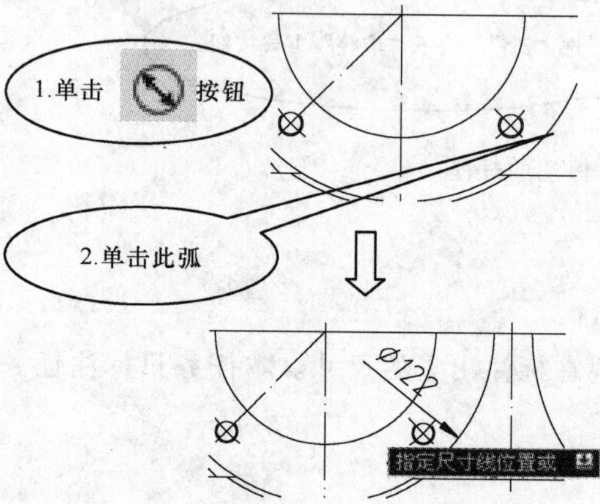

图 5.24　标注直径

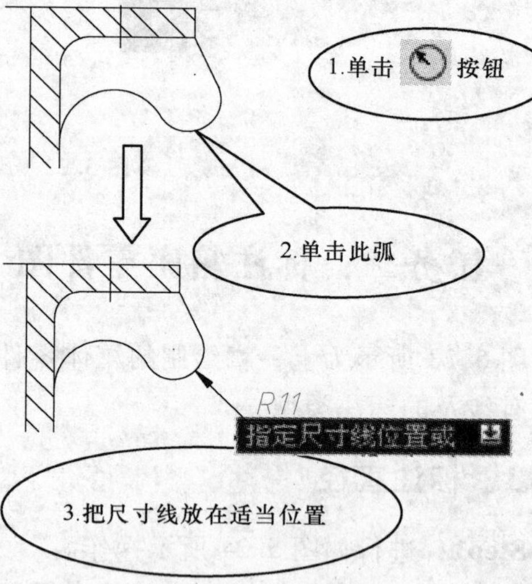

图 5.25　标注半径

5.2.3　标注角度

Step1：进行如图 5.26 所示操作。

Step2：相同操作，标注其他角度尺寸。

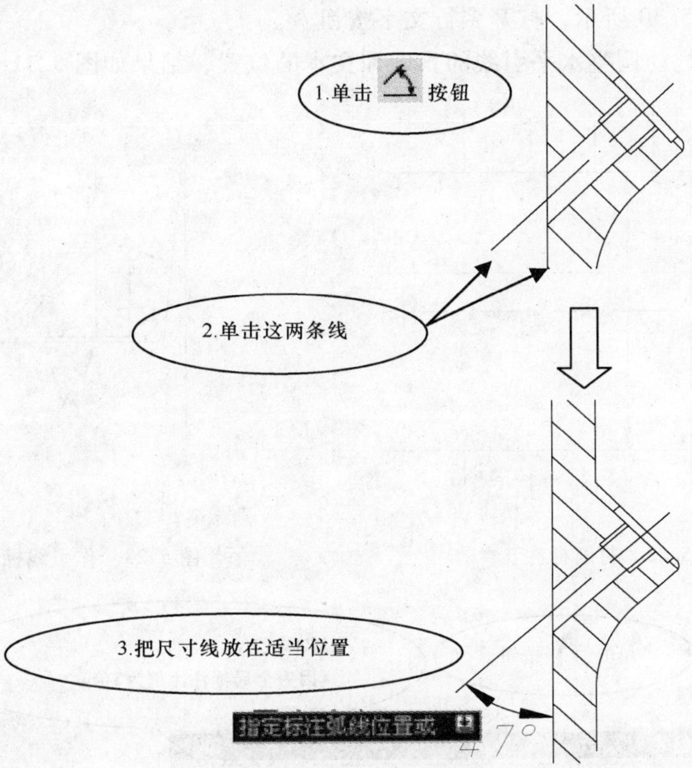

图 5.26　标注角度

5.2.4　打断标注

Step1：先用线性标注标出以下两个长度尺寸，如图 5.27 所示。

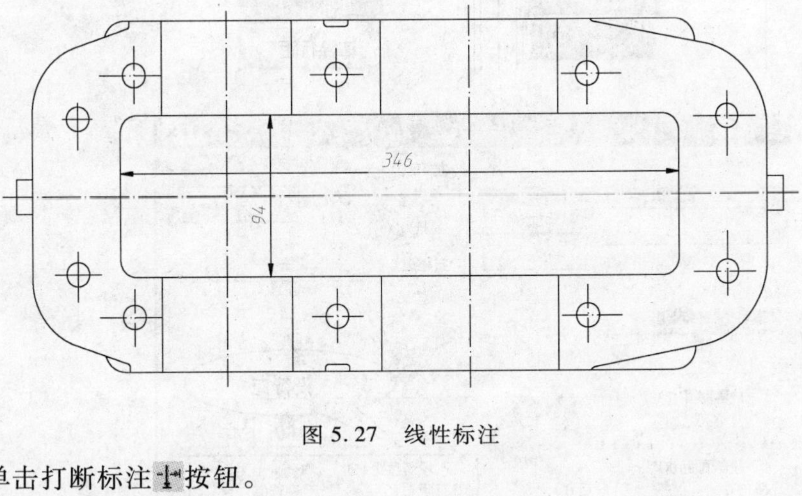

图 5.27　线性标注

Step2：单击打断标注按钮。

依次单击 Step1 建立的两个尺寸，效果如图 5.28 所示。

5.2.5　引线标注

Step1：单击按钮，作引线（关掉自带的文字编辑器），如图 5.29 所示。

Step2：如图 5.30 所示，打开多行文字按钮 A 。

Step3：适当拖动调整水平引线的长度和文本的位置，结果如图 5.31 所示。

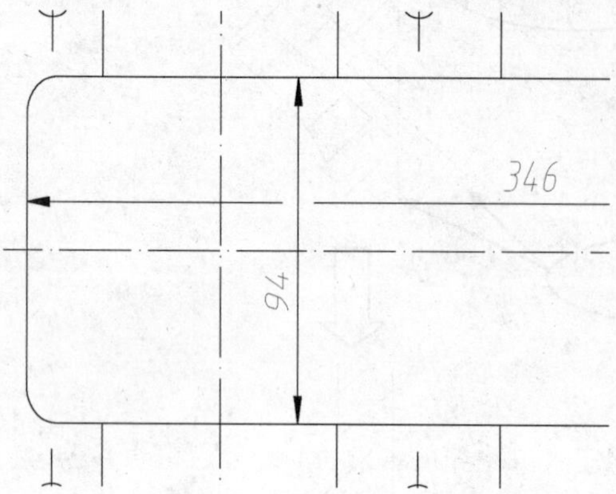

图 5.28　打断标注

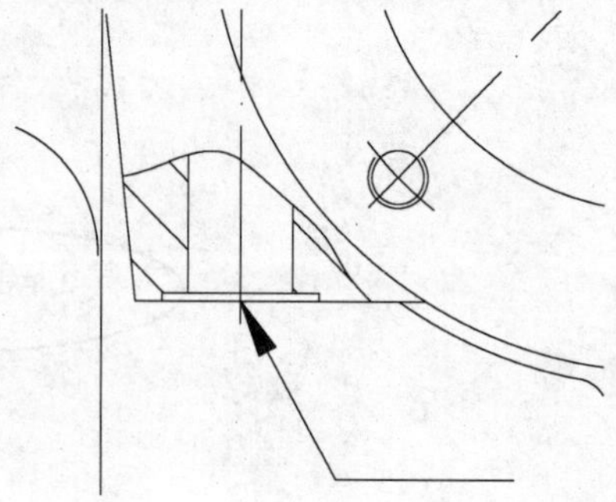

图 5.29　作引线标注的引线

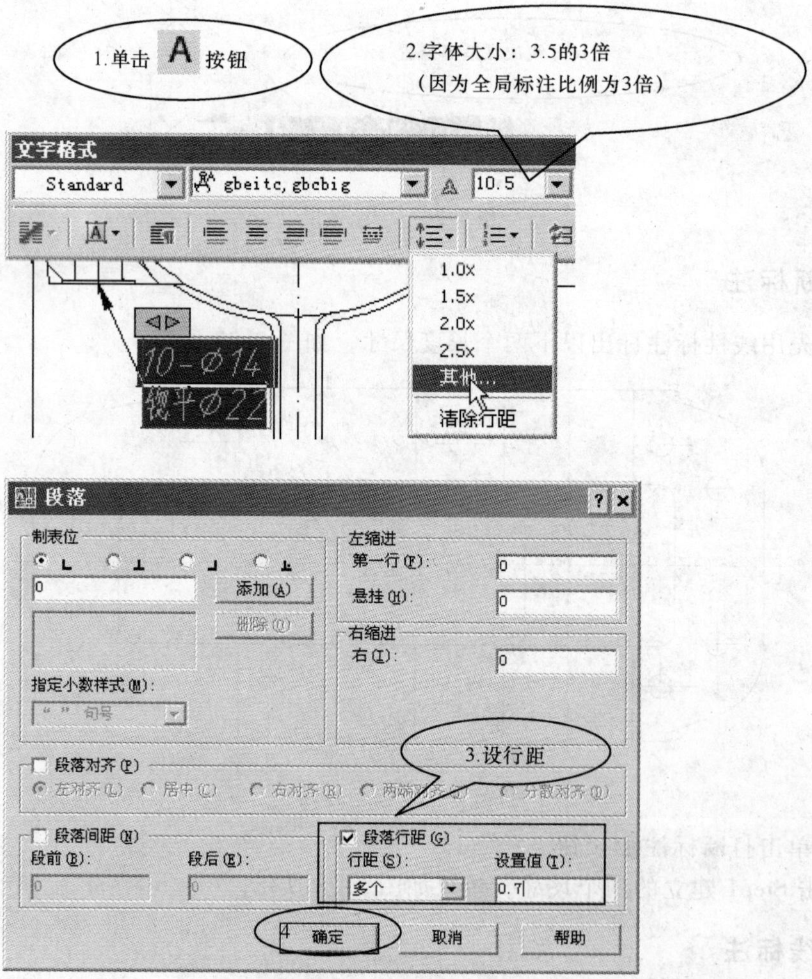

图 5.30　输入引线标注的文字

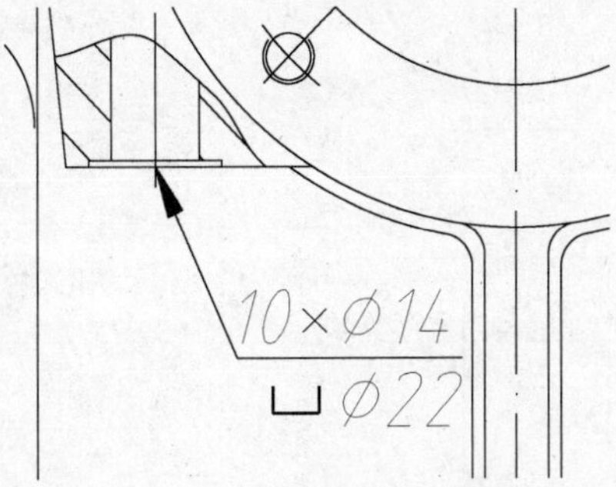

图 5.31　引线标注的结果

5.3　任务三：标注模具装配图

模具工程图中，一般使用坐标标注法。在标注之前要先把坐标系原点移动到要标注视图的中心，如图 5.32 所示。

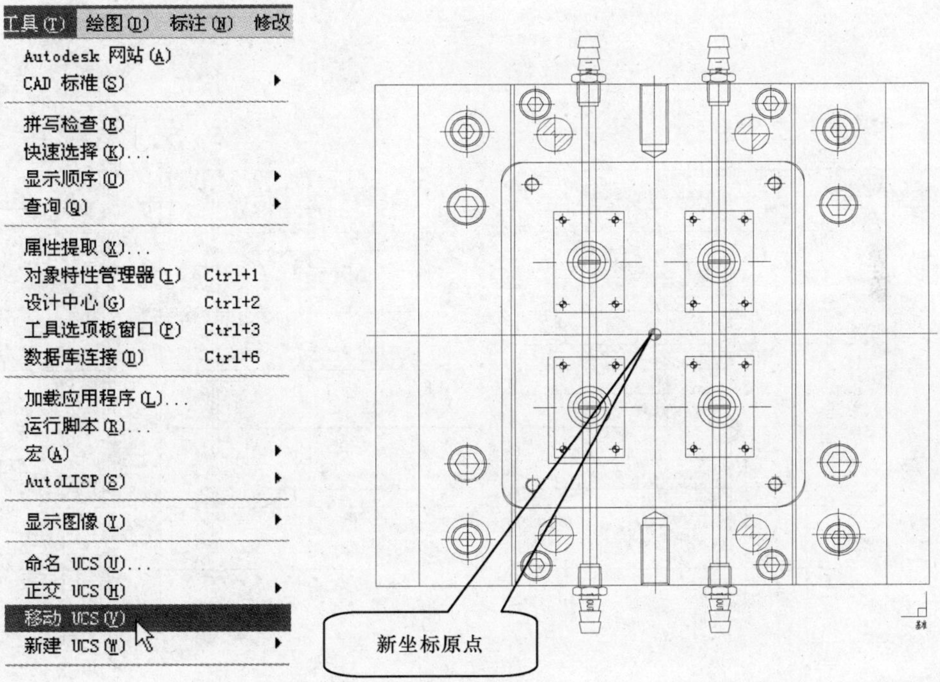

图 5.32　移动坐标系原点

Step1：标注模仁。单击坐标标注按钮，选择要标注的点即可（按“空格”键可重复使用该命令），结果如图 5.33 所示。

Step2：标注顶针、运水、螺丝，如图 5.34 所示。

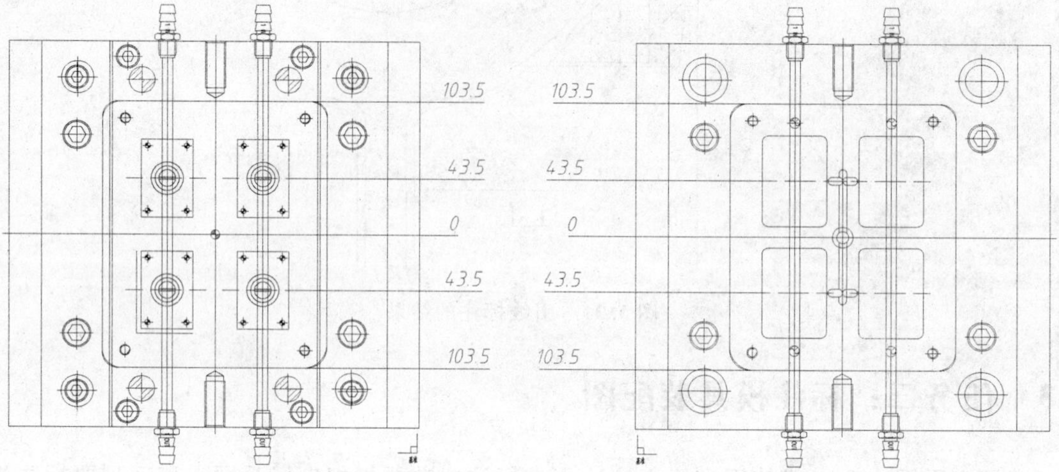

图 5.33　模仁标注

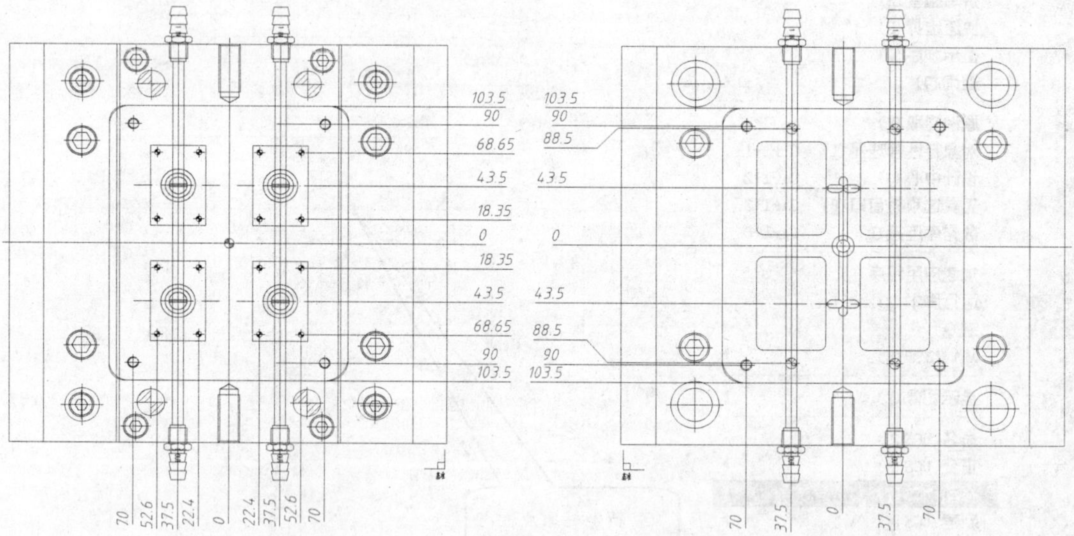

图 5.34　顶针、运水、螺栓标注

Step3：标注模架各板长宽、各标准件位置（包括导柱、复位杆、螺栓等），如图 5.35 所示。

Step4：标注各板厚度。在左视图上采用连续标注，如图 5.36 所示。

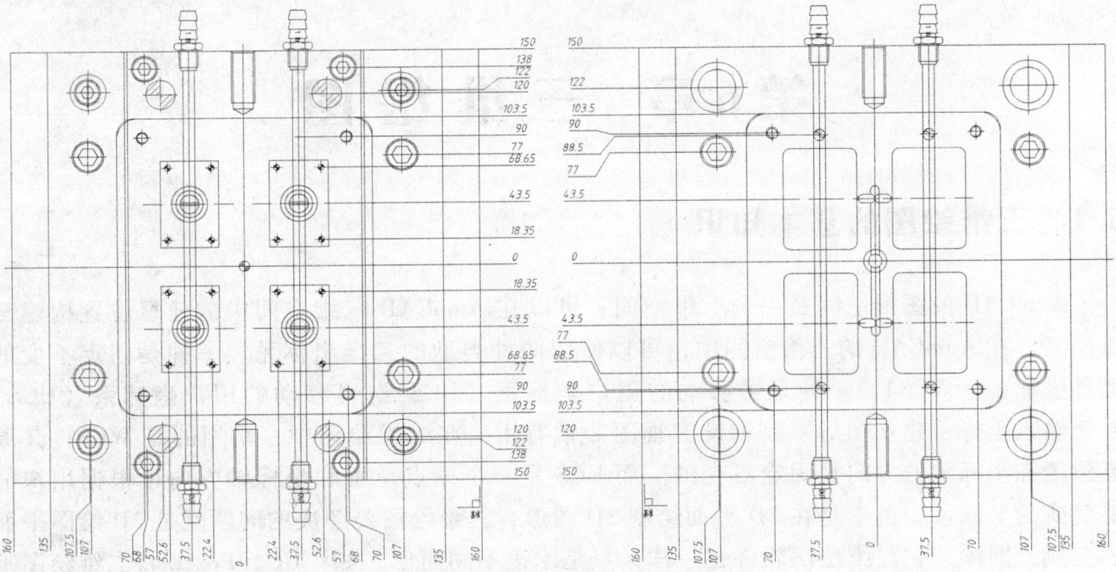

图 5.35　模架各板长宽、各标准件位置标注

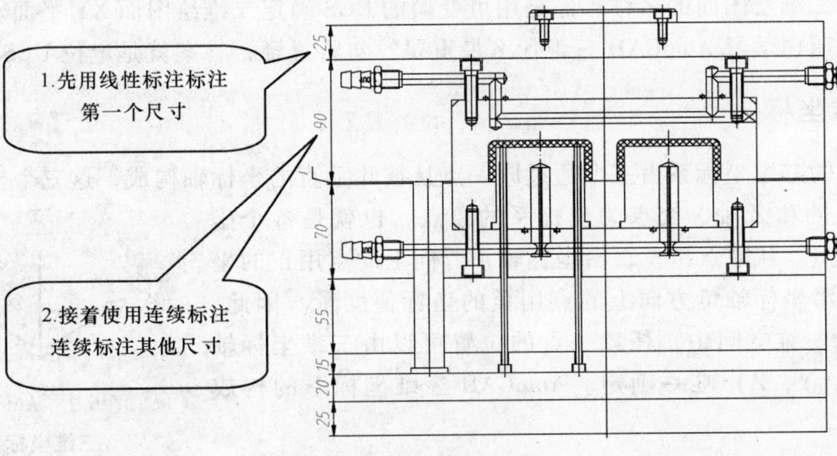

图 5.36　各板厚度标注

练　习　题

1. 如图 5.1 所示中，创建指示剖视方向的箭头块；创建形位公差基准符号块（注意：基准符号块是带有属性的，可根据实际需要更改其上的字母）。

2. 标注图 4.135 所示齿轮轴。

3. 标注图 4.136 所示箱盖。

第6章　三维绘图

6.1　三维绘图的基本知识

AutoCAD 的图形空间是一个三维空间，可以在 AutoCAD 三维空间中的任意位置构建三维模型。在 AutoCAD 的三维空间中，可以使用两种类型的三维坐标系。一种是固定不变的世界坐标系（WCS），一种是可移动的用户坐标系（UCS）。可移动的用户坐标系（UCS）对于输入坐标、建立图形平面和设置视图非常有用。在二维绘图中，采用的是 WCS，其原点位置和坐标轴的方向是固定不变的。而 UCS 是一个原点位置和坐标轴方向可根据用户需要变换的坐标系。由于是在 2D 平面绘制 3D 图形，三维绘图要解决的问题就是 2D 绘图平面的变换，同样其它三维绘图软件也一样，只是术语不同而已。如：UG、Pro/E 将二维绘图平面称为草绘平面，MasterCAM 中将其称为构图面，SolidWorks 将其称为基准面。AutoCAD 中没有明确给出二维绘图面的名称，而是用可变换的 UCS 确定二维绘图面 XY 平面。知道了这一点，就应该明白学习 AutoCAD 三维什么最重要？勿庸置疑，答案就是定位 UCS。

6.1.1　三维坐标

AutoCAD 的三维坐标系由三个通过同一点且彼此垂直的坐标轴构成，这三个坐标轴分别称为 X 轴、Y 轴和 Z 轴，交点为坐标系的原点，也就是各个坐标轴的坐标零点。从原点出发，沿坐标轴正方向上的点用正的坐标值度量，而沿坐标轴负方向上的点用负的坐标值度量。因此，在 AutoCAD 的三维空间中，任意一点的位置可以由三维坐标轴上的坐标（X，Y，Z）唯一确定。AutoCAD 三维坐标系的构成如图 6.1 所示。

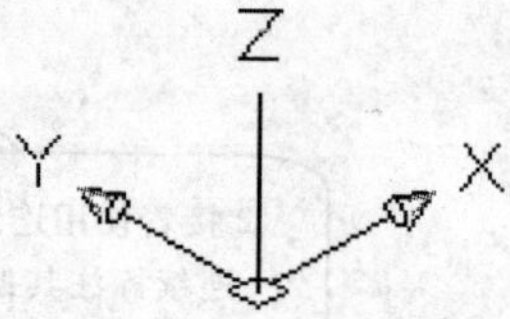

图 6.1　AutoCAD 三维坐标系

1. *右手定则*

在三维坐标系中，三个坐标轴的正方向可以根据右手定则确定，具体方法是将右手背对着屏幕放置，然后伸出拇指、食指和中指。其中，拇指和食指的指向分别表示坐标系的 X 轴和 Y 轴的正方向，此时，中指所指向的方向表示该坐标系 Z 轴的正方向，如图 6.2a 所示。

在三维坐标系中，三个坐标轴的旋转方向的正方向也可以根据右手定则确定，具体方法是用右手的拇指指向某一坐标轴的正方向，弯曲其他四个手指，手指的弯曲方向表示该坐标轴的正旋转方向，如图 6.2b 所示。

2. *三维坐标形式*

AutoCAD 提供了下列三种三维坐标形式：

（1）三维点坐标　三维点坐标输入法是指当命令行出现输入点坐标的提示后，用户直接键入所要确定的点的三个坐标值即可。三维点坐标输入法有两种坐标输入方式：绝对坐标输入和相对坐标输入。绝对

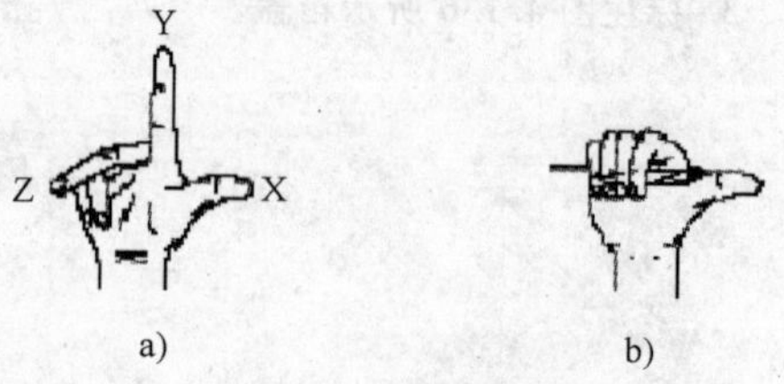

图 6.2　右手定则

坐标输入方式所输入的点的坐标表示此点与原点间的距离，用户直接输入 X、Y、Z 三个坐标值，三个坐标值之间用逗号隔开；相对坐标输入方式输入的点的坐标表示此点与上一点间的距离，用户直接输入当前点在 X、Y、Z 方向上的增量值，并在输入值前加@ 符号。例如，点 A（30，60，80），表示该点的 X、Y、Z 三个坐标值依次序分别为“30”、“60”、“80”。点 B（@ 30，60，80），表示该点相对于上一点 A 的 X、Y、Z 三个坐标值的增量分别为“30”、“60”、“80”。事实上，这与 2D 点坐标输入完全一致，仅增加一个 Z 坐标即可。它广泛用于创建三维线框等模型，如图 6.3a 所示。

（2）球面坐标　球面坐标输入法是指当命令行出现输入点坐标的提示后，用户直接输入该点与当前坐标系原点的距离、该点同坐标原点的连线在 XOY 平面上的投影与 X 轴的夹角值、该点同坐标原点的连线和 XOY 平面的夹角值，并在这三项之间用“ < ”号隔开。例如，点 A（80 < 70 < 60），表示该点与当前坐标的原点距离为“80”、该点同坐标原点的连线在 XOY 平面上的投影与 X 轴的夹角值为“70°”、该点同坐标原点的连线和 XOY 平面的夹角值为“60°”。球面坐标输入法也有绝对和相对两种输入方式，这两种输入方式的使用方法与三维点坐标输入法中两种坐标输入方式的使用方法相同，利用相对坐标只要在输入值前加@ 符号即可。其实，这种方法就是由平面极坐标概念演变而来的，适用于创建球面上的点，如图 6.3b 所示。

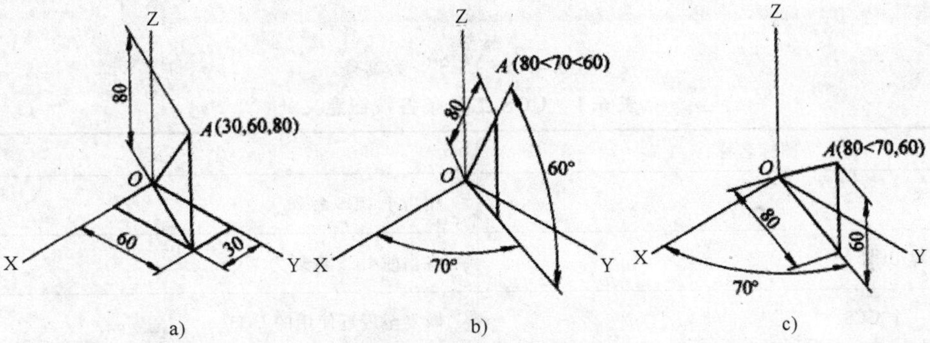

图 6.3　三维坐标输入方法

（3）柱面坐标　柱面坐标输入法是指当命令行出现输入点坐标的提示后，用户直接输入该点在当前坐标系 XOY 平面上的投影和当前坐标系原点的距离、该点同坐标原点的连线在 XOY 平面上的投影与 X 轴的夹角值、该点的 Z 坐标值，并在前两个值之间用“ < ”号隔开，后两个值之间用逗号隔开。如图 6.3c 所示，点 A（80 < 70，60），表示该点与当前坐标系 XOY 平面上的投影和当前坐标系原点的距离为“80”、该点同坐标原点的连线在 XOY 平面上的投影与 X 轴的夹角值为“70°”、该点的 Z 坐标值为“60”。柱面坐标输入法也有绝对和相对两种输入方式，这两种输入方式的使用方法与三维点坐标输入法中两种坐标输入方式的使用方法相同，用户可参照上面的内容进行操作。这种方法也是由平面极坐标概念演变而来，适用于创建柱面上的点。

6.1.2　用户坐标系（UCS）

定义用户坐标系（UCS）是为了改变原点（0，0，0）的位置以及 XY 平面和 Z 轴的方向。在三维空间，可在任何位置定位和定向 UCS，也可随时定义、保存和重复利用多个用户坐标系。坐标的输入和显示均相对于当前的 UCS。用户可用以下方法定义 UCS：

方法一 指定新原点、新 XY 平面或新 Z 轴。

方法二 使新的 UCS 与现有的对象对齐。

方法三 使新的 UCS 与当前视图方向对齐。

方法四 绕任意一个轴旋转当前的 UCS。

方法五 为现有的 UCS 提供新的 Z 深度。

方法六 选择一个面以应用 UCS。

在 AutoCAD 中，要使 UCS 坐标旋转一个非 90°及其整数倍的角度，最好的方法是先绕 Z 轴旋转（绕 Z 轴可旋转非 90°），然后绕其他轴旋转得到所需 UCS。

在 AutoCAD 中，可以使用多种方法创建 UCS，新建的 UCS 将成为当前 UCS。

1. 新建 UCS 命令调用

工具栏：在“UCS”工具条中单击按钮，或使用其他图标进行定义，如图 6.4 所示。工具条中各按钮的意义见表 6.1。

菜单：“工具”→“新建 UCS”→“世界”。

图 6.4 “UCS”工具条

表 6.1 UCS 工具条各按钮意义

图标名称	意义
UCS	相当于 UCS 命令
世界 UCS	将当前 UCS 恢复为 WCS
上一个 UCS	恢复至最近使用的 UCS
面 UCS	由指定对象来建立 UCS
对象 UCS	解锁指定层，使之能够编辑
视图 UCS	建立 XY 平面与视线方向垂直的 UCS
原点 UCS	变换当前 UCS 的坐标原点
Z 轴矢量 UCS	输入两点确定 Z 轴，以建立 UCS
三点 UCS	指定三点定义 UCS
X 轴旋转 UCS	绕当前坐标系 X 轴旋转坐标轴
Y 轴旋转 UCS	绕当前坐标系 Y 轴旋转坐标轴
Z 轴旋转 UCS	绕当前坐标系 Z 轴旋转坐标轴
应用 UCS	将当前 UCS 应用于其他视图或所有视图中

2. 操作选项说明

(1) 新建 用户可通过各种选项来定义 UCS，具体说明如下：

方法一 指定 UCS 的原点，并保持其当前的 X、Y 和 Z 轴方向不变，从而定义新的 UCS，如图 6.5 所示。

方法二 指定 UCS 坐标系的原点及 Z 轴正半轴上一点，然后按右手定则来确定当前坐标系，如图 6.6 所示。

命令：UCS

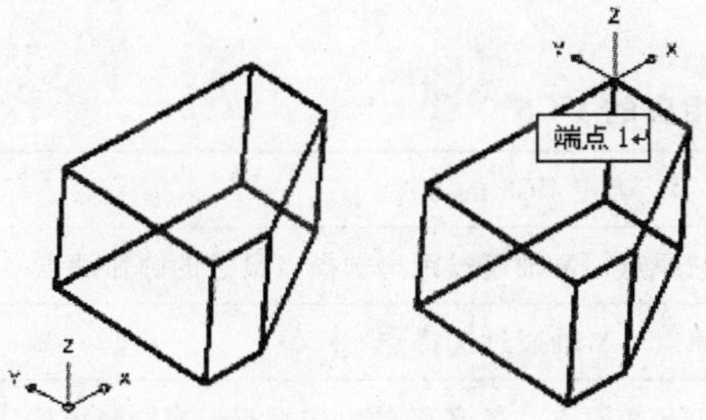

图 6.5 原点 UCS

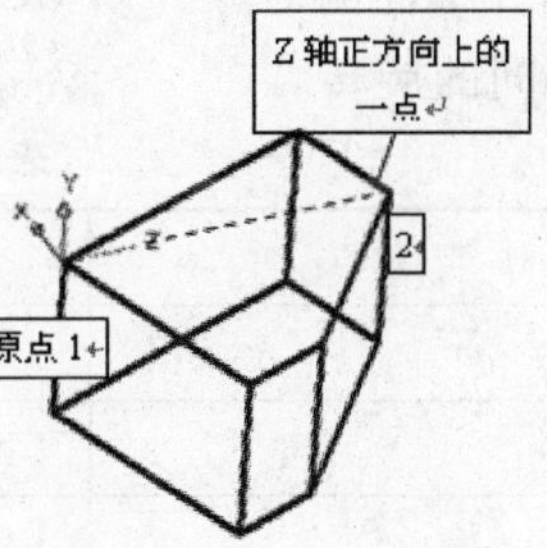

图 6.6 Z 轴 UCS

输入选项 [新建 (N) /移动 (M) /正交 (G) /上一个 (P) /恢复 (R) /保存 (S) /删除 (D) /应用 (A) /? /世界 (W)] <世界>：n //输入 n 新建 UCS。

指定新 UCS 原点或 [Z 轴 (ZA) /三点 (3) /对象 (OB) /面 (F) /视图 (V) /X/Y/Z] <0, 0, 0>za

指定新原点 <0, 0, 0>： //捕捉点 1，如图 6.6 所示。

在正 Z 轴范围上指定点 //指定 Z 轴正向一点 2，结果如图 6.6 所示。

方法三 通过指定的三点定义 UCS。第一点指定新 UCS 的原点，第二点定义 X 轴的正方向，第三点定义 Y 轴的正方向。Z 轴由右手定则确定，如图 6.7 所示。

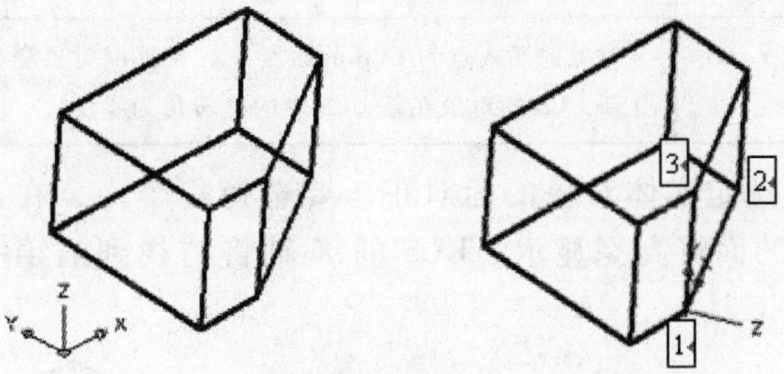

图 6.7 三点 UCS

命令：UCS

输入选项 [新建 (N) /移动 (M) /正交 (G) /上一个 (P) /恢复 (R) /保存 (S) /删除 (D) /应用 (A) /? /世界 (W)] <世界>：n //输入 n 新建 UCS。

指定新 UCS 原点或 [Z 轴 (ZA) /三点 (3) /对象 (OB) /面 (F) /视图 (V) /X/Y/Z] <0, 0, 0>：3 //输入 "3"。

指定新原点 <0, 0, 0>： //捕捉点 1。

在正 X 轴范围上指定点 <当前点坐标>： //输入 X 轴正向某点 2。

在 UCS XY 平面的正 Y 轴范围上指定点　　　　//输入 Y 轴正向某点 3，如图 6.7 所示。

方法四　根据选定三维对象定义新的坐标系，具体情况见表 6.2。新 UCS 的 Z 轴正方向与选定对象的一样。

操作时应注意有些编辑命令要求当前坐标系的 XY 平面必须与所在平面平行，此时，利用“对象”选项就能很快实现这一目标。

此选项不能用于以下对象：三维实体、三维多段线、三维网格、视口、多线、面域、样条曲线、椭圆、射线、构造线、引线和多行文字。

对于非三维面的对象，新 UCS 的 XY 平面与绘制该对象时生效的 XY 平面平行。但 X 和 Y 轴可作不同的旋转。

表 6.2　选择的对象与相应的 UCS

对　象	确定 UCS 的方法
圆弧（Arc）	圆弧的圆心成为新 UCS 的原点。X 轴通过距离选择点最近的圆弧端点
圆（Circle）	圆的圆心成为新 UCS 的原点。X 轴通过选择点
标注（Dimension）	标注文字的中点成为新 UCS 的原点。新 X 轴的方向平行于当绘制该标注时生效的 UCS 的 X 轴
直线（Line）	离选择点最近的端点成为新 UCS 的原点。将设置新的 X 轴，使该直线位于新 UCS 的 XZ 平面上。在新 UCS 中，该直线的第二个端点的 Y 坐标为零
点（Point）	指定点为 UCS 的原点
二维多段线（Polyline）	多段线的起点为 UCS 的原点，X 轴沿从起点到下一顶点的线段延伸
实体（Solid）	二维实体的第一点确定新 UCS 的原点。新 X 轴沿前两点之间的连线方向
多线（Multiline）	距离选择点最近的元素端点为 UCS 的原点，以该元素方向为 X 轴
三维面（3D Face）	第一点为 UCS 的原点，X 轴沿开始两点，Y 的正方向取自第一点和第四点，Z 轴由右手定则确定
形（Shape）、文字（Text）、块（Block）、属性定义（Attribute）	对象的插入点为 UCS 的原点，新 X 轴由对象绕其拉伸方向旋转定义，用于建立新 UCS 的对象在新 UCS 中的旋转角为零度

方法五　将 UCS 与选定实体对象的面对正。要选择一个面，在此面的边界内或面的边界上单击即可，被选中的面将高亮显示。UCS 的 X 轴将与找到的第一个面上的最近的边对正，如图 6.8 所示。

命令：UCS

输入选项［新建（N）/移动（M）/正交（G）/上一个（P）/恢复（R）/保存（S）/删除（D）/应用（A）/?/世界（W）］＜世界＞：n

指定新 UCS 原点或［Z 轴（ZA）/三点（3）/对象（OB）/面（F）/视图（V）/X/Y/Z］＜0，0，0＞：F

图 6.8　面 UCS

选择实体对象的面：　　　　//选择面 1。

输入选项［下一个（N）/X 轴反向（X）/Y 轴反向（Y）］＜接受＞：“回车”结束选

择，结果如图 6.8 所示。

方法六　“View”：以垂直于视图方向（平行于屏幕）的平面为 XY 平面，来建立新的坐标系。UCS 原点保持不变。

方法七　指定绕 X 轴的旋转角度来得到新的 UCS。

方法八　指定绕 Y 轴的旋转角度来得到新的 UCS。

方法九　指定绕 Z 轴的旋转角度来得到新的 UCS。

下面以绕 X 轴的旋转角度来得到新的 UCS 为例。

命令：UCS

输入选项［新建（N）/移动（M）/正交（G）/上一个（P）/恢复（R）/保存（S）/删除（D）/应用（A）/?/世界（W）］<世界>：n

指定新 UCS 原点或［Z 轴（ZA）/三点（3）/对象（OB）/面（F）/视图（V）/X/Y/Z］<0，0，0>：x

指定绕 X 轴的旋转角度 <90>：　　//指定角度。

输入正或负的角度以旋转 UCS。根据右手定则判定绕轴旋转的正方向。

（2）移动（M）　本选项通过平移当前 UCS 的原点或修改其 Z 轴深度来重新定义 UCS，但保留其 XY 平面的方向不变。修改 Z 方向深度将使 UCS 相对于当前原点沿自身 Z 轴正方向或负方向移动。

执行该选项后，AutoCAD 提示：

指定新原点或［Z 向深度（Z）］<0，0，0>：

输入新原点后，将用户坐标系的原点移到所指定的点。选择 Z 向深度选项后，AutoCAD 提示：

指定 Z 向深度 <0>：　//输入距离，坐标原点将从原先的原点移动相应距离到新位置。

操作时“UCS”“移动”选项不能将 UCS 添加到“上一个”列表中。

（3）正交（G）　本选项指定由 AutoCAD 所提供的 6 个正交 UCS 之一。这些 UCS 设置通常用于查看和编辑三维模型。执行该选项后，AutoCAD 提示：

输入选项［俯视（T）/仰视（B）/主视（F）/后视（BA）/左视（L）/右视（R）］<俯视>：

（4）上一个（P）　本选项恢复上一个 UCS。AutoCAD 保留了最近使用的 10 个坐标系，重复“上一个”选项就可逐步返回以前的 UCS。

（5）恢复（R）　本选项恢复原先保存的 UCS，并使之成为当前的 UCS。

（6）保存（S）　本选项把当前 UCS 按指定名称保存。

（7）删除（D）　本选项可从已保存的坐标系列表中删除指定的 UCS。

（8）应用（A）　本选项可将当前 UCS 设置应用到指定的视口或所有活动视口。

（9）?　本选项列出所有用户定义坐标系的名称、原点坐标、坐标轴的方向矢量等。

（10）世界（W）　本选项将返回世界坐标系 WCS。WCS 是所有用户坐标系的基准，不能被重新定义。

6.1.3　管理用户坐标系

1. 命令调用

工具栏：在“UCS”工具栏中单击按钮。

菜单：“工具”→“命名UCS”。

2. 功能

对用户坐标系进行管理和操作。

3. 操作选项说明

启动该命令后，系统弹出如图6.9所示的“UCS”（用户坐标系）对话框。该对话框包含有三个选项，各选项的功能如下：

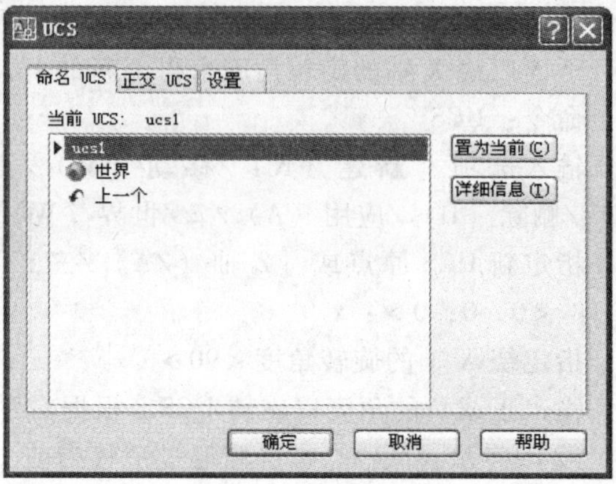

图6.9 “UCS”对话框

（1）“命名UCS”选项卡　如图6.9所示，该选项卡用于列出用户坐标系并设置当前UCS，其中的主要部分为：

1）当前UCS：显示当前UCS的名称。如果该UCS未被保存和命名，则显示为“未命名”。

2）“命名UCS”名称列表框：在该列表框中，列出当前图形文件所有的坐标系，包括世界坐标系（WCS）和用户坐标系。若用户没有设置用户坐标系时，该列表框只有世界坐标系一项。当用户设置用户坐标系以后，该列表框将出现“上一个”和用户所定义的用户坐标系名称。

若要修改用户坐标系名称，可先在列表框中选中它，再单击鼠标右键，弹出光标菜单，选择“重命名”选项，然后输入新名称。

在列表框中，当前UCS的名称前面有一个三角符号。

3）置为当前（C）：将选定的坐标系统设置为当前坐标系统。

4）详细信息（T）：列出所选坐标系统的详细参数，该参数可以相对于世界坐标系也可以相对于用户自定义的坐标系，如图6.10所示。

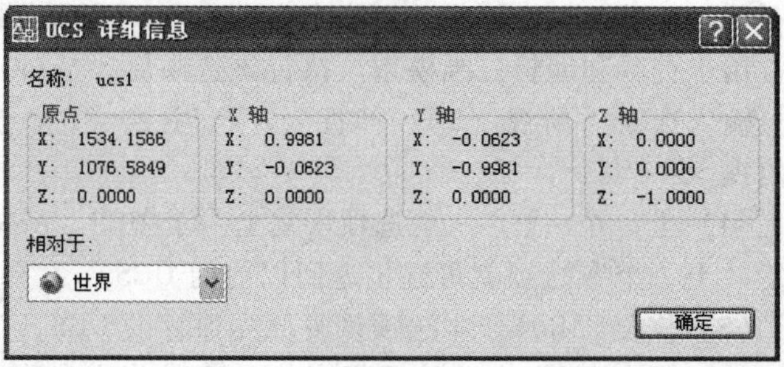

图6.10 “UCS详细信息”对话框

（2）“正交UCS”选项卡　若选取“正交UCS”选项卡，将出现如图6.11所示对话框，它包括以下选项：

1）当前UCS：显示当前UCS的名称。如果该UCS未被保存和命名，则显示为未命名。

2）“正交UCS”名称列表框：该列表框列出当前图形中的六个正交坐标系。正交坐标系是根据“相对于”列表中指定的UCS定义的。其中的“深度”栏列出了正交坐标系与通过基准UCS原点的平行平面之间的距离。

3）置为当前（C）：此按钮将把在列表中选定的坐标系设置成当前坐标系。

4）详细信息（T）：选择此按钮将显示“UCS详细信息”对话框，其中显示了UCS坐标数据。

5）“相对于”下拉列表框：选择基准坐标系，该基准坐标系用于确定预设正交坐标系的方位。

6）重置：此选项未在“正交 UCS”选项卡中显示，它只能通过鼠标右键快捷菜单访问。它用于恢复选定正交坐标系的原点。若使用 UCS 命令的“移动”选项将原点从其默认位置（0，0，0）移开，用户可以通过“重置”将原点恢复到相对于指定基准坐标系的默认位置（0，0，0）。

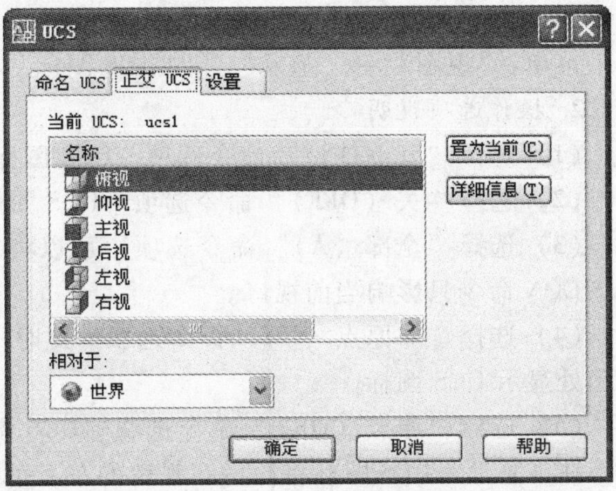

图 6.11　“正交”选项卡

7）深度：此选项也未在“正交 UCS”选项卡中显示，可通过鼠标右键快捷菜单或双击访问。它用于指定正交 UCS 的 XY 平面与经过坐标系原点的平行平面间的距离。选择该项后，AutoCAD 将显示“正交 UCS 深度”对话框，用户可输入值或选择“选择新原点”按钮来指定新的深度或新的原点。

（3）“设置”选项卡　如图 6.12 所示，该选项卡用于设置坐标图标显示方式及其他一些相关设置。在该设置区内，有以下选项：

1）“UCS 图标设置”选项组：用于设置 UCS 图标的显示特性。

开：UCS 图标“显示/关闭”开关。

显示于 UCS 原点：该选项用于在当前视口中当前坐标系的原点显示 UCS 图标。如果取消此选项，仅在 WCS 原点处显示图标。

应用到所有活动视口：将使当前坐标系图标的所有设置应用到所有活动视图。

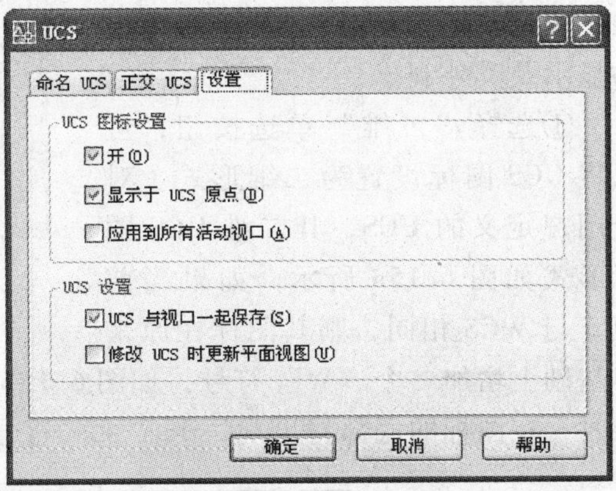

图 6.12　“设置”选项卡

2）“UCS 设置”选项组：用于设置 UCS 系统与视口的关系。

UCS 与视口一起保存：确定坐标系统是否随着当前视图一起存储。

修改 UCS 时更新平面视图：只要 UCS 设置被改变，当前窗口也将变为平面窗口。

6.1.4　控制 UCS 图标的显示

在 AutoCAD 的图形窗口中，可以使用 UCS 图标来显示 UCS 的坐标轴方向和原点相对于观察方向的位置。为了指示 UCS 的位置和方向，将在 UCS 原点或当前视口的左下角显示 UCS 图标。可以选择三种图标中的一种来表示 UCS，如图 6.13 所示。

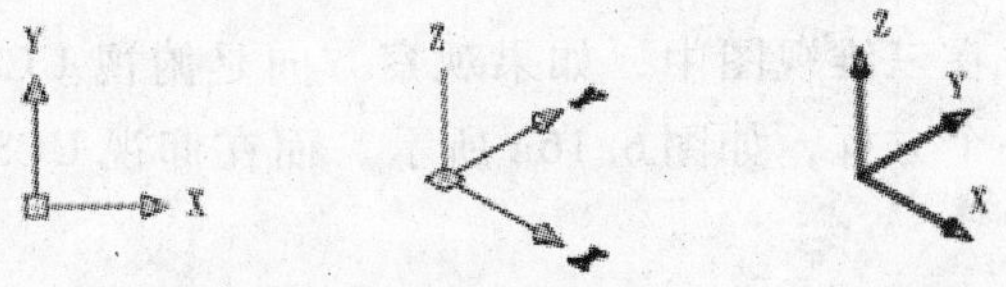

二维UCS图标　　三维UCS图标　　着色UCS图标

图 6.13　UCS 图标

1. 命令调用

菜单：“视图” →“显示” →“UCS 图标” →“开”。

2. 操作选项说明

（1）选择“开（ON）”命令选项　UCS 图标将显示在屏幕上。

（2）选择“关（OFF）”命令选项　UCS 图标将不显示在屏幕上。

（3）选择“全部（A）”命令选项　可以将对图标的修改应用到所有活动视口，否则，UCSICON 命令只影响当前视口。

（4）选择“非原点（N）”命令选项　此时不管 UCS 原点位于何处，都始终在视口的左下角处显示 UCS 图标。

（5）选择“原点（OR）”命令选项　UCS 图标将在当前坐标系的原点处显示。如果原点不在屏幕上，UCS 图标将显示在视口的左下角处。

（6）选择“特性（P）”命令选项　在弹出的“UCS 图标”对话框中，可以设置 UCS 图标的样式、大小和颜色等特性，如图 6.14 所示。

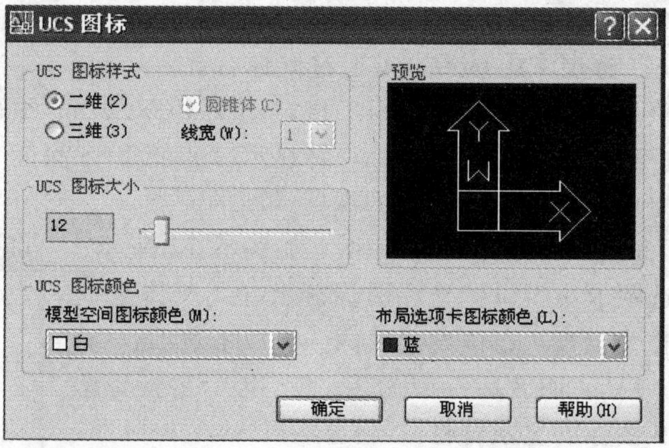

图 6.14　“UCS 图标”对话框

1）在“UCS 图标样式”组框中，可以指定二维或三维 UCS 图标的显示及其外观。

①选择“二维”单选按钮，可以将 UCS 图标设置为二维形式。对于用户定义的 UCS，其二维 UCS 图标形式如图 6.15a 所示。如果当前 UCS 与 WCS 相同，则其图标在原来的基础上增加一个“W”符号，如图 6.15b 所示。此外，如果当前 UCS 图标位于 UCS 原点上时，在图标的底部将出现一个“+”符号，如图 6.15c 所示。

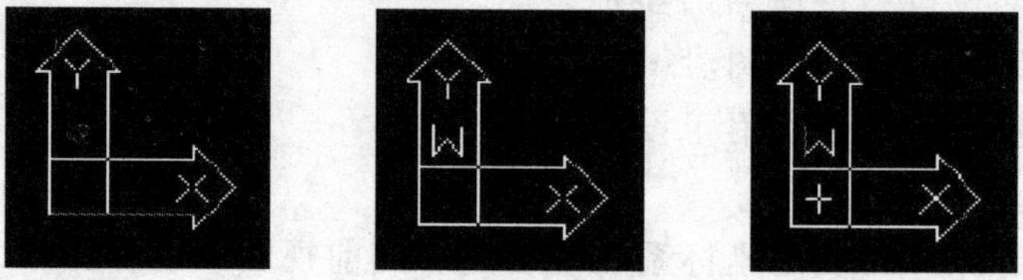

a)　　b)　　c)

图 6.15　二维 UCS 图标

在三维视图中，如果观察方向是俯视 UCS（沿 Z 轴正方向），则二维 UCS 图标的底部显示一个方框，如图 6.16a 所示。而在仰视 UCS 时，UCS 图标中不显示该方框，如图 6.16b 所示。

二维 UCS 图标还有一种特殊形式，即当沿着一个与当前 UCS 的 XY 平面平行的平面进行观察时，二维 UCS 图标将变成断笔图标，如图 6.17 所示。断笔图标的作用是提示用户不可在当前视图中使用定点设备指定坐标，因为此时构造平面与屏幕垂直，无法显示其上的图形对象。

②选择“三维”单选按钮，UCS 图标将设置为三维形式，如图 6.18 所示。

对于用户定义的 UCS，其三维 UCS 图标如图 6.18a 所示。如果当前 UCS 与 WCS 相同，则其图标在原来的基础上增加一个方框，如图 6.18b 所示。此外，如果当前 UCS 图标位于 UCS 原点上时，在图标的原点处将显示一个“+”符号，如图 6.18b 所示。

a)　　b)

图 6.16　三维视图中的二维 UCS 图标

图 6.17　断笔图标

a)　　b)

图 6.18　三维 UCS 图标

在三维视图中，如果观察方向是俯视 UCS（沿 Z 轴正方向），则三维 UCS 图标中的 Z 轴显示为实线，如图 6.19a 所示。而在仰视 UCS 时，UCS 图标中 Z 轴显示为虚线，如图 6.19b 所示。

③选中“圆锥体”复选框，则三维 UCS 图标中的 X 轴和 Y 轴显示三维圆锥形箭头。取消该复选框，则显示为二维箭头，如图 6.20 所示。

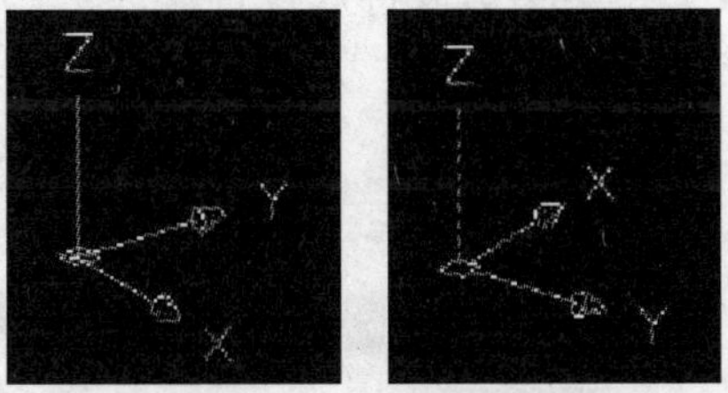

a)　　b)

图 6.19　三维视图中的三维 UCS 图标

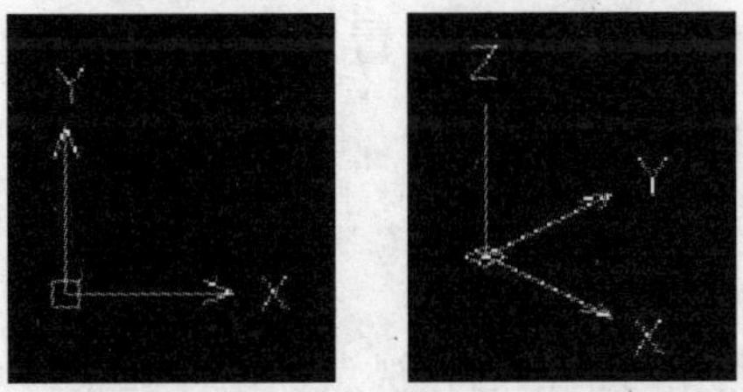

图 6.20　三维 UCS 的二维箭头形式

④在“线宽”下拉列表中，可以设置三维 UCS 图标的线宽，可以选择 1、2 或 3 个像素宽度。

在 AutoCAD 的图纸空间中，UCS 图标显示为三角形，如图 6.21 所示。其中图 6.21a 为二维 UCS 形式；图 6.21b 为三维 UCS 形式。

2）在“UCS 图标大小”文本框中，可以按视口大小的百分比控制 UCS 图标的大小。默认值为“12”，取值范围是 5～95。也可以使用滑动条进行设置。

3）在“UCS 图标颜色”组框中，可以分别指定 UCS 图标在模型空间视口和图纸空间的布局选项卡中显示的颜色。

4）在“预览”组框中，可以预览 UCS 图标在模型空间中的显示效果。

对 UCS 图标的设置结果将保存在系统变量“UCSICON”中，其具体取值及其含义见表 6.3。

表 6.3　UCSICON 取值及含义

0	不显示图标
1	开：在当前视口或布局的左下角显示图标
2	原点：当图标处于打开状态时，在 UCS 原点处显示图标（如果可能）

操作时注意：在三维空间中，除了使用“UCSICON”命令所设置的各种三维图标类型之外，在着色视图中还将显示三维着色 UCS 图标，如图 6.22 所示。

图 6.21　图纸空间的 UCS 图标

图 6.22　三维着色 UCS 图标

6.1.5　设立视图观察点

视图观察点是指观察图形的方向。但在绘制三维立体图形时，为了全方位的观察三维立体，一个方向往往不能满足需要。为了满足用户的需要，AutoCAD 提供了视图观察点功能，可以帮助用户从不同角度、不同方向来观察三维立体。

AutoCAD 提供了多种定义视点的方法，如：利用“Vpoint”命令和“DDVpoint”灵活地选择视点，用罗盘方式交互定义视点，利用对话框或下拉菜单选取特殊视点等。

一、使用“视点预置”对话框设置视点

1. 命令调用

菜单：“视图”→“三维视图”→“视点预置”。

2. 功能

利用对话框选择视点，并将视点到原点的连线作为观察物体方向。

3. 操作选项说明

执行该命令后，屏幕上出现如图 6.23 所示的对话框，用户可以利用“视图预置”对话框左边类似于钟的图像，确定视点和原点的连线在 XOY 平面上的投影与 X 轴正方向的夹角，利用“视图预置”对话框右边的半圆形图像确定连线与投影线之间的夹角。

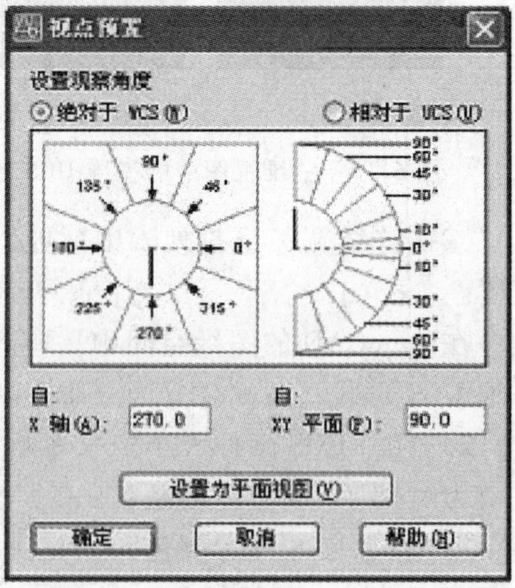

图 6.23　“视点预置”对话框

对话框各部分含义如下：

1）绝对于 WCS（W）：相对于 WCS 设置查看方向。

2）相对于 UCS（U）：相对于当前 UCS 设置查看方向。

3）X 轴（A）：表示与 X 轴的角度，用户可以直接输入新的视点方向在 XY 平面内的投影与 X 轴的正方向的夹角。

4）XY 平面（P）：表示与 XY 平面的角度，用户可以直接输入新视点与 XY 平面的夹角。

5）设置为平面视图（V）：返回到 AutoCAD 初始点状态，即俯视状态。

二、使用罗盘确定视点

1. 命令调用

菜单："视图" → "三维视图" → "视点"，如图 6.24 所示。

2. 功能

用户可使用它们来动态地定义视口中的观察方向。罗盘相当于一个球体的俯视图，十字光标代表视点的位置。拖动鼠标，使十字光标在罗盘范围内移动，光标位于小圆环内表示视点在 Z 轴正方向，光标位于内外环之间，则表示视点位于 Z 轴的负方向。当移动光标时，三轴架根据罗盘表示的观察方向旋转。在罗盘中将光标移动到适当位置后，单击鼠标左键就选定了一个新的观察方向。

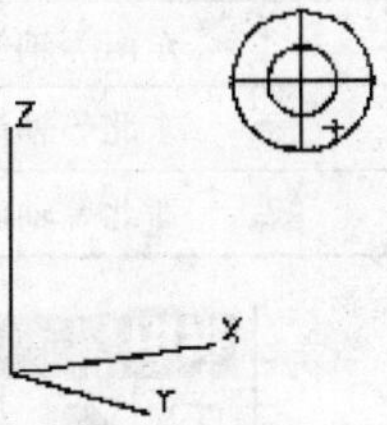

图 6.24 用罗盘确定视点

三、使用平面视图

1. 命令调用

菜单："视图" → "三维视图" → "平面视图" → "当前 UCS"。

2. 操作选项说明

1）当前 UCS：这是默认选项，创建当前 UCS 的 XY 平面视图。

2）UCS：该选项允许用户选择一个命名的 UCS，AutoCAD 将生成该 UCS 的 XY 平面视图。

3）世界：该选项创建 WCS 的 XY 平面视图。

该命令在三维建模过程中非常有用。例如：当用户想在 3D 空间的某个平面上绘图时，可先以该平面为 XY 坐标面创建 UCS 坐标系，然后使用 "PLAN" 命令使坐标系的 XY 平面视图显示在屏幕上，这样在三维空间的某一平面上绘图就如同画一般的二维图一样。

四、使用"三维视图"菜单设置视点

在下拉菜单"三维视图"中，有许多其他选项，如图 6.25 所示。用户可利用这些选项，快速地确定一些特殊视点。表 6.4 中列出了"三维视图"子菜单中特殊视点选项及其对应的视点。

图 6.25 "三维视图"子菜单

用户也可通过图 6.26 所示的"视图"工具条或"View"命令来快速确定特殊视点。

表 6.4　三维视图子菜单中特殊视点选项及其所对应的视点

菜单选项	对应视点	观察方向
俯视	0，0，1	正上方
仰视	0，0，-1	正下方
左视	-1，0，0	正左方
右视	1，0，0	正右方
主视	0，-1，0	正前方
后视	0，1，0	正后方
西南等轴测	-1，-1，1	西南方
东南等轴测	1，-1，1	东南方
东北等轴测	1，1，1	东北方
西北等轴测	-1，1，1	西北方

图 6.26　“视图”工具条

五、使用三维动态观察器

在使用视点命令时，每次只能观察一个方向，若想观察三维图形的各个方位，必须多设几个视点，这显然比较麻烦，AutoCAD 为我们提供了一个通过鼠标来观察三维图形各个部位的命令——三维动态观察器。

1. 三维动态旋转

1）命令的调用：

菜单：“视图”→“动态观察”→“自由动态观察”。

工具栏：在“三维导航”工具条中单击按钮。

2）外设输入：按“Shift”键并单击鼠标滚轮可临时进入“三维动态观察”模式。

3）快捷菜单：启动任意三维导航命令，在绘图区域中单击鼠标右键，然后依次单击“其他导航模式”→“受约束的动态观察”。

4）运行该命令后，屏幕上出现一个绿色的弧线球，由一个大圆和其四个象限上的小圆组成，如图 6.27 所示。

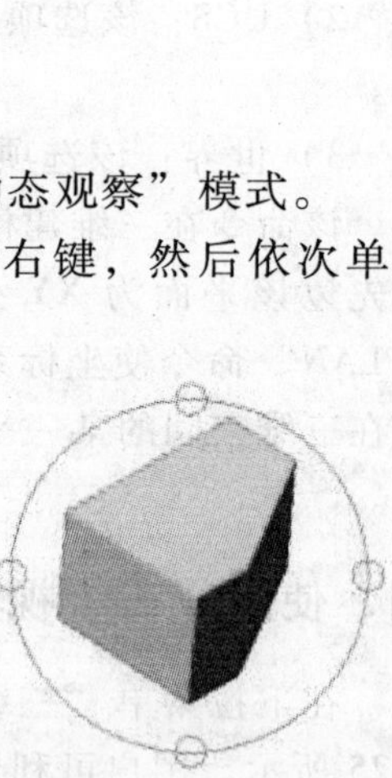
图 6.27　三维动态旋

当光标移至圆的不同位置时，其形状会发生变化，不同形状的光标表明视图不同的旋转方向。各种形状的含义为：

◆两条直线环绕的球状　在大圆内移动光标时，光标变为这种形状。单击并拖动光标，就可使模型沿光标拖动的方向旋转。

◆圆形箭头　在大圆外部移动光标时，光标的形状变为圆形箭头。按住鼠标左键并拖动光标，将使视图旋转，旋转轴垂直于屏幕并通过大圆的中心。

◆水平椭圆　当光标在大圆左右两边的小圆上移动时，光标的形状变为水平椭圆。从这些点开始单击并拖动光标将使视图围绕通过大圆中心的垂直轴或 Y 轴旋转。

◆垂直椭圆 当光标在大圆上下两边的小圆上移动时，光标的形状变为垂直椭圆。从这些点开始单击并拖动光标将使视图围绕通过转盘中心的水平轴或 X 轴旋转。

2. 三维视图连续旋转

1）命令的调用：

菜单："视图"→"动态观察"→"连续动态观察"。

工具栏：在"三维导航"工具条中单击按钮。

2）在绘图区域中单击鼠标左键并朝某一方向拖动光标时，对象将沿光标拖动方向开始移动。放开鼠标左键后，对象将在指定的方向上继续运动。拖动光标的速度就决定了图形对象的旋转速度。

3）用户还可再次沿其他方向拖动光标以改变旋转的方向。当图形对象旋转到所希望的方位后，单击鼠标来停止图形对象的转动而得到所希望的视图。

6.1.6 显示三维图形

AutoCAD 用线框表示三维模型。在绘制及编辑三维对象时，用户面对的都是模型的线框图。若模型较复杂，多条线交织在一起，用户很难清晰地观察对象的结构形状。AutoCAD 提供了消隐和着色功能，可以更形象地显示三维实体。对三维实体图形进行消隐和着色后，图形将变得更加逼真，更具有视觉效果。

一、消隐图形

对三维实体执行消隐命令后，可以隐藏被前面对象遮住的线段。使实体变得更符合人的视觉感受。

菜单："视图"→"消隐"。

工具栏：在"渲染"工具条中单击按钮。

隐藏背景线可使显示更加清晰，但不能编辑隐藏线或渲染的视图。

二、着色图形

着色可以产生出更真实的图像，它不仅可消除隐藏线，还能使用图形对象自身的颜色填充其表面以形成该图形对象的着色图形。

1. 命令调用

单击"着色模式"工具栏中的相应图标。

2. 选项说明

（1）二维线框 使用直线和曲线表示对象边界。在二维线框视图中，坐标系图标的 Z 轴没有箭头。

（2）三维线框 使用直线和曲线表示对象边界。UCS 图标变为被着色后的三维图标。

（3）消隐 用三维线框显示图形对象，隐藏屏幕上被遮挡住的线条。

（4）平面着色 使图形对象实现平面着色。平面着色只对三维图形的各多边形面着色，不对面边界做光滑处理，效果比经过体着色的对象平淡、粗糙、缺乏光泽感。

(5) 体着色 对立体进行体着色。体着色不仅对各多边形着色，也对它们的边界做光滑处理，效果比较平滑和真实。

(6) 带边框平面着色 在平面着色的同时显示实体边界。

(7) 带边框体着色 在体着色的同时显示实体边界。

着色的功能比消隐的功能要强大，而且，着色后的立体可以保持不变。未着色前的状态是二维线框模型模式，因此，想去除着色应重新执行着色命令并选择二维线框选项。

三、以线框形式显示实体轮廓

以线框形式显示实体轮廓时，用直线和曲线表示实体边界。在线框中，由于所有的边和用来模拟曲面的素线都是可见的，因此很难分辨观察模型的方向。但使用线框形式表现实体模型时，可大大提高计算机处理模型的速度。

AutoCAD 中可用“二维线框”或“三维线框”形式来显示三维实体轮廓。

1. 二维线框

菜单：“视图”→“视觉样式”→“二维线框”。

工具栏：在“视觉样式”工具条中单击按钮。

2. 三维线框

菜单：“视图”→“视觉样式”→“三维线框”→“三维隐藏”。

工具栏：在“视觉样式”工具条中单击按钮。

6.2 三维线条

6.2.1 三维直线

两点决定一条直线，三维直线也是 AutoCAD 三维空间中任意两点的连线。同样，在三维坐标系下单击按钮，创建三维直线的命令和操作过程与创建二维直线完全相同，唯一的区别在于直线的端点是三维点。用户可以使用创建三维点所用的各种方法指定三维直线的端点，从而确定三维空间中任意两点的连线，而不受构造平面的制约。

6.2.2 三维多段线

1) 命令调用：

菜单：“绘图”→“三维多段线”。

2) 功能：在三维空间创建多段线。

3) 要闭合的三维多段线必须至少有两条线段。

4) 在二维坐标系下，单击按钮，绘制多段线，各线条可以设置宽度和厚度，但它们必须共面。三维多线段的绘制过程和二维多线段基本相同，但其使用的命令不同，另外在三维多线段中只有直线段，没有圆弧段。

6.2.3 三维样条线

在三维坐标系下，单击按钮，可以绘制复杂 3D 样条曲线，这时定义样条曲线的点不是共面点。

【例 6.1】　经过点（0，0，0）、（20，20，20）、（0，0，20）、（－10，－10，30）、（10，10，50）和（0，0，60）绘制的样条曲线。

Step1：单击按钮，依次输入（0，0，0）、（20，20，20）、（0，0，20）、（－10，－10，30）、（10，10，50）和（0，0，60）三维坐标点，如图 6.28 所示。

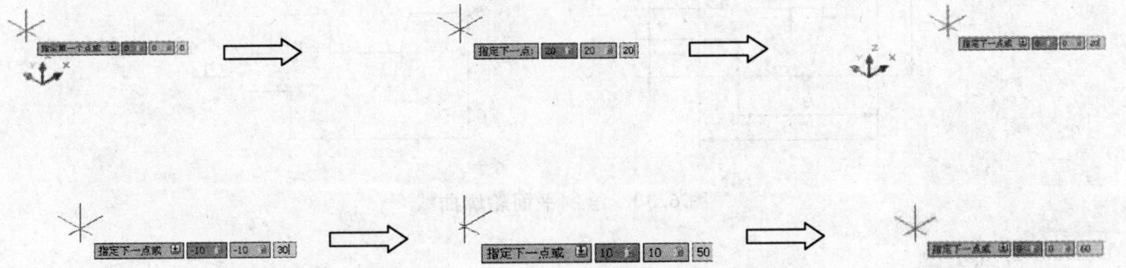

图 6.28　三维样条线的绘制过程

6.2.4　三维螺旋线

1）命令调用：

工具栏：在“建模”工具条中单击按钮。

菜单：“绘图”→“螺旋”。

2）功能：创建二维螺旋或三维螺旋。

6.3　三维曲面

6.3.1　旋转网格

【例 6.2】　绘制图 6.29 所示曲面立体的表面模型。

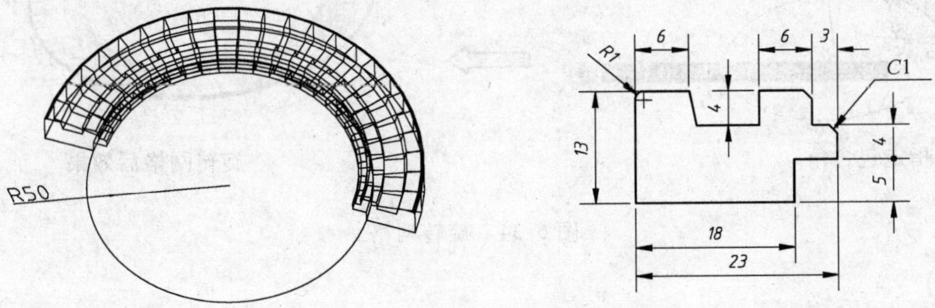

图 6.29　图例

Step1：单击按钮，绘制轮廓曲线；单击按钮，修剪多余线段；再单击菜单“修改”→“对象”→“多段线”，合并三条多段线为一条多段线；再分别单击按钮和按钮，绘制 $R1$ 和倒角 1×45°，如图 6.30 所示。

Step2：单击按钮，绕 X 轴旋转 90°，如图 6.31 所示。

Step3：单击按钮，绘制 $R50$，再单击按钮，移动轮廓曲线到圆的象限点上，如图 6.32 所示。

Step4：单击按钮，绘制旋转轴，如图 6.33 所示。

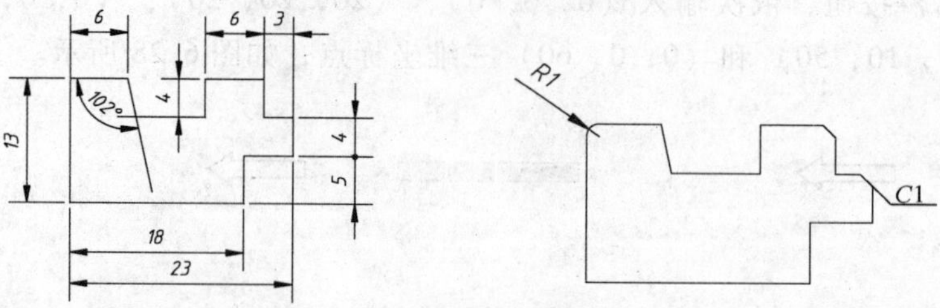

图 6.30　绘制平面轮廓曲线

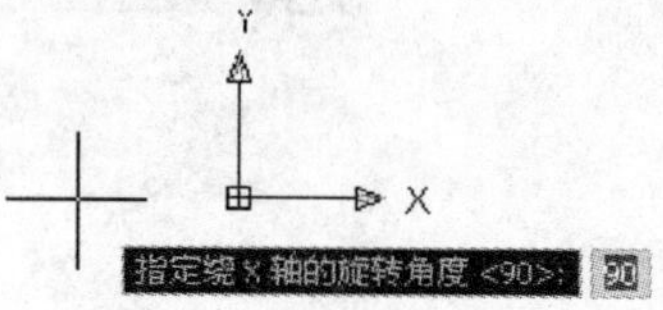

图 6.31　绕 X 轴旋转

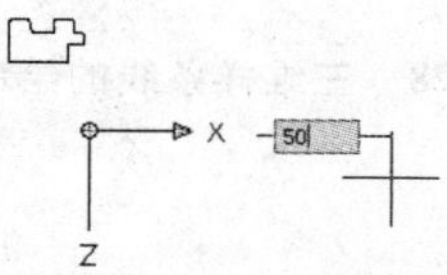

图 6.32　绘制圆

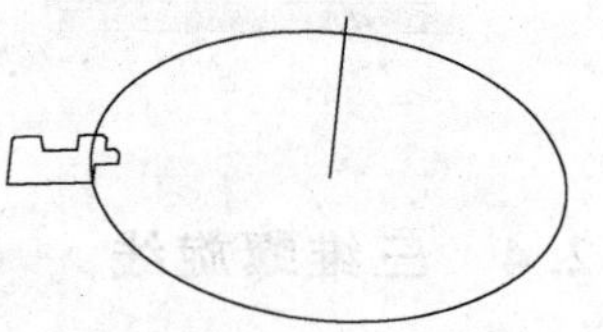

图 6.33　绘制旋转轴

Step5：单击菜单“绘图”→“建模”→“网格”→“旋转网格”命令，绘制旋转网格，如图 6.34 所示。

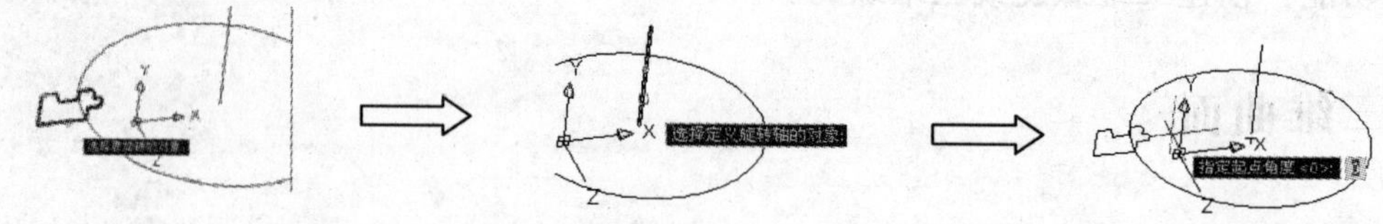

选择要旋转对象　　选择旋转轴　　指定起点角度

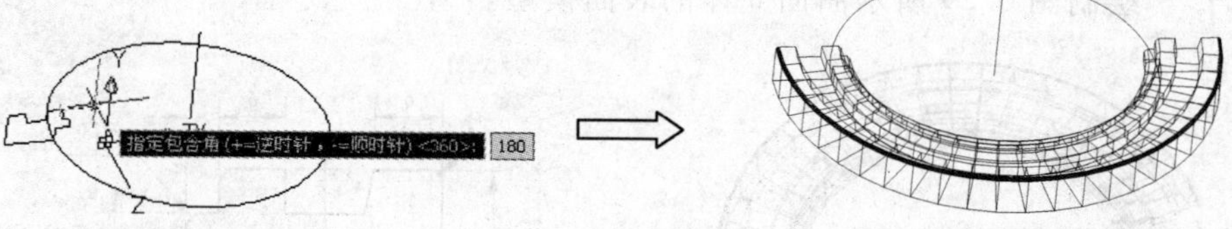

指定包含角　　旋转网格后效果

图 6.34　旋转网格

【要点提示】

1）旋转网格命令调用：

工具栏：在“建模”工具条中单击按钮。

菜单：“绘图”→“建模”→“网格”→“旋转网格”。

2）功能：生成绕选定轴旋转而成的旋转网格，如图 6.35 所示。

3）旋转方向的分段数由系统变量 SURFTAB1 确定，旋转轴方向的分段数由系统变量 SURFTAB2 确定。

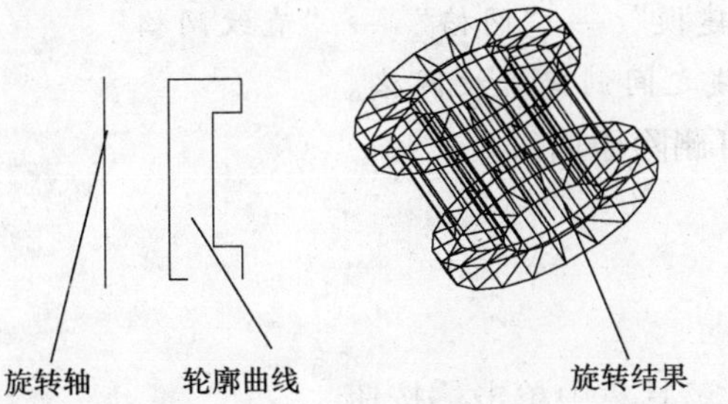

图 6.35 旋转网格的绘制

6.3.2 平移网格

1. 命令调用

工具栏：在“建模”工具条中单击按钮。

菜单：“绘图”→“建模”→“网格”→“平移网格”。

2. 功能

沿路径曲线和方向矢量创建平移网格，如图 6.36 所示。

3. 操作选项说明

路径曲线定义多边形网格的近似曲面，它可以是直线、圆弧、圆、椭圆、二维或三维多段线。从路径曲线上离选定点最近的点开始绘制网格。

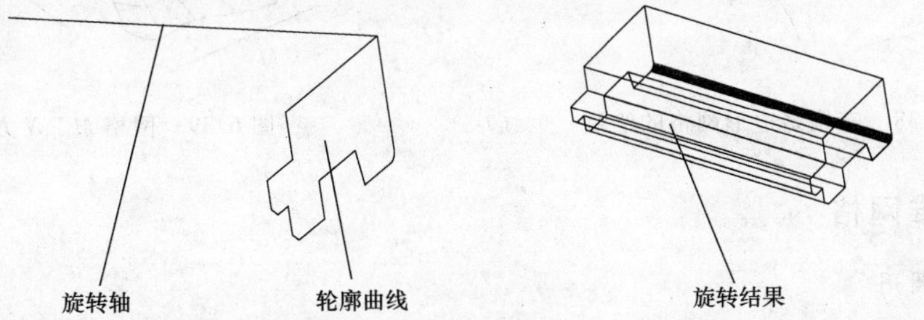

图 6.36 平移网格的绘制

6.3.3 直纹网格

【例 6.3】 用直纹网格命令在线框上“蒙面”。

Step1：依次单击“绘图”→“建模”→“网格”→“直纹网格”。

Step2：选择第一条定义曲线，然后选择第二条定义曲线，如图 6.37 所示。

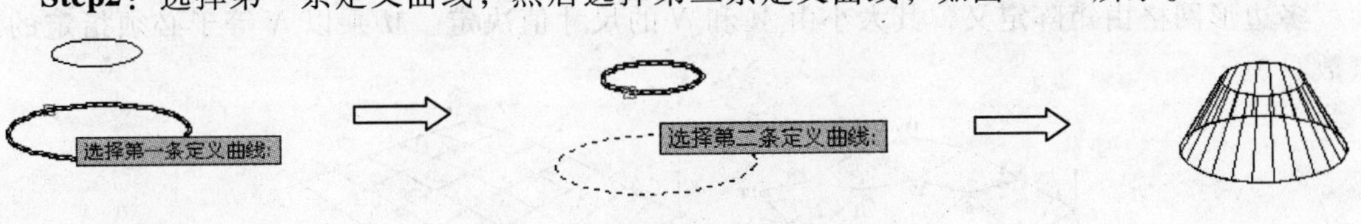

图 6.37 绘制直纹网格的过程

【要点提示】

1）直纹网格命令调用：

工具栏：在“建模”工具条中单击按钮。

菜单："绘图" → "建模" → "网格" → "直纹网格"。

2）功能：在两条曲线之间创建直纹网格。

Step3：如有必要，可删除原曲线。

6.3.4 边界网格

1）命令调用：

工具栏：在"建模"工具条中单击按钮。

菜单："绘图" → "建模" → "网格" → "边界网格"。

2）功能：使用4条首尾连接的边创建三维多边形网格，如图6.38所示。

3）邻接边可以是直线、圆弧、样条曲线或开放的二维或三维多段线。这些边必须在端点处相交以形成一个拓扑形式的矩形的闭合路径。

4）可以用任何次序选择这四条边。第一条边（SURFTAB1）决定了生成网格的 M 方向，该方向是从距选择点最近的端点延伸到另一端。与第一条边相接的两条边形成了网格的 N（SURFTAB2）方向的边，如图6.39所示。

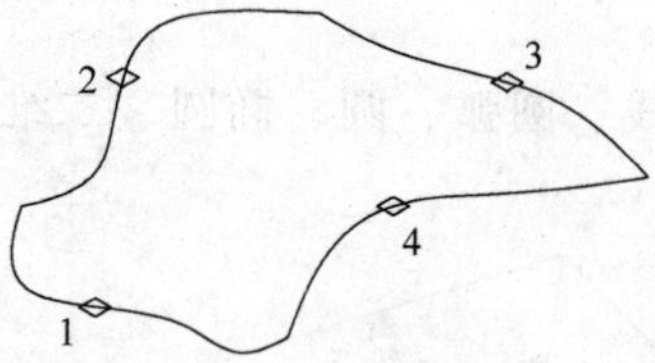

图6.38　三维多边形网格的绘制

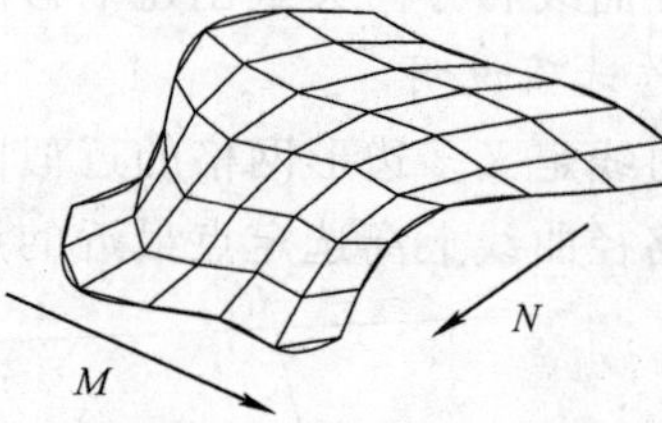

图6.39　网格 M、N 方向

6.3.5 三维网格

1. 命令调用

工具栏：在"建模"工具条中单击按钮。

菜单："绘图" → "建模" → "网格" → "三维网格"。

2. 功能

可以根据指定的 M 行、N 列个顶点和每一顶点的位置生成三维空间多边形网格，如图6.40所示。

3. 操作选项说明

多边形网格由矩阵定义，其大小由 M 和 N 的尺寸值决定。M 乘以 N 等于必须指定的顶点数。

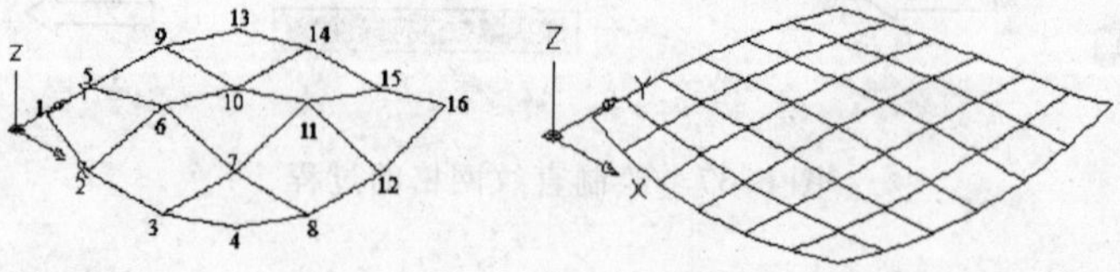

图6.40　三维网格的绘制

6.3.6　平面曲面

1. 命令调用

工具栏：在“建模”工具条中单击按钮。

菜单：“绘图”→“建模”→“平面曲面”。

2. 功能

绘制平面曲面

3. 操作选项说明

使用“PLANESURF”命令，用户可以通过以下任一方式创建平面曲面：

方法一　选择构成一个或多个封闭区域的一个或多个对象。有效对象包括：直线、圆、圆弧、椭圆、椭圆弧、二维多段线、平面三维多段线和平面样条曲线。

方法二　通过命令指定矩形的对角点。

6.3.7　预定义的三维网格

用于在可以隐藏、着色或渲染的常见几何体中创建三维多边形网格对象。如长方体、圆锥体、下半球面、上半球面、网格、棱锥面、球体、圆环和锲体，如图 6.41 所示。

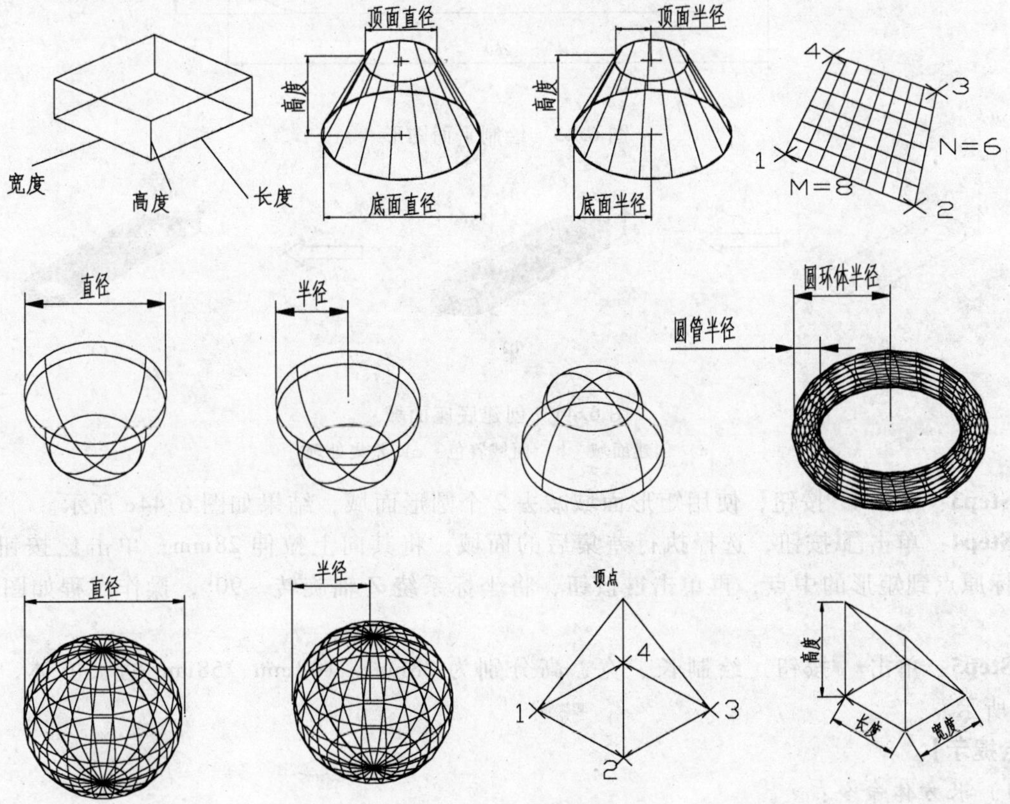

图 6.41　预定义三维网格

6.4　基本三维实体

6.4.1　长方体与锲形体

【例 6.4】　绘制如图 6.42 所示机件。

图 6.42　支板

Step1：单击按钮，新建图形文件；单击按钮，绘制圆角半径为 40mm 的矩形；再单击按钮，绘制两个 ϕ36mm 的圆，如图 6.43 所示。

Step2：单击按钮，将当前视图设置为东南等轴测方向；再单击按钮，选择所绘制的圆和矩形，将其转换为面域，如图 6.44a 所示；再单击“视图（V）”→“视觉样式（S）”→“概念（C）”，将面域着色，如图 6.44b 所示。

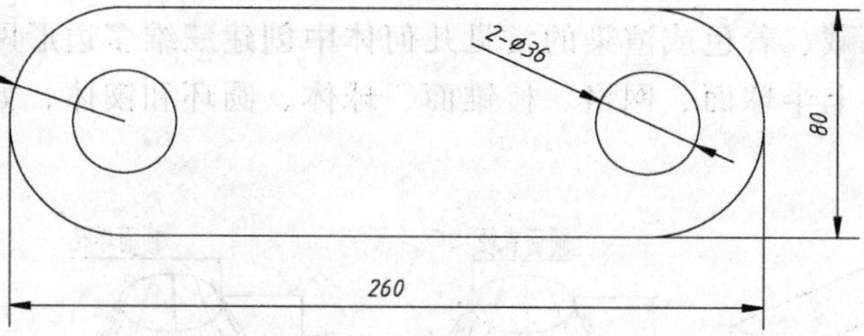

图 6.43　绘制平面图形

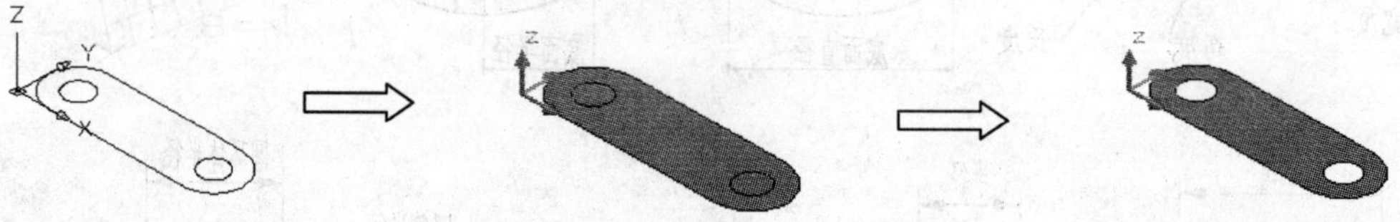

a)　　b)　　c)

图 6.44　创建底座面域

a）创建面域　b）面域着色　c）差集处理

Step3：单击按钮，使用矩形面域减去 2 个圆形面域，结果如图 6.44c 所示。

Step4：单击按钮，选择执行差集后的面域，将其向上拉伸 28mm；单击按钮，移动坐标原点到矩形的中点；再单击按钮，将坐标系绕 Z 轴旋转 −90°，操作过程如图 6.45 所示。

Step5：单击按钮，绘制长、宽、高分别为 28mm、108mm、58mm 的长方体，如图 6.46 所示。

【要点提示】

1）长方体命令：

工具栏：在“建模”工具条中单击按钮。

菜单：“绘图”→“建模”→“长方体”。

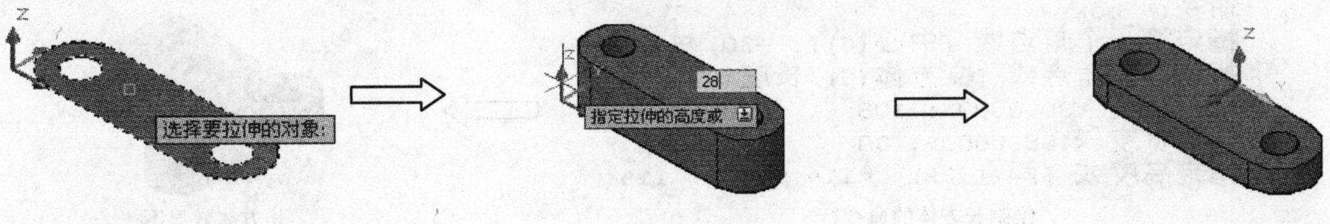

选择面域为拉伸对象　　　　输入拉伸高度　　　　拉伸结果

图 6.45　拉深底座面域

```
命令: _box
指定第一个角点或 [中心(C)]: 0,-54,0
指定其他角点或 [立方体(C)/长度(L)]: l
指定长度 <28.0000>:
指定宽度 <108.0000>:
指定高度或 [两点(2P)] <-58.0000>: 58
```

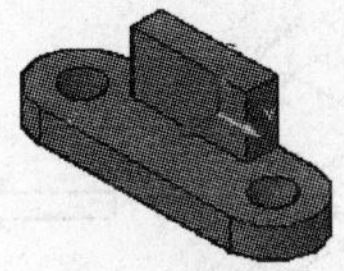

绘制长方体的命令行　　　　长方体结果

图 6.46　绘制长方体

2) 功能：可创建底面与当前坐标系的 XY 平面平行的长方体

3) 生成长方体的方法有两种（见图 6.47）。

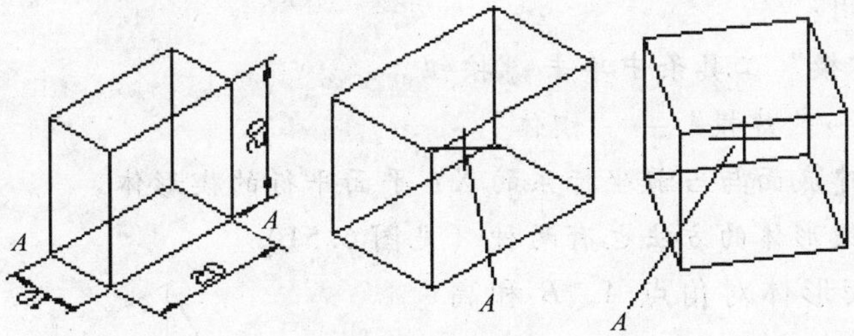

图 6.47　两种创建长方体的方法

方法一　分别指定长方体底面两个对角点 *A* 和 *B*，如果输入 *A*、*B* 两点的 Z 坐标不一样，AutoCAD 则以这两个点作为长方体的对顶点绘出长方体。如果 *A*、*B* 两点的 Z 坐标相同，然后需指定高度。

方法二　分别指定长方体中心点 *A* 或底面的一个对角点，然后指定高度。正方体是长方体的特例，只要在 “Box” 命令后选取 “C” 选项，输入边长即可。

Step6：单击按钮，移动坐标原点到长方体边的中点；再单击按钮，将坐标系绕 Y 轴旋转 -90°，如图 6.48 所示。

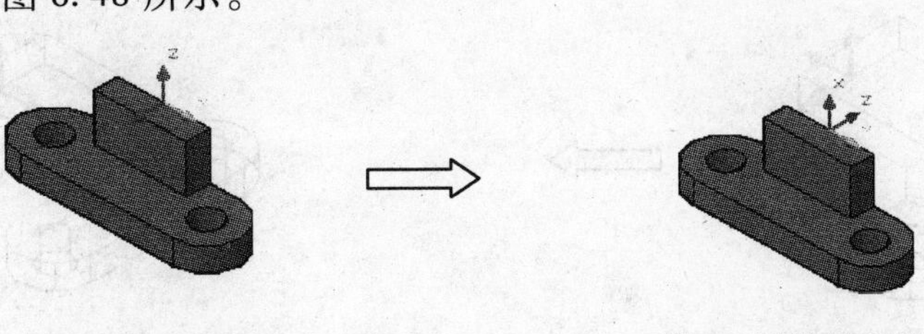

移动后的坐标原点　　　　绕 Y 轴旋转后的坐标系

图 6.48　移动坐标系

Step7：单击按钮，绘制长方体，如图 6.49 所示。

```
命令： _box
指定第一个角点或 [中心(C)]: -30,-54,0
指定其他角点或 [立方体(C)/长度(L)]: l
指定长度 <30.0000>: 108
指定宽度 <108.0000>: 30
指定高度或 [两点(2P)] <114.0000>: 114
```

绘制长方体的命令行

长方体效果图

图 6.49　绘制长方体

Step8：单击按钮，移动坐标原点到矩形的中点；再单击按钮，绘制锲体，如图 6.50 所示。

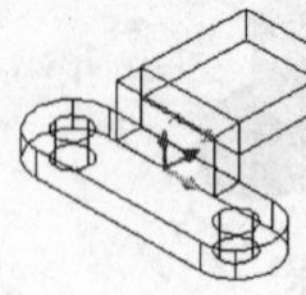

移动后坐标系原点

```
命令： _wedge
指定第一个角点或 [中心(C)]: 0,-15,0
指定其他角点或 [立方体(C)/长度(L)]: l
指定长度 <58.0000>:
指定宽度 <30.0000>:
指定高度或 [两点(2P)] <-52.0000>:
```

绘制锲体的命令行

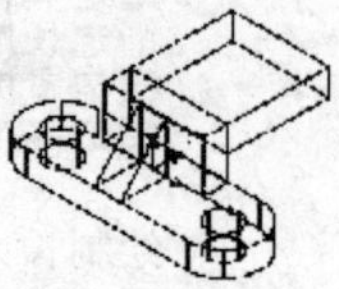

锲体的效果图

图 6.50　绘制锲体

【要点提示】

1）锲体命令调用：

工具栏：在“建模”工具条中单击按钮。

菜单：“绘图”→“建模”→“锲体”。

2）功能：可创建底面与当前坐标系的 XY 平面平行的楔形体。

3）同样，生成锲形体的方法也有两种（见图 6.51）

方法一　指定楔形体对角点 *A*、*B* 和高度。

方法二　分别指定楔形体中心点 *A* 和底面的一个对角点 *B*，然后指定高度。

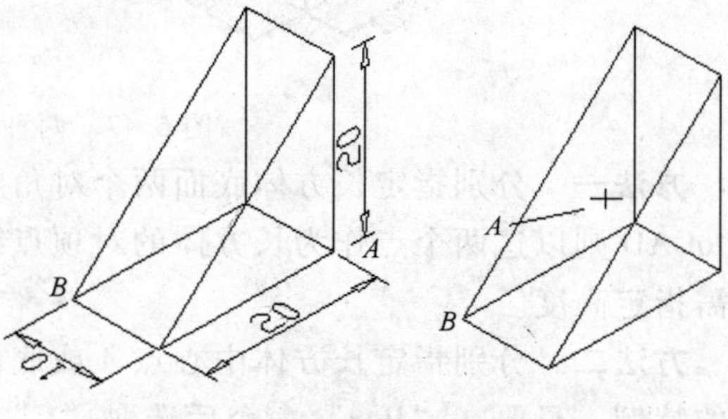

图 6.51　两种创建楔形体的方法

Step9：单击按钮，合并拉伸后的图形、两个长方体和锲体。

Step10：单击按钮，移动坐标原点到长方体边的中点；再单击按钮，将坐标系绕 Y 轴旋转 90°，如图 6.52 所示。

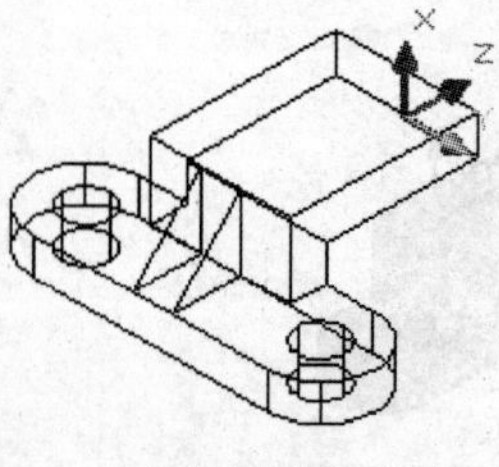

移动后的坐标系原点

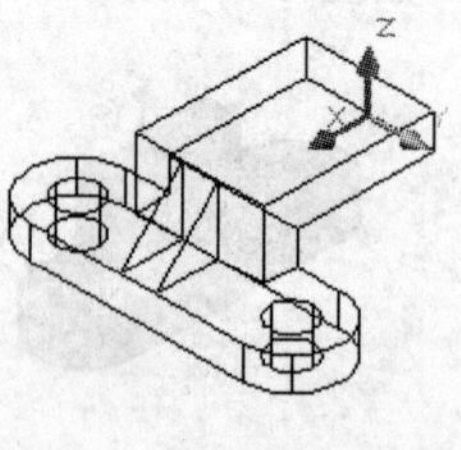

绕 Y 轴旋转后得到的坐标系

图 6.52　移动坐标系

Step11：单击按钮，绘制两个以坐标原点为圆心、半径分别为 *R*108 和 *R*68、高度为

50mm 的圆柱体，如图 6.53 所示。

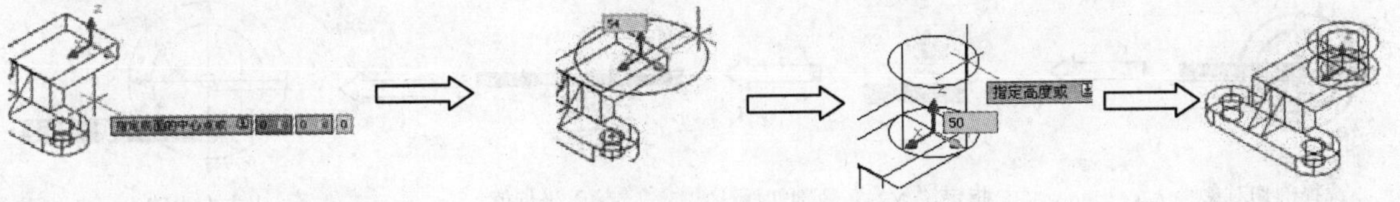

指定圆柱体中心点　　输入半径　　输入高度　　圆柱体效果图

图 6.53　绘制圆柱体

Step12：单击按钮，合并组合体和大圆柱体；再单击按钮，使用合并后的组合体减去小圆柱体。

Step13：在命令行中输入“ISOLINES”，将变量值设置为“32”；在命令行中输入“FACETRES”，将变量值设置为“9”，单击菜单“视图（V）”→“消隐（H）”，再单击菜单“视图”→“视觉样式”→“概念”，结果如图 6.54 所示。

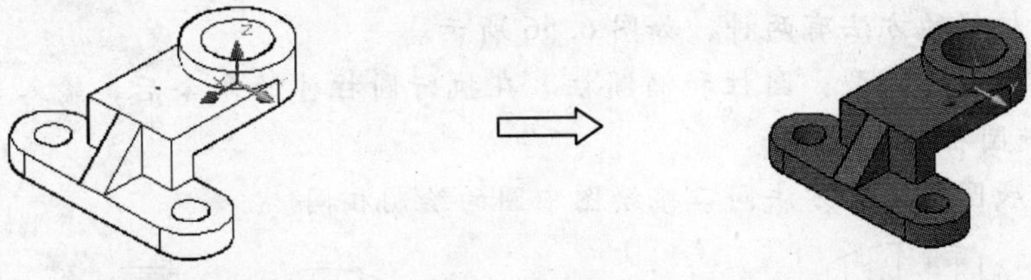

消隐后的效果图　　着色效果图

图 6.54　着色显示

6.4.2　圆柱体与三维镜像和剖切

【例 6.5】　绘制阀芯盘。

Step1：单击按钮，新建图形文件；再单击按钮，将当前视图设置为西南等轴测方向。

Step2：单击按钮，绘制半径为 20mm 的球体，球心在坐标原点。

Step3：单击按钮，当前视图设置为俯视图；再单击菜单“修改”→“三维操作”→“剖切”，对球进行对称剖切，操作过程如图 6.55 所示。

【要点提示】

1）剖切命令调用：

菜单：“修改”→“三维操作”→“剖切”

2）功能：可以切开现有实体并移去指定部分，从而创建新的实体。

Step4：单击按钮，绘制半径为 *R*10、高度为 16mm、圆心在坐标原点的圆柱体；再以（0，48）为圆心，绘制半径为 *R*34、高度 5mm 的圆柱体。

【要点提示】

1）圆柱体命令调用：

工具栏：在“建模”工具条中单击按钮。

菜单：“绘图”→“建模”→“圆柱体”。

2）功能：以圆或椭圆作底面创建柱体，柱体底面位于坐标系的 XY 平面。

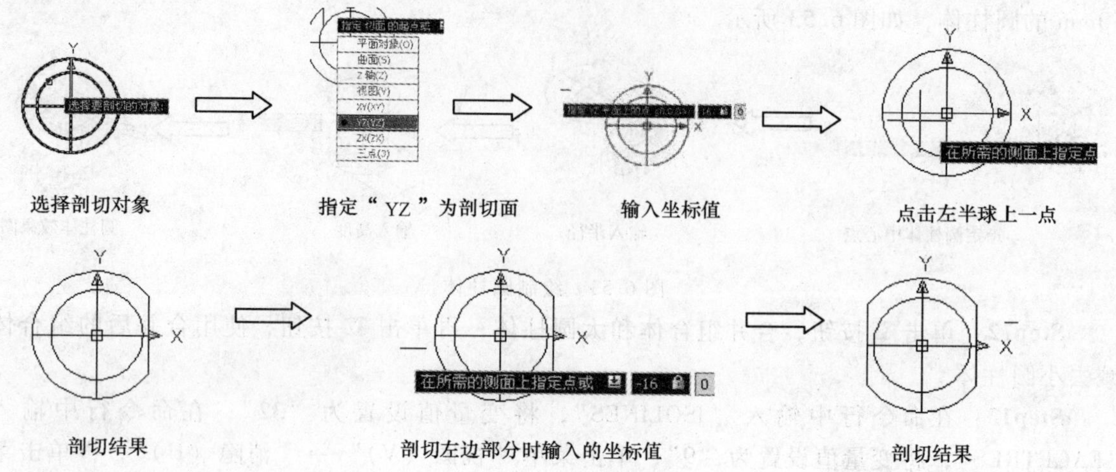

图 6.55　对球体进行剖切

3）绘制圆柱体的方法有两种，如图 6.56 所示。

4）圆柱体有两种类型：圆柱和椭圆柱。在执行圆柱体的命令后，输入“E”选项则可绘制椭圆锥和椭圆柱。

5）圆柱体底圆的绘制方法同二维绘图中圆的绘制相同。

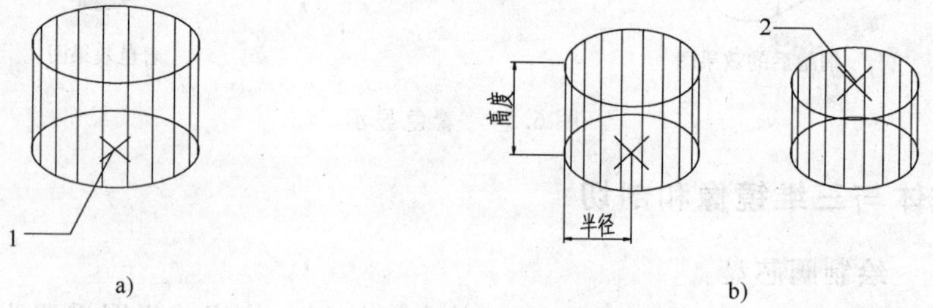

图 6.56　绘制圆柱体的两种方法

a）指定底面中心点　b）指定底面半径和指定高度

Step5：单击按钮，将当前视图设置为西南等轴测方向；单击菜单“修改”→“三维操作”→“三维镜像”，对刚绘制的两个圆柱，以 XY 面为镜像面，进行镜像操作，如图 6.57 所示。

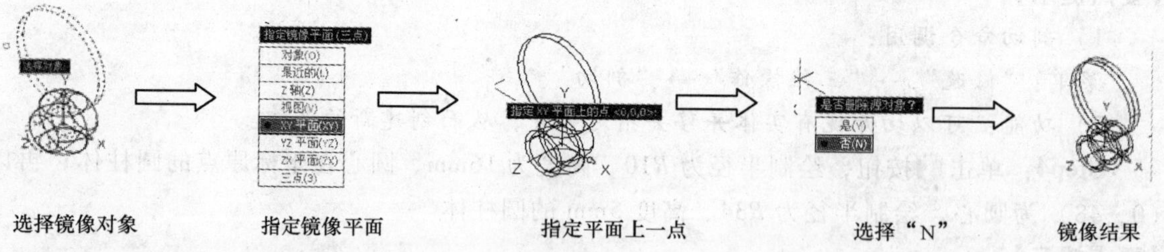

图 6.57　镜像两个圆柱体

【要点提示】

1）镜像命令调用：

菜单：“修改”→“三维操作”→“三维镜像”。

2）功能：三维镜像可使在三维空间中创建的对象矩形阵列或环形阵列。除了指定列数（X 方向）和行数（Y 方向）以外，还要指定层数（Z 方向）。

Step6：单击按钮，将球与镜像的圆柱进行差集运算，消隐结果如图 6.58 所示；再单击菜单“视图”→“视觉样式”→“概念”，结果如图 6.59 所示。

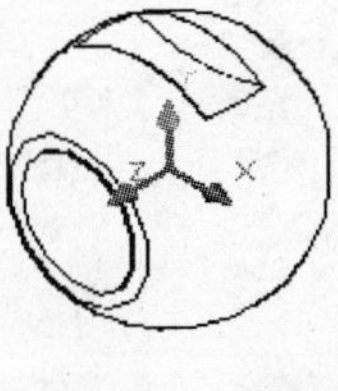

图 6.58　差集运算后结果

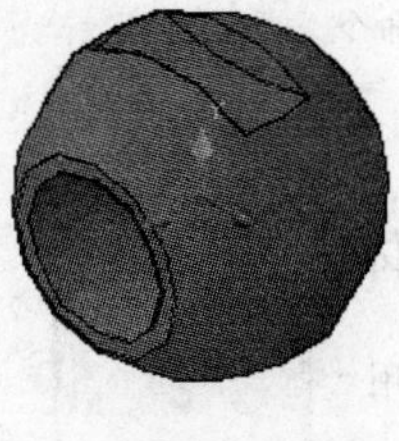

图 6.59　着色显示结果

6.4.3　球体和圆环体

1. 命令调用

工具栏：在“建模”工具栏中单击、按钮。

2. 功能

1）球体：根据球心、半径或直径创建球体。

2）圆环体：可以创建圆环实体。圆环体与当前 UCS 的 XY 平面平行且被该平面平分，如图 6.60 所示。

3. 操作选项说明

在创建圆环体时，可以通过调节圆环和圆管的半径来创建其他形状的实体。例如，可设置负数的圆环半径和正数的管道半径，且管道的半径要比圆环半径的绝对值大，此时创建的实体为纺锤形；还可以使圆管半径大于圆环体半径，此时可创建无中心孔的自交叉圆环体。

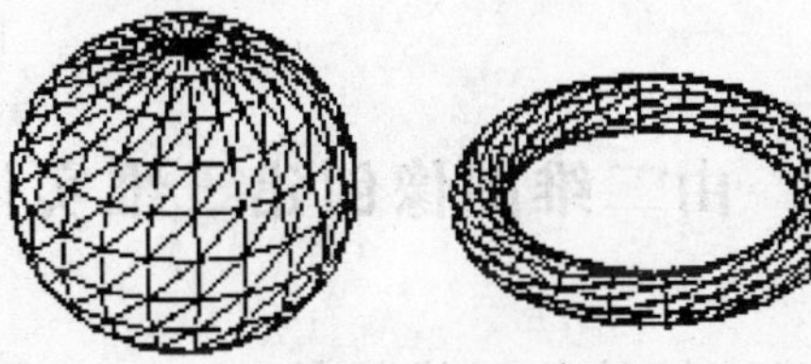

图 6.60　球体和圆环体

【例 6.6】　绘制纺锤体。

Step1：单击按钮，将当前视图设置为西南等轴测方向。

Step2：单击按钮，指定圆环体的中心，如图 6.61 所示。

Step3：指定圆环体的半径，如图 6.62 所示。

Step4：指定圆管的半径，如图 6.63 所示。

Step5：改变网格显示密度，如图 6.64 所示。

图 6.61　指定原点为圆环体中心

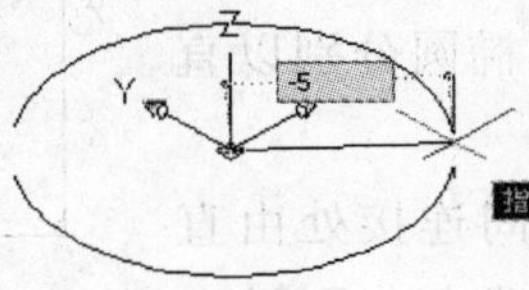

图 6.62　输入“-5”

图 6.63　输入“20”

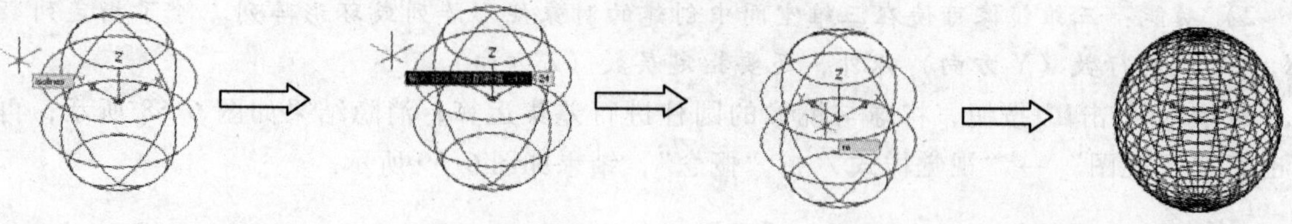

输入“isolines”命令　　输入“24”　　输入“re”命令　　更新后的结果显示

图 6.64　绘制纺锤体的过程

6.4.4　棱锥体

1. 命令调用

工具栏：在“建模”工具条中单击按钮。

菜单：“绘图”→“建模”→“棱锥面”。

2. 功能

创建三维实体棱锥面，如图 6.65 所示。

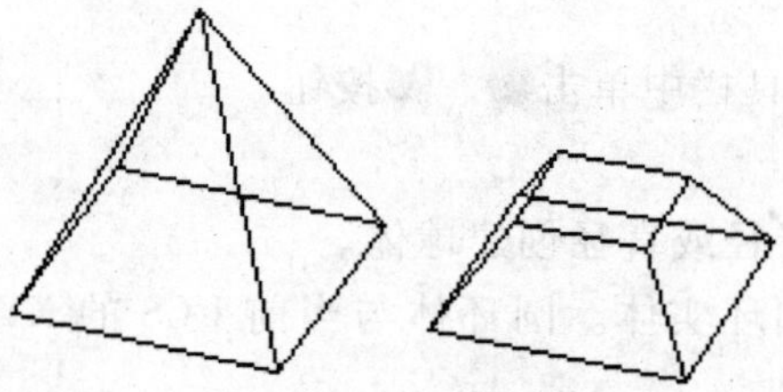

图 6.65　棱锥体

6.5　由二维图像创建三维实体

6.5.1　拉伸与三维旋转

【例 6.7】　以人们十分熟悉的汤勺进行造型设计。根据图 6.66 所示汤勺主视图、纵截面轮廓线图和横截面图的尺寸，进行实体造型。

Step1：绘图准备。新建一个图形文件，选择公制，设置适当的图层、线型、颜色、绘图范围和绘图对象捕捉方式。

Step2：绘制汤勺主视图。先分析汤勺的造型特点，上下可由一个椭圆经修剪得到。单击按钮，绘制长 65mm 的辅助线；再单击按钮，绘制上椭圆尺寸为 20mm × 40mm、下椭圆尺寸为 8mm × 30mm，两椭圆分别以直线两端点为圆心。

Step3：绘中间连接处。中间连接处由直线组成，单击按钮两直线一端点分别过上椭圆中心，另一端点分别相切于下椭圆轮廓

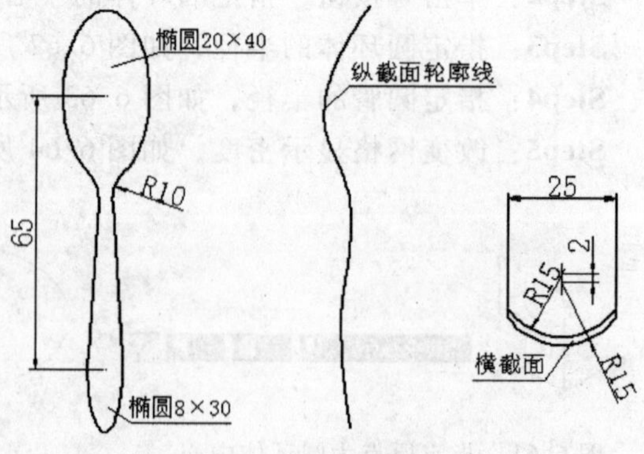

图 6.66　汤勺轮廓线

两边；再单击 按钮，修剪直线和上、下椭圆，单击 按钮，删除辅助直线；再单击 按钮，将上椭圆与直线连接处两边倒圆角 R10，如图 6.67 所示。

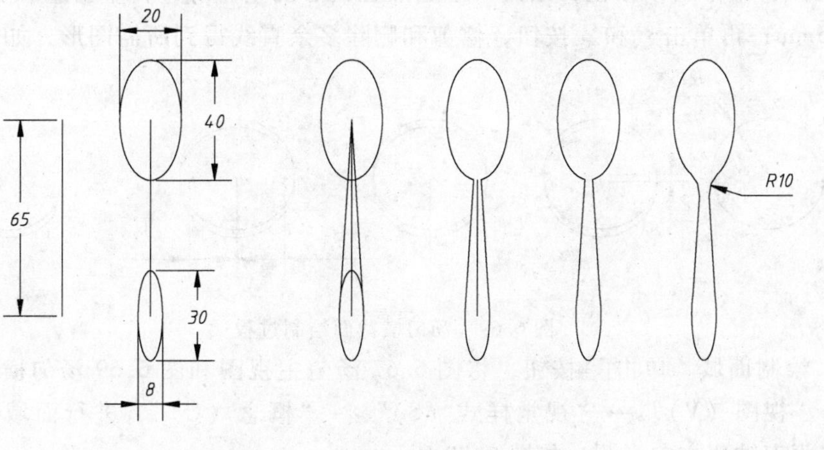

图 6.67　汤勺主视图绘制过程

Step4：绘制汤勺纵截面轮廓线。单击 按钮，绘制一条水平和垂直辅助线；再单击 按钮，绘制水平、垂直距离分别为 6mm 和 11mm 的系列线；汤勺的纵截面轮廓线是一条光滑曲线，单击 按钮，依次连接各点（1 ~ 7），绘出其基本轮廓形状，单击 按钮，删除辅助线，如图 6.68 所示。

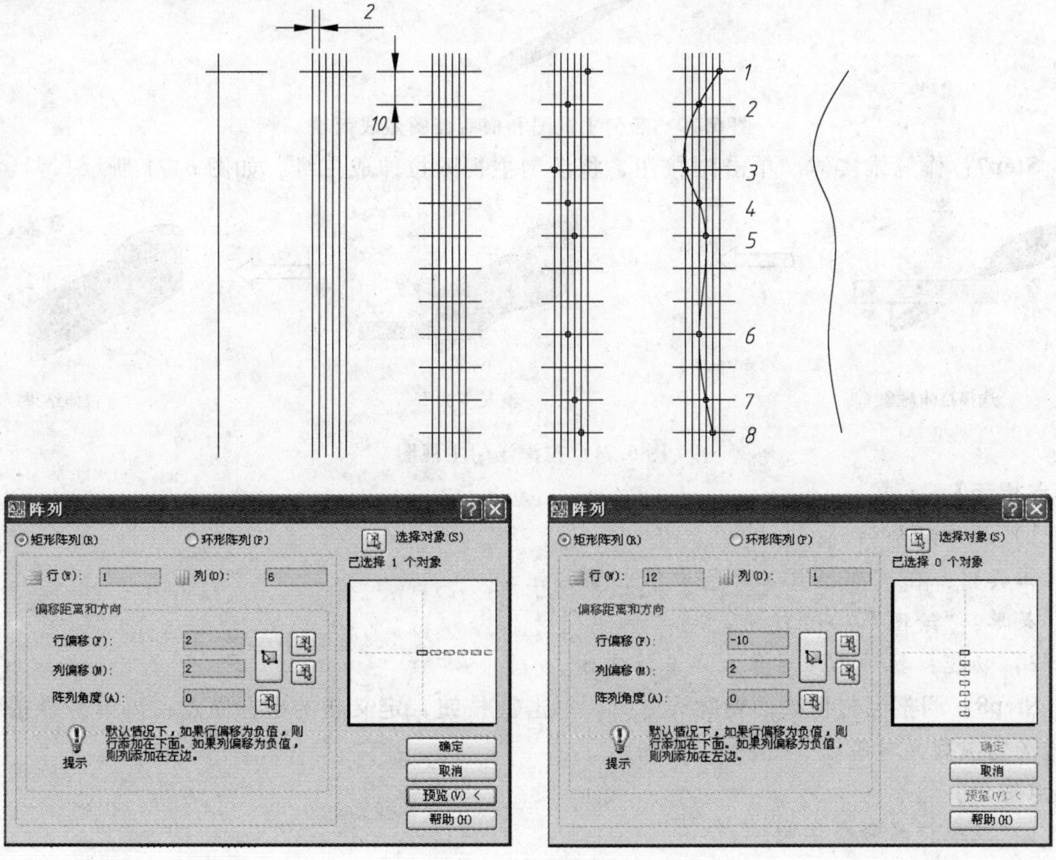

图 6.68　汤勺纵截面绘制过程

Step5：绘制汤勺横截面图。先单击按钮，绘制 *R*15 的圆；再单击按钮，绘制向下偏移 2mm 的圆；再单击按钮，绘制一条起点在圆心的垂直线；再单击按钮，将直线左、右偏移 12.5mm；再单击和按钮，修剪和删除多余直线得到所需图形，如图 6.69 所示。

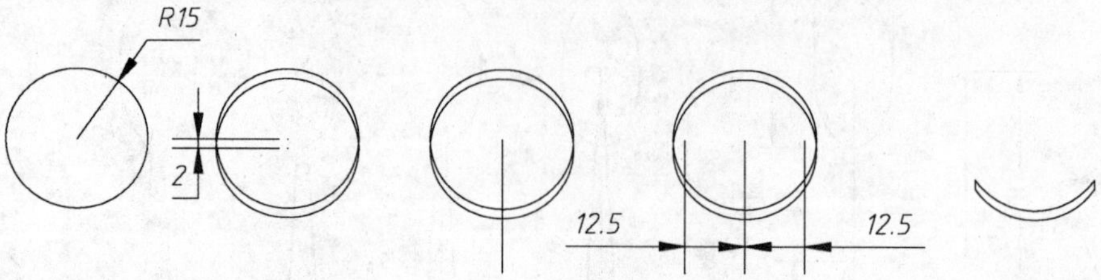

图 6.69　汤勺横截面绘制过程

Step6：绘制面域。单击按钮，将图 6.67 汤勺主视图和图 6.69 汤勺横截面图作成面域；再单击“视图（V）”→“视觉样式（S）”→“概念（C）”，进行面域着色；再单击按钮，在西南轴测方向观测，如图 6.70 所示。

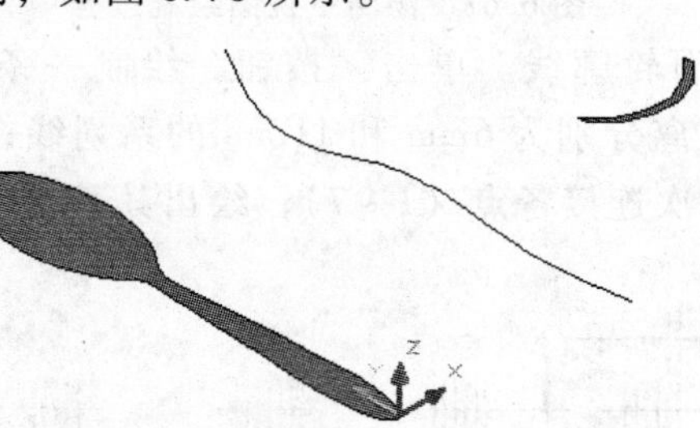

图 6.70　汤勺主视图和横截面图做成面域

Step7：作三维实体。单击按钮，将汤勺主视图拉伸成三维，如图 6.71 所示。

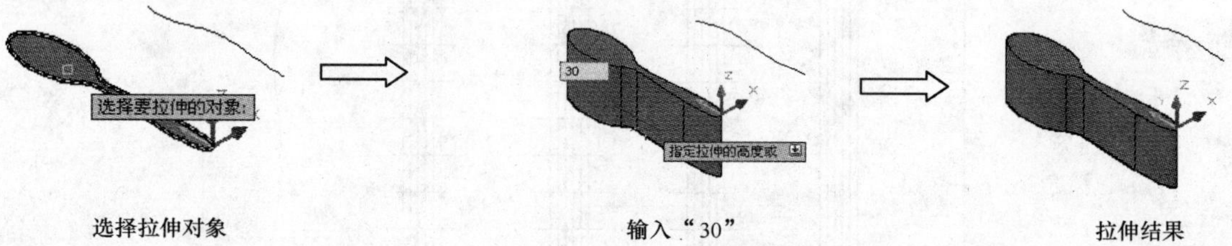

图 6.71　拉深汤勺主视图

【要点提示】

1）拉伸命令调用：

工具栏：在“建模”工具条中单击按钮。

菜单：“绘图”→“建模”→“拉伸”。

2）功能：拉伸二维对象生成三维实体。

Step8：调整汤勺纵截面轮廓线方向。单击按钮，定义新的坐标原点；再单击按钮，旋转汤勺纵截面轮廓线，如图 6.72 所示。

【要点提示】

1）三维旋转命令调用：

工具栏：在“建模”工具条中单击按钮。

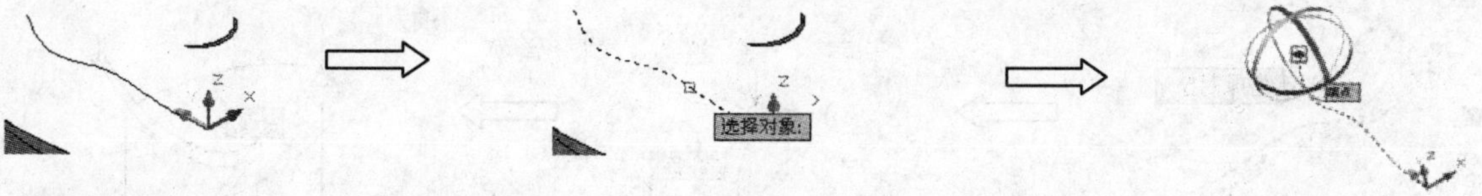

指定纵截面轮廓线的端点为“UCS”的新原点　　选择轮廓线为旋转对象　　指定旋转中心

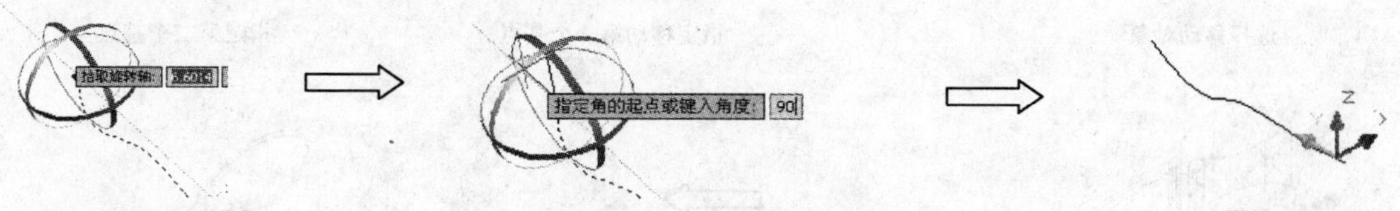

指定绿色的“Y”轴　　输入旋转角度“90”　　旋转后结果

图 6.72　旋转纵截面轮廓线

菜单：“修改”→“三维操作”→“三维旋转”。

2）功能：使对象在三维空间中绕某根轴旋转。

Step9：调整汤勺横截面方向。单击按钮，定义新坐标原点；再单击按钮，旋转汤勺横截面，如图 6.73 所示。

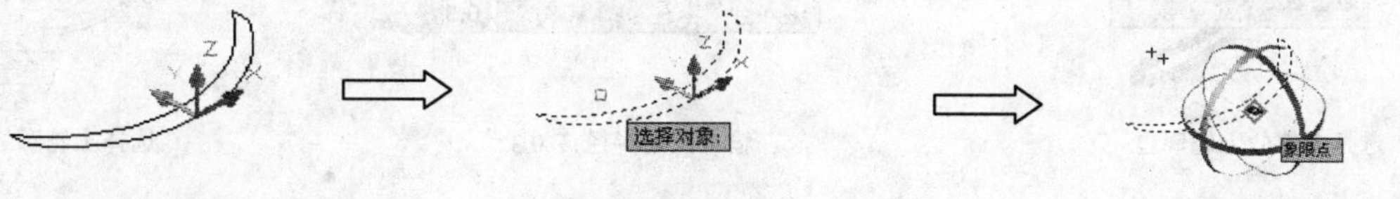

定义新的坐标原点　　选择旋转对象　　指定旋转中心

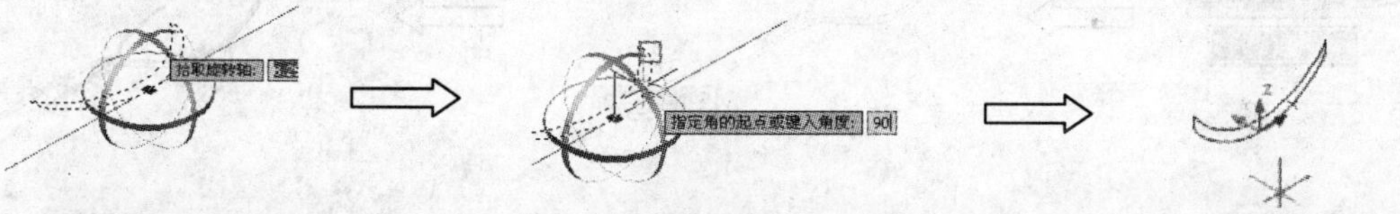

选择红色“x”轴　　输入旋转角度“90”　　旋转结果

图 6.73　调整横截面方向

Step10：单击按钮，先将横截面移到纵截面轮廓线一端，再单击按钮，把纵截面轮廓线作为路径，拉伸成三维实体，如图 6.74 所示。

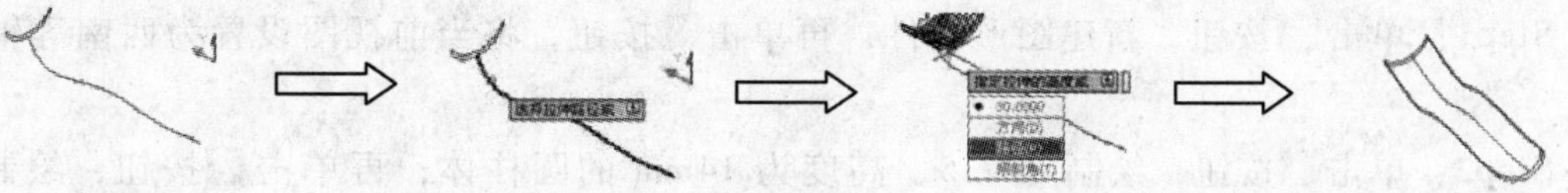

移动后结果　　指定“路径（p）”拉伸选项　　选择拉伸路径　　拉伸结果

图 6.74　拉深纵截面

Step11：单击按钮，先将图 6.74 的截面体（最后一个图形）分两次移到平面体中部，再单击按钮，执行求交运算，如图 6.75 所示。

Step12：单击按钮，上、下棱边倒圆角，如图 6.76 所示。

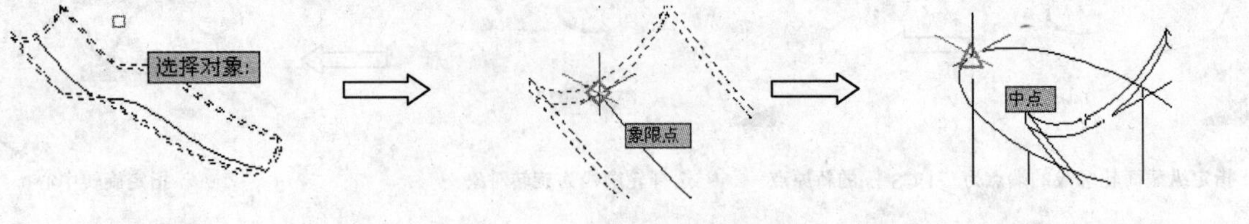

选择移动对象　　　　指定移动第一个基点　　　　指定第二个基点

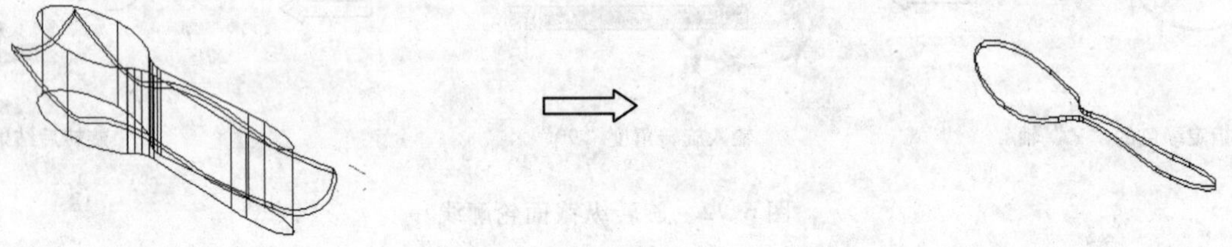

横截面体再向“Z”轴负向移动15　　　　执行“求交”运算后的结果

图 6.75　移动截面体后求交集

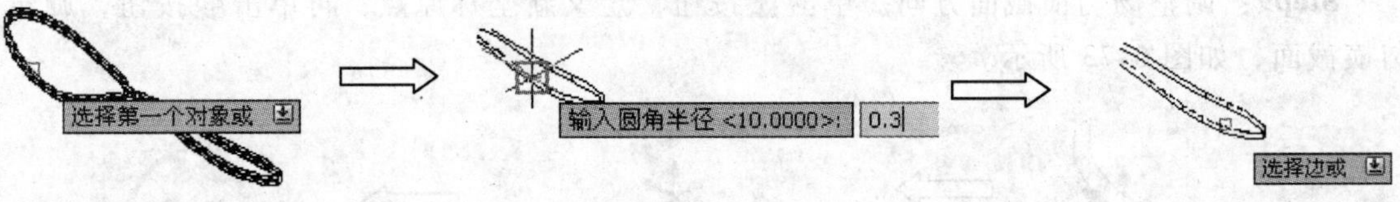

选择勺体的上轮廓边　　　　输入圆角半径“0.3”　　　　选择上轮廓的一个边

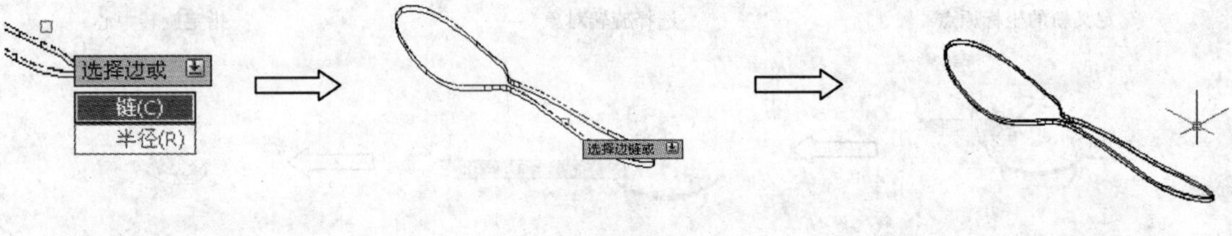

选择“链（c）”选项　　　　选择上轮廓上的其他边　　　　同法倒下棱边

图 6.76　倒圆角

6.5.2　旋转与三维阵列

【例 6.8】　绘制法兰盘。

Step1：单击按钮，新建图形文件；再单击按钮，将当前视图设置为西南等轴测方向。

Step2：单击按钮，绘制 *R*57.5、高度为 14mm 的圆柱体；再单击按钮，绘制 *R*6、高度为 14mm 的圆柱体，如图 6.77 所示。

Step3：单击菜单“修改”→“三维操作”→“三维阵列”，将小圆柱进行环形阵列，如图 6.78 所示。

【要点提示】

1）三维阵列命令调用：

菜单：“修改”→“三维操作”→“三维阵列”。

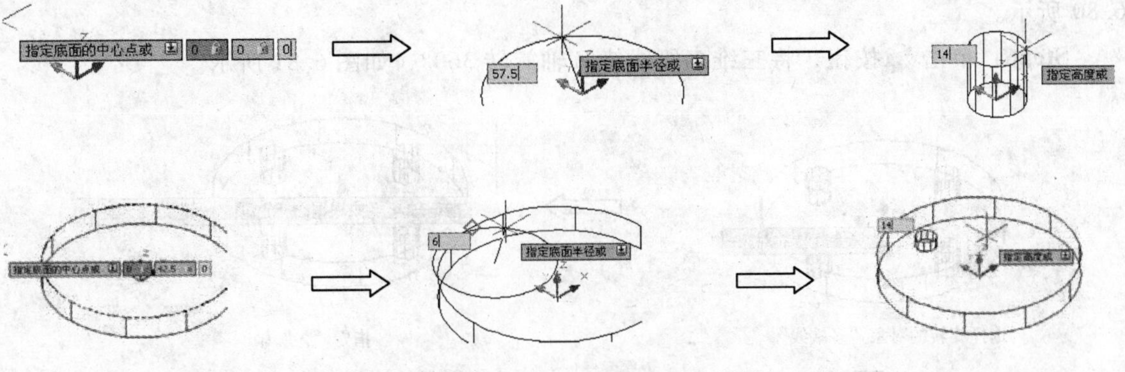

图 6.77　绘制圆柱体

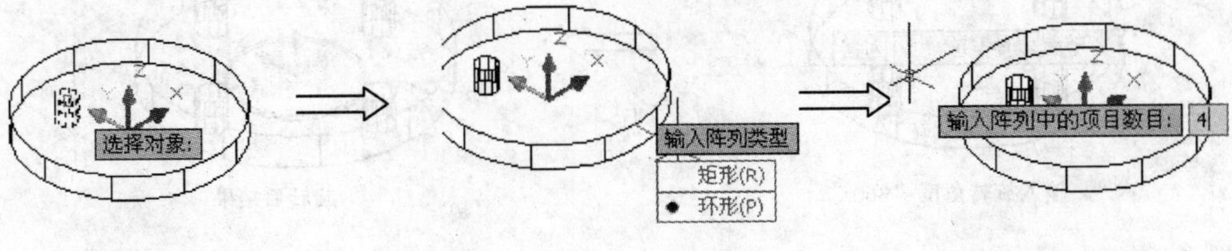

选择对象　　　　指定“环形”阵列选项　　　　输入陈列数目“4”

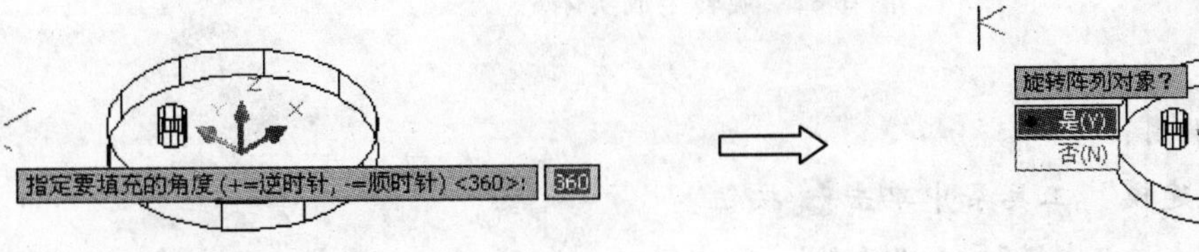

输入填充角度“360”　　　　指定“是”选项旋转阵列对象

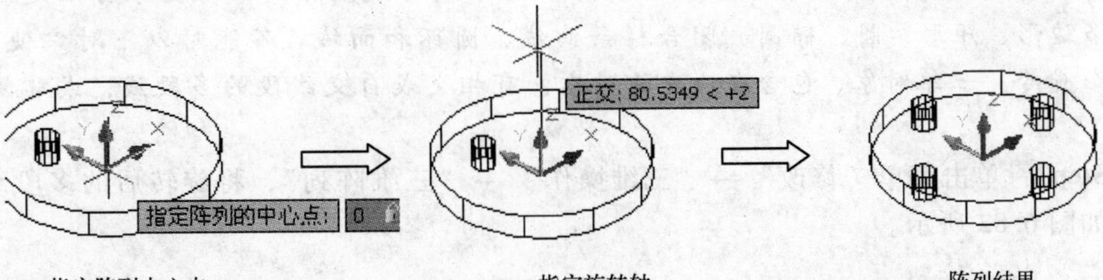

指定阵列中心点　　　　指定旋转轴　　　　阵列结果

图 6.78　阵列圆柱体

2）功能：在三维空间中以指定平面为镜像平面，对实体进行镜像。

Step4：单击按钮，从大圆柱中减去四个小圆柱，再进行消隐显示，如图 6.79 所示。

Step5：单击“绘图（D）”→“三维多段线（3）”，绘制一条多端线。坐标输入如图

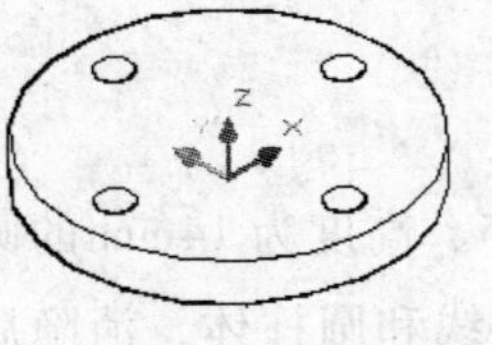

图 6.79　差集后结果

```
命令:  3dpoly
指定多段线的起点: 25,0,0
指定直线的端点或 [放弃(U)]: @0,0,-2
指定直线的端点或 [放弃(U)]: @1,0,1
指定直线的端点或 [闭合(C)/放弃(U)]: c
```

图 6.80　绘制多端线命令行

6. 80 所示。

Step6：单击按钮，将三维多段线绕 Z 轴旋转 360°，如图 6. 81 所示。

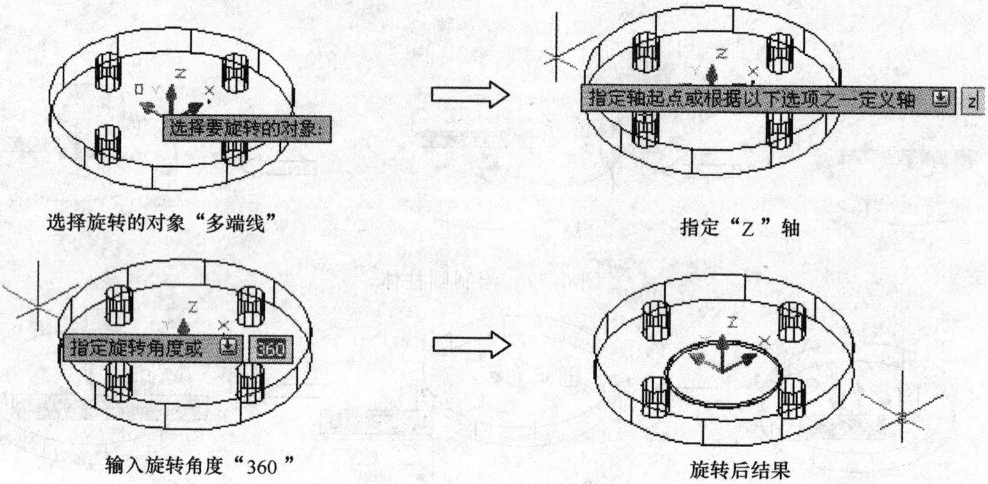

图 6. 81　旋转生成实体

【要点提示】

1）旋转命令调用：

工具栏：在“建模”工具条中单击按钮。

菜单：“绘图”→“建模”→“旋转”

2）功能：旋转二维对象生成三维实体。用于旋转成实体的二维对象可以是闭合多段线、多边形、矩形、圆、椭圆、闭合样条曲线、圆环和面域。不能对以下对象使用“Revolve”命令：三维对象、包含在块中的对象、有相交或自交线段的多段线，或非闭合多段线。

Step7：单击菜单“修改”→“三维操作”→“三维阵列”，将旋转后的多段线复制 8 份，如图 6. 82 所示。

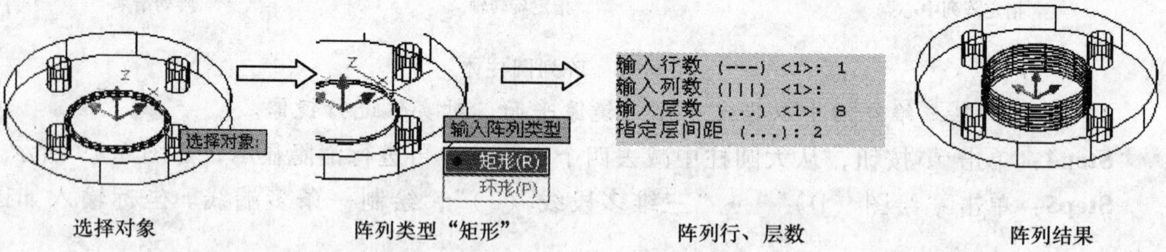

图 6. 82　三维阵列

Step8：单击按钮，绘制以坐标原点为底面中心点、*R*25、高度为 14mm 的圆柱体。

Step9：单击按钮，用最大的圆柱体减去阵列后的多段线和圆柱体，消隐后结果如图 6. 83 所示；再单击菜单“视图”→“视觉样式”→“概念”，结果如图 6. 83 所示。

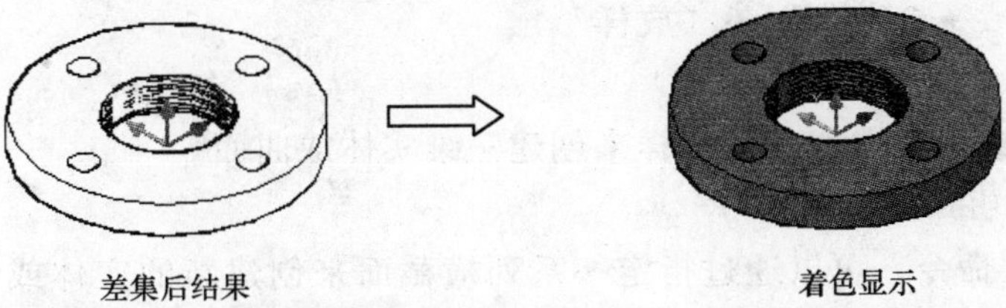

图 6.83　着色显示

6.5.3　扫掠

1. 命令调用

工具栏：在“建模”工具条中单击按钮。

菜单：“绘图”→“建模”→“扫掠”。

2. 功能

沿路径扫掠二维曲线来创建三维实体或曲面，如图 6.84 所示。

图 6.84　扫掠后形成的实体

3. “SWEEP” 沿指定的路径以指定轮廓的形状绘制实体或曲面。可以扫掠多个对象，但是这些对象必须位于同一平面中。

创建扫掠实体或曲面时，可以使用下列对象和路径（见表 6.5）。

表 6.5　扫掠对象和路径

可以扫掠的对象	可以用作扫掠路径的对象
直线	直线
圆弧	圆弧
椭圆弧	椭圆弧
二维多段线	二维多段线
二维样条曲线	二维样条曲线
圆	圆
椭圆	椭圆
平面三维面	二维样条曲线
二维实体	三维多段线
宽线	螺旋
面域	实体或曲面的边
平曲面	
实体的平面	

6.5.4　放样

1. 命令调用

工具栏：在“建模”工具条中单击按钮。

菜单："绘图" → "建模" → "放样"。

2. 功能

通过一组两个或多个曲线之间放样来创建三维实体或曲面。

3. 操作选项说明

使用 "LOFT" 命令，可以通过指定一系列横截面来创建新的实体或曲面。横截面用于定义结果实体或曲面的截面轮廓（形状）。横截面（通常为曲线或直线）可以是开放的（例如圆弧），也可以是闭合的（例如圆）。"LOFT" 用于在横截面之间的空间内绘制实体或曲面。使用 "LOFT" 命令时必须指定至少两个横截面，如图 6.85 所示。

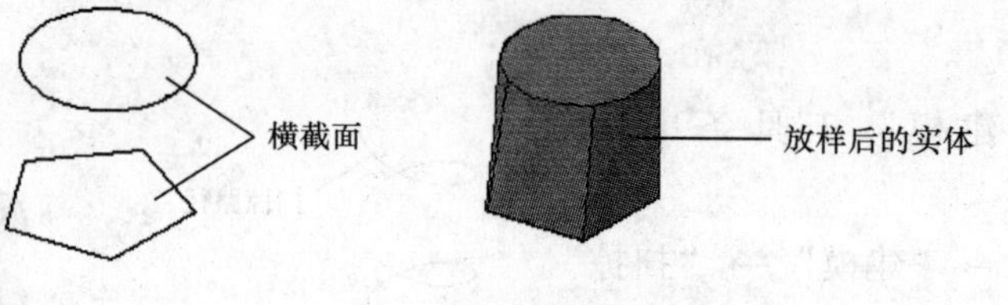

图 6.85　放样后形成的实体

4. 创建放样实体或曲面时，可以使用的对象见表 6.6。

表 6.6　放样对象和路径

可以用作横截面的对象	可以用作放样路径的对象	可以用作导向的对象
直线	直线	直线
圆弧	圆弧	圆弧
椭圆弧	椭圆弧	椭圆弧
二维多段线	样条曲线	二维样条曲线
二维样条曲线	螺旋	三维样条曲线
圆	圆	二维多段线
椭圆	椭圆	三维多段线
点（仅第一个和最后一个横截面）	二维多段线	
面域	三维多段线	
实体的平面		
平曲面		
平面三维面		
二维实体		
宽线		

（1）导向（G）　指定控制放样实体或曲面形状的导向曲线。每条导向曲线必须满足三个条件才能正常工作：

1）与每个横截面相交。

2）始于第一个横截面。

3）止于最后一个横截面，如图 6.86 所示。

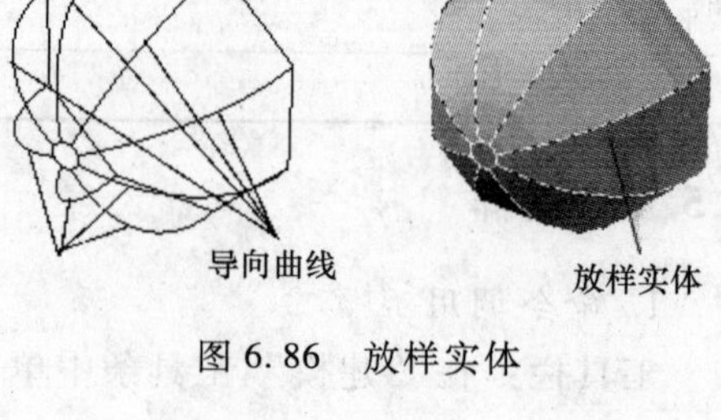

图 6.86　放样实体

（2）路径（P）　指定放样实体或曲面的单一路径，路径曲线必须与横截面的所有平面相交，如图 6.87 所示。

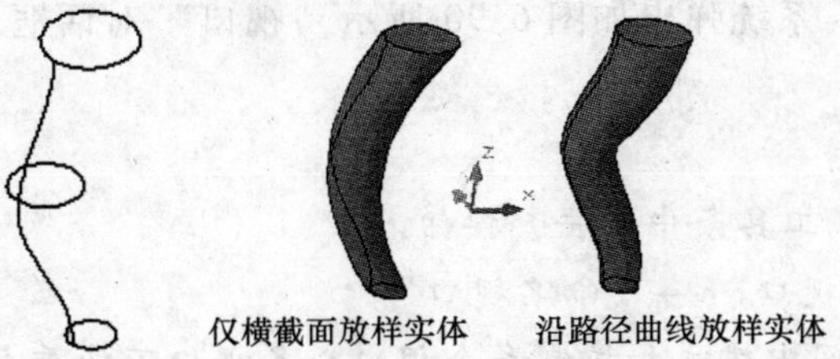

图 6.87　沿路径曲线放样的实体

6.6　由三维图生成二维图

6.6.1　模型空间和图纸空间概念

AutoCAD 提供了两个空间：模型空间和图纸空间。

“模型”选项卡提供了一个无限的绘图区域，是一个三维空间，称为“模型”空间。在“模型”空间中，可以绘制、查看和编辑模型。“模型”空间是打开 AutoCAD 的默认选择，绘图一般在“模型”空间中进行，一个空间对象可以从不同角度区绘制和观察。

在“模型”空间中，可以按 1:1 的比例绘制模型，并确定一个单位表示 1 毫米、1 分米、1 英寸、1 英尺还是表示其他在工作中使用最方便或最常用的单位。

在“模型”选项卡上，可以查看并编辑模型空间对象。十字光标在整个绘图区域都处于激活状态。图 6.88 所示为模型空间标志。

“布局”选项卡提供了一个称为“图纸”空间的区域。“图纸”空间是对模型空间的图形进行规划、调整的空间，是一个二维空间。在“图纸”空间中，可以放置标题栏、创建用于显示视图的布局视口、标注图形以及添加注释。图 6.89 所示为“图纸”空间标志。

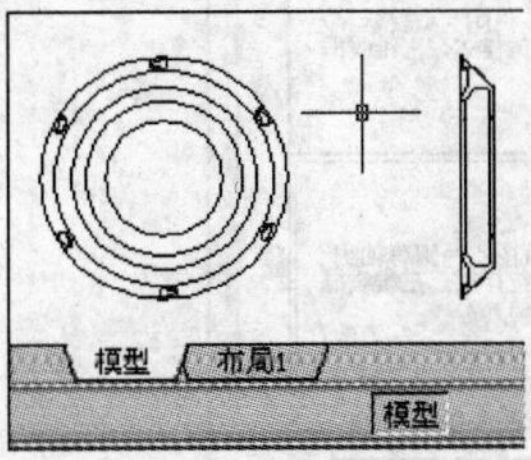

图 6.88　“模型”空间

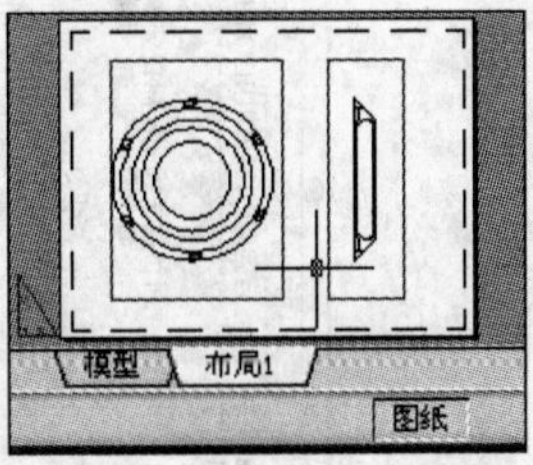

图 6.89　“图纸”空间

6.6.2　模型空间和图纸空间切换

模型空间和图纸空间切换的方法是：

单击绘图区左下方的“模型”标签，进入“模型”空间（见图 6.88）；单击绘图区左下方的“布局”标签，进入“图纸”空间（见图 6.89）。

6.6.3　模型空间多视口设置

【例 6.9】　打开前面绘制的机体图形，在模型空间进行四视口设置。

Step1：单击按钮，系统弹出如图 6.90 所示“视口”对话框。

【要点提示】

1）视口命令调用：

工具栏：在“视口”工具条中单击按钮。

菜单：“视图”→“视口”→“命名视口”。

2）功能：在模型空间中建立和控制多个视口。各视口不能重叠，称为平视视口。

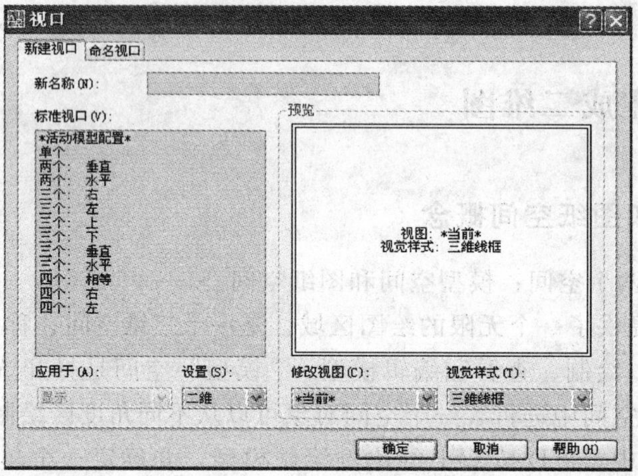

图 6.90　“视口”对话框

Step2：设置视口，如图 6.91 所示。

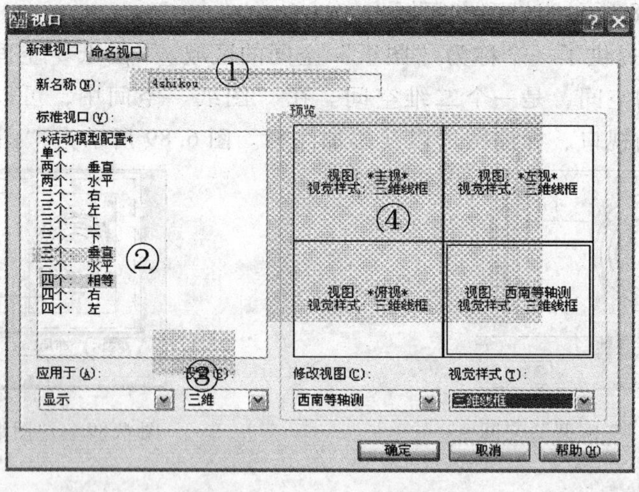

图 6.91　“视口”的设置步骤

Step3：单击“确定”按钮，结果如图 6.92 所示。

6.6.4 设置图形规格

1. 命令调用

命令行：MVSETUP

2. 功能

在“图纸”空间中，对浮动多视口进行对齐、创建、缩放等。如果在“模型”空间中，

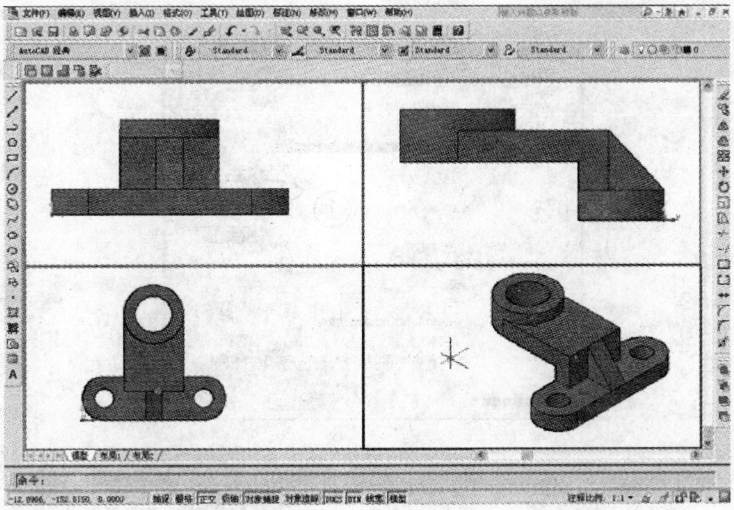

图 6.92　四视口结果显示

则先询问“是否启用图纸空间”。

6.6.5　三维图生成二维图实例

实例说明三维图形生成二维图形的操作过程。

【例 6.10】　由例 6-3 绘制的机体三维图形，生成二维图形，包括主视图、俯视图、左视图和西南等轴测视图。

Step1：打开机体“.dwg”文件。

Step2：进入图纸空间。

单击绘图区左下方的“布局 1”标签或单击状态栏中“模型”选项卡，如图 6.93 所示。进入“布局 1”的图纸空间，其中虚线是纸张的可打印区域，在图面任意位置单击鼠标右键，在弹出的“页面设置”对话框中进行如图 6.94a 所示设置。

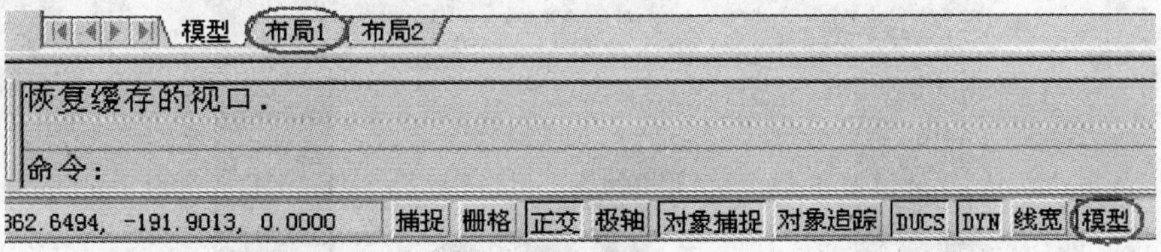

图 6.93　“布局 1”标签和“模型”选项卡

Step3：单击按钮，将图 6.94b 所示的大实线框（即视口）删除，同时机体立体图也被删除了。此时图纸中没有任何视口，如图 6.95 所示。

Step4：生成主视图。单击菜单“绘图”→“建模”→“设置”→“视图”，或在命令行输入“SLOVIEW”，操作过程如图 6.96 所示。

Step5：生成左视图。操作过程如图 6.97 所示。

Step6：生成俯视图。操作过程如图 6.98 所示。

Step7：生成轴测图。操作过程如图 6.99 所示。

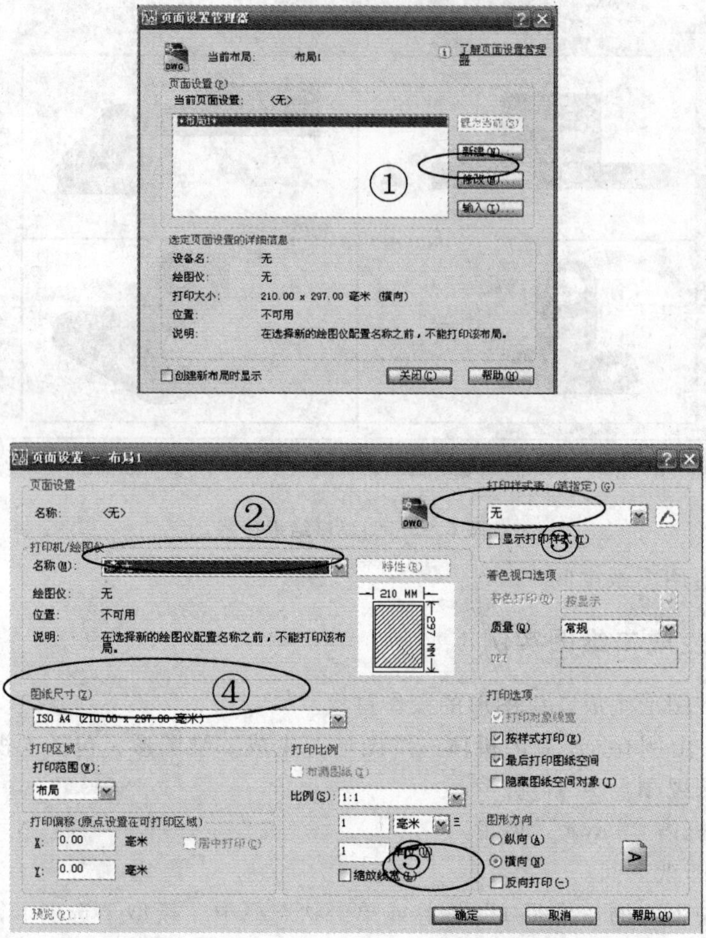

a)

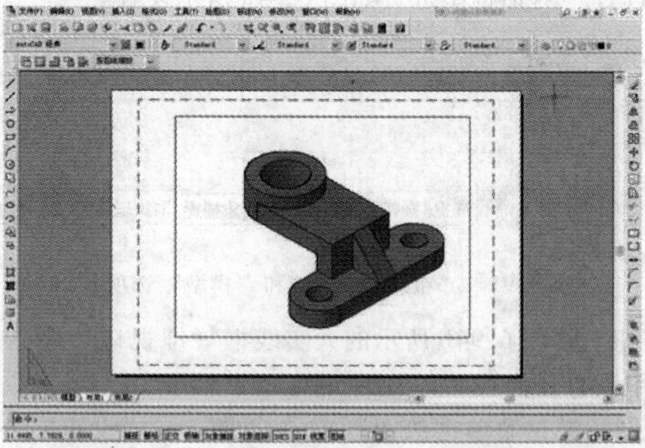

b)

图 6.94 设置图纸空间

a）“页面设置”对话框 b）“布局 1”图纸空间

图 6.95　删除视口后的图纸

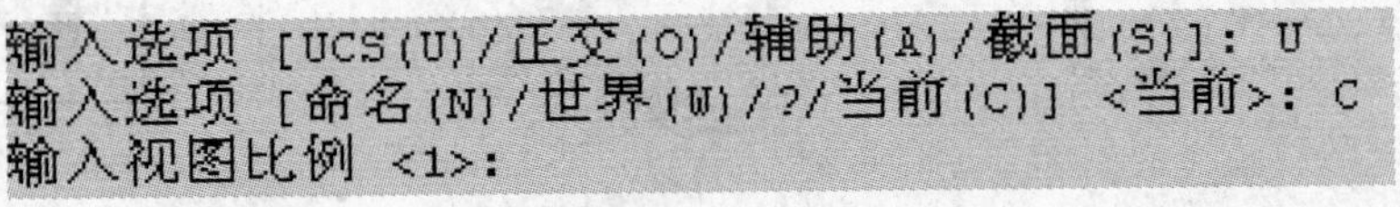

输入“SOLVIEW”命令的各选项

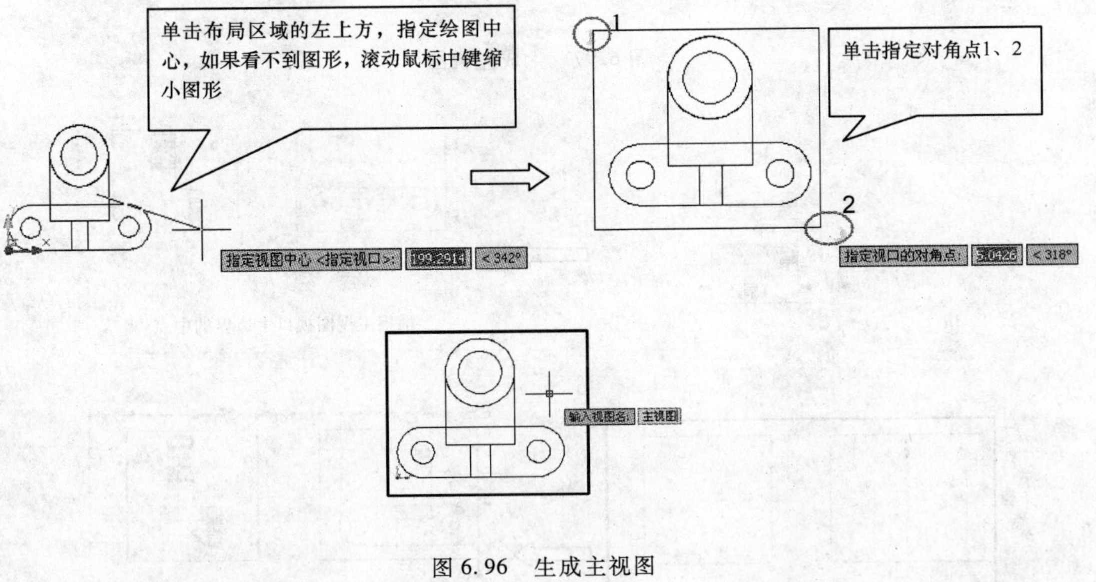

图 6.96　生成主视图

Step8：设置等轴测视图。单击状态栏“图纸”按钮，使最后视图成为浮动模型空间，设置为东南等轴测视图，再单击状态栏的“模型”按钮，如图 6.100 所示。

Step9：生成轮廓图。单击菜单“绘图”→“建模”→“设置”→“图形”，或在命令行输入“SOLDRAW”，结果如图 6.101 所示。

Step10：调整视口与模型空间的比例。在命令行输入“MVSETUP”，设置统一比例。对齐图形后，单击状态栏“模型”按钮，切换为“图纸”，操作过程如图 6.102 所示。

Step11：对齐图形。重复“MVSETUP”命令，操作过程如图 6.103 所示。

Step12：管理图层。关闭“VPORTS”图层，使视口边框不显示。

Step13：绘制中心线（如需要）。如需修改图形，也可顺便在这一步进行。

Step14：标注尺寸和文字（如需要）。标注尺寸在“-DIM”图层进行。先建立标注样

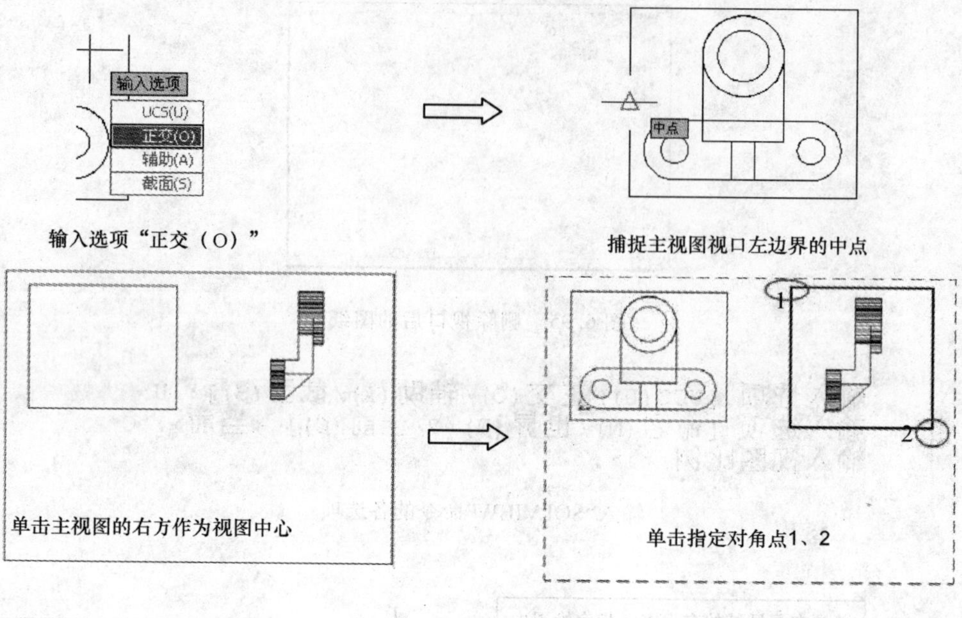

图 6.97 生成左视图

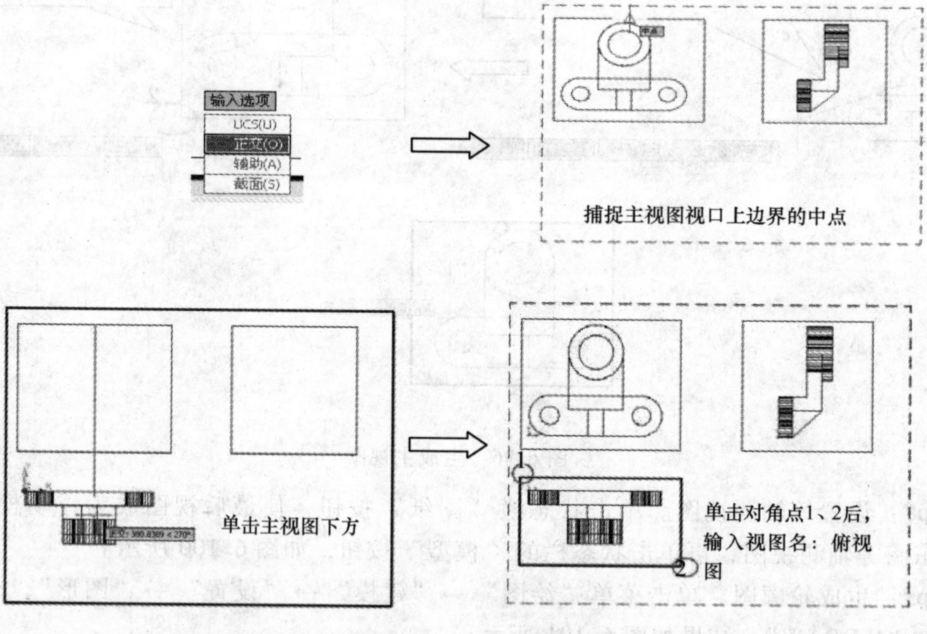

图 6.98 生成俯视图

式，再标注尺寸。

Step15：加入图框、标题栏，填写标题栏（如需要）。可以插入已定义好的图框和标题栏的图块，也可以在图纸空间插入以前绘制保存的图框和标题栏文件，也可以在图纸空间直接绘制出图框和标题栏，还可以用“MVSETUP”命令创建边界和标题栏。

Step16：保存图形。

输入选项 [UCS(U)/正交(O)/辅助(A)/截面(S)]: U
输入选项 [命名(N)/世界(W)/?/当前(C)] <当前>: C
输入视图比例 <1>:

输入“SOLVIEW”命令的各选项

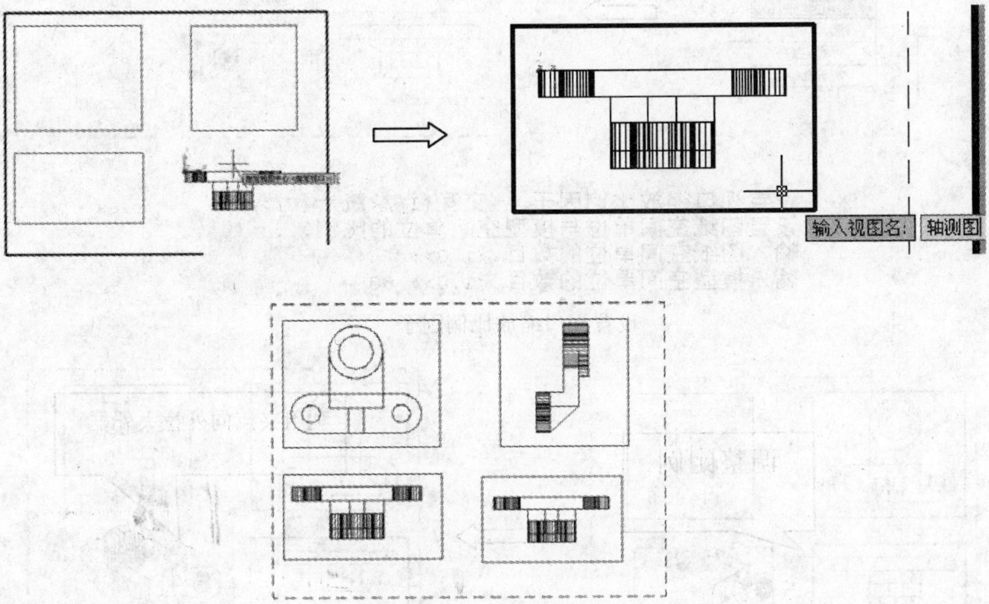

图 6.99　生成轴测图

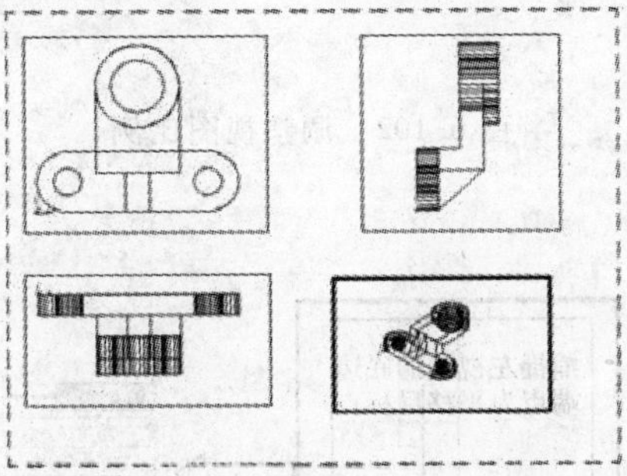

图 6.100　设置为东南等轴测视图

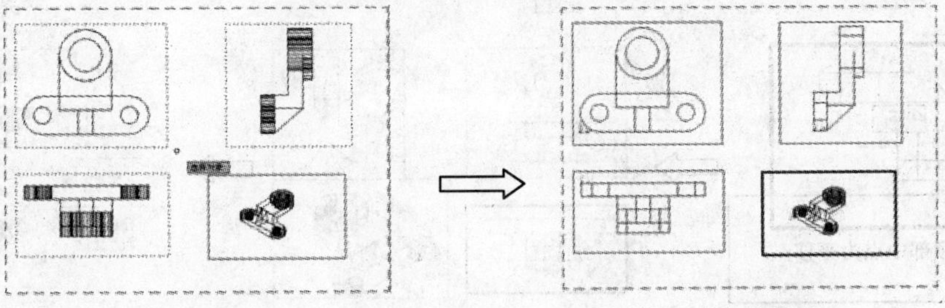

选择对象　　　　生成轮廓图

图 6.101　生成轮廓图

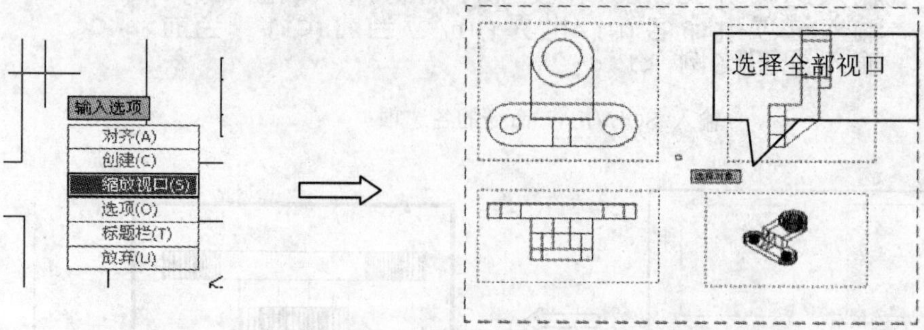


```
设置视口缩放比例因子。 交互(I)/<统一(U)>: u
设置图纸空间单位与模型空间单位的比例...
输入图纸空间单位的数目 <1.0>:
输入模型空间单位的数目 <1.0>: 80
```

设置视口缩放比例因子

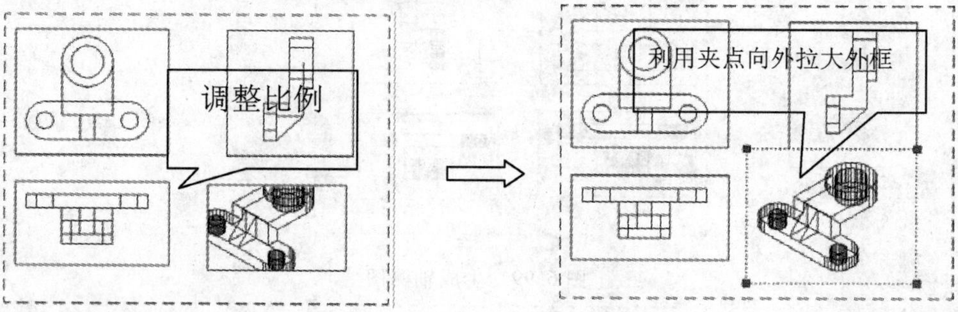

图 6.102　调整视图比例

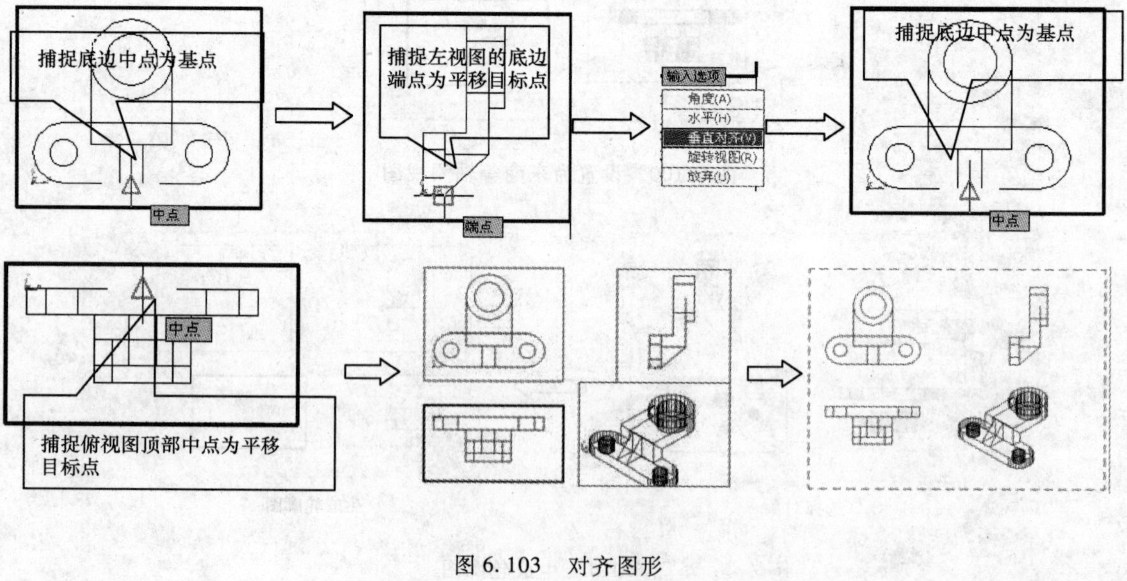

图 6.103　对齐图形

练　习　题

1. 建立用户坐标系的目的是什么？

2. 三维图形生成二维图形的有关命令主要有哪三个？各完成什么功能？

3. 如何用“UCSICON”命令显示或不显示坐标系图标？

4. “REVSURF（旋转曲面）”命令和“REVOVLE（旋转）”命令都可以把二维对象旋转成三维对象，它们旋转前使用的二维对象有什么不同？

5. 绘制图 6.104 所示三维实体，并进行尺寸标注。

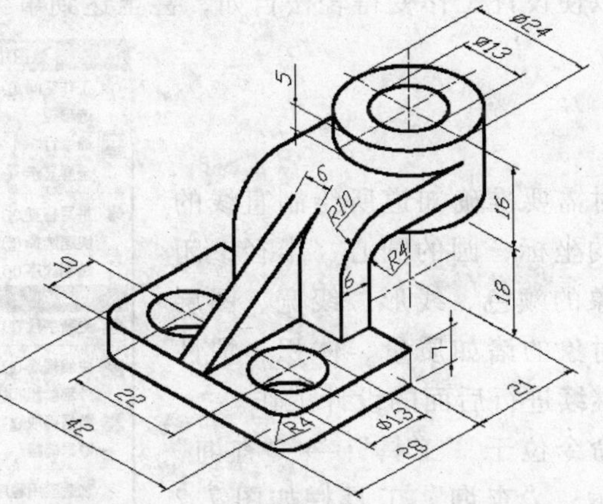

图 6.104　三维实体绘图练习

6. 根据图 6.105 所示的叉子主视图和俯视图绘制立体图（尺寸自定）。

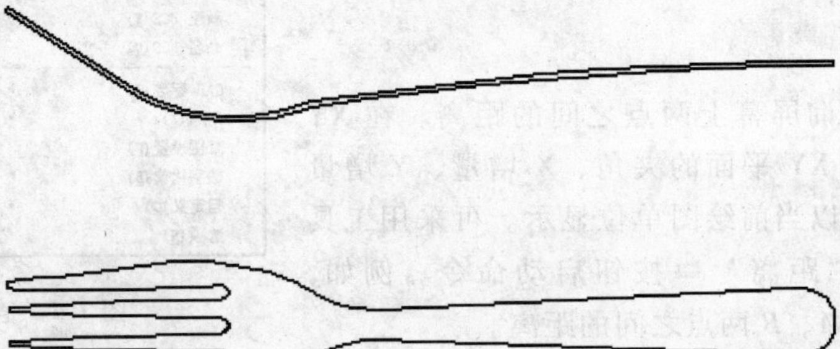

图 6.105　叉子

第 7 章　实用辅助功能

AutoCAD 提供了一类实用的辅助设计工具和功能，包括查询、修改图形对象属性、快速计算器、绘图实用程序、选择过滤器、设计中心、符号块和工具选项板等。灵活使用这些实用辅助工具、功能，可以使设计工作变得轻松自如，甚至达到事半功倍的效能。

7.1　查询

在绘图过程中，有时需要准确知道所绘制直线的长度、倾斜角度、端点的坐标，圆的圆心、半径，闭合图形的面积，图形对象的颜色、线形、线宽、图层等特性，以及三维图形对象的诸如质量、体积、惯性矩、质心等特性，以便继续进行后面的设计工作。

AutoCAD 中的查询命令位于“工具”→“查询”的菜单中，如图 7.1 所示；“查询”工具栏如图 7.2 所示。其中每种功能都有多种启动方法，比如利用工具按钮、下拉菜单和采用命令启动等。

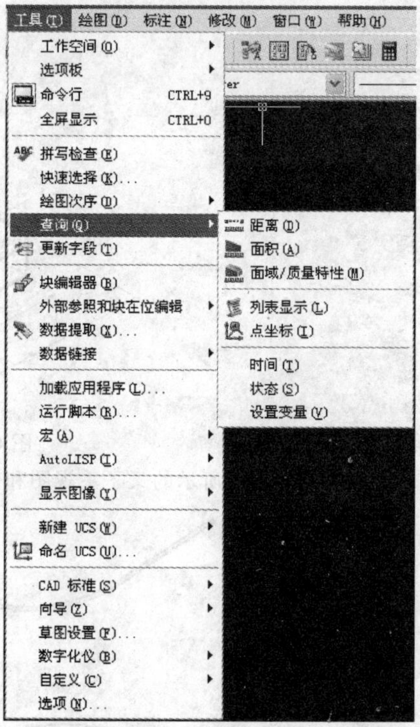

图 7.1　查询菜单

7.1.1　距离

该命令用于查询屏幕上两点之间的距离。在 XY 平面中的倾角、与 XY 平面的夹角、X 增量、Y 增量和 Z 增量，其数值以当前绘图单位显示。可采用工具按钮“查询”→“距离”按钮启动命令。例如，查询图 7.3 所示的 A、B 两点之间的距离。

图 7.2　“查询”工具条

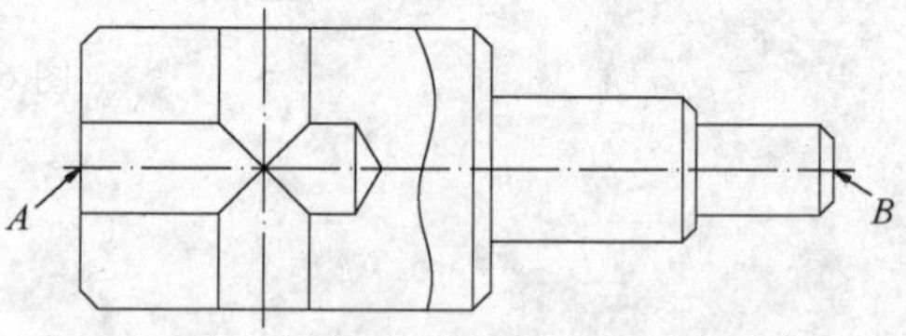

图 7.3　查询 *A*、*B* 两点之间的距离

命令：_dist
指定第一点：　　　　　　　　　　　　//选择 *A*。
指定第二点：　　　　　　　　　　　　//选择 *B*。
距离 =41.3，XY 平面中的倾角 =0，与 XY 平面的夹角 =0
X 增量 =41.3，Y 增量 =0.0，Z 增量 =0.0

【要点提示】

为了准确，要用对象捕捉方式选择点。如果点坐标已知，还可以直接输入坐标值。

7.1.2　面积和周长

该命令用于查询屏幕上封闭区域的面积或周长，并可根据情况增加或减少某部分的面积。可用工具按钮“查询”→“面积”按钮启动命令。例如，查询图 7.4 所示图形上剖面线的封闭区域面积。

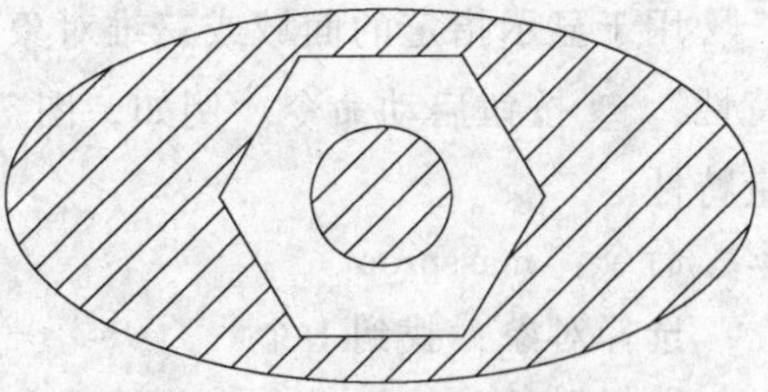

图 7.4　求阴影的面积

命令：_area

指定第一个角点或［对象（O）/加（A）/减（S）］：a

指定第一个角点或［对象（O）/减（S）］：o

（“加”模式）选择对象：　　　　　　　　//选择椭圆。

面积 = 10053.0965，周长 = 387.5379

总面积 = 10053.0965

（“加”模式）选择对象：

指定第一个角点或［对象（O）/减（S）］：s

指定第一个角点或［对象（O）/加（A）］：o

（“减”模式）选择对象：　　　　　　　　//选择六边形。

面积 = 3117.6915，周长 = 207.8461

总面积 = 6935.4050

（“减”模式）选择对象：

指定第一个角点或［对象（O）/加（A）］：a

指定第一个角点或［对象（O）/减（S）］：o

（“加”模式）选择对象：　　　　　　　　//选择圆。

面积 = 706.8583，圆周长 = 94.2478

总面积 = 7642.2634

（“加”模式）选择对象：

指定第一个角点或［对象（O）/减（S）］：//按“Enter”键。

【要点提示】

各选项的功能如下：

1）指定第一个角点：指定需要计算面积的一个角点，接着指定其他角点，按“Enter”键后系统自动封闭指定的角点，并计算其封闭区域的面积或周长。

2）对象（O）：选择一个封闭对象来计算它的面积或周长。可以计算圆、椭圆、样条曲线、多段线、多边形、面域和实体的面积。如果封闭区域由多个图形对象组成，那么在查询面积或周长之前，可以先把这些组成封闭区域的多个图形对象生成一个面域。

说明：对封闭的多段线，如果有宽度，按其中心线计算面积和周长。对不封闭多段线或样条曲线，则 AutoCAD 先假定用一条直线使图形首尾相接，再求其所围成的封闭区域面积，但所计算的长度不包括连接首尾的直线。

3）加（A）：选择两个以上对象，查询的面积为其相加数。

4）减（S）：选择两个以上对象，查询的面积为其相减数。

7.1.3　面域和质量特性

用于显示指定的面域或三维对象的特性信息。可采用工具按钮“查询”→“面域/质量特性”按钮启动命令。例如，图 7.5 中存在着两个面域，对这两个面域执行查询面域/质量特性。

命令：_massprop
选择对象：找到 1 个　　　　　　　　　　//选择面域 1。
选择对象：找到 1 个，总计 2 个　　　　　//选择面域 2。
选择对象：　　　　　　　　　　　　　　//按“Enter”键。

----------------面域----------------

面积：	256. 6741
周长：	98. 4241
边界框：	X：476. 6118—493. 7676
	Y：187. 8724—205. 0281
质心：	X：485. 1897
	Y：196. 4503
惯性矩：	X：9910664. 2683
	Y：60428318. 4258
惯性积：	XY：24465054. 8068
旋转半径：	X：196. 4990
	Y：485. 2095
主力矩与质心的	X-Y 方向：
	I：4917. 5249 沿［1. 0000　0. 0000］
	J：4917. 5249 沿［0. 0000　1. 0000］

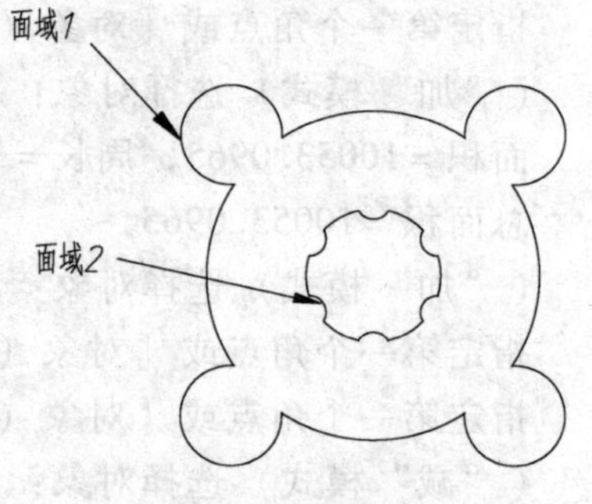

图 7.5　面域

是否将分析结果写入文件？［是（Y）/否（N）］<否>：y　　//按“Enter”键。

【要点提示】

面域是用闭合的形状或环创建的二维区域。闭合多段线、直线和曲线都是有效的选择对象。曲线包括圆弧、圆、椭圆弧、椭圆和样条曲线。命令“region”可以将包含封闭区域的对象转换为面域对象。

7.1.4　列表显示

查询图形对象的类型、所在图层、模型空间、形状大小、所在位置等特性。采用下拉菜单“工具”→“查询”→“列表显示”启动命令。查询图 7.6 所示的图形时，系统弹出如图 7.7 所示的文本窗口。

命令：_list
选择对象：找到 1 个　　　　　　　　//选取对象。

图 7.6　平面图形

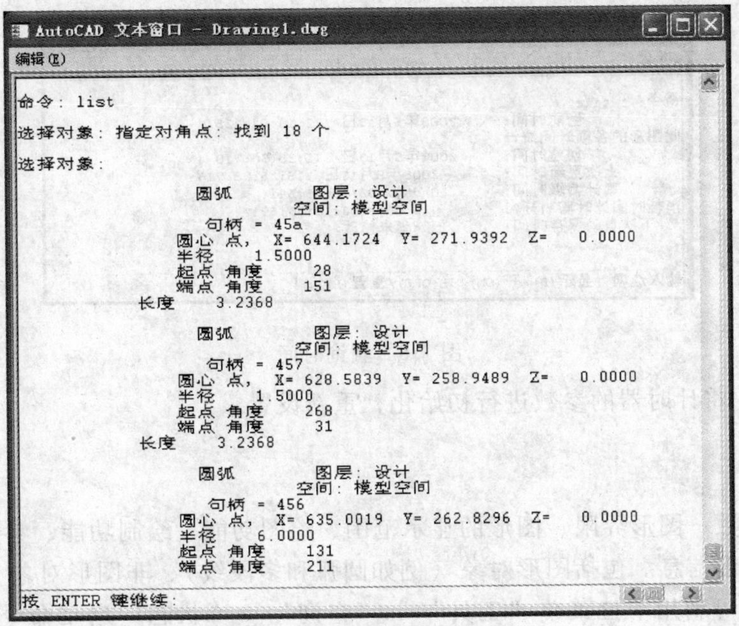

图 7.7　查询图形特性

选择对象：找到 1 个　总计 2 个　　　//选取对象。

…………

选择对象：　　　　　　　　　　　　//按“Enter”键。

可以切换到文本窗口，显示所选对象的有关数据。

7.1.5　点坐标

用于查询指定点的坐标。可采用下拉菜单“工具”→“查询”→“列表显示”启动命令。

命令：id

指定点：(指定要查询的点)

X = 该点 X 的坐标　　Y = 该点 Y 的坐标　　Z = 该点 Z 的坐标

7.1.6　时间

用于查询当前时间、图形创建时间、上次更新时间、累积编辑时间、消费时间和计算机状态等。可利用下拉菜单“工具”→“查询”→“时间”启动命令。查询结果如图 7.8。

命令行启动后，命令行提示：

命令：time

系统自动打开文本窗口来显示查询结果，此时，当前命令文本中有 4 个选项，各选项的含义如下：

显示 (D)：显示时间状态。

开 (ON)：开启相应的时间计时器

关 (OFF)：关闭时间计时器

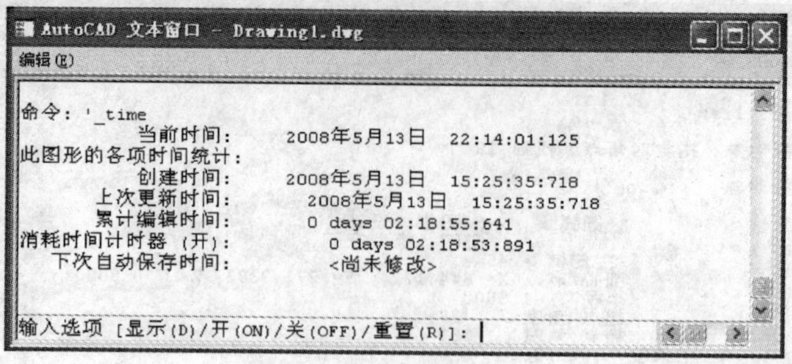
AutoCAD 文本窗口 - Drawing1.dwg
编辑(E)
命令: '_time
当前时间: 2008年5月13日 22:14:01:125
此图形的各项时间统计:
创建时间: 2008年5月13日 15:25:35:718
上次更新时间: 2008年5月13日 15:25:35:718
累计编辑时间: 0 days 02:18:55:641
消耗时间计时器 (开): 0 days 02:18:53:891
下次自动保存时间: <尚未修改>
输入选项 [显示(D)/开(ON)/关(OFF)/重置(R)]:

图 7.8 查询时间

重置（R）：将计时器的参数进行初始化，重新设置。

7.1.7 状态

查询对象个数、图形界限、图形的显示范围、绘图功能、绘制功能、参数设置、磁盘空间利用情况等许多信息。包括图形对象（例如圆弧和多段线）、非图形对象（例如图层和线型）和块定义。可利用下拉菜单“工具”→“查询”→“状态”启动命令。例如，图 7.9 所示为查询结果。

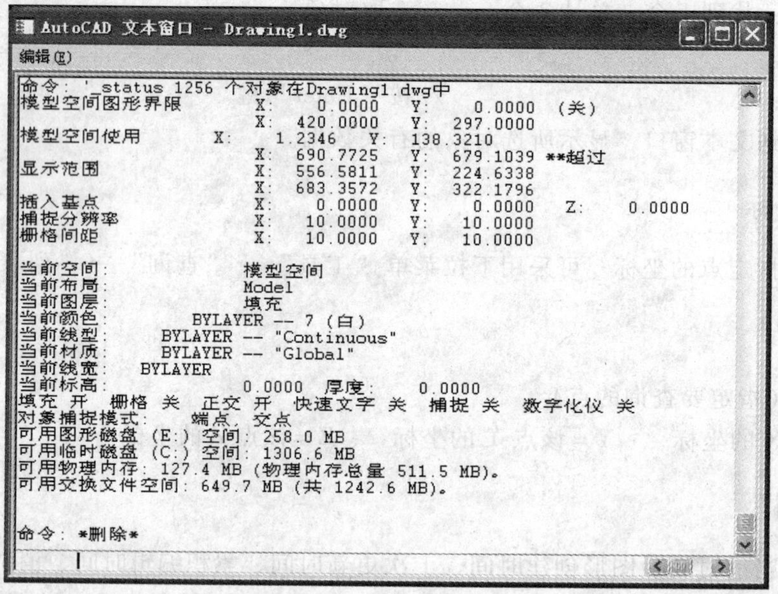
AutoCAD 文本窗口 - Drawing1.dwg
编辑(E)
命令: '_status 1256 个对象在Drawing1.dwg中
模型空间图形界限 X: 0.0000 Y: 0.0000 (关)
X: 420.0000 Y: 297.0000
模型空间使用 X: 1.2346 Y: 138.3210
X: 690.7725 Y: 679.1039 **超过
显示范围 X: 556.5811 Y: 224.6338
X: 683.3572 Y: 322.1796
插入基点 X: 0.0000 Y: 0.0000 Z: 0.0000
捕捉分辨率 X: 10.0000 Y: 10.0000
栅格间距 X: 10.0000 Y: 10.0000
当前空间: 模型空间
当前布局: Model
当前图层: 填充
当前颜色: BYLAYER -- 7 (白)
当前线型: BYLAYER -- "Continuous"
当前材质: BYLAYER -- "Global"
当前线宽: BYLAYER
当前标高: 0.0000 厚度: 0.0000
填充 开 栅格 关 正交 开 快速文字 关 捕捉 关 数字化仪 关
对象捕捉模式: 端点, 交点
可用图形磁盘 (E:) 空间: 258.0 MB
可用临时磁盘 (C:) 空间: 1306.6 MB
可用物理内存: 127.4 MB (物理内存总量 511.5 MB)。
可用交换文件空间: 649.7 MB (共 1242.6 MB)。
命令: *删除*

图 7.9 查询状态

7.2 修改对象属性

在 AutoCAD 中，图形对象的特性包括很多方面，比如基本特性、几何图形、打印样式、视图及其他特性等。图形的颜色、图层、线型、线型比例、线宽等一般归纳在基本特性的范畴之内。

该命令用于列出某个选定对象或一组对象的特性，也可查看或修改基于 AutoCAD 应用程序编程接口（API）标准的第三方应用程序对象的特性。所有对象共有的基本特性有 8 个。所有其他对象特性都专属于其对象类型。

【要点提示】

利用快捷菜单，选择要查看或修改其特性的对象，在绘图区域中单击鼠标右键，然后单击“特性”选项。

7.3 快速计算器

相当于一个桌面计算器，可以进行数字计算、科学计算、单位转换和变量求值等。可利用下拉菜单“工具”→“选项板”→“快速计算”启动命令。利用鼠标在快速计算面板上的“数字键区”或“科学”区域单击相应的按键，可以输入数字表达式或函数表达式，然后单击等于“=”按钮或在键盘上按“Enter”键，便可以获得计算结果。“快速计算器”界面如图 7.10 所示。在设计时，有时需要对数值进行单位换算，也可以应用这个功能。

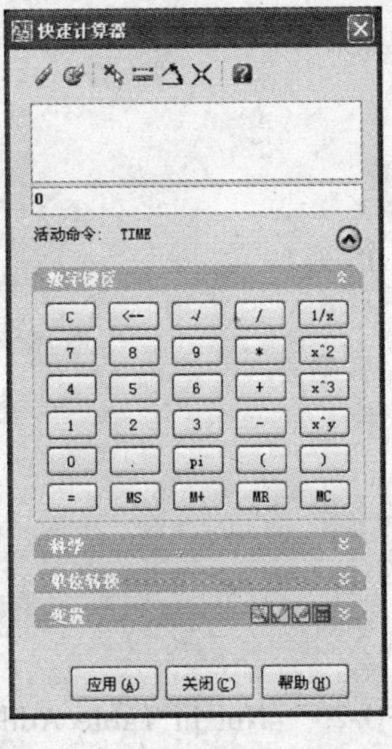

图 7.10 “快速计算器”对话框

7.4 绘图实用程序

AutoCAD 提供了一些绘图实用程序，可以用来更正图形中检测到的一些错误，修复图形中的部分错误数据，清除图形中不使用的块、层、文字样式、标注样式等对象。

7.4.1 核查

核查功能可用来更正图形中检测到的一些错误，比如在绘制图形时突然断电所造成的意外错误。利用下拉菜单“文件”→“绘图实用程序”→“核查”启动命令。命令行启动后，命令行提示：

命令：audit

是否更正检测到的任何错误？[是（Y）/否（N）] < >：Y

已核查 112 个块

阶段 1 已核查 400 个对象

第 2 阶段图元核查

阶段 2 已核查 100 个对象

核查块

已核查 1 个块

共发现 0 个错误，已修复 0 个

已删除 0 个对象

7.4.2 修复

修复功能可用于更正图形中的部分错误信息。如下述某图形的修复结果。利用下拉菜单“文件”→“绘图实用程序”→“修复”启动命令。

图形修复。

图形修复日志。

扫描完毕。

验证句柄表内的对象。

有效对象 208 个，无效对象 0 个

对象验证完毕。

从图形挽回的数据库。

核查表头

核查表

第 1 阶段图元核查

阶段 1 已核查 200 个对象

第 2 阶段图元核查

AcDbDimStyleTableRecord：“ISO-25” Not in Table Added

阶段 2 已核查 300 个对象

核查块

已核查 11 个块

共发现 1 个错误，已修复 1 个

已删除 0 个对象

打开 AutoCAD2000 格式的文件。

正在重生成布局。

正在重生成模型。

AutoCAD 菜单实用程序已加载。

Autodesk DWG。此文件上次由 Autodesk 应用程序或 Autodesk 许可的应用程序保存，是可靠的 DWG。

7.4.3　清理

为了减少图形所占用的空间，对图形中不使用的块、层、线型、文字样式、标注样式、多线样式等对象可进行清除处理。利用下拉菜单“文件”→“绘图实用程序”→“清理”启动命令。命令行启动后，命令行提示：

命令：purge

系统弹出如图 7.11 所示的“清理”对话框。指定选项后，单击“全部清除”按钮。此时，系统会询问是否清理相关的对象。如果要清理当前所选的单个对象，则单击“确认清除”对话框框的“是”按钮；如果要清理当前所选的全部对象，则单击“全部是”按钮；如果不清理当前选择的对象，则单击“否”按钮。

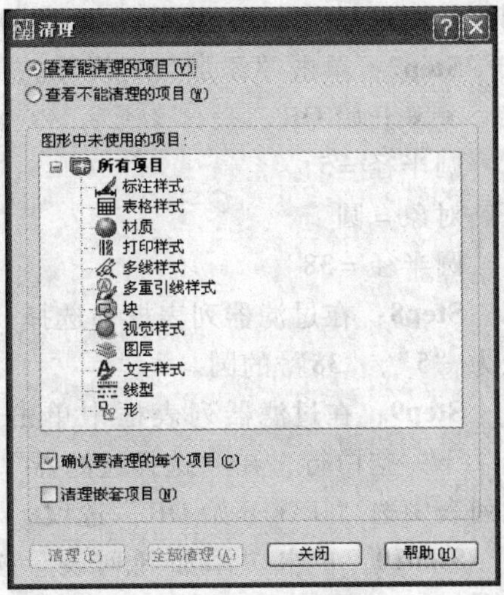

图 7.11　“清理”对话框

以此类似，可以执行其他对象（如层、文字样式等）的清理操作。

7.5　选择过滤器

将对象的类型、图层、颜色、线宽、线型等特性作为过滤条件，从而选择符合设定要求的对象。以图 7.12 所示的图形为例，具体步骤如下：

Step1：在命令文本窗口中输入“FILTER”命令，按“Enter”键确认，系统弹出如图 7.13 所示的“对象选择过滤器”对话框。

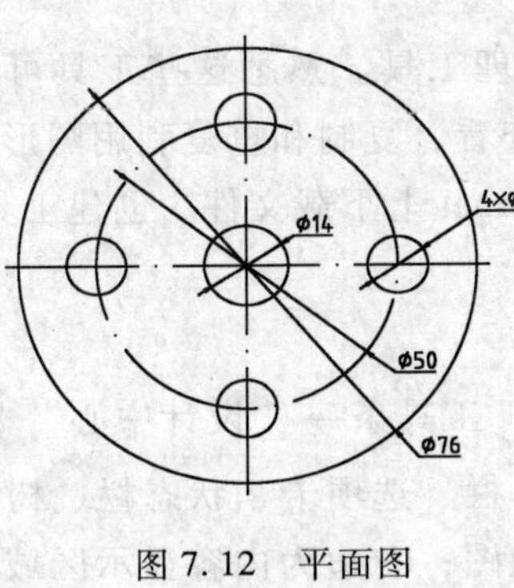

图 7.12　平面图

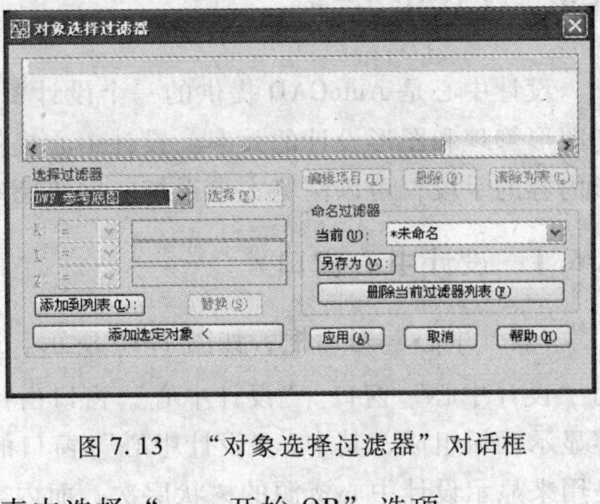

图 7.13　“对象选择过滤器”对话框

Step2：在“选择过滤器”选项组的下拉列表中选择“＊＊开始 OR”选项。

Step3：单击“添加到列表”按钮。

Step4：在“选择过滤器”选项组的下拉列表中选择“圆半径”选项，并在“X”下拉列表框中选择“＝”，在其右侧对应的文本框中输入“5”。

Step5：单击“添加到列表”按钮。

Step6：在“选择过滤器”选项组的下拉列表中选择“圆半径”选项，并在“X”下拉列表框中选择“=”，在其右侧对应的文本框中输入“38”。

Step7：单击“添加到列表”按钮，此时添加到过滤器列表框中的条件如下：

＊＊开始 OR
圆半径 = 5
对象 = 圆
圆半径 = 38

Step8：在过滤器列表框中选择“对象 = 圆”，单击“删除”按钮，从而确保只选择半径为“5”、“38”的圆。

Step9：在过滤器列表框中单击“圆半径 = 38”下一空白行，在“选择过滤器”选项组的下拉列表中选“＊＊开始 OR”选项。

Step10：单击“添加到列表”按钮，此时，完整的过滤条件如下：

＊＊开始 OR
圆半径 = 5
圆半径 = 38
＊＊结束

Step11：单击“应用”按钮，并在绘图区域框选所有图形，接着按“Enter”键确认，系统过滤出满足条件的对象，并将其选中，如图 7.14 所示。

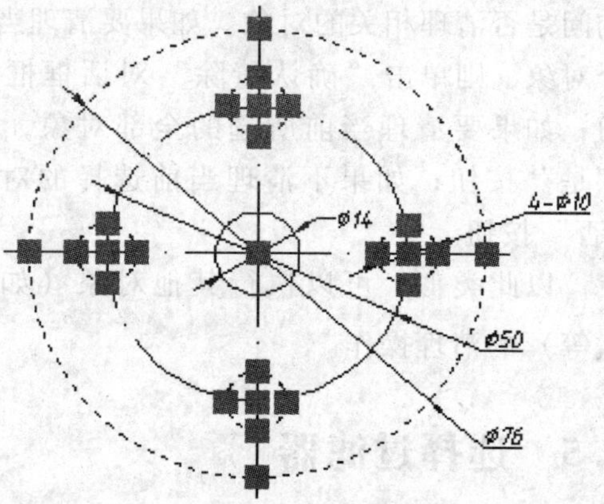

图 7.14　过滤选择的结果

7.6　设计中心

设计中心是 AutoCAD 提供的一个设计资源的集成管理工具。熟悉这些工具可以大大提高图形管理和图形设计的效率。设计中心提供了管理、查看、复制和重复利用图形、共享图形内容的手段，可以浏览本地系统、网络驱动器，从 Internet 上下载文件、创建工具选项板。

7.6.1　设计中心窗口

“设计中心”对话框，如图 7.15 所示。通过“标准”工具条→“设计中心”按钮启动“设计中心”窗口。“设计中心”窗口由标题栏、工具栏、选项卡、状态栏、树状图和内容显示区域组成，其中，“设计中心”窗口的左边为树状图；右边为内容显示区域。树状图是用来显示设计中心资源的树状层次，而内容显示区域则用来显示树状图中当前选定资源的内容。

(1) 工具条　工具条有 11 个按钮。

加载：显示“加载设计中心模板”对话框，将选定的内容装入设计中心的控制板。

上一页：使设计中心显示上一页或指定页的内容。

下一页：使设计中心显示下一页或指定页的内容。

向上：使设计中心控制板内显示上一层的内容。

搜索：显示“搜索”对话框。

收藏夹：将一个位于 Windows favorites 系统文件夹中名为“Autodesk”的文件夹，以常用内容的快捷方式存入，以便快速获得。

主页：用于在“联机设计中心”返回主页。

树状图切换：控制树状图窗口的打开或关闭。

预览：控制图形预览区的打开或关闭。

说明：打开或关闭文字说明区。

视图：使文件显示框中的内容显示方式在 4 种显示方式之间切换。

（2）选项卡　选项卡有 4 个。

“文件夹”选项卡：如图 7.15 所示，在该选项卡中显示了计算机或网络驱动器中的文件和文件夹的层次结构。在树状图中，如果单击一个图形文件，控制板中将显示该图形文件的标注样式、布局、块、图层、外部参考、文字样式和线型。双击控制板中的某个图标，控制板将显示该图标中包含的全部内容。

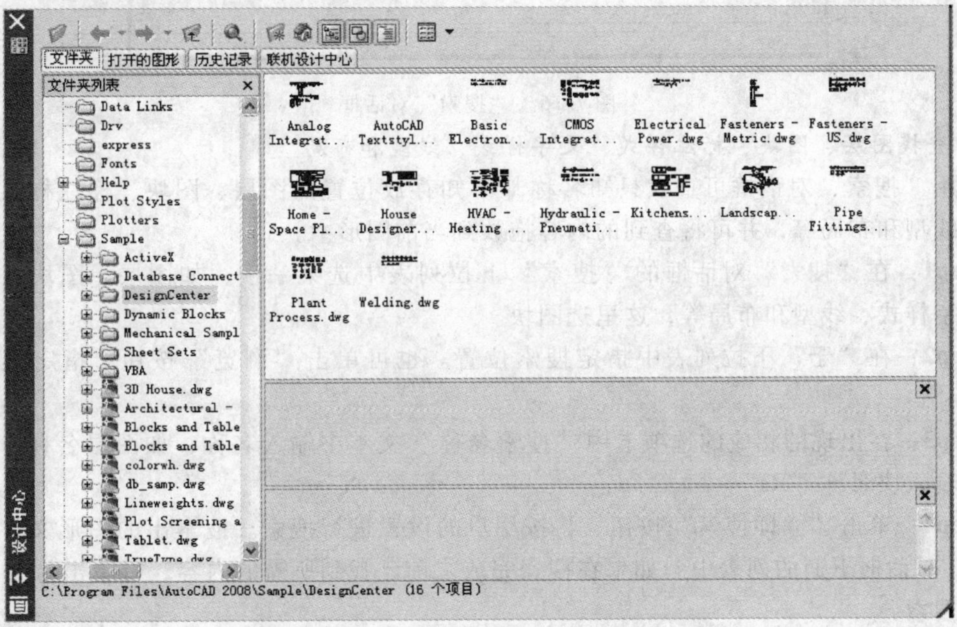

图 7.15　“设计中心”窗口

“打开的图形”选项卡：该选项卡中显示在当前环境中打开的所有图形。当选择某个图形时，则显示出该图形的有关设置；如果选择其中某个设置时，可在右边的内容显示区域中显示出该设置中的具体内容。

“历史记录”选项卡：该选项卡显示了在最近操作时访问过的文件，包括具体的文件路径。双击列表中的某个图形文件，可在“文件夹”选项卡中的树状图中定位此图形文件。

“联机设计中心”选项卡：如果用户的计算机建立了网络连接，则可以利用该选项卡访问联机设计中心网页。通过联机设计中心可以访问数以千计的符号、制造商的产品信息以及内容收集者的站点。

7.6.2 利用设计中心查找

通过工具按钮“工具”→“选项板”→“设计中心”→按钮启动。命令启动后，系统弹出“搜索”对话框，如图 7.16 所示。

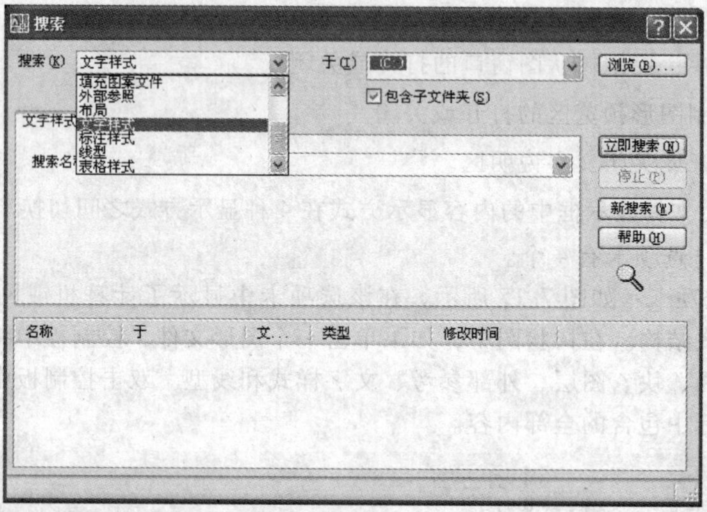

图 7.16 “搜索”对话框

1. 查找图层、图块、标注样式、文字样式、线型和布局

利用“搜索”对话框可查找只知名称却不知存放位置的图层、图块、标注样式、文字样式、线型和布局等，并可将查到的内容拖放到当前图形中。

Step1：在“搜索”对话框的“搜索”下拉列表中选某一项，如图层、图块、标注样式、文字样式、线型和布局等，这里选图块。

Step2：在“于”下拉列表中指定搜索位置。也可单击“浏览”按钮，指定搜索的目录。

Step3：在出现的相应的选项卡中“搜索名称”文本中输入名称，如图层名称、块名称等。如输入块名称“Ra”。

Step4：单击“立即搜索”按钮，将按用户的设置进行搜索。搜索出的图形文件显示在“搜索”对话框下面的列表中。如果在搜索完成之前已找到所需的内容，可单击“停止”按钮结束搜索。

Step5：查到所需结果后，可直接将其拖曳到绘图区中。

Step6：单击“设计中心”右上角的“关闭”按钮，结束该项操作。

2. 查找图形文件

利用“搜索”对话框，可根据图形文件名称查找其所存在的位置。如果不知图形文件名称，可在“位于字段”下拉列表中指定标题、主题、作者或关键字，查找图形文件名称和存放位置。可将查到的图形拖放到当前图形中。

在“修改日期”选项卡中，可指定文件创建和修改的日期或日期段，默认是不指定日期，而是在一个时间段之内如图 7.17 所示。可在“高级”选项可中指定其他搜索参数。查到图形文件后，在图形文件名称上单击鼠标右键，系统将弹出如图 7.18 所示的快捷菜单。用户可选择需要的选项进行操作。

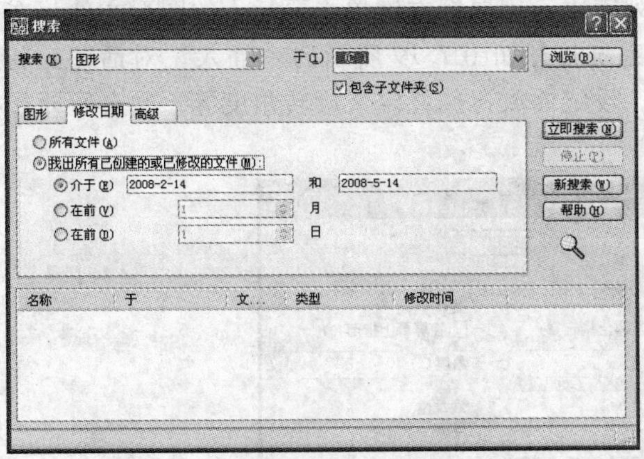

图 7.17　“修改日期”选项卡

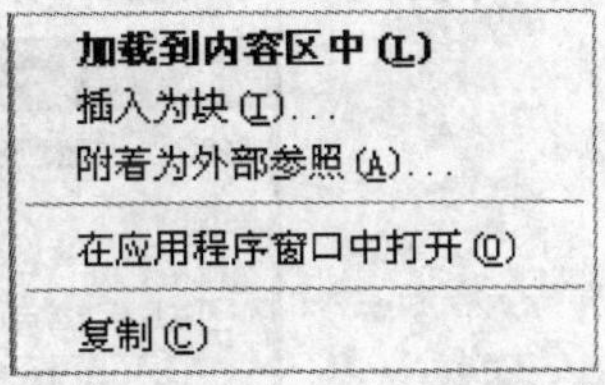

图 7.18　快捷菜单

7.6.3　利用设计中心打开图形文件

利用设计中心打开图形文件有三种方法：

方法一　通过找到的图形文件的快捷菜单打开文件。在如图 7.18 所示的快捷菜单中，选取“在应用窗口中打开”打开图形文件。

方法二　通过控制板中图形文件的快捷菜单打开文件。在设计中心的控制板中，右键单击图形文件名，在弹出的快捷菜单中，选取“在应用窗口中打开”打开图形文件。

方法三　通过拖曳打开文件。在设计中心的控制板中，单击需要打开的图形文件，拖曳到命令行或工具栏区，打开图形文件。这种方法不能拖曳到绘图区。拖曳到绘图区是插入到当前的图形文件中，而不是打开该图形文件。

7.6.4　利用设计中心复制

利用设计中心，可将其他图形文件和其他图形文件中的图层、图块、标注样式和文字样式等复制到当前图形中。复制的方法有以下两种：

方法一　利用剪贴板复制。在设计中心的控制板中，选择要复制的内容，拖曳到绘图区，则所选取的内容将复制到当前图形中。

方法二　利用拖曳复制。在设计中心的控制板中，选择要复制的内容，拖曳到绘图区，则所选取的内容将复制到当前图形中。

7.6.5　利用设计中心添加对象

利用设计中心可以将需要的对象（如图形、图层、标注样式、块、文字样式等）添加到当前图形文件中。

1. 将图形文件添加到当前图形文件中

方法一 在设计中心的内容显示区域列表中，找到要插入的图形文件，使用鼠标左键将该图形文件拖曳到当前绘图区域，释放鼠标左键，然后根据当前命令文本行的提示，在绘图区域选择插入点，输入 X 比例因子、指定旋转角度等，则可以将选定的图形文件插入到当前图形文件中。

方法二 在设计中心的内容显示区域列表中，用鼠标右键单击要插入的图形文件，在弹出的快捷菜单中选择“插入为块”选项，系统打开如图 7.19 所示的“插入”对话框。利用该对话框可以在屏幕上指定插入点的位置，设定缩放比例，定义旋转角度等，确定后即可将图形文件作为块插入到当前图形文件中。

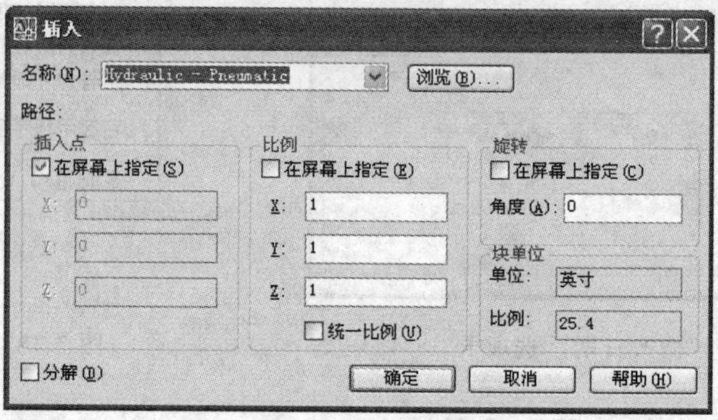

图 7.19 “插入”对话框

2. 插入块

方法一 在设计中心的内容显示区域列表中，找到要插入到图形文件中的块，用鼠标左键将其拖曳到绘图区域，释放鼠标左键即可。

方法二 在设计中心的内容显示区域列表中，用鼠标右键单击要插入的块，从弹出的快捷菜单中选择“插入块”选项，此时系统打开“插入”对话框，设置对话框上的相关选项和参数即可。

3. 插入其他

在设计中心，可以使用拖曳的方式在当前图形文件中插入光栅图像、外部参照等内容，或者复制图层、文字样式、标注样式、线型和布局等。

7.6.6 使用收藏夹

收藏夹是一个文件夹，它在 Windows Favorites 系统文件夹中，名为“Autodesk”。将经常使用的图形文件或文件夹，添加到收藏夹中，将消除查找的麻烦。

1. 添加图形文件

在设计中心的树状图或控制板中，右击图形文件或文件夹，在弹出的快捷菜单中选取“添加到收藏夹”选项，即可将该图形文件或文件夹添加到收藏夹。这是一个快捷方式，原图形文件或文件夹并未移动或复制过去。

2. 查看收藏夹内容

要查看收藏夹内容，只需单击设计中心的“收藏夹”按钮。

3. 组织收藏夹

Step1：在设计中心单击“收藏夹”按钮，显示收藏夹内容。

Step2：在控制板中单击鼠标右键，在快捷菜单中选取“组织收藏夹”选项，启动资源管理器。

Step3：在资源管理器中移动、复制或删除收藏夹中的快捷方式。

7.6.7　利用设计中心创建工具选项板

用户除使用 AutoCAD 默认的工具选项板外，还可以根据需要创建工具选项板。使用工具选项板，是使用 AutoCAD 符号和自定义的符号、图库等的一个重要途径。

单击“标准”工具条中的“工具选项板”按钮，系统弹出 AutoCAD 默认的工具选项板，或上次创建使用的工具选项板。

在图 7.15 所示的设计中心“文件夹”选项卡的树状图中，选择“Design Center”文件夹，使设计中心控制板中显示 AutoCAD 各符号库的图形文件或自定义的符号、图库，如图 7.20 所示。

在控制板中选择一个符号库并单击鼠标右键，在弹出的快捷菜单中选择“创建工具选项板”选项。这样，工具选项板上就增加了一个选项板，即一个符号库，如图 7.21 所示。

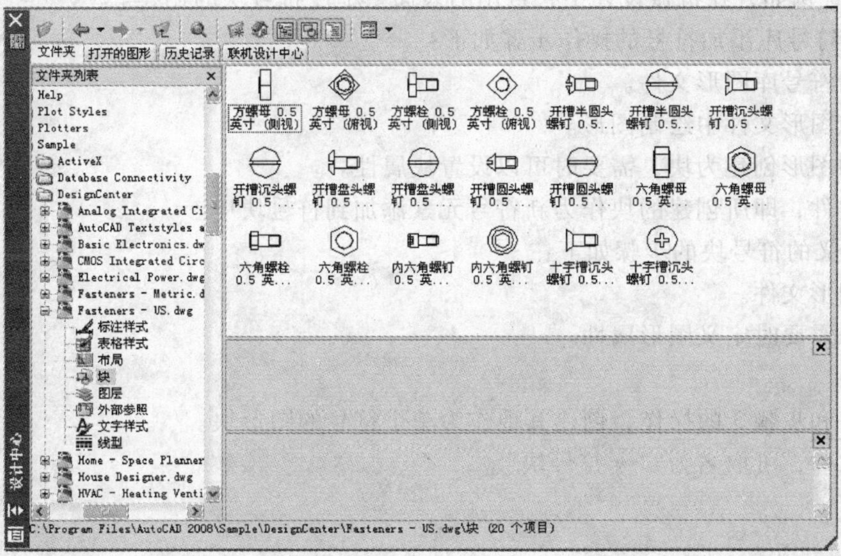

图 7.20　显示符号库内容

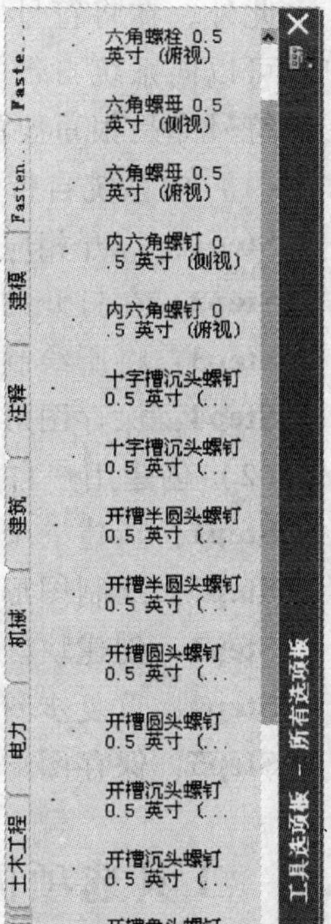

图 7.21　增加工具选项板

到设计中心的当前界面上。例如，在设计中心加载“Fasteners-Metric. dwg”（紧固件-公制）符号块，其加载的具体操作方法如下：

Step1：选择菜单“工具”→“选项板”→“设计中心”命令，打开设计中心窗口。

Step2：在设计中心窗口中单击“加载”按钮。

Step3：在打开的“加载”对话框中，按存储位置搜索出符号库所在的路径，选择

"Fasteners-Metric. dwg"，单击"打开"按钮，此时该符号库便加载到设计中心的当前界面上。

Step4：在设计中心的内容显示区域双击"块"图标，便可以查看所加载的符号块中的符号了，如图 7. 20 所示。

7.7 符号库

为了绘图方便，AutoCAD 提供了很实用的符号块功能，符号块也就是一个特殊的图形文件，在这个图形文件中，将一些经常使用的图形定义为块，这些块就作为符号库中的符号元素。

在 AutoCAD 中，系统本身自带了适合许多行业，比如机械设计、室内设计、电子、管道等使用的符号块。这些符号块的存储位置位于安装目录中的"\ AutoCAD2008 \ simple \ Designcenter"路径中。为了有效地使用符号块，在设计中心加载了指定的符号库后，就可以方便地根据设计需要选择符号库中的符号，并将其插入到当前图形文件中。

此外，在将符号库加载到设计中心后，可以再将符号库创建到工具选项板上。而且，用户既可以向系统自带的符号库添加符号，也可以根据制图需要创建自己的符号库。创建自定义的符号库是很重要的，例如，在机械设计中，常用的表面粗糙度符号块的创建。

（1）向系统自带的符号库添加符号的操作步骤如下：

Step1：打开相应的符号库图形文件。

Step2：在打开的该图形文件中绘制图形。

Step3：将所绘制的图形创建为块，需要时可以设置块属性。

Step4：保存图形文件，即所创建的块作为新符号元素添加到符号块中。

（2）创建用户自定义的符号块的步骤如下：

Step1：新建一个图形文件。

Step2：绘制图形，需要时定义图形属性。

Step3：创建块。

Step4：重复步骤 2 和步骤 3 的操作，创建其他作为单个符号的图形块。

Step5：保存图形文件，可取名为"＊符号块"。

7.8 工具选项板

工具选项板是辅助设计工具，巧用工具选项板可以便于组织、共享和放置对象，并可以在一定程度上提高绘图速度。

可以通过菜单"工具"→"工具选项板"打开"工具选项板"窗口，如图 7. 22 所示。在机械制图中，常用的默认选项卡有"机械"、"电力"、"建模"、"注释"等，在每一个选项卡中都分别列出一些常用的图样，以供用户选择。

在工具选项板的标题栏上单击"自动隐藏"按钮，可以自动隐藏工具选项板的显示窗口，而只保留标题栏。如单击标题栏上的"自动显示"按钮，可再次显示工具选项板的显示窗口。

用户可以设置工具选项板窗口的透明度，方法是单击工具选项板标题栏上的“特性”按钮，系统弹出如图 7.23 所示的一个快捷菜单，选择该快捷菜单中的“透明”选项，将打开“透明”对话框。在该对话框中可以拖动滑块设置工具选项板的透明度。

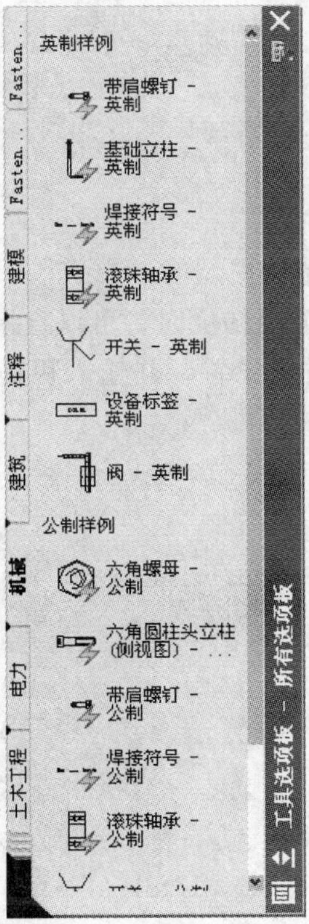

图 7.22　工具选项板

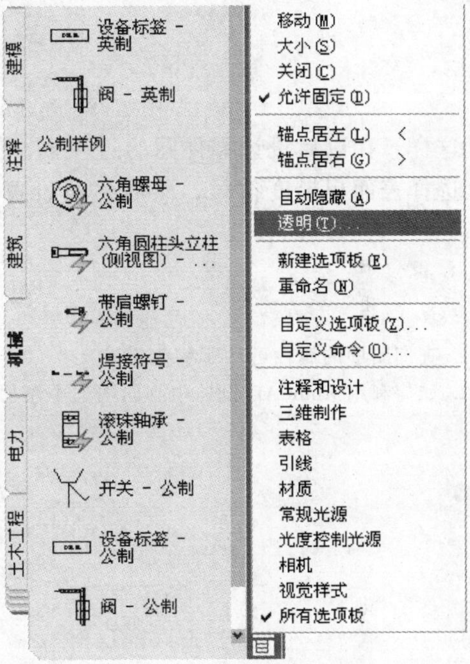

图 7.23　快捷菜单

在工具选项板的空白区域单击鼠标右键，然后在弹出的快捷菜单中选择“新建选项板”命令，在出现的文本框中输入工具选项名称，即在工具选项板上增加了一个新的选项卡。此时，新选项卡上并没有内容，需要使用“剪切”、“复制”和“粘贴”等命令将其他选项卡上或者设计中心上的内容（包括图形、块和填充图案等）复制过来。

在实际设计中，可以将设计中心和工具选项板结合起来，量身定做一个快捷方便的工具选项卡。例如，通过设计中心创建一个专门用来注写表面粗糙度的工具选项卡，其方法和步骤如下：

Step1：在设计中心的内容显示区域选择包含表面粗糙度块的图形文件，或者选择某图形文件中的所有需要的表面粗糙度图形块。

Step2：用鼠标右键单击所选对象。

Step3：在弹出的快捷菜单中选择“创建工具选项板”选项，如图 7.24 所示。

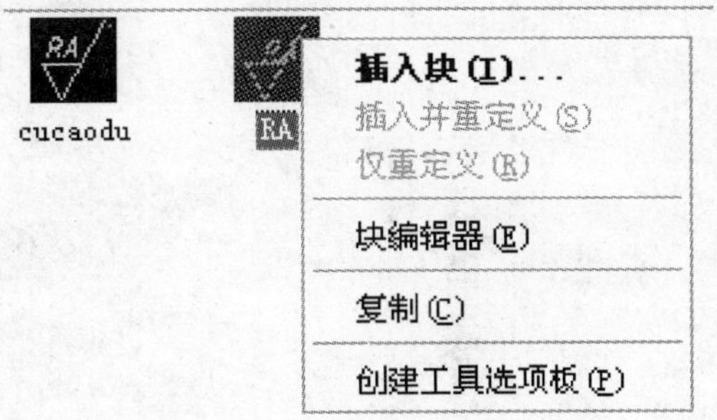

图 7.24　通过设计中心创建工具选项板

Step4：所选的块便出现在工具选项板的新建选项卡上，并在文本框中输入该新建选项卡的名称为“表面粗糙度”，如图 7.25 所示。

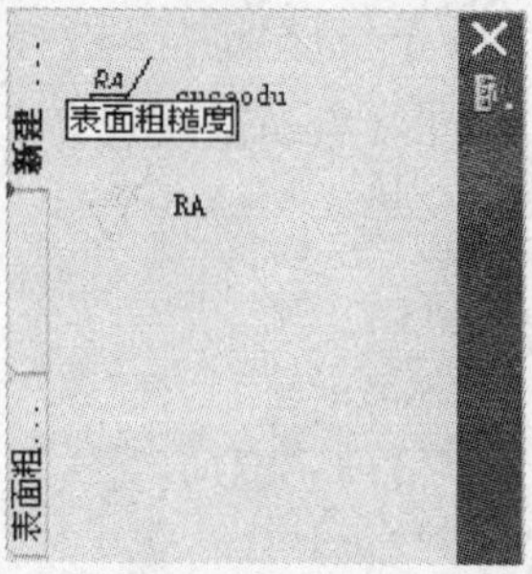

图 7.25 新建的“表面粗糙度”选项卡

这样，在以后设计零件图的过程中，如果需要注写表面粗糙度时，可以直接从工具选项板上选择表面粗糙度符号，然后将其设置在零件图上的适当位置，并输入粗糙度参数值即可。

练 习 题

1. 查询图形的属性可从哪些菜单进入？
2. 如何利用 AutoCAD 设计中心向图形中添加标注样式、文字样式和图层？

第 8 章　图形输出与打印

图形绘制完成后，可以使用多种方法输出。可以将图样打印在图样上，或者创建电子打印便以通过 Internet 访问。以上两种情况都需要进行打印设置。AutoCAD 使用打印样式来控制对象在打印时的外观，通过打印机配置保存打印机的信息和所有的设置，以及每个打印机支持的有关图纸尺寸的信息。

本章主要介绍 AutoCAD 图形打印和 AutoCAD 的 Internet 功能。通过学习，用户可以了解图形输入、输出与打印的方法，并且能够在 AutoCAD 中输入图形文件，将 AutoCAD 图形文件的图形打印出来。

8.1　打印机、绘图仪设置

一般情况下，使用系统默认的打印环境设置，即可满足图形的打印输出要求。然而在某些设计条件下，用户可能需要修改默认的打印环境设置，方法是：选择菜单“工具”→“选项”命令，打开“选项”对话框，进入“打印和发布”选项卡，如图 8.1 所示。

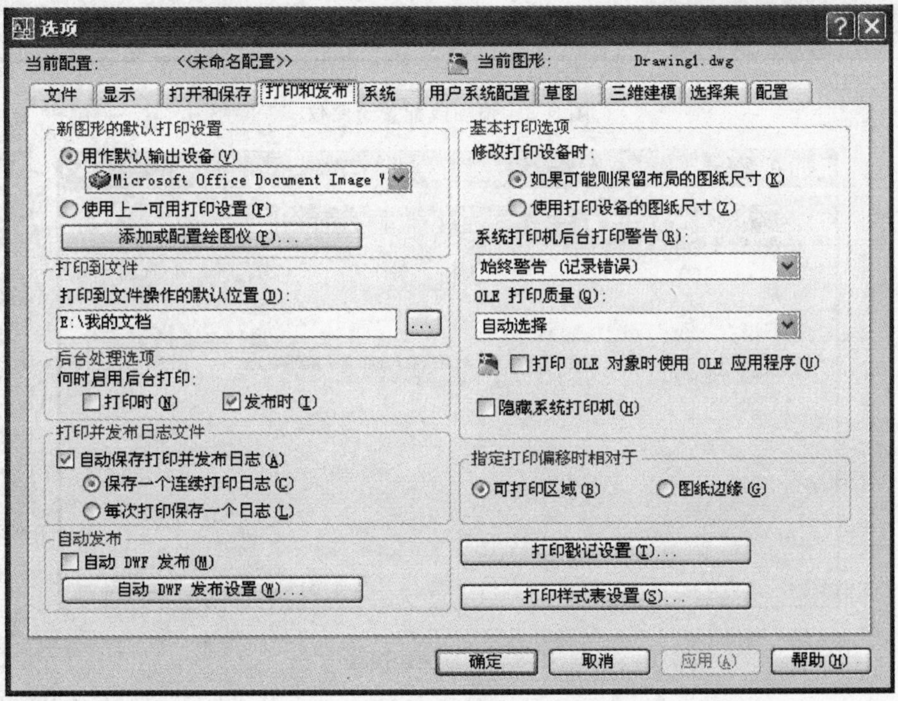

图 8.1　“打印和发布”选项卡

在该选项卡中，可以指定“新图形的默认打印设置”、“基本打印选项”、“打印到文件的默认位置”、“后台处理选项”和“打印样式表设置”等。

如果单击“添加或配置绘图仪”按钮，将打开如图 8.2 所示对话框。在该对话框中，可通过单击“添加绘图仪向导”来添加绘图仪。也可以通过选择菜单“文件”→“向导”→“添加绘图仪”选项，系统弹出如图 8.3 所示的对话框。

图 8.2 添加或配置绘图仪

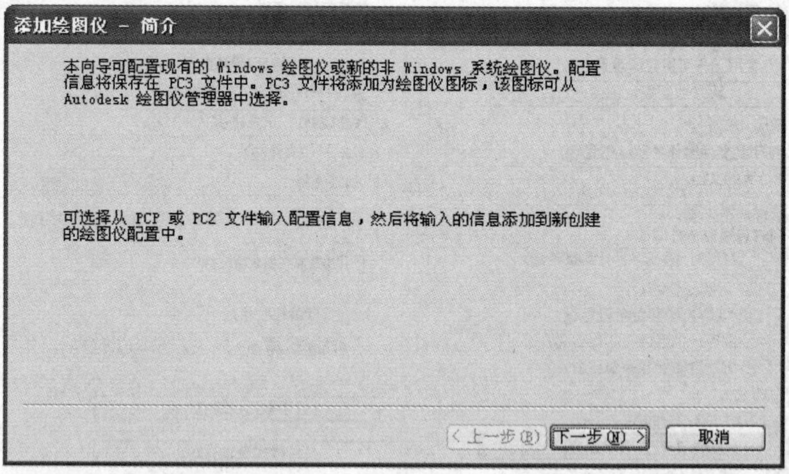
添加绘图仪 - 简介
本向导可配置现有的 Windows 绘图仪或新的非 Windows 系统绘图仪。配置信息将保存在 PC3 文件中。PC3 文件将添加为绘图仪图标，该图标可从 Autodesk 绘图仪管理器中选择。
可选择从 PCP 或 PC2 文件输入配置信息，然后将输入的信息添加到新创建的绘图仪配置中。
< 上一步(B)
下一步(N) >
取消

图 8.3 添加绘图仪

8.2 新建布局和样板

在 AutoCAD 中可以创建多个布局，每个布局都代表一张单独的打印输出图样。创建新布局后，可以在布局中创建浮动视口，视口中的各个视图可以使用不同的打印比例，并且能够控制视口中图层的可见性。

8.2.1　新建布局

可实现布局的创建、删除、复制、保存和重命名等各种操作。通过“布局”工具栏→“新建布局”启动命令，如图 8.4 所示。执行该命令后，AutoCAD 提示：

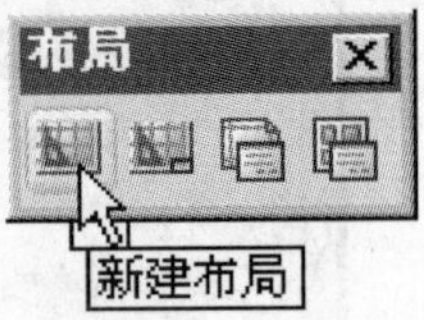

图 8.4　新建布局

输入布局选项［复制（C）/删除（D）/新建（N）/样板（T）/重命名（R）/另存为（SA）/设置（S）/?］＜设置＞：

【要点提示】

选项说明如下：

1）复制：复制指定的布局，复制后新的布局选项卡将插到被复制的布局选项卡之后。

2）删除：删除指定的布局。

3）新建：使用指定的名称和缺省的打印设备来创建一个新的布局。

4）样板：插入样板文件中的布局。此项也可通过下列方式来执行：

5）重命名：给指定的布局重新命名。

6）另存为：保存指定的布局。

7）设置：设置指定布局为当前布局。

8)?：列出图形中定义的所有布局。

8.2.2　来自样板的布局

Step1：单击“布局”工具栏→“来自样板的布局”按钮，如图 8.5 所示，系统弹出“从文件选择样板”对话框，如图 8.6 所示。

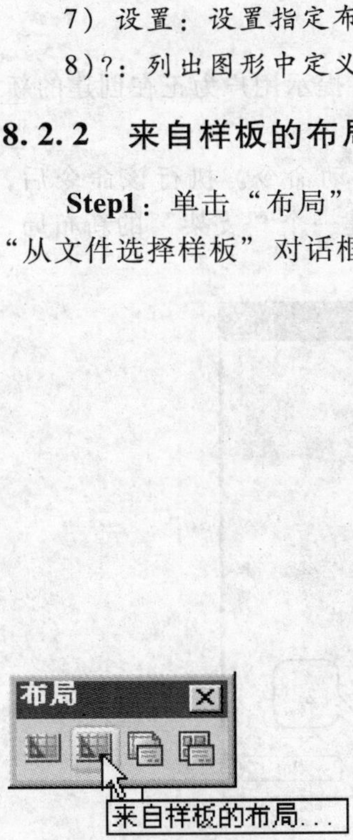

图 8.5　来自样板的布局

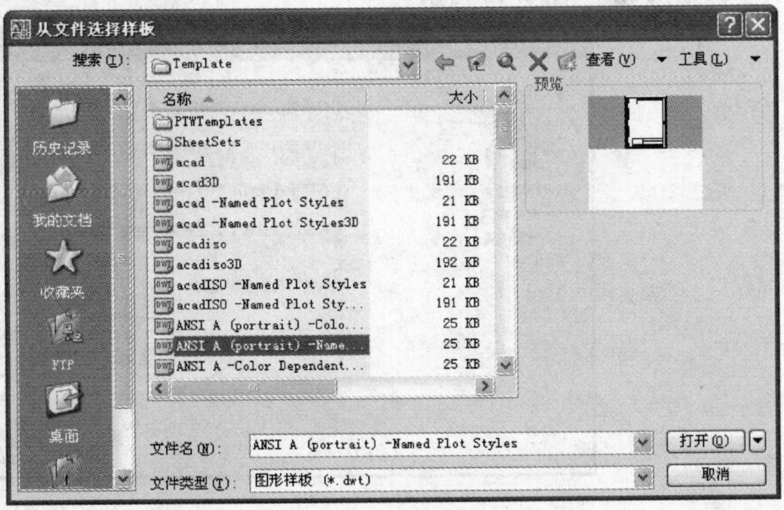

图 8.6　“从文件选择样板”对话框

Step2：单击“打开”按钮，系统弹出“插入布局”对话框，如图 8.7 所示；单击“ANSI A 标题栏（纵向）”，然后单击“确定”按钮即会在“模型”、“布局 1”、“布局 2”

选项卡的右边添加一个“ANSI A 标题栏（纵向）”选项卡，其标题栏布局如图 8.8 所示。

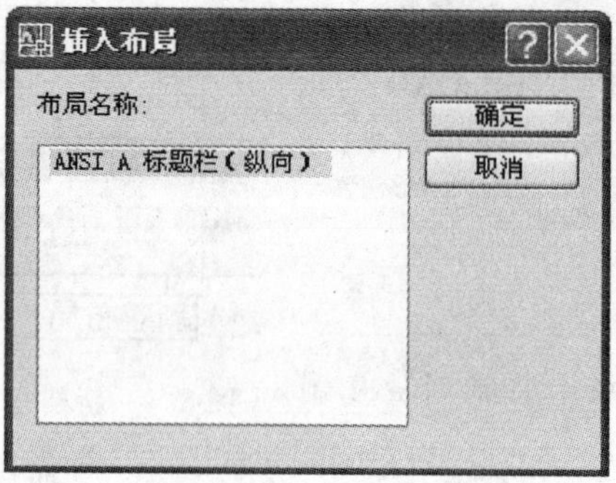

图 8.7　“插入布局”对话框

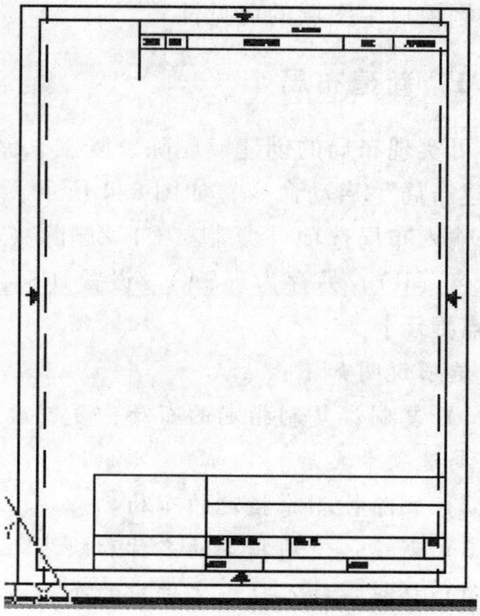

图 8.8　ANSID 标题栏布局

8.2.3　创建布局向导

布局向导用于引导用户创建一个新的布局，每个向导页面都将提示用户为正在创建的新布局指定不同的版面和打印设置。

通过下拉菜单“插入”→“布局”→“创建布局向导”启动命令。执行该命令后，AutoCAD 将显示“创建布局”对话框。例如，以支架图为例，创建一个“支架”的新布局，其步骤如图 8.9 ~ 图 8.15 所示。

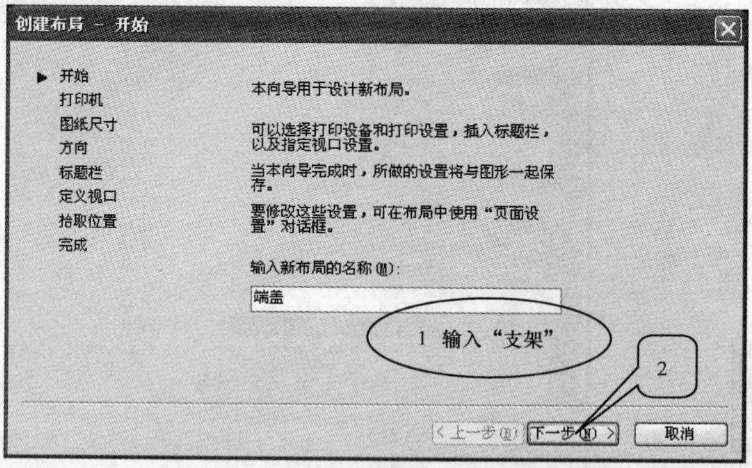

图 8.9　“创建布局-开始”对话框

创建布局完成后，在绘图窗口底部的“模型”和“布局”选项卡中会增加“支架”的选项卡，新创建的“支架”布局如图 8.16 所示。用户可以在“支架”布局选项卡上单击鼠标右键，打开如图 8.17 所示的“支架”布局选项卡及其快捷菜单。选择相应的菜单项，可

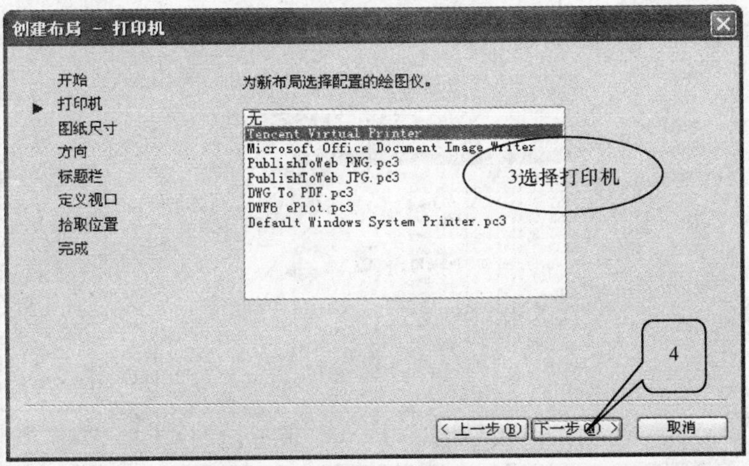

图 8.10 “创建布局-打印机”对话框

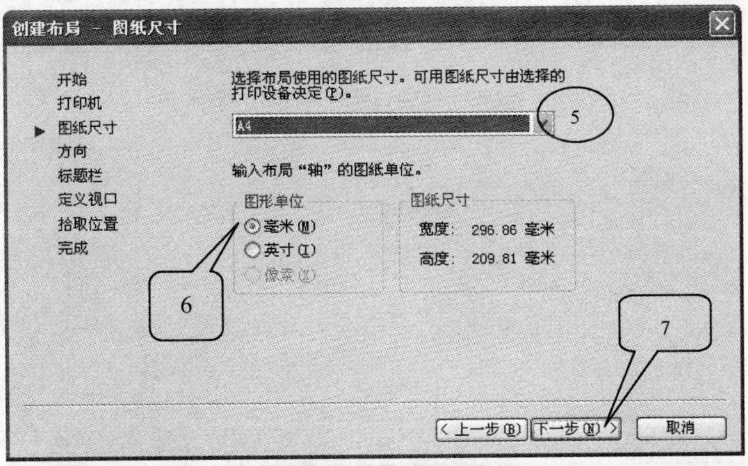

图 8.11 “创建布局-图纸尺寸”对话框

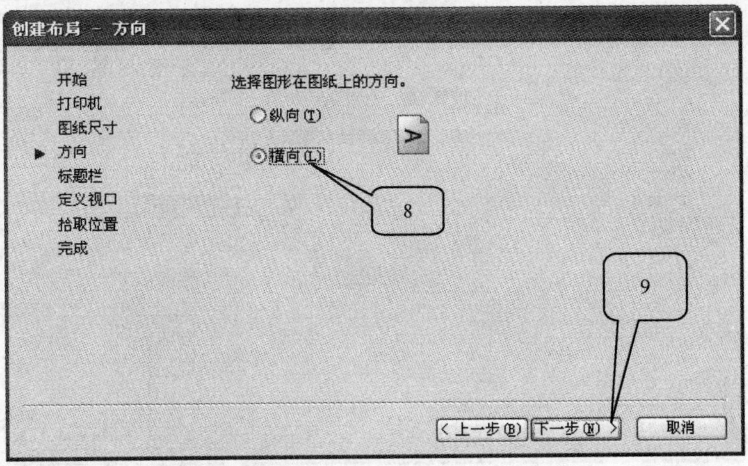

图 8.12 “创建布局-方向”对话框

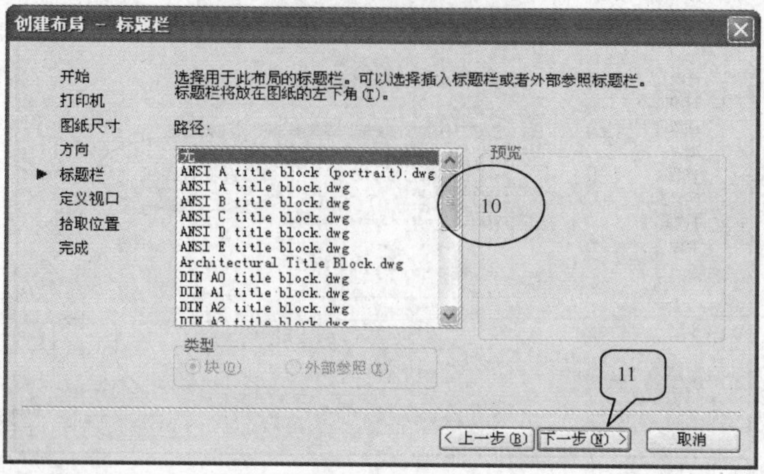

图 8.13 “创建布局-标题栏”对话框

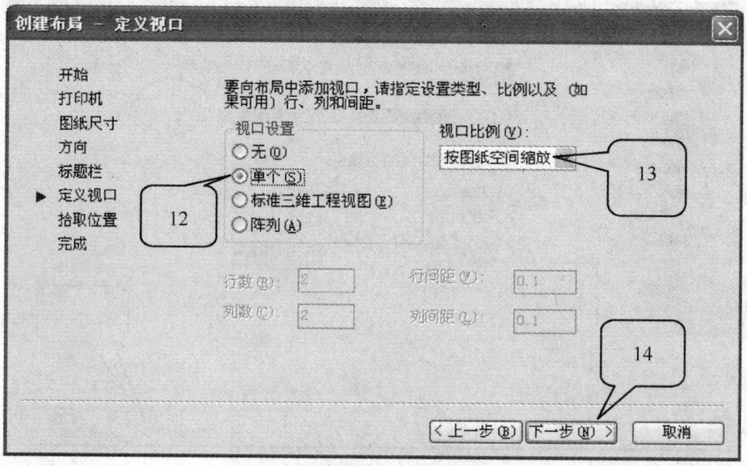

图 8.14 “创建布局-定义视口”对话框

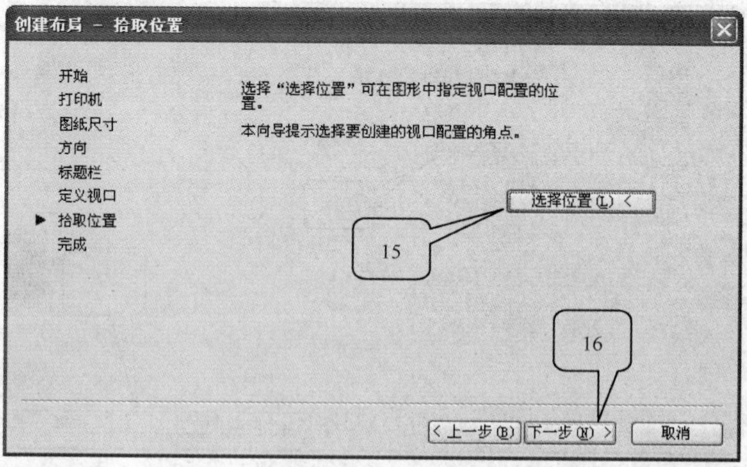

图 8.15 “创建布局-拾取位置”对话框

对已有布局进行“删除”、“移动或复制”等操作。

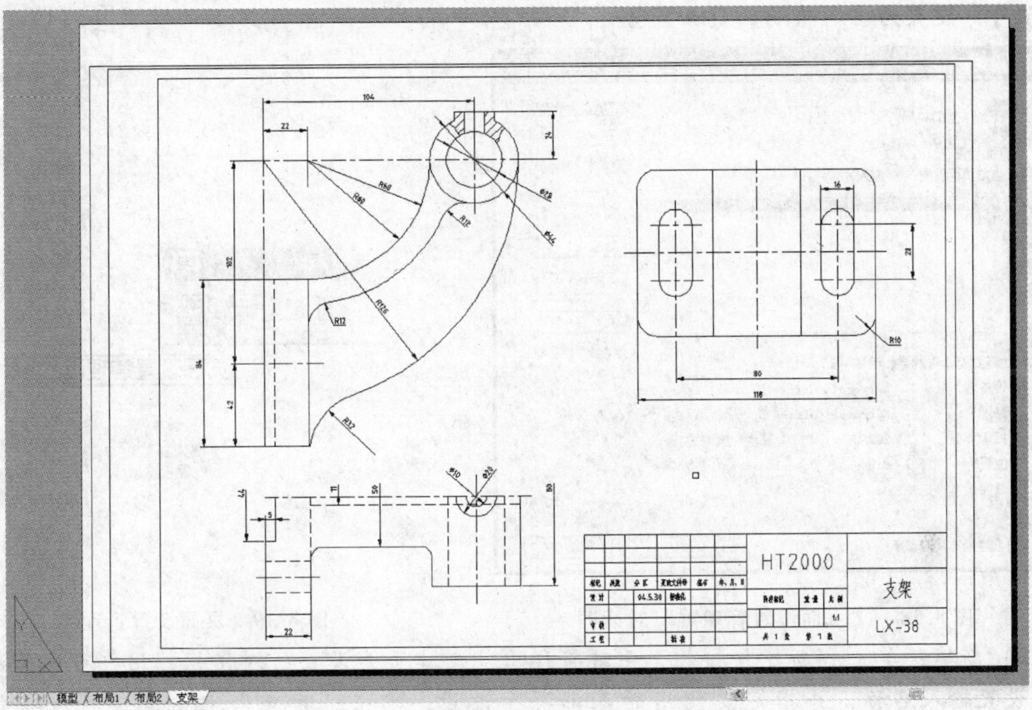

图 8.16　支架选项卡

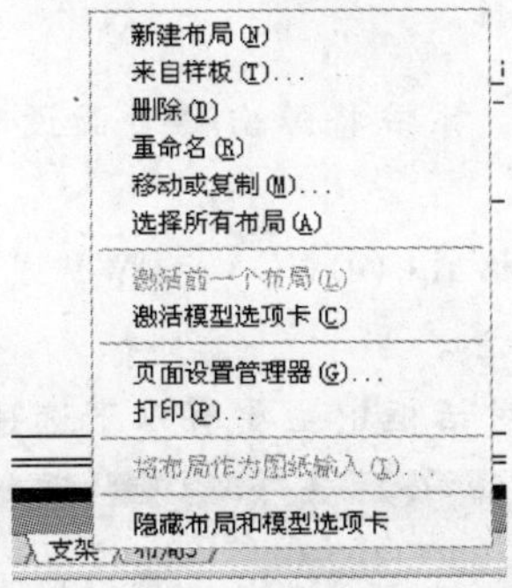

图 8.17　“支架”布局选项卡及其快捷菜单

8.2.4　页面设置管理器

页面设置是随布局一起保存的打印设置，可以应用于其他布局，或输入到其他图形中。当用户第一次从“模型”选项卡切换到“布局”选项卡时，默认情况下，系统将自动启动“页面设置管理器”对话框，如图 8.18 所示。不选定“创建新布局时显示”复选框，则“页面设置管理器”对话框不会自动显示。

通过“布局”工具栏→“页面设置管理器”启动命令，如图 8.19 所示。

执行该命令后，系统弹出“页面设置管理器”对话框，用户可为当前布局或图纸指定页面设置，也可以创建命名页面设置、修改现有页面设置，或从其他图纸中输入页面设置。

【要点提示】

“页面设置管理器”对话框各选项的功能如下：

1）置为当前：将所选页面设置设置为当前布局的当前页面设置，例如，将图 8.18 所示“设置 1”设置为当前布局的页面设置。

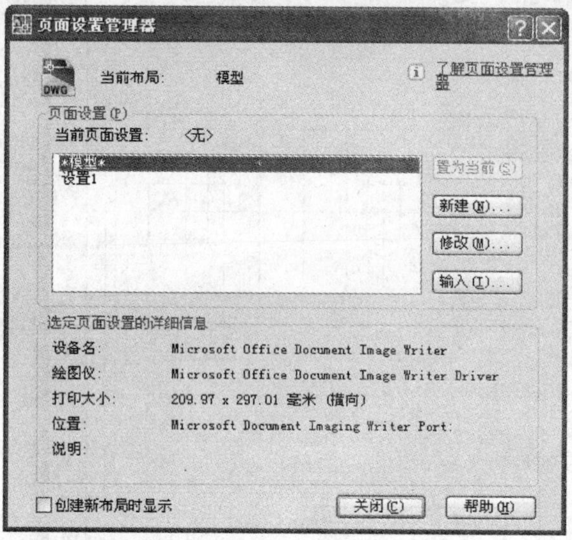

图 8.18 “页面设置管理器”对话框

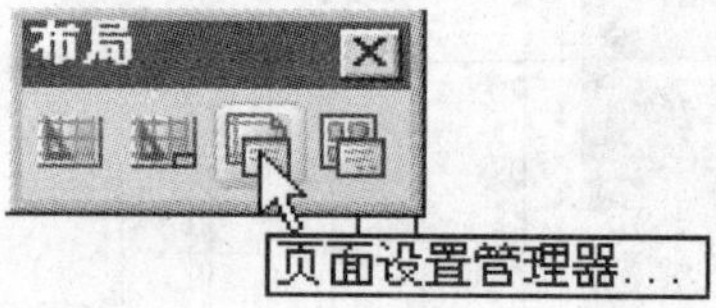

图 8.19 页面设置管理器

2）新建：单击“新建”按钮，系统将弹出“新建页面设置”对话框，用户可以为新建页面设置输入名称，并指定要使用的基础页面设置；单击“确定”按钮后，系统将弹出“页面设置”对话框，如图 8.20 所示，从中可以指定布局和打印设备的设置。指定的布局设置将随布局一起保存。

3）修改：单击“修改”按钮，系统将弹出“页面设置”对话框，用户可以编辑所选页面设置的选项。

4）输入：用户可以选择图形格式（DWG）、DWT 或图形交换格式（DXF）™文件，从这些文件中输入一个或多个页面设置。

图 8.20 所示的“页面设置”对话框中主要有以下选项：

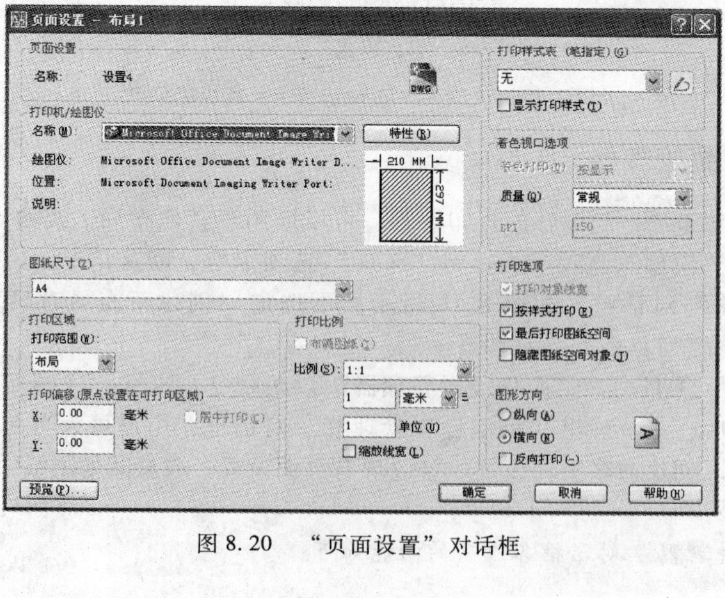

图 8.20 “页面设置”对话框

(1) “打印机/绘图仪”选项组　用户可在下拉列表框中选择 Windows 系统打印机或 AutoCAD 内部打印机（*.pc3 文件）作为输出设备，注意这两种打印机名称前的图标不一样。

如果用户想修改当前打印机设置，可单击“特性”按钮，打开“绘图仪配置编辑器”对话框，在该对话框中用户可以修改和查看打印机/绘图仪端口连接和输出设置，如打印介质、图形、物理笔配置、自定义特性、校准和用户定义的图纸尺寸等。

(2) “图纸尺寸”选项组　在下拉列表中指定图纸大小。当选用某种幅面图纸时，在该列表右上角出现所选图纸及实际打印范围的预览图像。将光标移到图像上面，在光标位置处显示出精确的图纸尺寸及图纸上可打印区域的尺寸。如果打印的图纸为“BMP”或“TIFF”文件，图形的打印单位以像素为单位而不是英寸或毫米。

(3) “打印区域”选项组　指定要打印的图形区域。可以有下列选择：

1) 布局/图形界限：从“布局”选项卡打印时，将打印指定图纸尺寸的可打印区域内的所有内容。从“模型”选项卡打印时，将打印图形界限定义的整个图形区域。

2) 范围：打印图纸中所有的图形对象。

3) 显示：打印“模型”选项卡当前视口中的视图或布局选项卡上当前图纸空间视图中的视图。

4) 窗口：打印用户自己设定的区域。选择此项后，用户单击“窗口”按钮使用鼠标指定要打印区域的两个角点，或输入坐标值。

(4) 打印偏移　确定图形在图纸上的打印位置，默认状态下，AutoCAD 从图纸的左下角打印图形，打印原点处于图纸左下角位置，坐标是 (0，0)。

居中打印：在图纸正中间打印图形。

X 或 Y：指定打印原点在 X 或 Y 方向的偏移值。

(5) 打印比例　设置出图比例。绘制阶段用户是根据实物按 1:1 比例绘图，打印时需根据图纸尺寸确定打印比例。如果选择了“缩放线宽”项，则线宽的缩放比例与打印比例成正比。

如果在“打印区域”中指定了“布局”选项，则无论在“比例”中指定了何种设置，都将以 1:1 的比例打印布局。

(6) 打印样式表　此选项在下节中将详细说明。

(7) 着色视口选项　此选项是从 AutoCAD 2004 版开始增加的功能，可以指定着色和渲染视口的打印方式，并确定它们的分辨率级别和每英寸点数（DPI）。

1) 着色打印

按显示：按对象在屏幕上的显示方式打印。

线框：按线框的方式打印对象，不考虑其在屏幕上的显示方式。

消隐：打印对象时消除隐藏线，不考虑其在屏幕上的显示方式。

渲染：按渲染的方式打印对象，不考虑其在屏幕上的显示方式。

2) 质量

草稿：将渲染和着色模型按线框方式打印。

预览：将渲染和着色模型的打印分辨率设置为当前设备分辨率的四分之一，最大值为 150DPI。

普通：将渲染和着色模型的打印分辨率设置为当前设备分辨率的二分之一，最大值为

300DPI。

演示：将渲染和着色模型的打印分辨率设置为当前设备的分辨率，最大值为600DPI。

最大：将渲染和着色模型的打印分辨率设置为当前设备的分辨率，无最大值。

自定义：将渲染和着色模型的打印分辨率设置为“DPI”框中指定的分辨率设置，最大可为当前设备的分辨率。

3）DPI：设定打印图像时每英寸的点数，最大可为当前打印设备的最大分辨率。只有在“质量”框中选择了“自定义”后，此选项才可用。

（8）打印选项　指定线宽、打印样式、着色打印和对象的打印次序等选项。

（9）图形方向　确定图形在图纸上的打印方向。

（10）预览　打印参数设置完成后，可通过打印预览观察图形的打印效果。如果不合适可重新调整。要退出打印预览并返回“页面设置”对话框，请按“Esc”键，然后按“Enter”键，或单击鼠标右键并在快捷菜单上单击“退出”选项。

8.2.5　视口

在“模型”选项卡上，可将绘图区域拆分成一个或多个相邻的矩形视图，称为模型空间视口。视口是显示用户模型的不同视图的区域。使用“模型”选项卡，可以将绘图区域拆分成一个或多个相邻的矩形视图，称为模型空间视口。在大型或复杂的图形中显示不同的视图，可以缩短在单一视图中缩放或平移的时间。而且，在一个视图中出现的错误可能会在其他视图中表现出来。

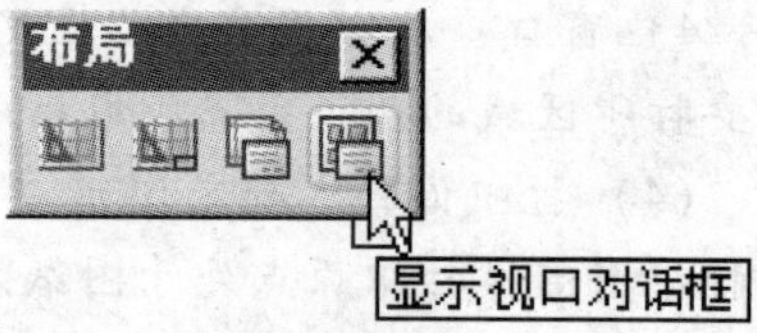

图 8.21　显示视口对话框

单击“布局”工具栏→“显示视口对话框”按钮，如图 8.21 所示，系统弹出“视口”对话框，如图 8.22 所示，在“视口”对话框中可命名视口、修改视图等。

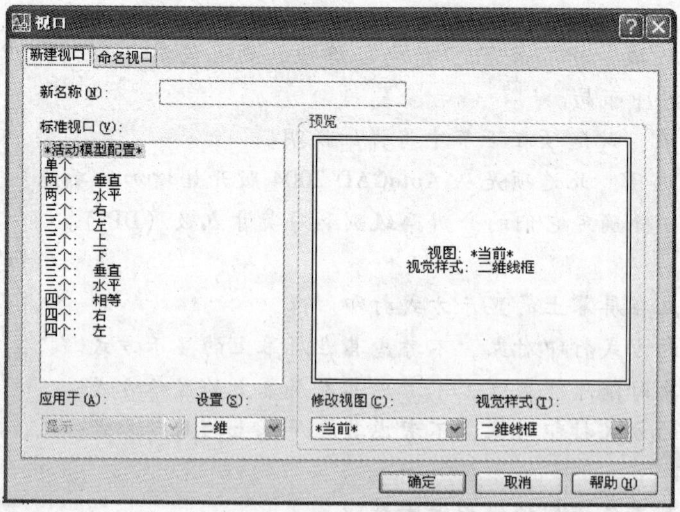

图 8-22　“视口”对话框

【要点提示】

“视口”对话框各选项的功能如下：

（1）新名称　为新建的模型空间视口配置指定名称。如果不输入名称，则新建的视口配置只能应用而不保存。如果视口配置未保存，将不能在布局中使用。

（2）标准视口　列出并设定标准视口配置，包括 CURRENT（当前配置）。

（3）预览　显示选定视口配置的预览图像，在配置中被分配到每个单独视口的默认视图。

（4）应用于　将模型空间视口配置应用到整个显示窗口或当前视口。

1）显示：将视口配置应用到整个“模型”选项卡显示窗口。“显示”选项是默认设置。

2）当前视口：仅将视口配置应用到当前视口。

（5）设置　指定二维或三维设置。如果选择二维，新的视口配置将最初通过所有视口中的当前视图来创建。如果选择三维，一组标准正交三维视图将被应用到配置中的视口。

（6）修改视图　用从列表中选择的视图替换选定视口中的视图。可以选择命名视图，如果已选择三维设置，也可以从标准视图列表中选择。使用“预览”区域查看选择。

（7）视觉样式　将视觉样式应用到视口。

8.3　打印样式表

与线型和颜色一样，打印样式也是对象特性，可以将打印样式指定给对象或图层。打印样式控制对象的打印特性，也可创建新的打印样式表以保存在布局的页面设置中或对其进行编辑。

8.3.1　创建打印样式表

打印样式的特性是在打印样式表中定义的，可以将它附着到“模型”标签和布局上去。每个对象和图层都有打印样式特性。如果给对象指定一种打印样式，然后将包含该打印样式定义的打印样式删除，该打印样式将不起作用。通过附着不同的打印样式到布局上，可以创建不同外观的打印图纸。通过添加打印样式表向导创建新的打印样式表时，需启动“工具”→“向导”→“添加打印样式表”命令，操作步骤如图 8.23～图 8.27 所示。

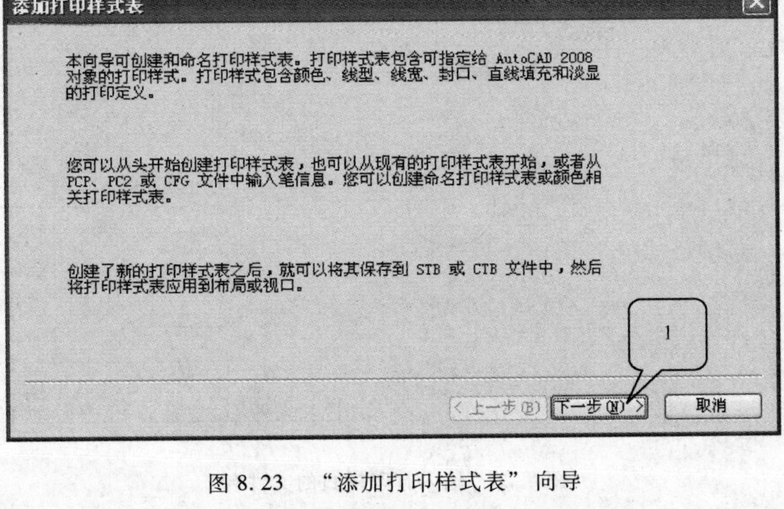
添加打印样式表
本向导可创建和命名打印样式表。打印样式表包含可指定给 AutoCAD 2008 对象的打印样式。打印样式包含颜色、线型、线宽、封口、直线填充和淡显的打印定义。
您可以从头开始创建打印样式表，也可以从现有的打印样式表开始，或者从 PCP、PC2 或 CFG 文件中输入笔信息。您可以创建命名打印样式表或颜色相关打印样式表。
创建了新的打印样式表之后，就可以将其保存到 STB 或 CTB 文件中，然后将打印样式表应用到布局或视口。
1
< 上一步(B)
下一步(N) >
取消

图 8.23　“添加打印样式表”向导

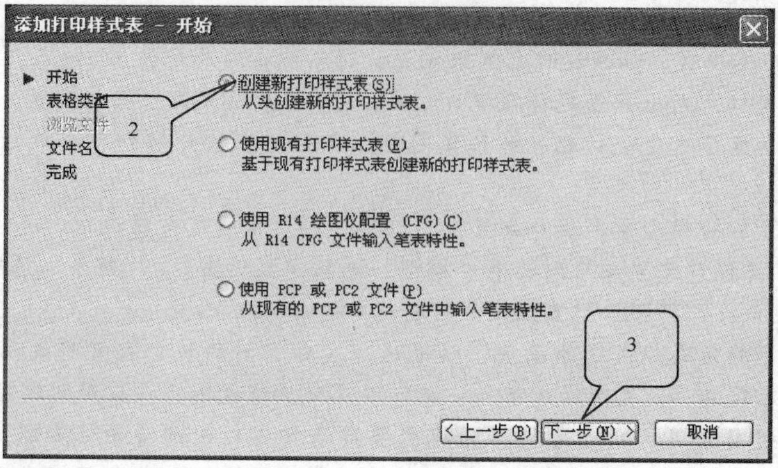

图 8.24　选择操作的类型

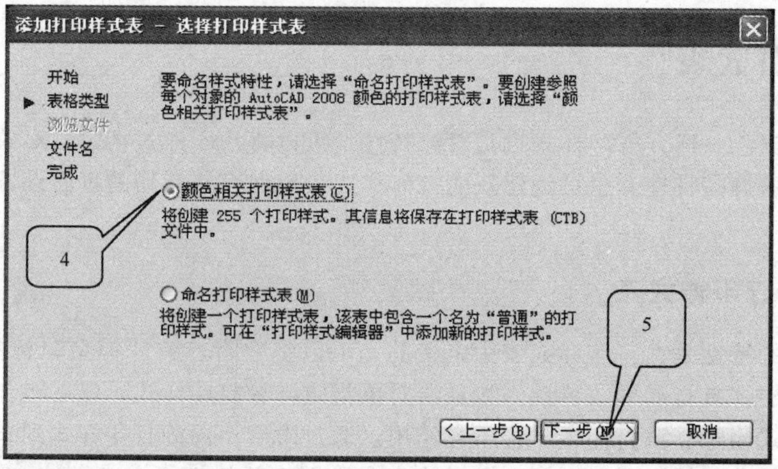

图 8.25　“选择打印样式表”类型

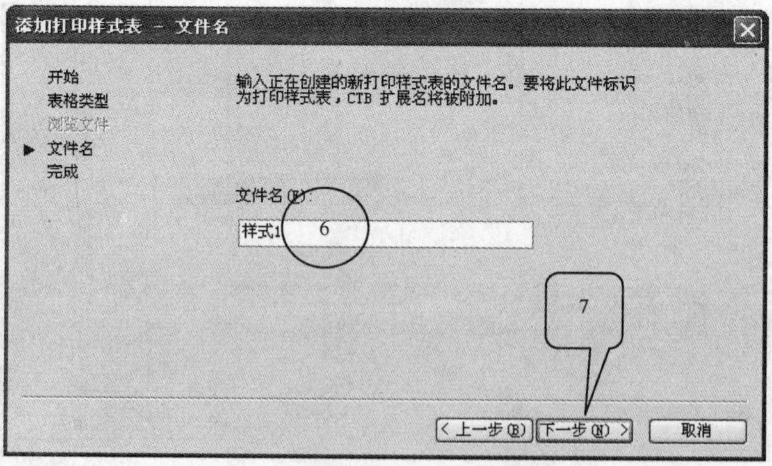

图 8.26　输入打印样式的文件名

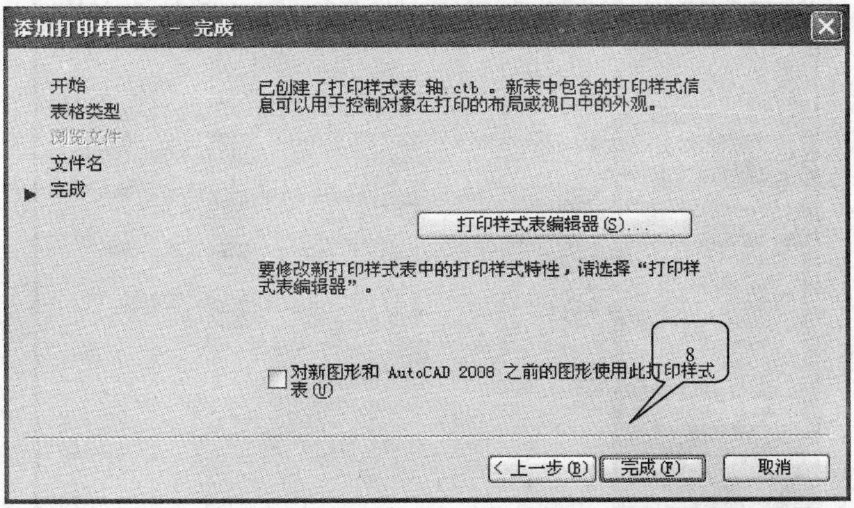
添加打印样式表 - 完成
开始
表格类型
浏览文件
文件名
完成
已创建了打印样式表 轴.ctb 。新表中包含的打印样式信息可以用于控制对象在打印的布局或视口中的外观。
打印样式表编辑器(S)...
要修改新打印样式表中的打印样式特性，请选择“打印样式表编辑器”。
8
对新图形和 AutoCAD 2008 之前的图形使用此打印样式表(U)
< 上一步(B)
完成(F)
取消

图 8.27　完成打印样式表的创建

图 8.23 中给出了如下说明：本向导可创建和命令打印样式表。打印样式表包含可指定给 AutoCAD 2008 对象的打印样式。打印样式包含颜色、线型、线宽、封口、直线填充和淡显的打印定义。

【要点提示】

在图 8.24 所示对话框中，可以根据工作的实际需要选择相应的单选项，各个单选项的含义如下：

(1) 创建新打印样式表　选中此单选项，从头开始创建新的打印样式表。

(2) 使用现有打印样式表　以已经存在的命名打印样式表为起点创建新的命名打印样式表，在新的打印样式表中会包含原有打印样式表中的一部分样式。

(3) 使用 R14 绘图配置（CFG）　使用“acadr14.cfg”文件中指定的信息创建新的打印样式表。如果要输入设置，而又没有 PCP 或者 PC2 文件，则可选择该单选按钮。

(4) 使用 PCP 或 PC2 文件　使用 PCP 或者 PC2 文件中存储的信息创建新的打印样式表。

8.3.2　打印样式表的编辑

对于已经存在的打印样式表，使用打印样式表编辑器可以添加、删除和重命名打印样式，并且可以编辑打印样式表中的打印样式参数。

选择“文件”→“打印样式管理器”命令，打开如图 8.28 所示的打印样式管理器窗口，其中保存了若干个 CTB“颜色打印样式表”文件和 STB“命名打印样式表”文件。双击某一个 CTB 文件图标，系统弹出“打印样式表编辑器”对话框，如图 8.29 所示。

1）在“基本”选项卡中，系统给出了当前打印样式表的名称、说明、版本和路径等信息。用户可以修改打印样式表的说明信息，也可以在非 ISO 直线和填充图案上应用缩放比例。

2）“表视图”选项卡中的界面如图 8.30 所示，这里提供有打印颜色、淡显、线型、线宽、线条端点样式、线条连接样式和填充样式等选项的设置。

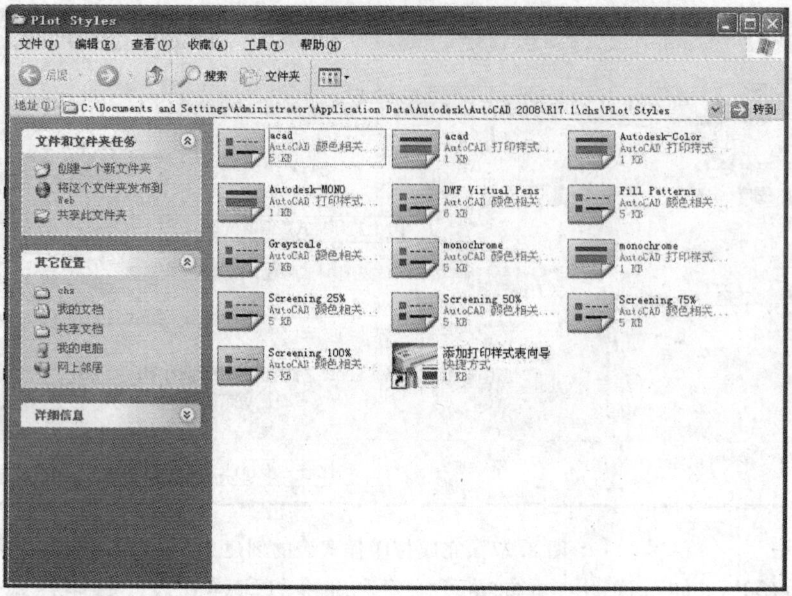

图 8.28 打印样式管理器窗口

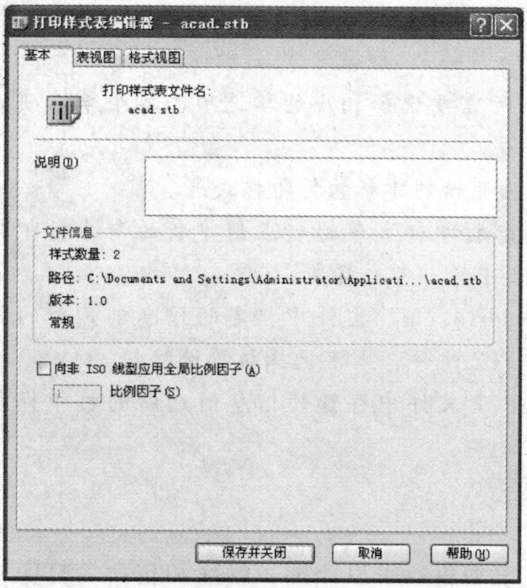

图 8.29 “打印样式表编辑器”对话框

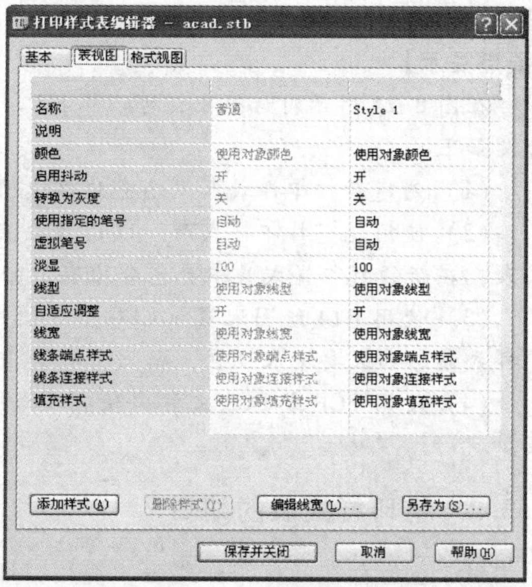

图 8.30 “表视图”选项卡

3）“格式视图”选项卡的界面如图 8.31 所示，其选项内容与“表视图”选项卡的界面基本相同。

“表视图”和“格式视图”选项卡实际上指定了相同的修改项目。如果打印样式的数量较少，使用“表视图”选项卡较为方便；如果打印样式的数量很多，则可使用“格式视图”选项卡进行编辑。

使用“表视图”选项卡进行编辑时，在需要修改的特性上单击鼠标左键，该属性框会弹出下拉列表或者变成输入文本框，然后即可对其属性值进行修改，如图 8.32 所示。

使用“格式视图”选项上进行编辑的操作相对来讲要简单一些。系统在对话框中给出了每一种颜色所要设计的颜色特性，用户可以对所需要的特性值直接进行修改，如图 8.33 所示。

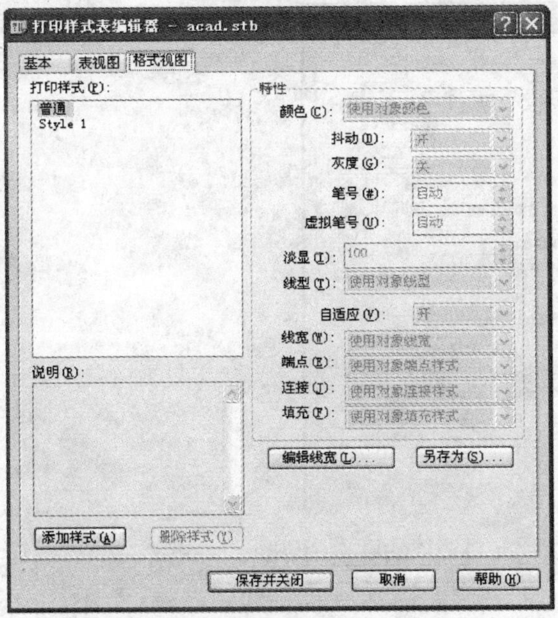

图 8.31　“格式视图”选项卡

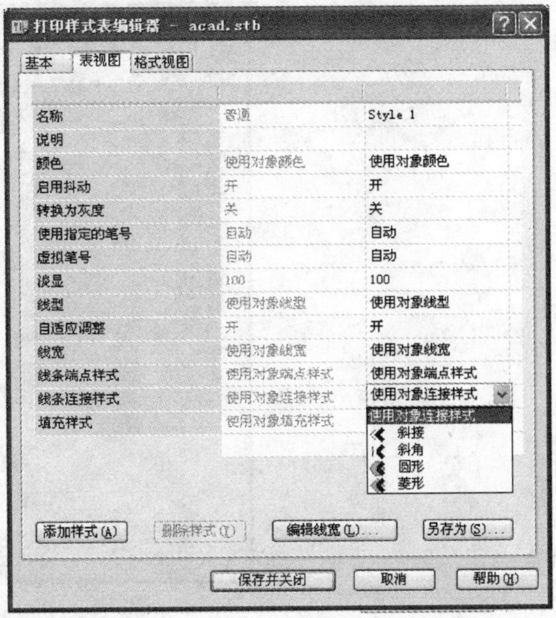

图 8.32　“表视图”选项卡的编辑操作

图 8.33　“格式视图”选项卡的编辑操作

8.3.3　颜色相关打印样式

用物体的颜色控制其打印的效果，不同颜色的物体可能会有不同的打印效果。所以也可以通过改变物体的颜色来改变用于该物体的打印样式。AutoCAD 用物体的颜色来控制笔号、线型和线宽等。颜色相关打印样式表以“.ctb”为文件扩展名保存。

这种使用物体颜色的方式限制了颜色在图形中的使用。把颜色关联到画笔就不能发挥线宽、线型与颜色不相关的灵活性。按照规定，AutoCAD 通过创建颜色相关打印样式表继续使用物体的颜色来控制输出的效果。在“打印”和“页面设置管理器”对话框中有一个由输入笔设置的向导，如图 8.34 所示，系统的默认方式为“颜色相关打印样式表”。

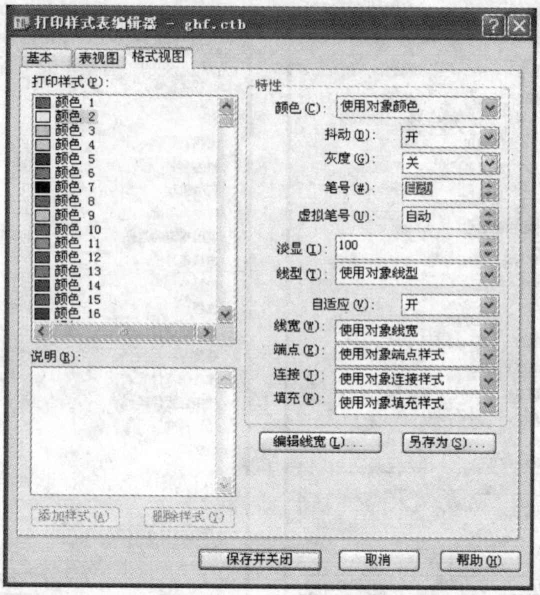

图 8.34 笔设置向导

8.3.4 命名相关打印样式

命名相关打印样式可以独立于物体的颜色使用，可以在任意的物体指定任意一种打印样式，不论物体的颜色是什么。这是因为打印样式与色彩、图层等一样均是物体的属性，如图 8.35 所示。命名相关打印样式表以“.stb”为文件扩展名保存。

【要点提示】

命名相关打印样式有以下几个特点：

1）每一个物体都可以独立地设置打印样式，而不论其颜色、图层、图块等属性如何。例如，选中物体后，可以在物体特性栏目内修改打印样式，如图 8.36 所示。

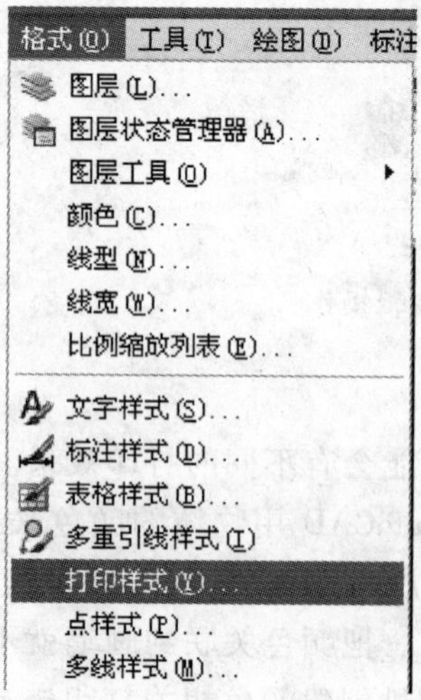

图 8.35 命名打印样式表

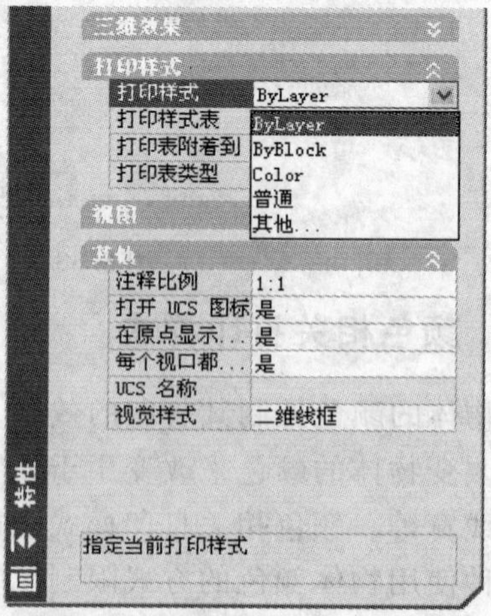

图 8.36 “特性”设置打印样式

2）针对图块可以设置打印样式，其优先权低于图块内的单个线条的打印样式。

3）针对图层可以设置打印样式，其优先权低于单个线条和图块的打印样式，如图 8.37 所示。

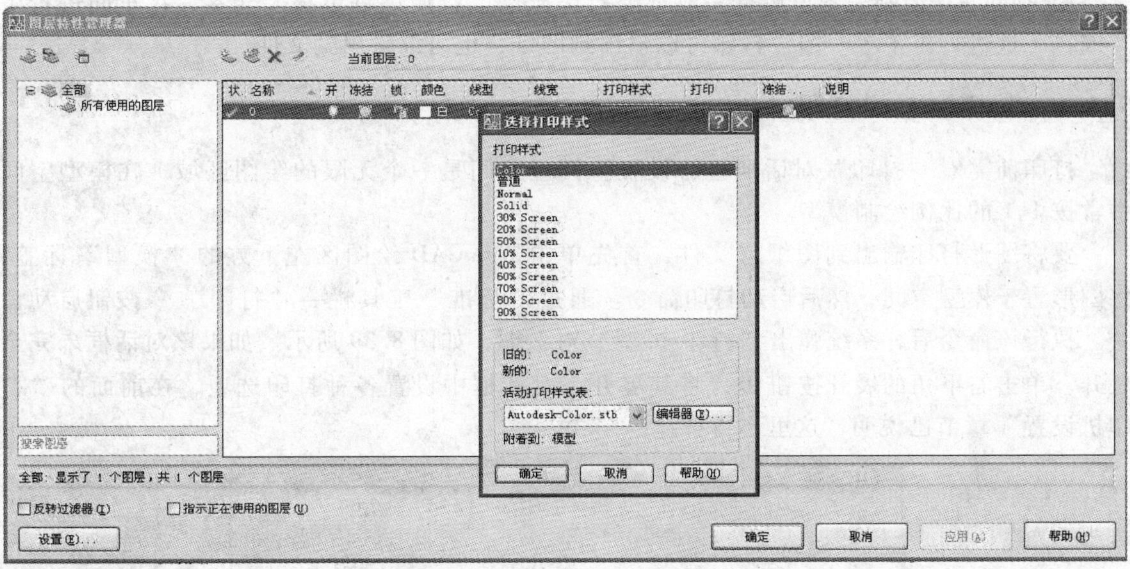

图 8.37　在图层中设置打印样式

命名相关打印样式的缺点是屏幕显示与打印结果可能相差较大，不够直观。对此可以选择“页面设置管理器”→“修改”→“打印样式表（笔指定）”→“显示打印样式”命令来达到直观的效果，但这样会降低计算机的显示速度。

有的用户会发现计算机中所有针对物体、图层的打印样式均呈灰色显示，不能激活，这是为什么呢？

在 AutoCAD 中有两种打印样式模式，即“颜色相关”和“命名相关”，在 AutoCAD 里打开的每一个图形不是处于“颜色相关”模式就是处于“命名相关”模式。可以修改新图形，也可以在“选项”对话框的“打印”选项卡中设置打印样式。修改打印样式模式的具体步骤如下：

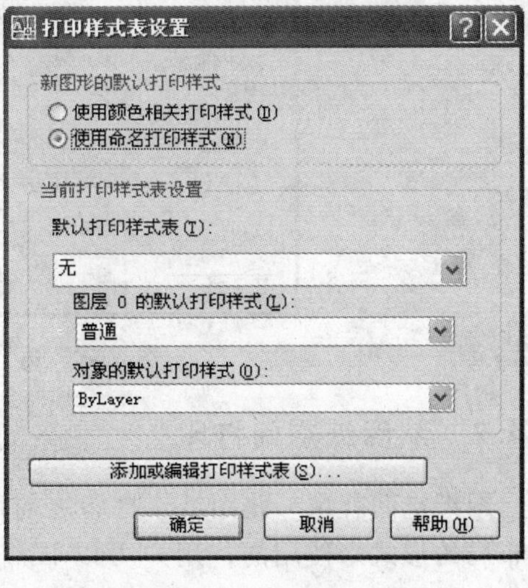

图 8.38　打印样式选择

Step1：选择“工具”→“选项”命令，系统弹出“选项”对话框，然后选择“打印和发布”选项卡。

Step2：单击“打印样式表设置”按钮，系统弹出“打印样式表设置”对话框，选中“使用命名打印样式”选项，如图 8.38 所示。

Step3：单击“确定”按钮。

要查看改动后的效果，必须创建一个新图形或者打开没有在 AutoCAD 里保存过的图形，这种改动不影响当前图形。

8.4 图形打印

用 AutoCAD 绘制完图形后，一般都要打印出来，以便进行审核、会签、在车间进行生产或在工地进行施工等。图样打印可以输出到图纸，也可以输出到文件。

8.4.1 从模型空间打印

打印前需对“打印”对话框进行设置。模型空间是一个无限的绘图区域，在模型空间中常按 1:1 的比例绘制模型。

要将图形打印输出到图纸或文件，首先单击 AutoCAD 绘图区左下方的“模型”标签，将图形置于模型空间，然后启动打印命令。通过“标准”工具栏→“打印”按钮启动命令。执行该命令后，系统弹出“打印-模型”对话框，如图 8.39 所示。如果该对话框未完全展开，单击右下角的展开按钮，将其展开。对话框中设置各种打印选项，在前面的“打印机设置”章节已说明，这里不再解释。

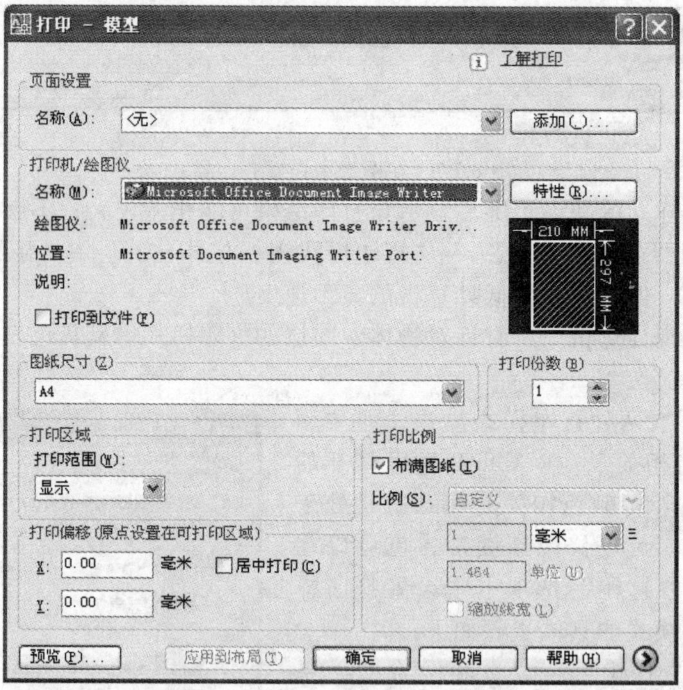

图 8.39 “打印-模型”对话框

8.4.2 从图纸空间打印

图纸空间就象一张图纸，打印之前可以在上面排放图形。在 AutoCAD 中，图纸空间是以布局的形式来使用的，用户可以非常方便地创建和管理一个或多个图纸空间环境（布局）。从图纸空间打印图形可以进行单视口打印，也可以进行多视口打印，还可以应用和建立样板布局。

1. 单视口打印

在模型空间绘制图形后，单击 AutoCAD 绘图区左下方的“布局”标签，进入图纸空间，而后启动打印命令，进行与从模型空间打印图形类似的打印设置，然后预览或打印。

例如，对图 8.16 所示支架图进行打印预览。其中，打印设备选择“DWF6eFlot. pc3”；图纸尺寸选择“ISO full belssd A1”；在“打印比例”区选择“布满图纸”；打印范围选择“窗口”，用捕捉方式指定窗口的两个角点为图形外边框线的左上角点和右下角点，则打印预览如图 8.40 所示。

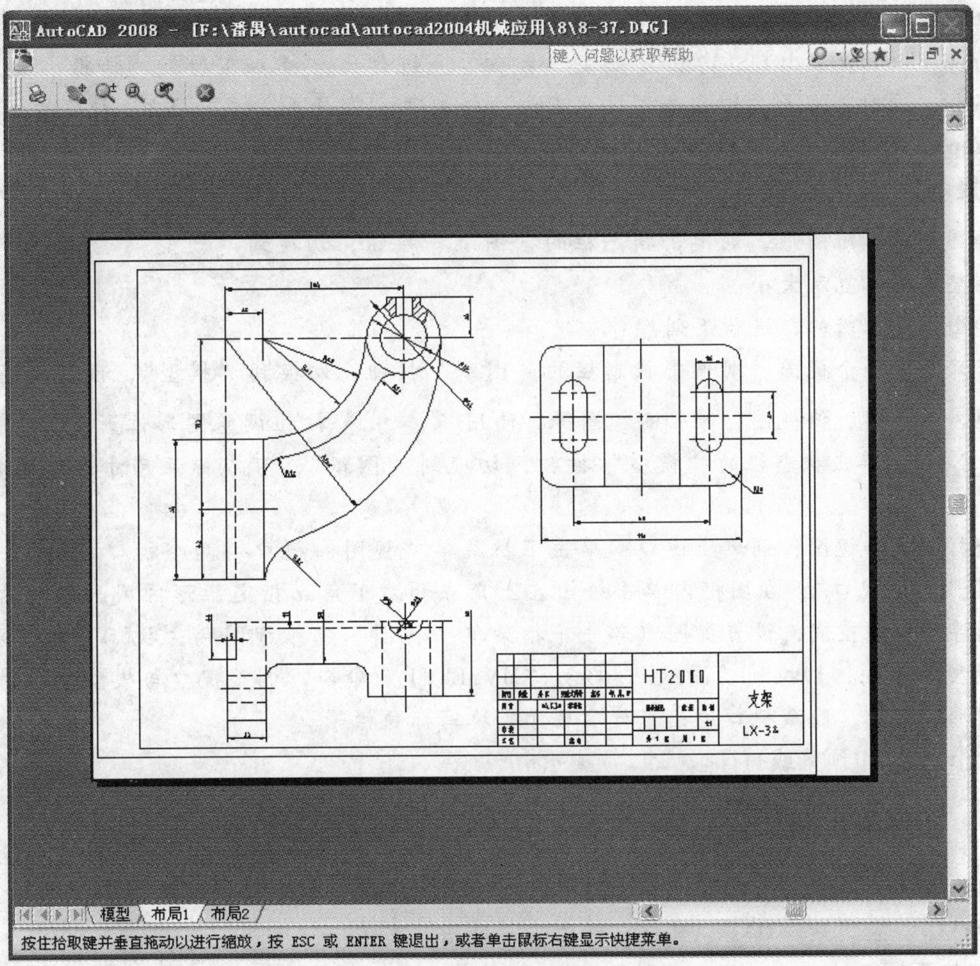

图 8.40　图纸空间打印预览结果

2. 多视口打印

多视口打印是针对三维图形的，多视口如主视图、左视图、俯视图、等轴测视图等。先从三维图生成二维图形，再隐藏视口边框（新建“图层 1”；用鼠标选择所有视口的边框，单击“标准”工具栏的“特性”按钮，系统弹出“特性”选项板，单击“图层”下拉列表框，选择“图层 1”，将视口边框设置到“图层 1”上，关闭“特性”选项板；关闭“图层 1”），然后进行多视口打印。

3. 插入来自样板的布局

AutoCAD 安装目录下的“Template”文件夹存放了多种样板文件，样板文件中含有布局，可以直接插入使用。样板文件的扩展名为“. DWT”。利用工具按钮“布局”工具栏→“来自样板的布局”启动命令。

插入来自样板的布局，从而建立打印布局的步骤如下：

Step1：绘制一个图形或打开一个图形文件。

Step2：插入来自样板的布局。

【要点提示】

命令启动后，系统弹出“从文件选择样板”对话框，从中选择样板文件（如选择 Gb _ a1-Named Plot Styles. dwt），单击“确定”按钮，系统弹出“插入布局”对话框，单击“确定”按钮。这时，布局出现在绘图区左下方“模型”、“布局 1”、“布局 2”标签的右边。

Step3：处理图形。单击插入的布局的标签（如单击“Gb A2”标题栏）。

【要点提示】

如图形是二维图形，则单击状态栏的“图纸”按钮，切换到“模型”，使用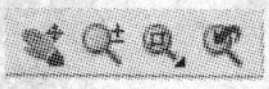按钮调整图形位置及大小。

如图形是三维的，进行下列操作：

若只打印一个视图，则单击状态栏的“图纸”按钮，切换到“模型”，设置视图类型：主视图、左视图、俯视图、等轴测视图等，使用按钮调整图形位置及大小；消隐（如果需要）；单击状态栏的“模型”按钮，切换到“图纸”；可以标注尺寸或填写标题栏等。

若打印多个视图，则删除视口；单击下拉菜单“视图→视口→两个视口”或“三个视口”或“四个视口”，在图框内单击给出左上角点和右下角点指定矩形区域，形成多视口；切换到浮动模型空间，设置视图（单击下拉菜单“视图→三维视图→主视”）；单击状态栏的“模型”按钮，切换到“图纸”；启动“MVSETUP”命令，调整视口与模型空间的比例，对齐图形；消隐、隐藏视口边框、标注尺寸或填写标题栏等。

Step4：打印预览或打印。

8.4.3 图形输出到文件

AutoCAD 图形除可打印输出到图纸外，还可输出到文件，供其他应用程序使用。下面介绍电子打印、输出到“DXF”文件和输出为其他格式文件。

1. 电子打印

电子打印是把绘制的图形以“. DWF”格式输出，此格式文件可以在不损失原始图形文件数据特性的前提下用 Internet 浏览器进行打开、查看或打印等操作。“DWF”文件是二维矢量文件，支持实时平移、缩放、控制图层、命名视图和超级链接等功能。

可以使用 Autodesk DWF Viewer 或 Autodesk DWF Composer 打开、查看和打印“DWF”文件，还可以在 Microsoft Internet Explorer 5.01 以上版本中查看“DWF”文件。

操作方法如下：

Step1：绘制图形，或打开已绘制的图形文件。

Step2：选择菜单“文件”→“打印”，系统弹出“浏览打印文件”对话框。

Step3：选择“打印到文件”，在“打印机→绘图仪”区的“名称”下拉列表中选择扩展名为“. pc3”的虚拟打印机，如选择“DWF eplot. pc3”，再指定图纸尺寸、打印区域和打印样式表（笔样式）等项，然后单击“确定”按钮。

Step4：在弹出的“浏览打印文件”对话框中，“文件类型”下拉列表框显示“*. dwf”，在“文件名”、“保存于”下拉列表框输入文件名和指定文件位置（路径）。

Step5：单击“保存”按钮，完成“DWF”文件的输出。

Step6：从保存位置找到保存的“DWF”图形文件，双击，查看图形，如图 8.41 所示。

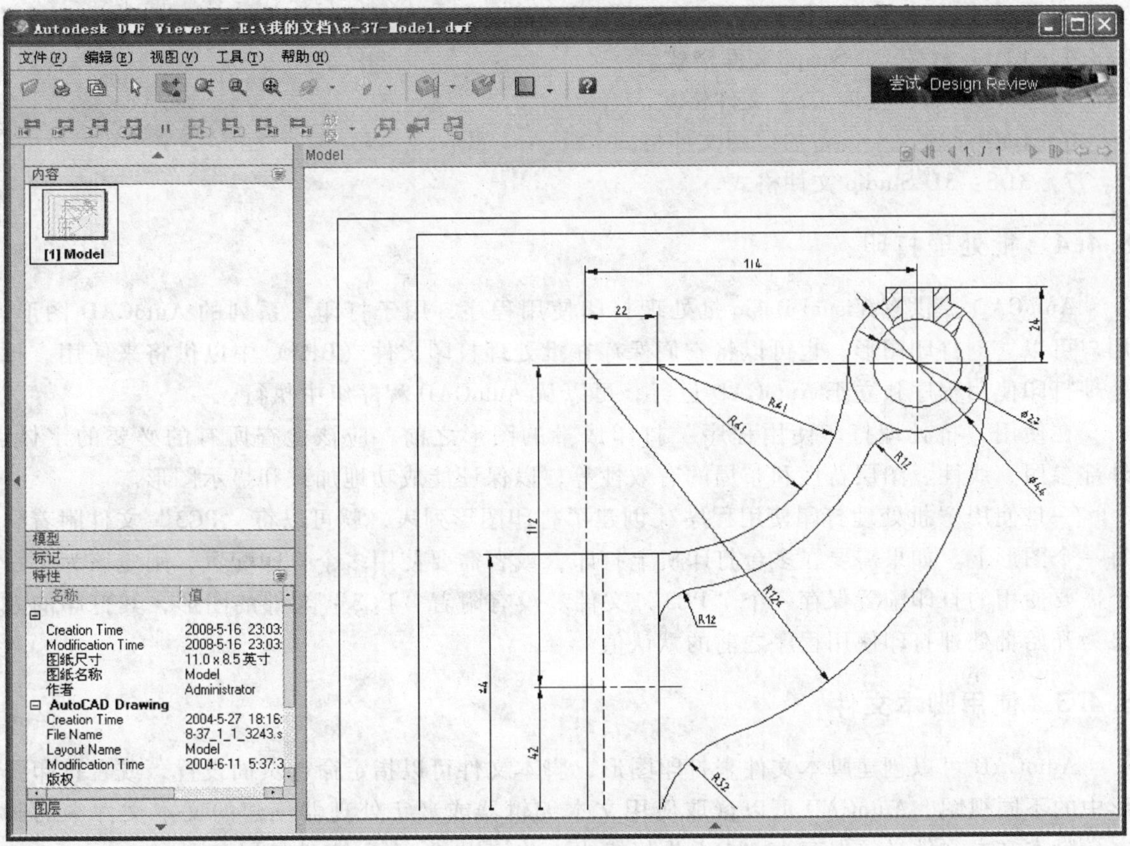

图 8.41　Autodesk DWF Viewer 浏览图形

2. 输出为“DXF”文件

把 AutoCAD 图形输出为“DXF”文件。“DXF”文件称为图形交换格式文件，它是文本或二进制文件，包含可由其他 CAD 程序读取的图形信息。其他用户可用识别“DXF”文件的 CAD 软件共享、使用和处理该图形。

通过下拉菜单“文件”→“另存为”启动命令，系统弹出“图形另存为”对话框，在“文件类型”下拉列表框中选择“*. dxf”，在“文件名”框中输入保存的文件名，在“保存于”下拉列表框中指定文件位置（路径），然后单击“保存”按钮，完成“DXF”文件的输出。

3. 输出为其他格式文件

把 AutoCAD 图形以其他格式的文件保存。将图形文件以其他文件格式输出，以便其他应用软件用户更方便共享和使用图形数据。

通过下拉菜单“文件”→“输出”启动命令，系统弹出“输出数据”对话框，在“文件类型”下拉列表框中选择一种格式，在“文件名”框中输入保存的文件名，在“保存于”下拉列表框中指定文件位置（路径），然后单击“保存”按钮，完成“DXF”文件的输出。

AutoCAD 可以用如下几种格式类型来保存图形对象：

1）WMF：Windows 图元文件格式。

2）SAT：ACIS 实体模型文件格式。

3）STL：实体对象立体平板印刷文件格式。

4）EPS：封装 PostScript 文件格式。

5）DXX：属性提取 DXF 文件格式。

6）BMP：独立于设备的位图文件格式。

7）3DS：3D Studio 文件格式。

8.4.4 批处理打印

AutoCAD 提供有 Visual Basic 批处理打印使用程序，用于打印一系列的 AutoCAD 图形。用户可以立刻打印图形，也可以将它们保存在批处理打印文件（BP3）中以供将来使用。批处理打印使用程序独立于 AutoCAD 运行，可以从 AutoCAD 程序组中执行。

在使用“批处理打印使用程序”打印成批的图形之前，应该检查所有的必要的字体、外部参照、线性、图层特性和布局的有效性等，以保证能成功地加载和显示图形。

一旦使用“批处理打印使用程序”创建了打印图形列表，就可以将“PC3”文件附着到每一个图形上。如果需要在多台打印机上打印，或者需要使用多个打印配置，则应该为每一个需要使用的打印配置保存一个“PC3”文件。没有附着“PC3”文件的图形，其打印的效果为开始批处理打印使用程序之前的默认值。

8.4.5 使用脚本文件

AutoCAD 可以创建脚本文件来打印图形，脚本文件可以指定命名页面设置，或者打印图形中的不同视图，AutoCAD 可以读取使用文本编辑器或者字处理器创建的文本文件中的脚本。脚本文本文件必须保存为“ASCⅡ”格式，并使用“.scr”文件扩展名。

如果现有的脚本是在命令行中打印图形，则可在新版本中使用 PLOT 命令继续运行脚本，但要确保使用的是早期版本的命令行。

当在 AutoCAD 中创建新的脚本时，必须使用新的“PLOT”命令行。可以任意地指定以下变量：布局名称、页面设置名称、输出设备名称和文件名（如果打印到文件）。

8.5 图纸集

图纸集是几个图形文件中图纸的有序集合。图纸是从图纸文件中选定的布局。图形集用于项目的总体设计意图，并为该项目提供文档和说明。

使用图纸集管理器可以将图形作为图纸集管理。图纸集是一个有序命名集合，其中的图纸来自几个图形文件。图纸是从图形文件中选定的布局，可以从任意的图形中将布局作为编号图纸输入到图纸集中。可以将图纸集作为一个单元进行管理、传递、发布和归档。

选择“工具”→“选项板”→“图纸集管理器”命令打开“图纸集管理器”界面，如图 8.42 所示。在“图纸集管理器”中可以使用以下的选项卡和控件。

“图纸集”控件：列出了用于创建新图纸集、打开现有图纸集或在打开的图纸集之间切换的菜单选项。

“图纸列表”选项卡：显示了图纸集中所有图纸的有序列表。图纸集中的每张图纸都是在图形文件中指定的布局。

“图纸视图”选项卡：显示了图纸集中所有图纸视图的有序列表。仅列出用 AutoCAD 2005 和更高版本创建的图纸视图。

“模型视图”选项卡：列出了一些图形的路径和文件夹名称，这些图形包含要在图纸集中使用的模型空间视图。

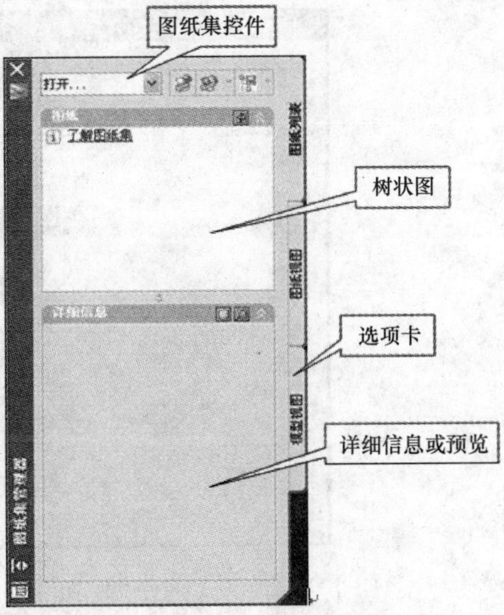

图 8.42　“图纸集管理器”界面

“局部视图或预览图”：可以显示树状图中当前选定项目的说明信息或缩微预览图。

8.5.1　创建图纸集

可以使用“创建图纸集”向导来创建图纸集。在向导中，既可以基于现有图形从头开始创建图纸集，也可以使用图纸集样例作为样板进行创建。指定的图形文件的布局将输入到图纸集中。用于定义图纸集的关联和信息存储在图纸集数据（DST）文件中。利用：工具栏“图纸集管理器” 按钮→“打开”→新建图纸集”启动命令。还可以使用“文件”菜单访问“新建图纸集”来创建图纸集向导。在向导中可以基于现有图形从头开始创建图纸集，也可使用图纸集样例作为样板进行创建。创建图纸集的步骤如图 8.43 ~ 图 8.46 所示。

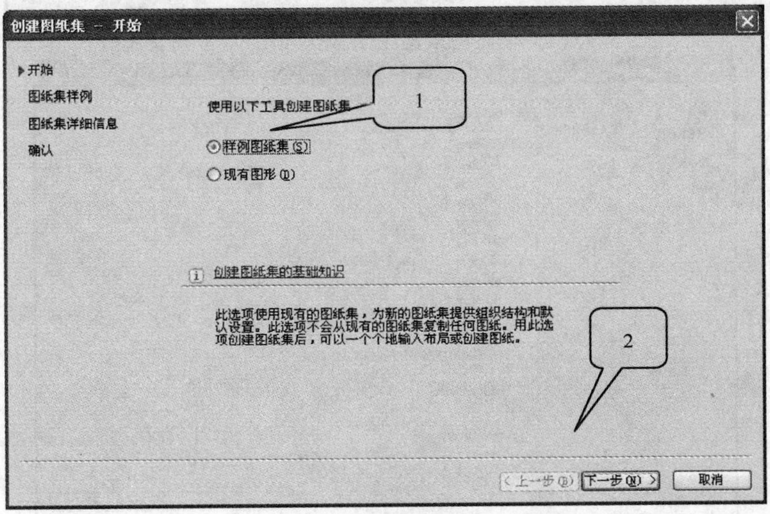

图 8.43　“创建图纸集-开始”对话框

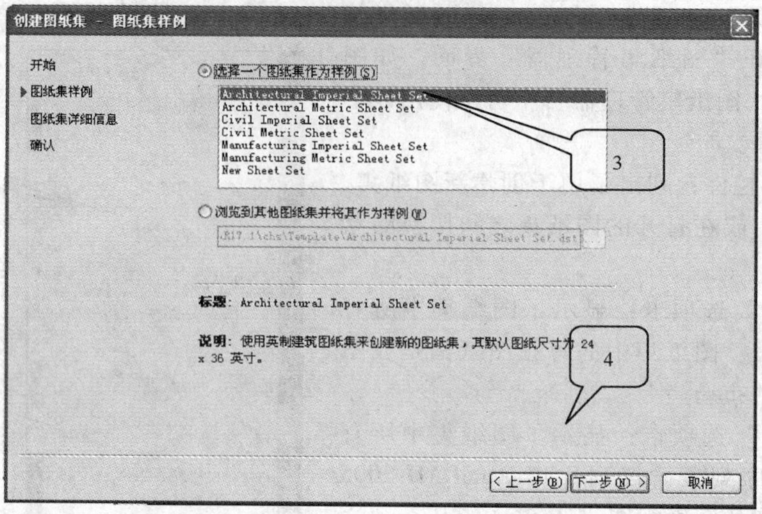

图 8.44 “创建图纸集-图纸集样例”对话框

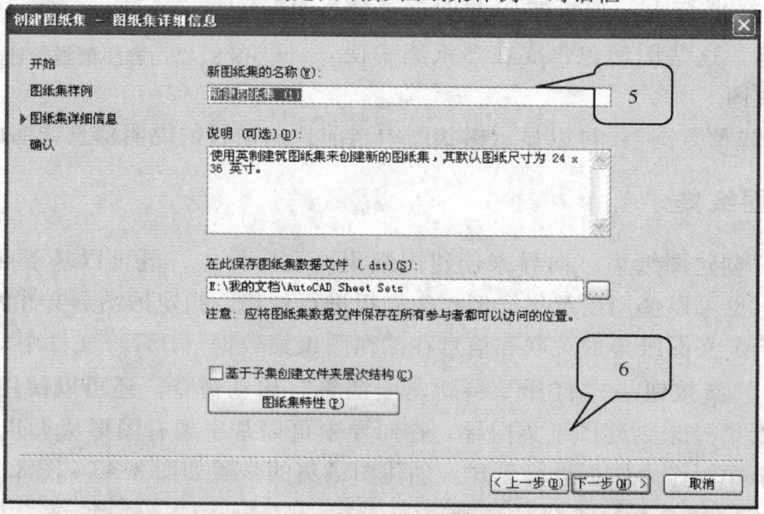

图 8.45 “创建图纸集-图纸集详细信息”对话框

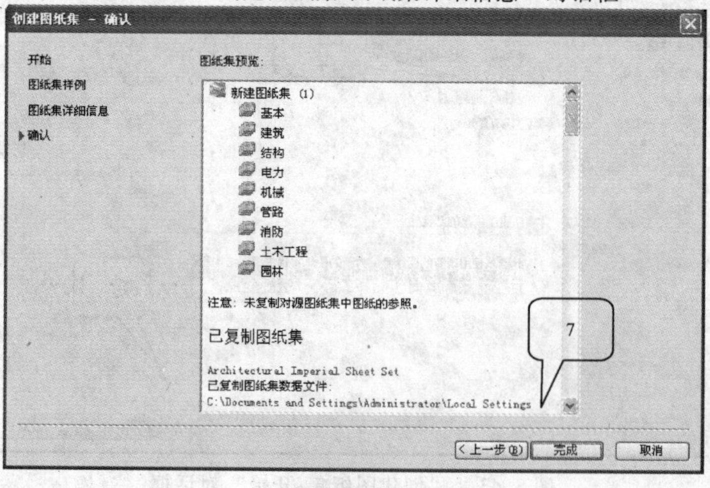

图 8.46 “创建图纸集-确认”对话框

指定的图形文件的布局将输入到图纸集中。用于定义图纸集的关联和信息存储在图纸集数据（DST）文件中。在使用“创建图纸集”向导创建新的图纸集时，将创建新的文件夹作为图纸集的默认存储位置。这个新文件夹名为“AutoCAD Sheet Sets”，位于“我的文档”文件夹中。可以修改图纸集文件的默认位置，但是建议将“DST”文件和项目文件存储在一起。

【要点提示】

用户在开始创建图纸集之前，应完成以下任务：

1）合并图形文件。将要在图纸集中使用的图形文件移动到同一个文件夹中。这样可以简化图纸集管理。

2）避免多个布局选项卡。要在图纸集中使用的每个图形只应包含一个布局（用作图纸集中的图纸）。对于多用户访问的情况，这样做是非常必要的，因为一次只能在一个图形中打开一张图纸。

3）创建“图纸创建样板”。创建或指定图纸集用来创建新图纸的图形样板（DWT）文件。此图形样板文件称作图纸创建样板。在“图纸集特性”对话框或“子集特性”对话框中指定此样板文件。

4）创建页面设置替代文件。创建或指定“DWT”文件来存储页面设置，以便打印和发布。此文件称作页面设置替代文件，可用于将一种页面设置应用到图纸集中的所有图纸，并替代存储在每个图形中的各个页面设置。

说明：虽然可以使用同一个图形文件中的几个布局作为图纸集中的不同图纸，但建议不要这样做。这可能会使多个用户无法同时访问每个布局，还会减少管理选项并使图纸集整理工作变得复杂。

在“创建图纸集”向导中，选择从图纸集样例创建图纸集时，该样例将提供新图纸集的组织结构和默认设置。用户还可以指定根据图纸集的子集存储路径创建文件夹。使用此选项创建空图纸集后，可以单独地输入布局或创建图纸。

在“创建图纸集”向导中，选择从现有图形文件创建图纸集时，需指定一个或多个包含图形文件的文件夹。图形的布局可自动输入到图纸集中。通过单击每个附加文件夹的“浏览”按钮可以轻松地添加更多包含图形的文件夹。

存储在图纸集数据文件中的数据代表了大量的工作，在发生“DST”文件损坏或主要用户错误等事件时，可以恢复早期保存的图纸集数据文件。每次打开图纸集数据文件时，都会将当前图纸集数据文件复制到备份文件（DST）。此备份文件与当前图纸集数据文件具有相同的文件名，且位于相同的文件夹中。

要恢复早期版本的图纸集数据文件，首先请确保网络中没有其他用户正在使用该图纸集。然后，建议复制现有“DST”文件并用其他文件名保存。最后，重命名该备份文件，将文件扩展名从“DS $”修改为“DST”。

8.5.2　整理图纸集

对于较大的图纸集，有必要在树状图中整理图纸和视图。在“图纸列表”选项卡上，可以将图纸整理为集合，这些集合被称作子集。在“图纸视图”选项卡上，可以将视图整理为集合，这些集合被称作类别。在图纸集管理器的“图纸列表”选项卡中，将要删除的子集中的所有图纸拖出该子集。命令为：SHEETSET。

图纸子集通常与某个主题（例如建筑设计或机械设计）相关联。例如，在建筑设计中，可能使用名为“建筑”的子集；而在机械设计中，可能使用名为“标准紧固件”的子集。在某些情况下，创建与查看状态或完成状态相关联的子集可能会很有用处。

可以根据需要将子集嵌套到其他子集中。创建或输入图纸或子集后，可以通过在树状图中拖动它们对它们进行重排序。

视图类别通常与功能相关联。例如，在建筑设计中，可能使用名为“立视图”的视图类别；而在机械设计中，可能使用名为“分解”的视图类别。可以按类别或所在的图纸来显示视图。

用户可以根据需要将类别嵌套到其他类别中。要将视图移动到其他类别中，可以在树状图中拖动它们或者使用“设置类别”快捷菜单项。

8.5.3 创建和修改图纸

图纸集管理器中有多个用于创建图纸和添加视图的选项，这些选项可通过快捷菜单或选项卡按钮之一进行访问。应始终在打开的图纸集中修改图纸。

以下是常用图纸操作的说明。通过在树状图中的项目上单击鼠标右键，显示出相关快捷菜单，可访问相应命令。

（1）将布局作为图纸输入　创建图纸集后，可以从现有图形中输入一个或多个布局。这是由若干图形的布局快速创建多个图纸的方法。在当前图形中，可以将布局选项卡拖动到图纸集管理器中的“图纸列表”选项卡的“图纸”区域。

（2）创建新图纸　除了输入现有布局之外，还可以创建新图纸。在此图纸中放置视图时，与视图关联的图形文件将作为外部参照附着到图纸图形。将使用 AutoCAD 2004 格式或 AutoCAD 2008 格式创建图纸图形文件，具体取决于“选项”对话框的“打开和保存”选项卡上指定的格式。

（3）修改图纸　在“图纸列表”选项卡上双击某一张图纸，以从图纸集中打开图形。使用“Shift”或“Ctrl”可选择多张图纸。要查看图纸，可以使用快捷菜单以只读方式打开图形。

【要点提示】

如果要修改某张图纸，就应该先在图纸集管理器中打开相应的图纸集。这可确保所有与图纸关联的数据均被更新。

（4）重命名并重新编号图纸　创建图纸后，可以更改图纸标题和图纸编号，也可以指定与图纸关联的其他图形文件。

（5）从图纸集中删除图纸　从图纸集中删除图纸将断开该图纸与图纸集的关联，但并不会删除图形文件或布局。

（6）重新关联图纸　如果将某个图纸移动到了另一个文件夹，应使用“图纸特性”对话框更正路径，将该图纸重新关联到图纸集。对于任何已重新定位的图纸图形，将在“图纸特性”对话框中显示“需要的布局”和“找到的布局”的路径。要重新关联图纸，可在“需要的布局”中单击路径，然后单击以定位到图纸的新位置。

【要点提示】

通过观察“图纸列表”选项卡底部的“详细信息”，可以快速确认图纸是否位于预设的文件夹中。如果选定的图纸不在预设的位置，“详细信息”中将同时显示“预设的位置”和“找到的位置”的路径信息。

(7) 向图纸添加视图　从“模型视图”选项卡，通过向当前图纸中放入命名模型空间视图或整个图形，即可轻松地向图纸中添加视图。

【要点提示】

创建命名模型空间视图后，必须保存图形，以便将该视图添加到“模型视图”选项卡。单击“模型视图”选项卡上的“刷新”可更新“图纸集管理器”树状图。

(8) 向视图添加标签块　使用图纸集管理器，可以在放置视图和局部视图的同时自动添加标签。标签中包含与参照视图相关联的数据。

(9) 向视图添加标注块　标注块是术语，指参照其他图纸的符号。标注块有许多行业特有的名称，例如参照标签、关键细节、细节标记、建筑截面关键信息等。标注块中包含与所参照的图纸和视图相关联的数据。

【要点提示】

如果要在图纸上放置带有字段或视图的标注块，请确保当前图层已解锁。

(10) 创建标题图纸和内容表格　通常，将图纸集中的第一张图纸作为标题图纸，其中包括图纸集说明和一个列出了图纸集中的所有图纸的表。可以在打开的图纸中创建此表格，该表格称作图纸列表表格。该表格中自动包含图纸集中的所有图纸。只有在打开图纸时，才能使用图纸集层快捷菜单创建图纸列表表格。创建图纸一览表之后，还可以编辑、更新或删除该表中的单元内容。

【要点提示】

要在绘图区域中访问进行图纸一览表操作所需的快捷菜单，必须在“选项”对话框中的“用户系统配置”选项卡上选中“绘图区域中使用快捷菜单”。

如果在图纸集中创建用作标注块或标签块的块，用户可以使用占位符字段来显示诸如视图标题或图纸编号等信息。标注块和标签块必须在“图纸集特性”对话框中指定的“DWG”文件或“DWT”文件中定义。用户以后可以在图纸集管理器中的“图纸视图”选项卡上，使用快捷菜单插入标注块或标签块。

图纸集管理器可以自动将视图添加到图纸，并且加速了该过程。图纸中称为图纸视图的视图由以下几个相似实体组成：模型空间中的外部参照或几何图形、图纸上的布局视口以及图纸空间中的命名视图。

图纸视图可以显示其他图形文件的模型空间。在此情况下，该图形将作为外部参照附着到当前图形中。该图形文件的图层只显示在用户创建的图纸视图中。使用相对路径附着外部参照。如果需要将路径更改为完全指定的（绝对）路径，可使用“外部参照”选项板。

将一个图纸视图放入图纸后，在该视图所创建的新视口中，将冻结当前图形中的所有图层（包括图层 0）。在图层特性管理器的“冻结视口”列中，这些图层将显示为冻结状态。

如果需要从图纸中删除图纸视图，可以通过删除布局视口来删除视图。但是，要删除所有不使用的项目，需要拆离外部参照并删除命名图纸空间视图。要在放置图纸视图后立即将其删除，最简单的方法是使用“UNDO”命令。

练 习 题

1. 打印图形时，一般应设置哪些打印参数？如何设置？

2. 从模型空间出图时，怎样将不同绘图比例的图纸放在一起打印？

3. 自已练习设计一个 A2 图纸的布局。

4. 找一些图形反复练习打印的几种操作方式，并熟练掌握从图纸空间和模型空间打印图形的操作方法。

第9章 Internet 功能与二次开发

9.1 AutoCAD 的 Internet 功能

在网络已经普及的今天，上网已经成为人们信息交流的重要手段。通过 AutoCAD 的 Internet 功能，用户可以在 Internet 上访问或者存储 AutoCAD 的图形及相关文件；从 Web 站点通过拖曳的方式在当前图形中插入块，或者插入超级链接可以让用户方便地访问有关的文档；可以创建“Web”格式文件，以便用户浏览“DWF”文件。利用发布到“Web”的向导功能，可以快速地创建包含 AutoCAD 图形文件的“Web”页。

AutoCAD 在其工作界面中增加了“通信中心”按钮，可以通过 Internet 对软件进行升级并获得相关的支持文档。

9.1.1 浏览 AutoCAD 网站

要使用 AutoCAD 网站，必须拥有访问 Internet 或 Intranet 的权限，并安装 Microsoft Internet Explorer 6.1 Service Pack 1（或更高版本）。启动在系统注册表中定义的默认“Web”浏览器。利用命令启动方法有：工具按钮“Web”工具栏→“浏览 Web”按钮启动命令。

启动命令后，命令行提示：

命令：_ browser 输入网址（URL）<http://www.autodesk.com.cn>：//输入要打开的网址//

按“Enter”回车键，打开 Autodesk 公司网站主页，如图 9.1 所示。

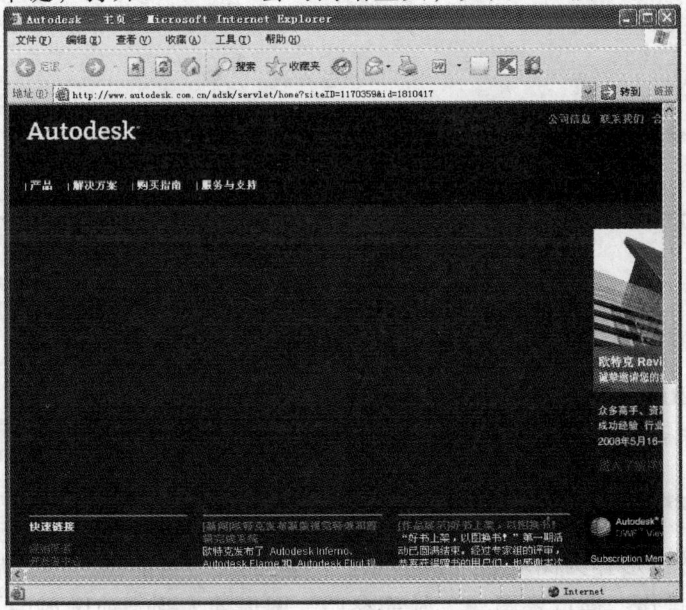

图 9.1 Autodesk 公司网站主页

9.1.2 打开 Internet 上的图形文件

在 Internet 上浏览和打开图形文件。利用工具按钮“标准”工具栏→“打开”按钮启动命令。

启动命令后，系统弹出“选择文件 ”对话框。

如果知道要打开的图形文件的网址 URL 及图形文件名，直接在“文件名”列表框中输入，单击“打开”按钮即可打开 Internet 上的图形文件。

单击“搜索 Web”按钮，系统弹出“浏览 Web-打开”对话框，如图 9.2 所示，执行下列操作之一：

1）从已加载的页面中选择一个超级链接，即可显示该链接的内容。

2）在“查找范围”下拉列表框中输入网址 URL，在“名称或 URL”文本框中输入要打开的文件名称，单击“打开”按钮即可打开 Internet 上的图形文件。

打开的图形文件可以下载到本地计算机，并在 AutoCAD 绘图区域中打开。

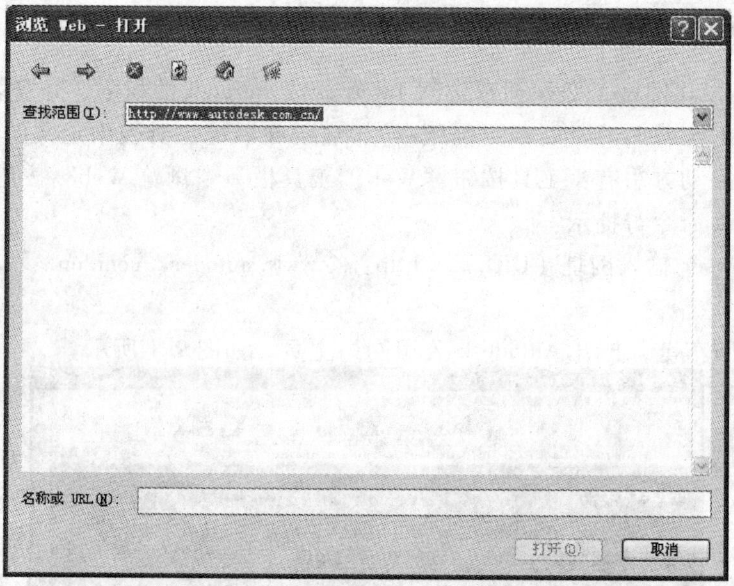

图 9.2 “浏览 Web-打开”对话框

【要点提示】

在“名称或 URL”文本框中，必须输入文件的完整名称，包括传输协议（如 http：//或 ftp：//）和目标文件的主文件名和扩展名（如 . dwg 或 . dwt）。

9.1.3 插入 Internet 上的图形

把 Internet 上的图形作为图块、外部参照、图像插入到当前图形中。启动命令后，按启动方法描述的步骤操作，即可将图块、外部参照、图像插入到当前图形中。插入时指定插入位置和缩放比例。

【要点提示】

命令启动方法有以下几种：

方法一：工具栏按钮“绘图”→“插入块”→“浏览”→“搜索Web”→“打开”

方法二：工具栏按钮“参照工具”→“附着图像”→“搜索Web”→“打开”

方法三：下拉菜单“插入”→“块”→“浏览”→“搜索Web”→“打开”

方法四：下拉菜单“插入”→“外部参照”→“搜索Web”→“打开”

方法五：下拉菜单“插入”→“光栅图像”→“搜索Web”→“打开”

9.1.4　把图形文件保存到Internet

把当前图形文件保存到具有访问权限的网站上，向Interner发布图形信息。利用下拉菜单“文件”→“另存为”启动命令。也可以通过单击“搜索Web”按钮，系统弹出“搜索Web-保存”对话框，在“查找范围”下拉列表框中输入网址URL，在“文件类型”列表中选择文件格式，在“名称或URL”文本框中输入文件的完整名称，单击“保存”按钮即可向Internet保存图形文件。

【要点提示】

必须输入文件传输协议或超文本传输协议（例如ftp：//或http：//）和要保存的文件的扩展名（例如.dwg或.dwt）。将文件保存到指定位置时必须拥有访问权限。

9.1.5　图形输出到Internet

把文件输出到Internet上，可使用AutoCAD的电子打印功能。图形文件以“DWF”格式保存。输出到Internet上后，浏览者不需要安装AutoCAD，就可以在网上直接观看该图形。

利用该命令把当前文件输出到具有访问权限的网络上。工具按钮“标准”工具栏→“打印”按钮启动命令。启动命令后，系统弹出“打印”对话框。

Step1：选择“打印到文件”，在“打印机/绘图仪”区的“名称”下拉列表框中选择扩展名为“.pc3”的虚拟打印机，如选择“DWF6 ePlot.pc3”，再指定图纸尺寸、打印区域和打印样式表（笔指定）等项，然后单击“确定”按钮。

Step2：在系统弹出的“浏览打印文件”对话框中，“文件类型”下拉列表框显示“*.dwf”，在“文件名”文本框中输入文件的完整名称（包括传输协议（ftp：//）和要保存的目标文件的主文件名和扩展名.dwf）。

Step3：单击“保存”按钮，完成图形文件向Internet的输出。

9.1.6　电子传递

为AutoCAD图形及其相关文件、外部参照创建传递集（即打包），以便在Internet上传送图形文件。下拉菜单“文件”→“电子传递”启动命令。执行“ETRANSMIT”命令后，系统弹出“创建传递”对话框，如图9.3所示。

【要点提示】

对话框各选项的功能如下：

(1)“文件树”选项卡　以层次结构树的形式列出要包含在传递包中的文件。默认情况下，将列出与当前图形相关的所有文件（例如相关的外部参照、打印样式和字体）。用户可以向传递包中添加文件或从中删除现有文件。传递包不包含由“URL”引用的相关文件。

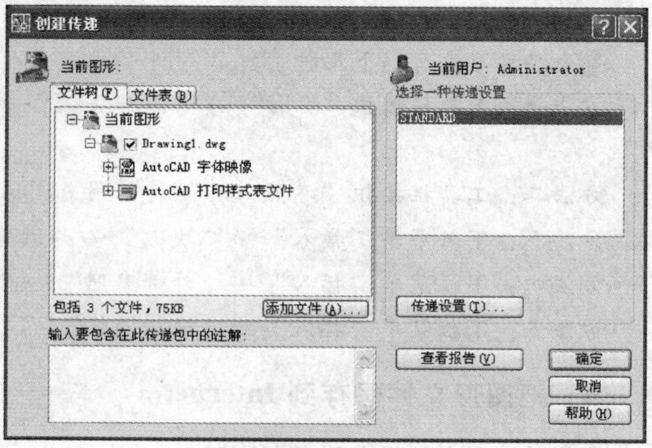

图 9.3　“创建传递”对话框

(2)“文件表”选项卡　以表格的形式显示要包含在传递包中的文件。默认情况下，将列出与当前图形相关的所有文件（例如相关的外部参照、打印样式和字体）。用户可以向传递包中添加文件或从中删除现有文件。传递包不包含由“URL”引用的相关文件。

(3)“添加文件”　单击“添加文件”按钮，打开如图 9.4 所示的“向传递添加文件”对话框，从中可以选择要包括在传递包中的其他文件。此按钮在“文件树”选项卡和“文件表”选项卡上都可用。

图 9.4　“向传递添加文件”对话框

(4)“输入要包含在此传递包中的注释”　用户可在此输入与传递包相关的注释。这些注释被包括在传递报告中。通过创建 ASCII 文件，可以指定要包含在所有传递包中的默认注解样板，ASCII 文件的名为 etransmit.txt。保存此文件的位置必须使用“选项”对话框中的“文件”选项卡上的“支持文件搜索路径”选项进行指定。

(5)“选择一种传递设置”　列出以前保存的传递设置。默认传递设置命名为“STANDARD”。单击以选择其他传递设置。要创建一个新的传递设置或修改列表中现有的传递设置，请单击“传递设置”按钮。单击鼠标右键，显示具有若干选项的快捷菜单。

(6) “传递设置” 按钮　单击此按钮系统弹出如图 9.5 所示的 “传递设置” 对话框，从中可以创建、修改和删除传递设置。

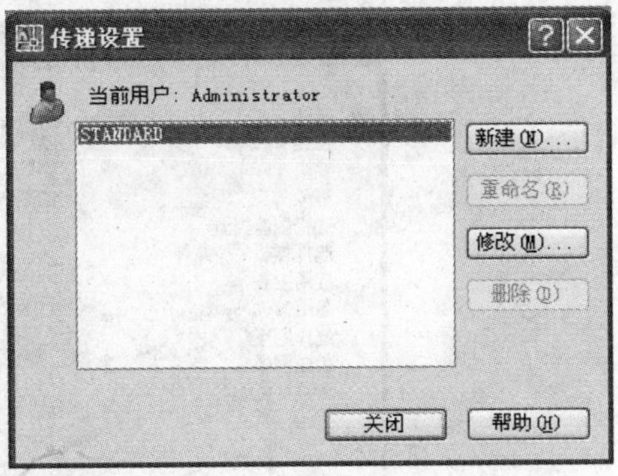

图 9.5　“传递设置” 对话框

“传递设置” 中的 “修改” 按钮：单击此按钮系统弹出如图 9.6 所示 “修改传递设置” 对话框，从中可以指定传递包的选项。

(7) “查看报告” 按钮　显示包含在传递包中的报告信息。包括用户输入的所有传递注解，以及自动生成的分发注解，详细介绍了使传递包正常工作所需采取的步骤。例如，如果在一个传递图形中检测到 SHX 字体，系统将说明将这些文件复制到什么位置才能在安装传递软件包的系统上检测到它们。如果创建了默认注释的文本文件，则注释也将包含在报告中，如图 9.7 所示。

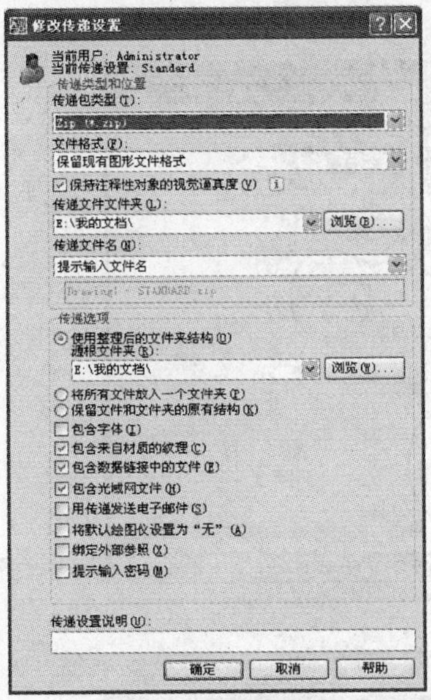

图 9.6　“修改传递设置” 对话框

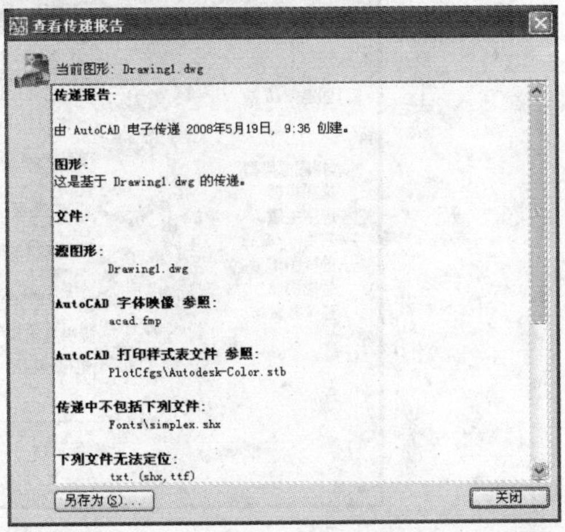

图 9.7　“查看传递报告” 对话框

“另存为” 按钮：打开 “文件保存” 对话框，从中可以指定保存报告文件的位置。说明：用户生成的所有传递包都自动包含报告文件；通过选择 “另存为”，用户可以保存报告文件的一个副本用于存档。

9.1.7　在 Internet 上创建和发布网页

AutoCAD 给出的创建和发布网页功能，可使不熟悉网页制作的用户快捷、高速地创建和发布网页。创建 Web 页后，可以将其发布到 Internet 或 Intranet 位置。操作步骤如图 9.8 ~ 图 9.17 所示。

如果单击 “立即发布” 按钮，则可立即发布新创建的 Web 页。发布 Web 页后，即可单击 “发送电子邮件” 按钮创建、发送包括 URL 及其位置等信息的邮件。在创建 Web 页后，还可以通过 “网上发布” 向导中的 “编辑 Web 页” 和 “描述 Web 页” 选项编辑它。通过工具按钮 “标准” 工具栏→ “发布” 按钮启动命令。

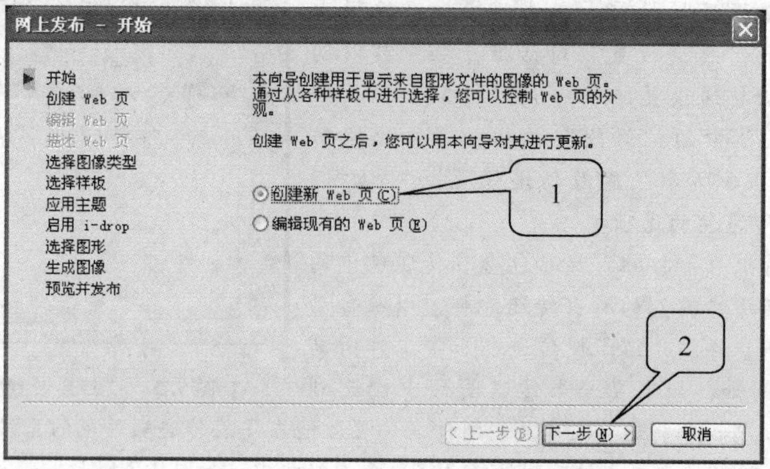

图 9.8 “网上发布-开始”对话框

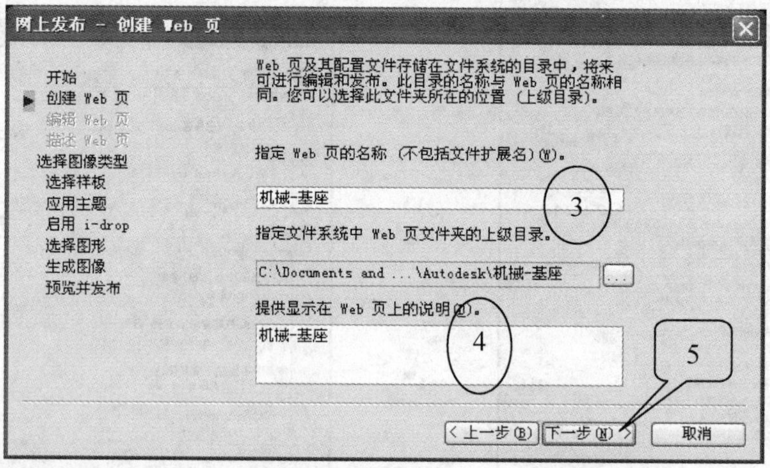

图 9.9 “网上发布-创建 Web 页”对话框

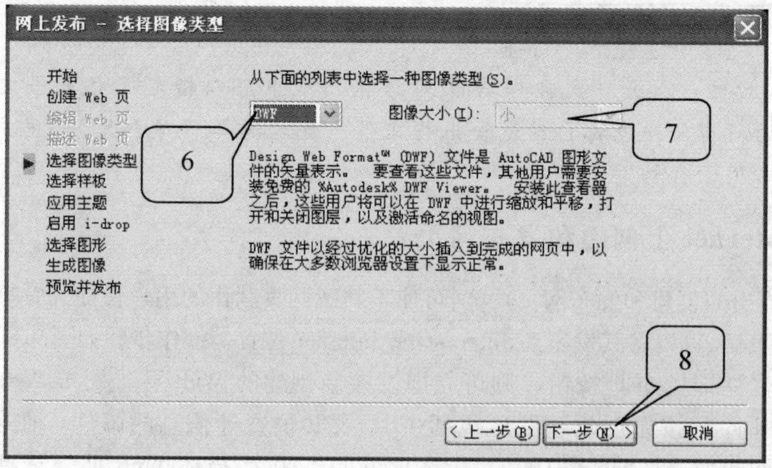

图 9.10 “网页发布-选择图像类型”对话框

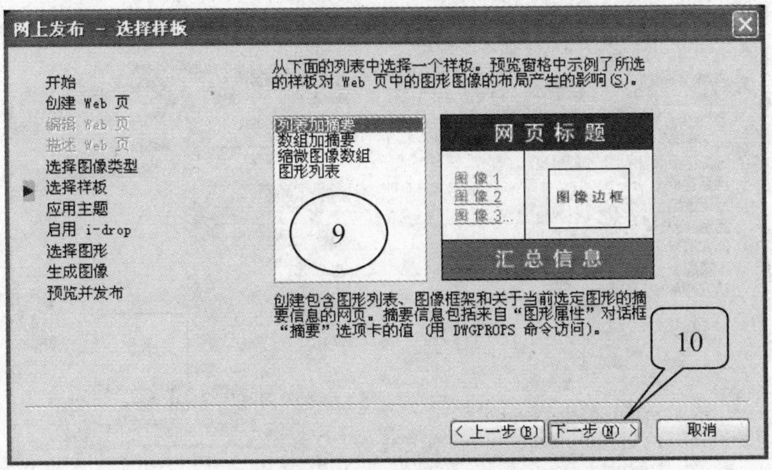

图 9.11　“网页发布-选择样板”对话框

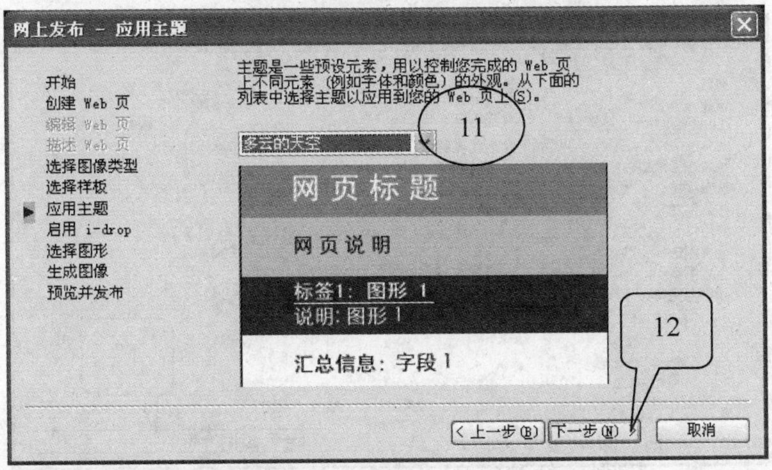

图 9.12　“网页发布-应用主题”对话框

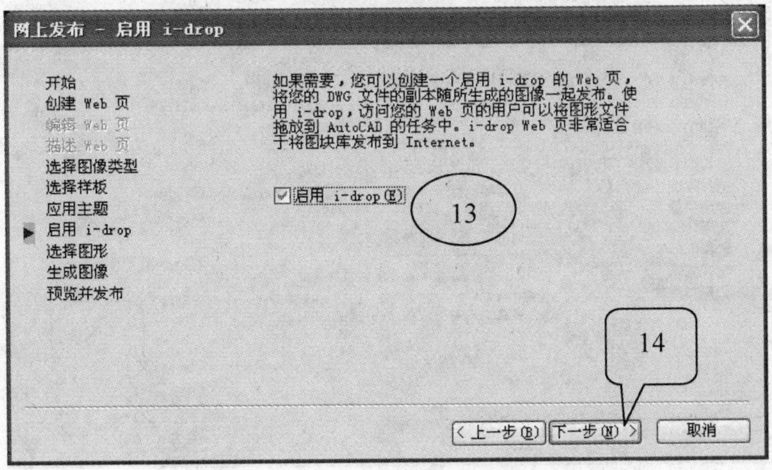

图 9.13　“网页发布-启用 i-drop”对话框

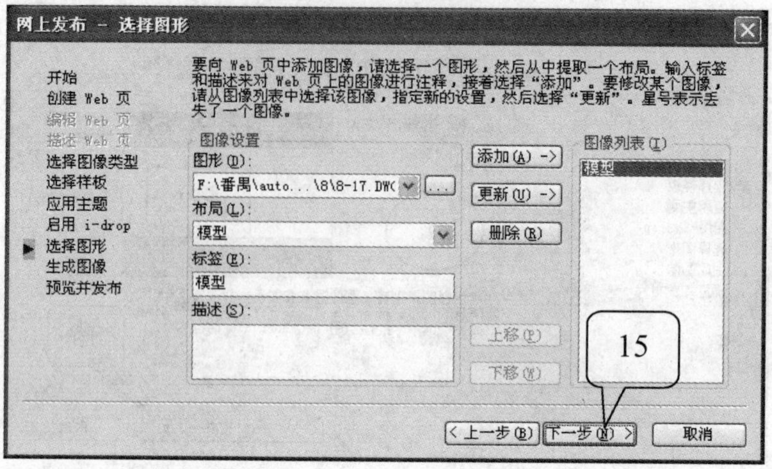

图 9.14 “网上发布-选择图形”对话框

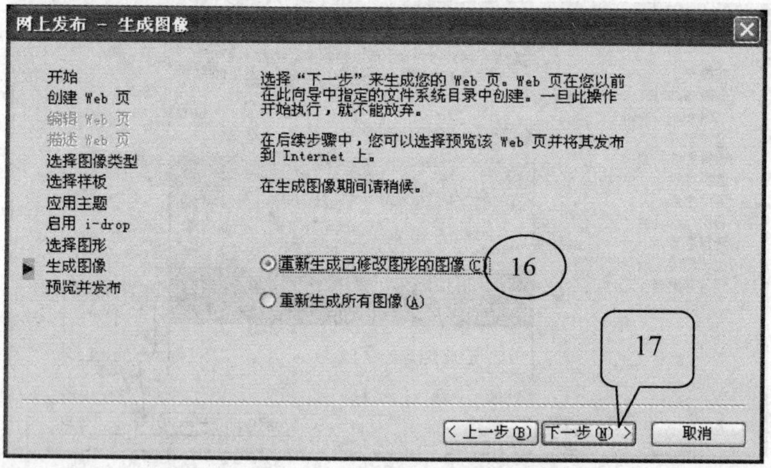

图 9.15 “网上发布-生成图像”对话框

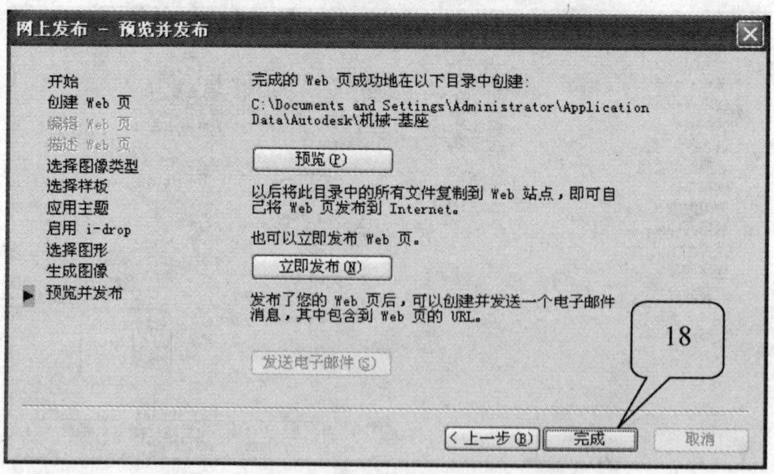

图 9.16 “网上发布-预览并发布”对话框

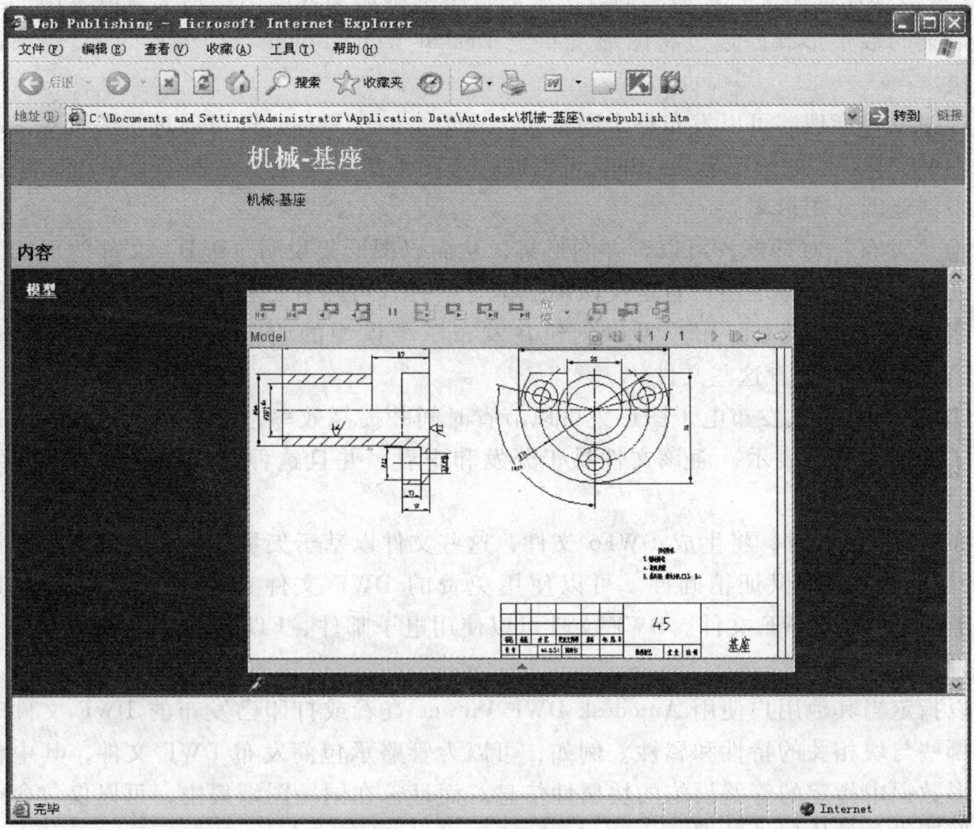

图 9.17　Web 页示例

9.1.8　发布图形

将 AutoCAD 图形发送到 DWF 文件或者打印机，可以轻松地合并图形集合，而且只需要单击一下鼠标即可创建图纸图形集或电子图形集。通过下拉菜单“文件”→“发布”启动命令。执行命令后，系统弹出“发布”对话框，如图 9.18 所示。

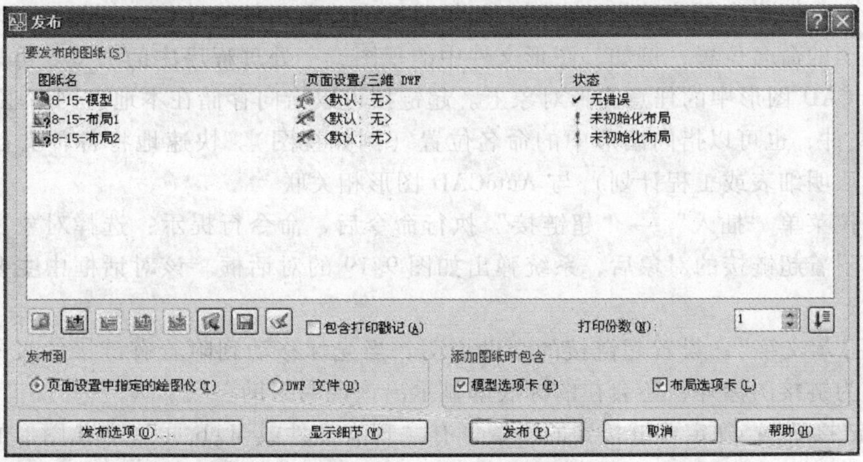

图 9.18　“发布”对话框

“发布”操作提供了一种简单的方法来创建图纸图形集或电子图形集。电子图形集是打印的图形集的数字形式。通过将图形发布至 Design Web Format™（DWF™）文件来创建电子图形集。

通过图纸集管理器可以发布整个图纸集。仅单击一次鼠标，即可通过将图纸集发布到单个多页 DWF 来创建电子图形集。并且可以通过将图纸集发布至每个图纸页面设置中指定的绘图仪来创建图纸图形集。

使用“发布”对话框，可以合并图形集，从而以图形集说明（DSD）文件的形式发布和保存该列表。可以为特定用户自定义该图形集合，并且可随着工程的进展添加和删除图纸。

使用三维 DWF 发布，用户可以创建并发布三维模型的 DWF 文件，并可以使用 Autodesk DWF Viewer 查看这些文件。

以 DWF 文件形式发布电子图形集可以节省时间并提高效率，因为它以文件的形式为图形提供了精确的压缩表示，而该文件易于分发和查看。并且这种方式保留了原图形的完整性。

发布 DWF 文件时，将生成 DWF6 文件，这些文件以基于矢量的格式（插入的光栅图像内容除外）创建，以保证精确性。可以使用免费的 DWF 文件查看器 Autodesk ® DWF™ Viewer 查看或打印 DWF 文件。DWF 文件可以使用电子邮件、FTP 站点、工程网站或 CD 等形式分发。

可以指定当其他用户使用 Autodesk DWF Viewer 查看或打印已发布的 DWF 文件时，可以看到哪些与块相关的特性和属性。例如，可以为管路承包商发布 DWF 文件，其中包含有关在图形数据中指定的管路设施的块属性信息。而且，在同一图纸集中，可以仅包含电气承包商的照明设备的块属性数据。

默认情况下，发布的作业在后台进行处理，以便用户可以立即返回到图形。后台一次只能处理一个发布的作业。在后台处理作业时，可以通过将光标放在状态栏右侧的绘图仪图标上来查看该作业的状态，也可以通过当前任务查看所有已完成打印或发布操作的作业的详细信息。

9.1.9 超链接

超链接是在图形中创建的指针，用于提供跳转到关联文件的功能。例如，可以在文件中指定要跳转至的命名位置，例如，图形文件中的视图或字处理程序中的书签。可以将超链接附着到 AutoCAD 图形中的任意图形对象上。超链接可以指向存储在本地、网络驱动器或 Internet 上的文件，也可以指向图形中的命名位置（例如视图）。快速地将各种文档（例如其他图形、材质明细表或工程计划）与 AutoCAD 图形相关联。

通过下拉菜单“插入”→“超链接”执行命令后，命令行提示：选择对象。在该提示下，选择要附着超链接的对象后，系统弹出如图 9.19 的对话框。该对话框中主要选项的功能如下：

（1）“显示文字”：设置超链接的帮助说明，当光标移动到附着有链接的对象上时，除了光标会变为链接图标外，还会在图标底部显示出该说明帮助。

（2）“链接至”：确定要链接到的位置，有“现有文件或 Web 页”、“此图形的视图”和“电子邮件地址”三个按钮。

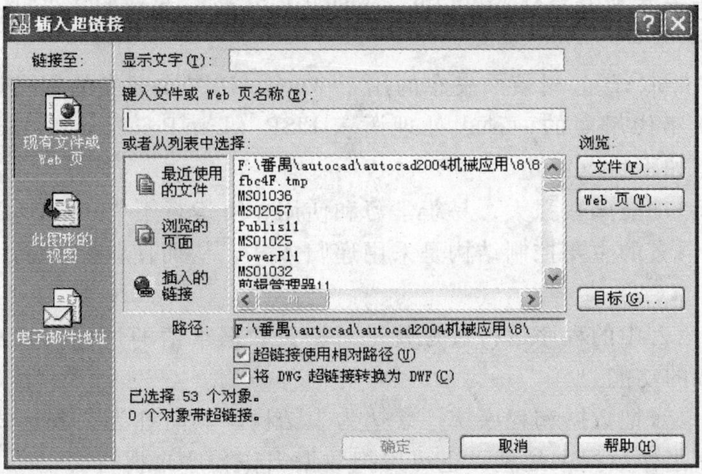

图 9.19　“插入超链接”对话框

默认情况下，当十字光标停留在附着有超链接的对象上时，将显示超链接光标和工具栏提示。然后，可以按住 Ctrl 键并单击（Ctrl + 单击）打开该链接。

【要点提示】

要打开与超链接相关联的文件，必须将“PICKFIRST”系统变量设为“1”，也可以在“选项”对话框的“用户系统配置”选项卡中关闭超级链接光标、工具栏提示以及快捷菜单。

如果在图形中创建超链接并指定要跳转到的命名视图，则打开该超链接时，将恢复该命名视图。也可以创建一个可以在特定布局中打开图形的超链接。

如果要删除图形中的超链接，可以使用命令“DETACHURL”，使用对象选择方法，然后按“Enter”键结束选择，这时，超链接已从选定的对象中删除。如果区域选定，则多段线被删除。可以使用“PURGE”命令来删除 URLLAYER 图层。还可以直接在绘图区域中，选择一个或多个使用相同超链接的图形对象；单击“删除超链接”；单击“确定”按钮。

9.2　AutoCAD 的二次开发

AutoCAD 提供了体现个性、发挥创造的二次开发工具 Visual LISP、VBA 和 ObjectARX，支持用户对 AutoCAD 进行二次发开，从而满足一些特殊行业或者特殊设计项目的要求。

9.2.1　AutoCAD 2008 二次开发简介

AutoCAD 是一种交互式的通用绘图软件，适用于许多行业，如机械、电子和建筑等，而且其本身还具有强大的二次开发功能。利用系统提供的二次开发工具，可以完成许多定制功能：可以制作用户专用的标准件库、通用零部件库以及其他特征图形等；可以编制产品自动装配程序、参数驱动绘图程序；可以开发出具有特殊用途的绘图程序，还可以编制同外部专业应用软件和数据库连接的接口软件等。

AutoCAD 的主要开发语言有 AutoLISP、Visual LISP、VBA 和 ObjectARX 共 4 种。

1. AutoLISP 语言

AutoLISP 是 AutoCAD 公司最早发布的用于 AutoCAD 二次开发的程序设计语言。它是以起源于 20 世纪 50 年代后期的一种表处理语言 LISP（List Processing Language）为基础的。AutoLISP 语言具有如下特点：

1）语法简单，功能函数强大，易于学习和使用，可运行于 AutoCAD 各个作业平台。

2）AutoLISP 语言的主要控制结构是采用递归方式，从而使得相关程序的设计变得简单易懂。

3）AutoLISP 语言中的程序运行过程就是对相关数据求值的过程，其是在对函数求值的过程中来实现函数的功能。

4）AutoLISP 语言把数据和程序统一表达为表结构，其简称为 S 表达式。在 AutoLISP 框架中，可以把程序当作数据来处理，也可以把数据当作程序来执行。

5）AutoLISP 语言中的一切成分都是以函数的形式出现的，即执行 AutoLISP 程序就是不断地执行一些函数和调用函数。

2. Visual LISP 语言

Visual LISP（VLISP）是 20 世纪 90 年代末推出的一种程序开发工具。它具有功能强大的集成开发环境（Integrated Development Environment，IDE），其中包含编译器、调试器和其他提高生产效率的开发工具。Visual LISP 语言的主要特点如下：

1）Visual LISP 采用与完全兼容的模式。

2）Visual LISP 带有改进的 AutoLISP 程序编译窗口，可以使用不同的颜色区分原始的不同部分，在一定程度上改善了 AutoLISP 原始程序的可读性。

3）在 Visual LISP 的控制台窗口中，可以动态地运行编辑窗口的 AutoLISP 源代码。另外，在 AutoCAD 中的命令文本窗口中会及时显示出程序的执行结果信息。

4）Visual LISP 为 AutoLISP 应用程序提供了三种文件格式选项，即“读取 LSP 文件”（包含 AutoLISP 程序代码的 ASCII 文本文件）、“读取 FAS 文件”（单个 LSP 程序文件的二进制编译版本）以及“读取 VLX 文件”（一个或多个 LSP 文件和对话框控制语言（DCL）文件的编译集合）。由于可以编译二进制格式文件，Visual LISP 提高了 AutoLISP 程序的执行速度和安全性。

5）Visual LISP 提供了一个集成开发环境，用户可以进行试验，即在命令行提示下输入代码后立即看到结果。

6）Visual LISP 具有多种检查器。使用这些检查器可以很方便地检查 AutoLISP 原始程序中的结构错误和内部函数中的变量错误。

7）Visual LISP 提供了强大的调试功能，并增加了对网络化对象技术 ActiveX 的支持。

3. VBA 语言

AutoCAD VBA 语言是基于 VB 的一种面向对象的编程语言。它提供了一系列用于定于的宏和类库，以及对 AutoCAD 现有类的扩充功能。所述的宏是指一段定义好的操作，可以是一段操作指令的集合，也可以是一段程序的代码。

AutoCAD VBA 与 VB 有着几乎相同的开发环境和语法，具备方便调用 ActiveX 所有方法和属性的功能，其针对性强，功能强大，易于学习掌握和使用。它可以与 AutoCAD 在同一进程空间中运行，程序执行速度快。在 AutoCAD 中，VBA 程序代码既可以嵌在图形文件中，也可以作为一个独立的磁盘文件存在。独立的 VBA 程序可以被任意一个打开的图形文件装载并调用；而嵌在图形文件中的 VBA 程序只能在该图形中加载调用。

VBA 同 AutoLISP、Visual LISP 一样，也是一种解释性的计算机编程语言。

4. ObjcctARX 语言

ObjcctARX 是基于 AutoCAD 的一种编程环境，它提供了以 C^+ 为基础的面向对象的开发环境及应用程序接口，能真正快速地访问 AutoCAD 图形数据库，通过在 CAD 应用系统开发中的应用表明，它的许多特性能够实现在原来的开发环境中难以实现的功能，提高开发效率。

9.2.2　AutoLISP 二次开发概述

LSP 是一种计算机的表处理语言。LSP 语言是美国麻省理工学院的 John McCarthy 和他的研究小组在 20 世纪 50 ~60 年代最先设计并实现的，是在人工智能领域广泛应用的一种程序设计语言。如数据结构技术、人工智能技术、并行处理技术和元数据技术等都是起源于 LISP 语言。

AutoLISP 语言是一种嵌入在 AutoCAD 内部的 LISP 编程语言。它采用了与 Common LISP 相近的语法约定，但只包含了 Common LISP 中的一个子集，同时增加了针对 AutoCAD 最重要的基础开发工具和很好的开放性。在 LISP 语言中，最基本的数据类型是符号表达式。LISP 语言的一个特点是程序和数据都是采用符号表达式的形式，即一个 LISP 程序可以把另一个 LISP 程序作为它的数据进行处理。因此，使用 LISP 语言编程十分灵活。

AutoLISP 具有以下功能：

1）AutoLISP 语言是在普通的 LISP 语言基础上，扩充了许多适用于 CAD 应用的特殊功能而形成的，是一种仅能以解释方式运行于 AutoCAD 内部的解释性程序设计语言。

2）AutoLISP 语言中的一切成分都是以函数的形式给出的，没有语句概念或其他语法结构。简单地说，执行 AutoLISP 程序就是执行一些函数，再调用其他函数。

3）由于 AutoLISP 语言把数据和程序统一表达为表结构，因此，可以把程序当作数据来处理，也可把数据当作程序来执行。

4）AutoLISP 语言的程序运行过程就是对函数求值的过程。

5）使用 AutoLISP 可以直接调用几乎全部的 AutoCAD 命令。AutoLISP 语言既具备一般高级语言的基本结构和功能，又具有一般高级语言所没有的强大的图形处理功能。它是当今世界上 CAD 软件中被广泛采用的语言之一。使用 AutoLISP 语言可以实现直接增加或修改 AutoCAD 命令，随意扩大图形编辑功能，建立图形库和数据库，并对当前图形进行直接访问和修改，还可以开发具有特殊功能的 CAD 软件包等。

9.2.3　加载 AutoLISP 和运行 Visual LISP 程序

启动 Visual LISP 的步骤分两步：先启动 AutoCAD 2008，然后执行下列两项之一。

1）在 AutoCAD 菜单中选择“工具”→“AutoLISP”→“Visual LISP 编辑器”，系统弹出如图 9.20 所示的工作界面，包括菜单、工具栏、文本编辑器、控制台窗口、状态栏、跟踪窗口。

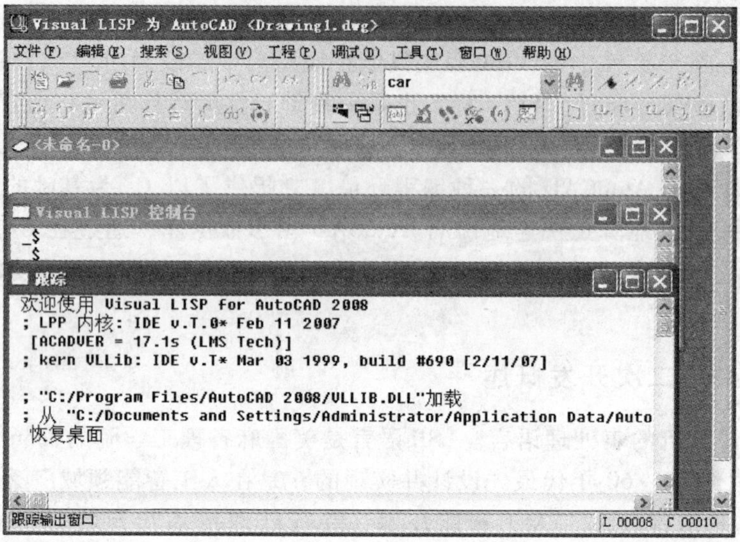

图 9.20 Visual LISP 工作界面

2）在命令行输入命令：VLISP，按“Enter”键，系统弹出如图 9.20 所示的工作界面。

Visual LISP 的退出有多种方式，常用的有：

方法一 单击“Visual LISP”窗口右上角的关闭按钮。

方法二 选择“Visual LISP”的下拉菜单“文件”→“退出”。

1. 使用 Visual LISP 工作界面加载和运行

在 VLISP 文字编辑器中输入源程序或打开 AutoLISP 程序文件后，就可以加载和运行它。下面以加载程序文件“drawline. lsp”为例，说明在 VLISP 文本编辑窗口中加载和运行程序的步骤。首先选择菜单“文件”→“打开”→“AutoCAD 安装目录下 \ Sample \ VisualLSP \ drawline. lsp”，然后加载和运行它。

Step1：单击包含程序 drawline. lsp 的文本编辑窗口，使它变成活动窗口。

Step2：加载。单击“工具”工具栏的“加载活动编辑窗口”按钮，或从 VLISP 菜单中选择“工具”→“加载编辑器中的文字”。之后，VLISP 显示已加载该程序的信息。

Step3：在控制台提示下输入括号和函数名（函数名在括号内），按“Enter”键，运行 Drawline 函数：_ $ (drawline)

Drawline 函数提示指定两给点，然后连接这两个点画一条直线。

【要点提示】

当在 VLISP 控制台窗口中输入命令或运行从文字编辑器中加载的程序时，有可能在 VLISP 和 AutoCAD 窗口之间来回切换。

选择 VLISP 菜单中的“窗口”→“激活 AutoCAD”，或单击 Windows 任务栏的“AutoCAD”按钮，可以切换到 AutoCAD 窗口。

在命令提示行输入“VLISP”，或在 AutoCAD 中选择“工具”→“AutoLISP”→“VisualLSP 编辑器”，或者单击 Windows 任务栏的“VisualLSP”按钮，可以从 AutoCAD 窗口切换到 VLISP 环境。

2. 使用 AutoCAD 工作界面加载和运行

使用 AutoCAD 工作界面加载 AutoLISP 程序的方法：

方法一 在 AutoCAD 菜单中选择“工具”→“加载应用程序”，系统弹出如图 9.21 所示对话框。

从“文件类型”下拉列表框中选择“AutoLISP”文件，指定正确的“查找范围”后，在列出的 LISP 应用程序（文件）中选择一个，单击“加载”按钮，应用程序加载到 AutoCAD 中（注意：不是加载到 VisualLSP 窗口中）。

方法二 在 AutoCAD 菜单中选择“工具”→“AutoLISP”→“加载”，系统弹出如图 9.21 所示的对话框。随后的操作同上。

方法三 在命令提示行输入如下命令：（load “文件名”）按“Enter”键，即可载入。

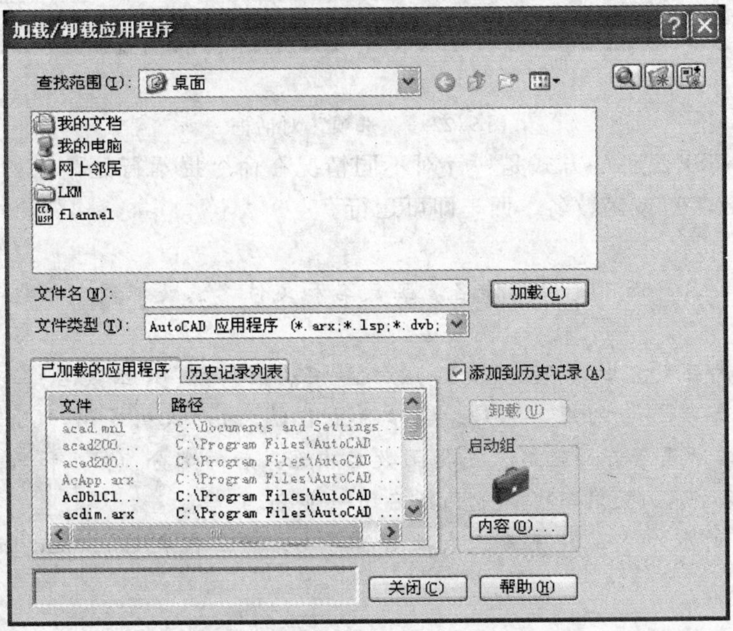

图 9.21 “加载/卸载应用程序”对话框

【要点提示】

1）（load “文件名”）中的“文件名”不包括文件的类型名“.lsp”，如文件 drawline.lsp 只写成 drawline，并且必须用英文的引号括起来。

2）从命令行加载程序应使文件所在的文件夹（路径）成为“支持文件搜索路径”。可以选择菜单“工具”→“选项”→“文件”选项卡，双击“支持文件搜索路径”，如图 9.22 所示，使其展开，单击其中的一个路径，然后单击对话框右边的“添加”按钮，输入 LISP 文件所在的路径，最后单击对话框下部的“应用”和“确定”按钮。

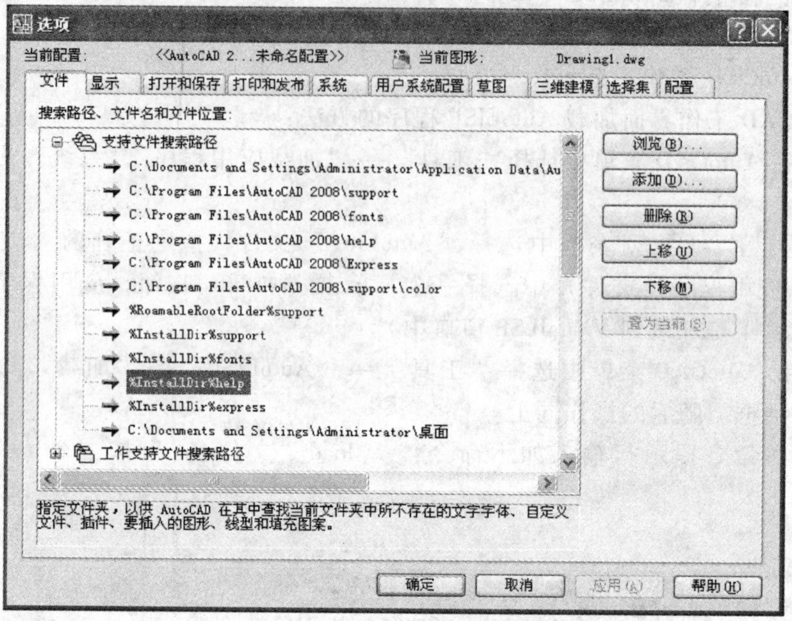

图 9.22 “选项”对话框

运行加载的 LISP 文件的方式是：针对不同情况在命令提示行处输入如下命令：（函数名）或（C：函数名）或函数名，回车即可运行。

【要点提示】

这是用“函数名”而不是用文件名。函数名和文件名意义不同，但也可以用相同的名称。

LISP 源文件的函数名中（即 defun 后），无“C:”的用“（函数名）”的形式。函数名中（defun 后），有“C:”的用“（C：后部函数名）”的形式；或用“后部函数名”的形式，即不加括号。所谓后部函数名，是指函数名中 C：后的部分（C：和后部函数名共同组成函数名，C：和后部函数名二者都是函数名的一部分。）

defun 函数后所跟的“C:”不是代表硬盘符号 C，而是代表 Command Line Function（命令行函数）。

9.3 任务一：工具栏的定制与开发

工具栏是快速、高效地启动 AutoCAD 命令的一种捷径，因此使用工具栏在绘制、编辑图形操作过程中占有很重要的地位。AutoCAD 已提供十分丰富的工具按钮，可能还不能完全满足工作需要，所以需要通过定制工具栏来提高绘图效率。

9.3.1 创建新工具栏

AutoCAD 允许用户创建新的工具栏，其方法很多。首先介绍一下如何创建新工具栏。步骤如下：

Step1：单击菜单“工具”→“自定义”→“界面”，系统弹出如图 9.23 所示的“自定义用户界面”对话框。

Step2：在“自定义用户界面”对话框的“自定义”选项卡的“所有 cui 文件中的自定义”窗口中的“工具栏”选项上单击鼠标右键，系统弹出如图 9.24 所示的菜单。单击“新建工具栏”选项。“工具栏”树的底部将会出现一个新工具栏（名为“工具栏 1”）。

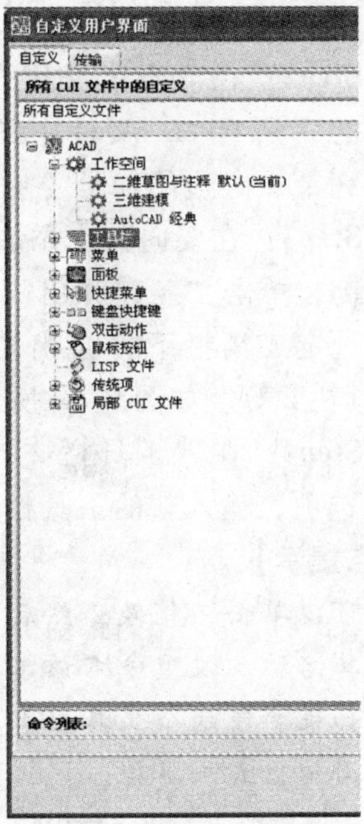

图 9.23 “自定义用户界面”对话框

Step3：执行以下操作之一输入新名称覆盖“工具栏 1”文字。在“工具栏 1”上单击鼠标右键，系统弹出如图 9.25 所示的菜单，单击“重命名”选项，输入新的工具栏名称；单击“工具栏 1”选项，然后再次单击该工具栏的名称，可在位编辑其名称。

Step4：在树状图中选择该新工具栏，然后更新“特性”窗口，如图 9.26 所示。

在“说明”框中为该工具栏输入说明。

在“默认打开”框中，单击“隐藏”或“显示”。如果选择“显示”，此工具栏将会显示在所有工作空间中。

在“方向”框中，单击“浮动”、“俯视”、“仰视”、“左视”或“右视”。

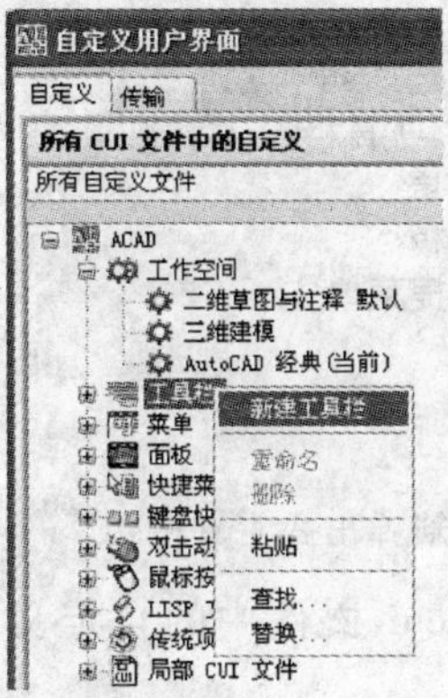

图 9.24 “新建工具栏”菜单

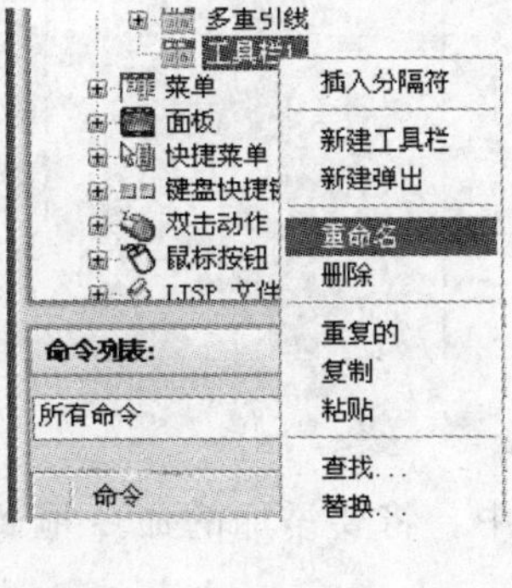

图 9.25 “重命名”菜单

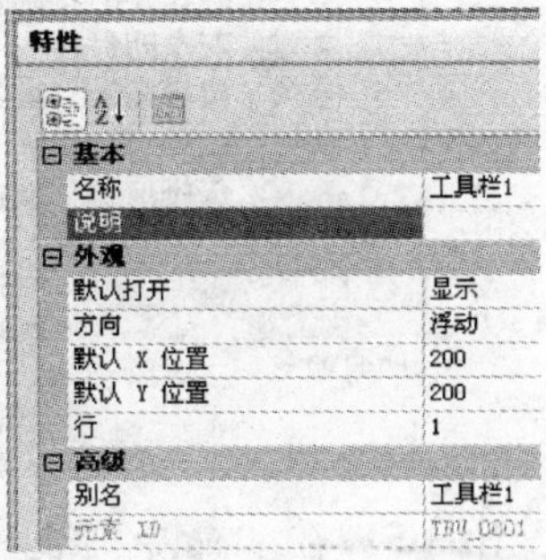

图 9.26 “特性”窗口

在“默认 X 位置”框中输入一个数字。

在“默认 Y 位置”框中输入一个数字。

在“行”框中输入浮动工具栏的行数。

在“别名”框中输入工具栏的别名。

Step5：在“命令列表”窗格中，将要添加的命令拖到“所有 cui 文件中的自定义”窗格中该工具栏名称下方的位置，如图 9.27 所示。

Step6：单击“确定”按钮。

如果要从头开始创建弹出式工具栏，步骤如下：

Step1：单击“工具”菜单→“自定义”→“界面”，系统弹出如图 9.23 所示的对话框。

Step2：在“自定义用户界面”对话框的“自定义”选项卡的“所有 cui 文件中的自定义”窗口中，单击“工具栏”树节点旁边的加号（+）以将其展开。

Step3：在要向其中添加弹出式工具栏的工具栏上单击鼠标右键，单击“新建弹出”选项，如图 9.28 所示。

选定工具栏下将会出现一个新的弹出式工具栏（名为“工具栏 2”），如图 9.29 所示。

Step4：在“工具栏 2”上单击鼠标右键。单击“重命名”选项，输入新的工具栏名称。

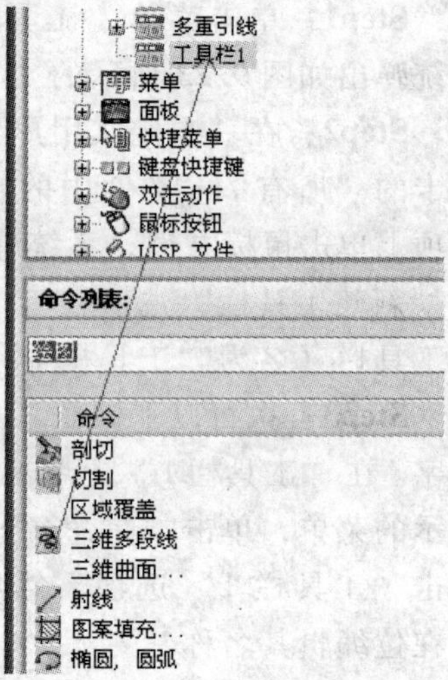

图 9.27 “命令列表”窗口

【要点提示】

可以单击，稍候，然后再次单击该工具栏名称，可在位编辑其名称。仅重命名该工具栏不会更改弹出式工具栏的名称。如果要使两个工具栏具有相同的名称，必须单独选择并重命名弹出式工具栏。

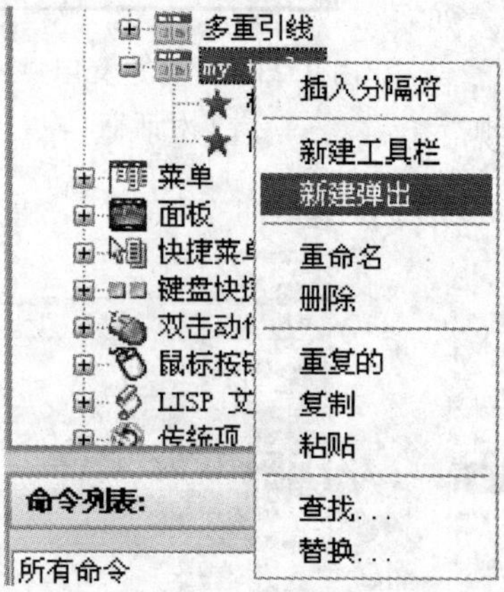

图 9.28 “新建弹出”菜单

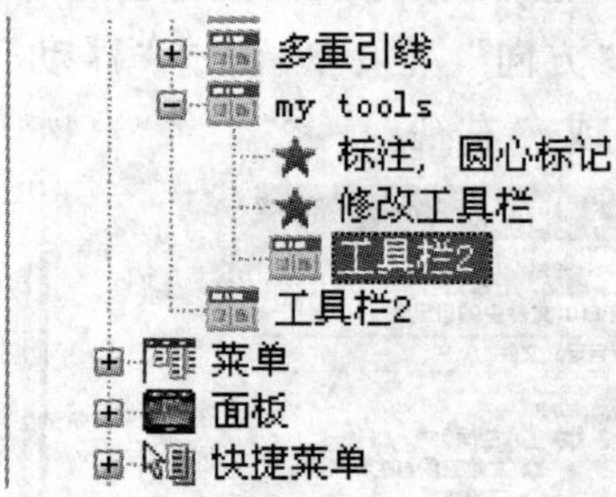

图 9.29 新弹出式工具栏

Step5：在“命令列表“窗口中，将要添加的命令拖到“所有 cui 文件中的自定义”窗口中该工具栏弹出名称下方的位置。

Step6：单击“确定”按钮。

用户可以向工具栏添加按钮、删除不常用的按钮以及重新排列按钮和工具栏，用户还可以创建自己的工具栏和弹出式工具栏，并创建或更改与工具栏命令相关联的按钮图像。创建工具栏时，可以从头开始创建工具栏、创建现有工具栏的副本或从下拉菜单中创建工具栏。

【要点提示】

用户将菜单复制到工具栏时，不包括子菜单项。创建工具栏时，应确定要在其中显示该工具栏的工作空间。默认情况下，新工具栏将会显示在所有工作空间中。

9.3.2 更改工具栏特性的步骤

Step1：单击菜单“工具”→“自定义”→“界面”，系统弹出如图 9.23 的对话框。

Step2：在“自定义用户界面”对话框的“自定义”选项卡的“所有 cui 文件中的自定义”窗口中，单击要更改其特性的工具栏。此处对工具栏特性所做的更改仅影响加载 CUI 文件后工具栏的初始外观。要控制工具栏的外观，最好使用工作空间。

Step3：在“特性”窗口中进行更改。尝试更改工具栏中的别名之前，需要了解别名的功能，有关别名的详细信息。

Step4：单击“确定”按钮。

9.3.3　定制包含粗糙度按钮的个性工具栏

具体的操作步骤如下：

Step1：单击菜单“工具”→“自定义”→“界面”，系统弹出如图 9.23 所示的对话框。

Step2：在创建工具栏之前，先自定义粗糙度的命令。单击“创建新命令”按钮，自动创建名称为“命令 1”的新命令。“自定义命令”窗口如图 9.30 所示；“所有命令”窗口图 9.31 所示。

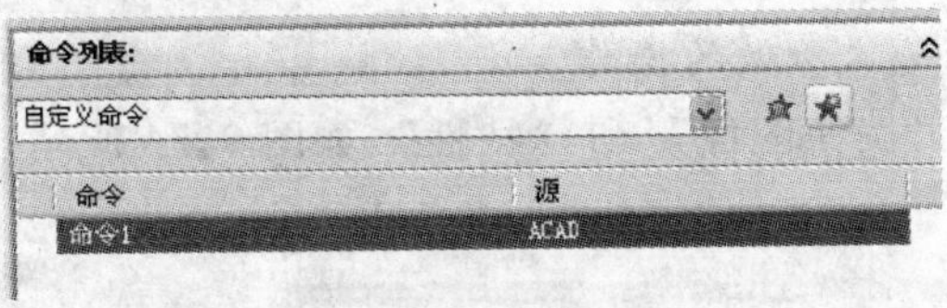

图 9.30　“自定义命令”窗口

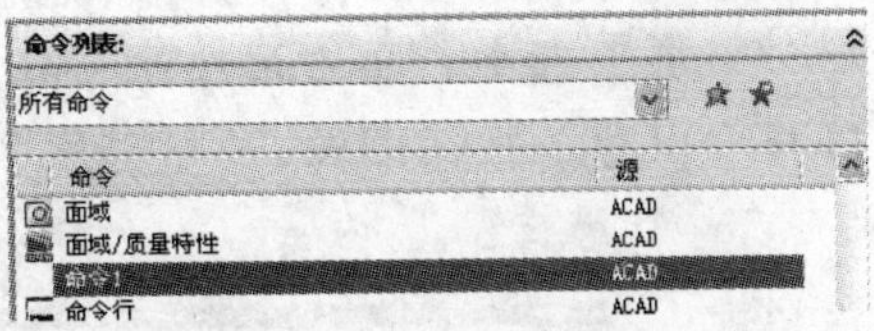

图 9.31　“所有命令”窗口

然后定义其“特性”时，在“说明”中输入“标注粗糙度”，在“宏”输入“_ Insert block”，如图 9.32 所示。接着编辑“粗糙度”命令的按钮图形，单击“按钮图像”中的“编辑”，系统弹出如图 9.33 所示的“按钮编辑器”对话框。

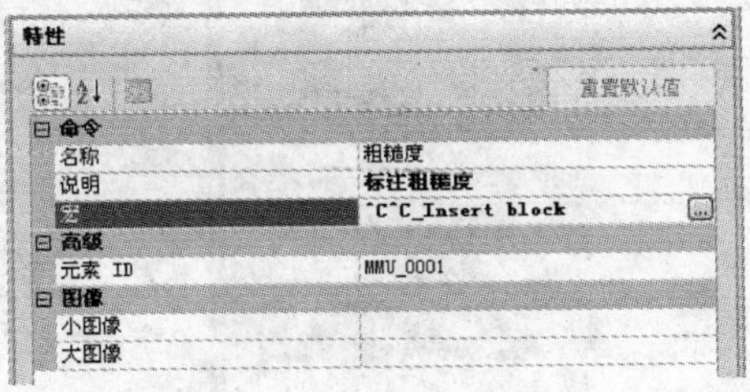

图 9.32　“特性”对话框

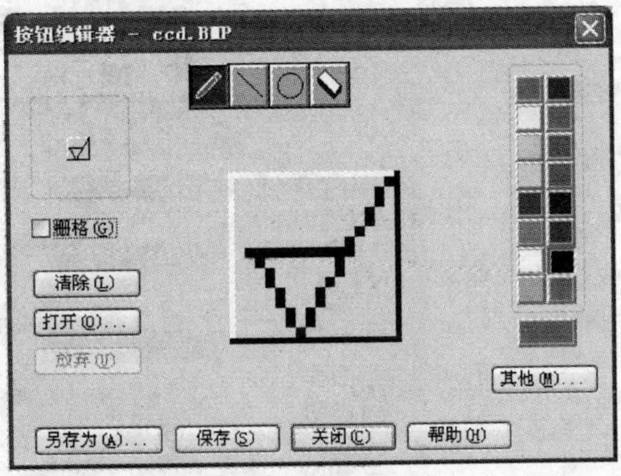

图 9.33　“按钮编辑器”对话框

【要点提示】

现将对话框中各选项介绍如下：

1）“按钮图像”：工具按钮的图像形状显示在“按钮编辑器”对话框的左上角，用户可以了解该图像的大致形状。

2）“编辑工具”：AutoCAD 提供了 4 个位于对话框中上部的按钮：“铅笔”按钮、

“画线”按钮、“画圆”按钮和“橡皮擦”按钮，用于绘制和修改图像。利用“铅笔”（Pencil）按钮可在编辑区内一次画一个带指定颜色的象素点（Pixel）。利用“画线”按钮，可在编辑区内以指定的颜色画一条直线。先选取一点，后拖动鼠标至合适位置松开，即可画一条直线。利用“画圆”按钮，可在编辑区内以指定的颜色画一个圆。用户可先在编辑区内选择一点做为圆心，然后拖动鼠标至适当位置释放鼠标，即可画出一个圆。利用“橡皮擦”按钮，可在编辑区内一次擦去一个象素点。连续拖动橡皮擦，可在光标走过的所有位置擦去一系列的象素点。

3）“编辑区”：编辑区位于对话框的中央。用户可在该区域内绘制和编辑按钮图像。

4）“调色板”：调色板位于对话框的右侧。用户可在该调色板所提供的 16 种颜色中，选择当前颜色。这样在此后的操作中，将按此色绘制图标。也可通过“其他”按钮，选择你要需要的颜色。

5）“清除”按钮：单击此按钮，可清除编辑区的图像。

6）“打开”按钮：单击该按钮后，AutoCAD 将弹出“打开”对话框，要求用户选择一个要编辑的位图图像（. BMP）。

7）“放弃”按钮：单击该按钮可取消用户上一次所做的操作。

接着“保存”按钮图像，“粗糙度”命令的“按钮图像”和“特性”如图 9. 34 所示。

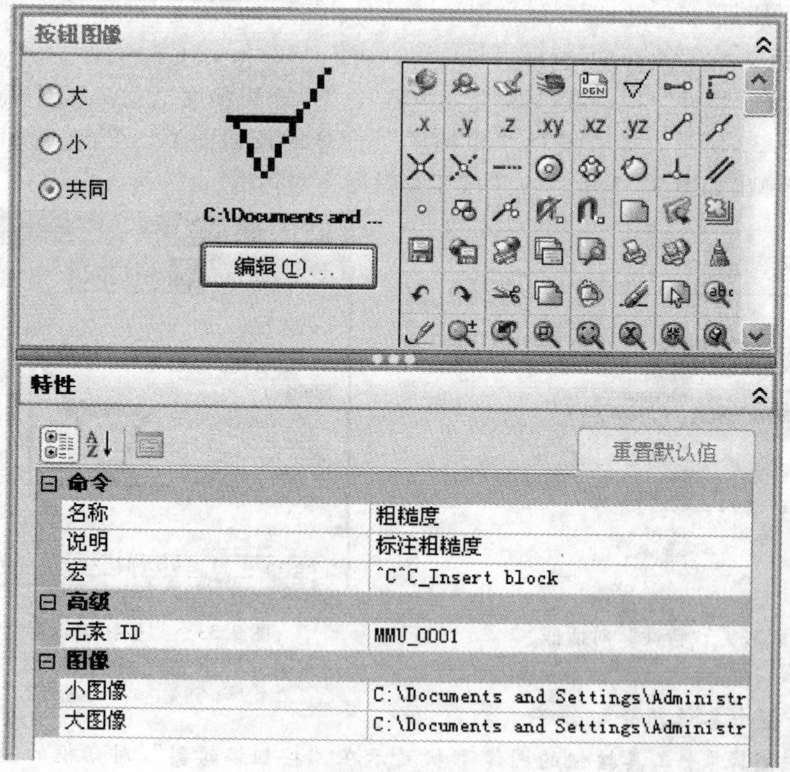

图 9. 34　“粗糙度”命令的“按钮图像”和“特性”窗口

Step3：在“自定义用户界面”编辑器的“自定义”选项卡的“所有 cui 文件中的自定义”窗口中，在“工具栏”选项上单击鼠标右键，系统弹出如图 9.24 所示的菜单。单击“新建工具栏”。名称为“my tools”。

Step4：在“命令列表”窗口中，将要添加的命令拖到“所有 cui 文件中的自定义”窗口中该工具条名称下方的位置。比如：“定距等分”、“圆，相切、相切、半径”、“圆弧，起点、端点、半径”、“粗糙度”等命令放入“my tools”工具条，如图 9.35 所示。在 CAD 中就可以使用如图 9.36 所示工具条了。

图 9.35　“my tools”工具条中的命令

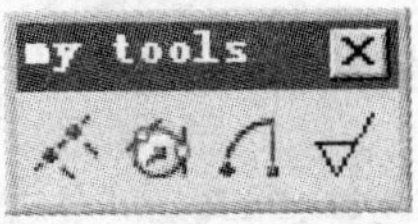

图 9.36　“my tools”工具条

9.4　任务二：下拉菜单的定制与开发

启动 AutoCAD 时，系统会自动装入菜单文件 ACAD. MNC（或 ACAD. MNS、ACAD. MNU）。正是由于菜单文件已被加载，人们才能在 AutoCAD 环境中十分方便地使用各项菜单来完成相应的操作。

在“自定义用户界面”对话框的“自定义”选项卡中，可以创建下拉菜单、添加子菜单以及添加命令。该过程与使用工具栏和弹出式工具栏很相似，只有很细微的区别。创建菜单后，应确定要在其中显示该菜单的工作空间。默认情况下，新菜单将会显示在所有工作空间中。下面介绍 AutoCAD 有关菜单的制定及加载方法。

9.4.1　创建下拉菜单

在 AutoCAD 里，创建下拉菜单的步骤如下：

Step1：单击菜单“工具”→“自定义”→“界面”，系统弹出如图 9.37 所示的“自定义用户界面”对话框。

Step2：在“所有 cui 文件中的自定义”窗口中，在“菜单”选项上单击鼠标右键，在弹出的菜单中单击“新建菜单”选项，这时，“菜单”树底部将出现一个新菜单（名为“菜单 1”）。

Step3：要修改菜单名称，可以输入新名称覆盖“菜单 1”文字。在“菜单 1”选项上单击鼠标右键，系统弹出如图 9.38 所示菜单，单击“重命名”选项，输入新的菜单名；或者单击“菜单 1”选项，稍候，然后再次单击该菜单的名称，可在位编辑其名称。

Step4：在树状图中选择新菜单，然后更新“特性”窗口，如图 9.39 所示。

在“说明”框中为该菜单输入说明。

在“别名”框中，系统将基于已经加载的菜单数量自动为新菜单指定别名。如果别名指定为 POP12，则表明已加载了 11 个菜单。如果要根据 DIESEL 表达式修改名称，则 DIESEL 表达式应包含在“名称”框中。

Step5：在“命令列表”窗口中，将命令拖到“所有 cui 文件中的自定义”窗口中该菜单下方的位置，如图 9.40 所示。

【要点提示】

将命令添加到菜单后，可以更改命令的名称。该操作使用户可以定义如何使用带“Alt”键的键盘导航来访问菜单项。要进行此操作，请选择“菜单”节点下的菜单项，然后在“特性”窗口中更改“名称”特性。

Step6：单击“确定”按钮。这样，就创建了一个自定义的“my tools”菜单，如图 9.41 所示。

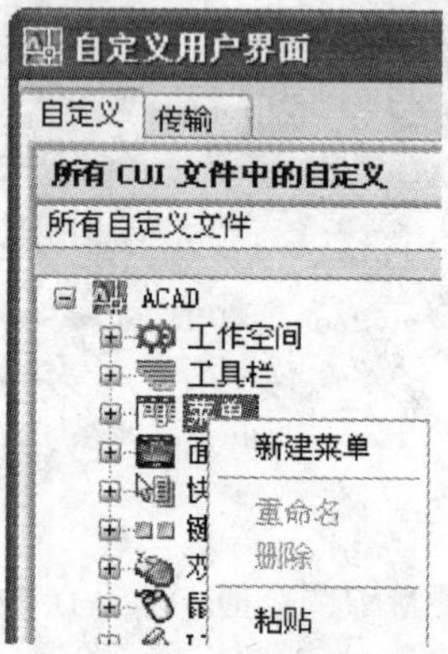

图 9.37 “新建菜单”菜单

图 9.38 “重命名”菜单

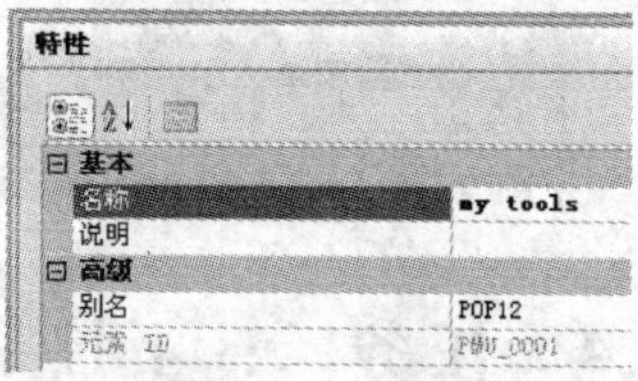

图 9.39 “特性”窗口

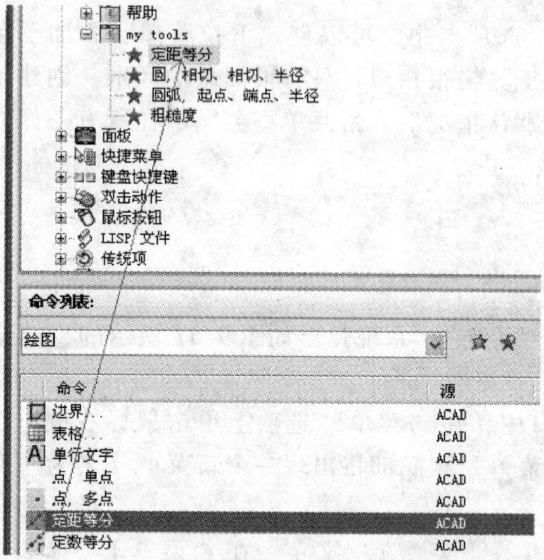

图 9.40 “命令列表”窗口

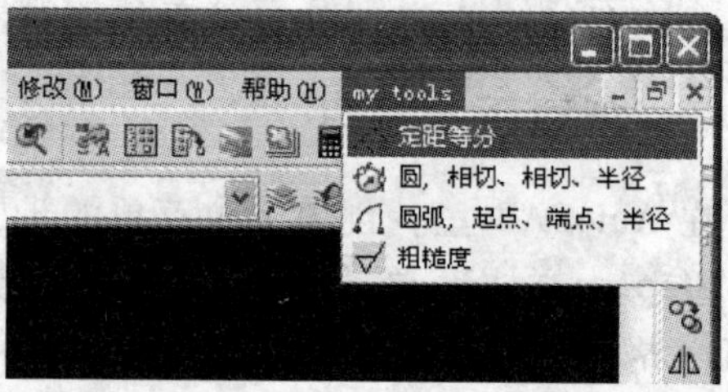

图 9.41 “my tools”菜单

9.4.2 创建快捷菜单

在特定对象或屏幕区域上单击鼠标右键时便会显示快捷菜单。也可以使用脚本来显示快捷菜单。创建快捷菜单的步骤如下：

Step1：单击菜单“工具”→“自定义”→“界面”，系统弹出如图 9.23 的对话框。

Step2：在“自定义用户界面”对话框的“自定义”选项卡的“所有 cui 文件中的自定义”窗口中，在“快捷菜单”选项上单击鼠标右键，单击“新建快捷菜单”选项，如图 9.42 所示，“菜单”树底部将出现一个新快捷菜单（名为“快捷菜单 1”）。

Step3：执行以下操作便可以修改新建快捷菜单的名称，输入新名称覆盖“快捷菜单 1”文字：在“快捷菜单 1”选项上单击鼠标右键，单击“重命名”选项，输入新的快捷菜单名，如图 9.43；或单击“快捷菜单 1”选项，然后再次单击该快捷菜单的名称，可在位编辑其名称。

Step4：在“特性”窗口中，如图 9.44 所示，执行以下操作：在“说明”框中为该快捷菜单输入说明。在“别名”框中，单击“...”按钮。按“Enter”键，即可位于“别名”对话框中的新行上；输入菜单的其他别名，并在输入每个别名后按“Enter”键，系统将会基于程序中已经加载的快捷菜单数量自动指定别名，默认值为下一个可用的 POP 编号。

Step5：在“命令列表”窗口中，将要添加的命令拖到“所有 cui 文件中的自定义”窗口中该快捷菜单下方的位置。继续添加命令直到新的快捷菜单完整。

Step6：单击“确定”按钮。

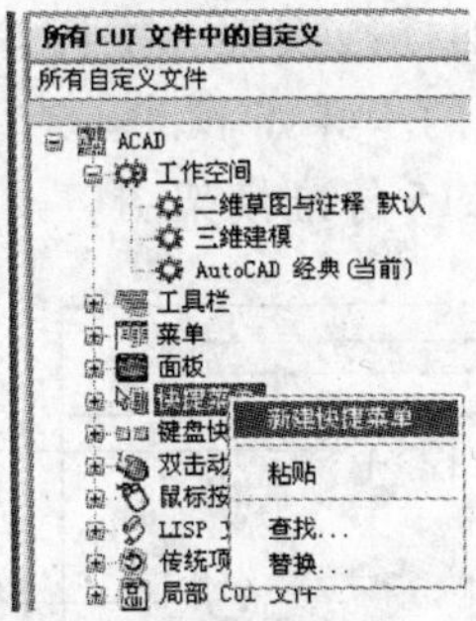

图 9.42　“新建快捷菜单”菜单

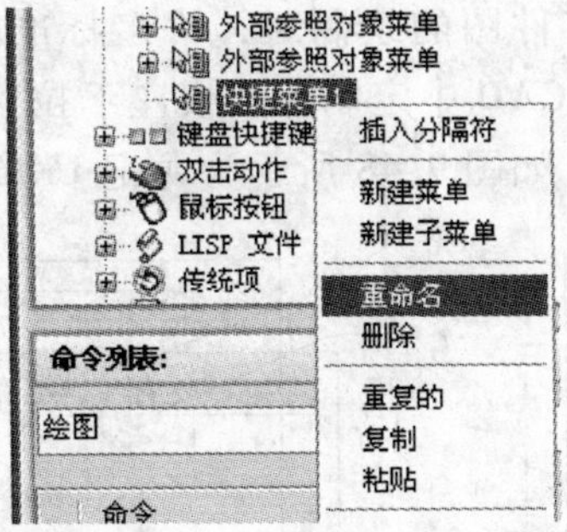

图 9.43　“重命名”菜单

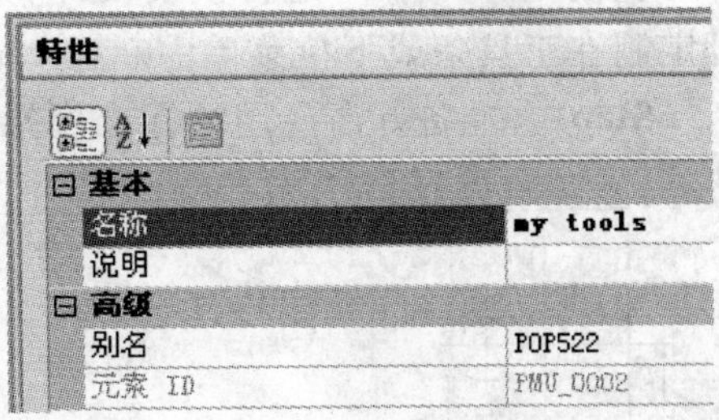

图 9.44　快捷菜单“特性”窗口

9.4.3　创建子菜单的步骤

创建子菜单的方式与创建菜单大致相同。其步骤如下：

Step1：单击菜单“工具”→“自定义”→“界面”，系统弹出如图 9.23 所示的对话框。

Step2：在“自定义用户界面”对话框的“自定义”选项卡的“所有 cui 文件中的自定义”窗口中，单击“菜单”旁边的加号（+），选择要向其中添加子菜单的菜单。

Step3：在该菜单上单击鼠标右键，单击“新建子菜单”选项，如图 9.45 所示。在选定要添加子菜单的“菜单”底部将会出现一个新的子菜单（名为“菜单 1”）。

Step4：执行以下操作便可以修改新建快捷菜单的名称，输入新名称覆盖“菜单 1”文字：在“菜单 1”选项上单击鼠标右键，单击“重命名”选项，输入新的子菜单名，如图 9.46 所示；或单击“菜单 1”选项，然后再次单击该菜单的名称，可在位编辑其名称。

Step5：在“特性”窗口中，执行以下操作：在“说明”框中为该子菜单输入说明，如图 9.47 所示。

Step6：在“命令列表”窗口中，将要添加的命令拖到“所有 cui 文件中的自定义”窗口中该子菜单名称下方的位置。继续添加命令直到新的子菜单完整。

Step7：单击“确定”按钮。

图 9.45 “新建快捷菜单”菜单

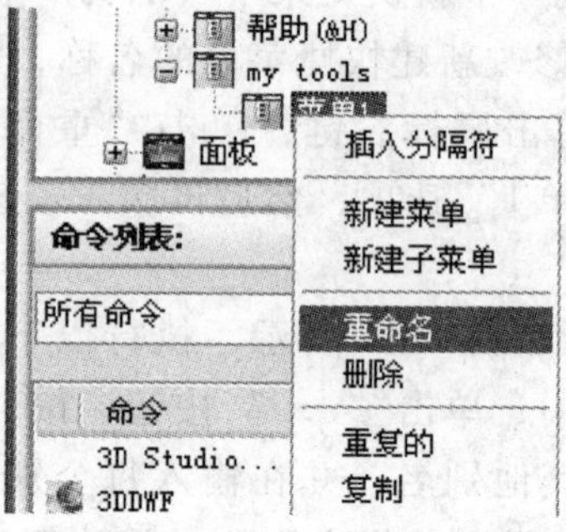

图 9.46 “重命名”菜单

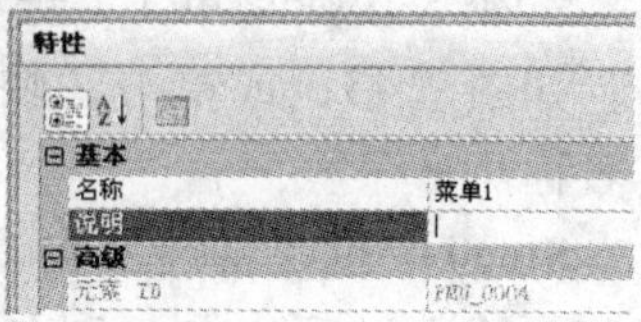

图9.47 子菜单“特性”窗口

9.4.4 定制包含龙记标准模架的菜单

在使用 AutoCAD 进行模具设计和零件图的绘制时，许多标准件如标准模架、推杆等均可定制在工具条或下拉菜单中。在 AutoCAD 中定制标准模座下拉菜单的步骤如下：

Step1：准备好所要用的标准模架，如图 9.48 所示为龙记 LKMS1515 标准模架图。

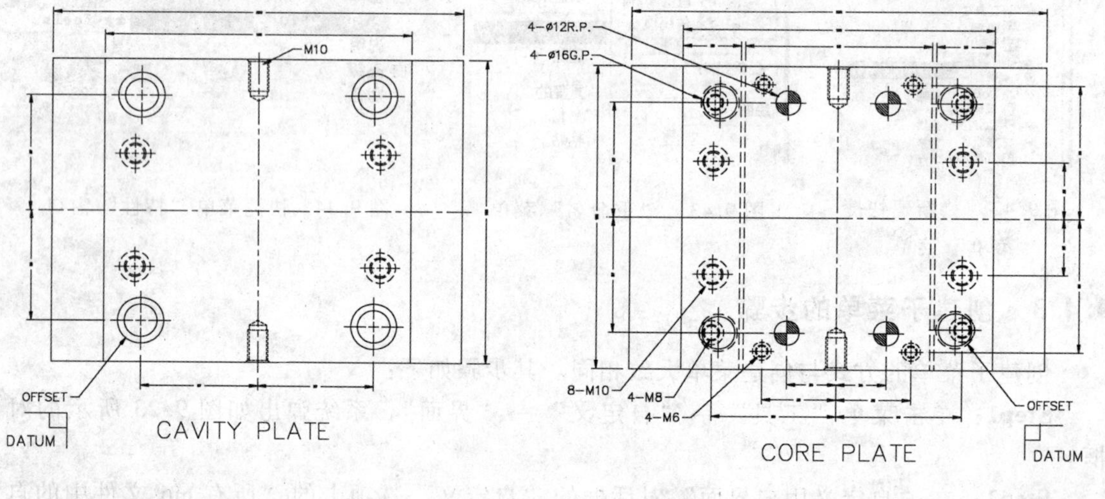

图 9.48 龙记 LKMS1515 标准模架图

Step2：将各标准模架保存，并分别命名为“LKMS1515”、“LKMS1520”等，再将它们复制到新建名称为“LKMS”的文件夹下。

Step3：复制 AutoCAD 以前版本如 2004 版本的“acad. mnu”文件到任意文件夹，并重命名为“mine. mnu”。“acad. mnu”文件的默认安装位置在“C：\ Documents and Settings \ Administrator \ Application Data \ Autodesk \ AutoCAD 2004 \ R16. 0 \ chs \ Support”。

Step4：用记事本打开“mine. mnu”，在“*** POP11”语句结束后加入“*** POP12”功能菜单项的内容，并保存。格式如下：

```
***POP12                //定义第 12 个下拉菜单。
**USER                  //该下拉菜单主菜单名为 USER。
```

ID_ MnUser　[&User]//下拉菜单名为 USER，并指定 U 为快捷键。

ID_ ULKMS1515 [LKM1515] ^C^C_ insert; LKMS1515　//第一条子菜单项为 LKMS1515，单击该项后即插入“LKMS1515. dwg”。

ID_ ULKMS1520 [LKM1520] ^C^C_ insert; LKMS1520　//第二条子菜单项为 LKMS1520，单击该项后即插入“LKMS1520. dwg”。

ID_ ULKMS1525 [LKM1525] ^C^C_ insert; LKMS1525...　//第二条子菜单项为 LKMS1525，单击该项后即插入“LKMS1525dwg”。

Step5：在 Auto CAD 的命令行中输入“menu”，系统弹出如图 9.49 所示对话框，系统默认的菜单文件是“acad. cui”，我们选择新的文件类型为传统菜单样板（**. mnu），然后将打开位置指向定制好的“mine. mnu”，最后单击“打开”按钮，即可载入我们自定义的菜单文件，载入后的效果如图 9.50 所示。若要恢复系统默认设置只需重新载入“acad. cui”菜单文件。

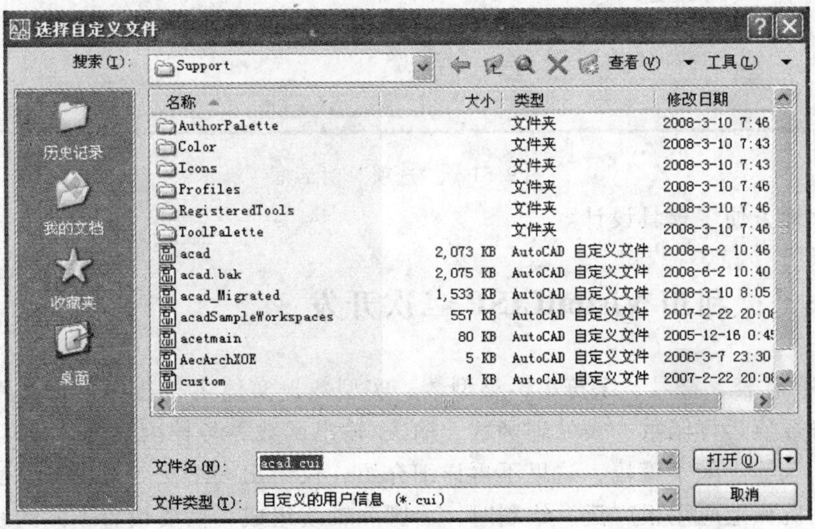

图 9.49　“选择自定义文件”对话框

图 9.50　“USER”龙记模架菜单

Step6：定义设备驱动文件搜索路径。完成以上操作后，只能显示下拉菜单，还不能打开已画好的模架图，这是因为还没有给它们建立链接关系。在“工具”下拉菜单中，进入最后一项“选项”设置。在“文件”选项卡的“设备驱动程序文件搜索路径”中“添加”模架所存文件夹的路径，如图 9.51 所示。单击“确定”按钮，保存后重启 AutoCAD。

至此，用户自定义的主菜单程序就已成功定制在 AutoCAD 中，成为为模具设计服务的专

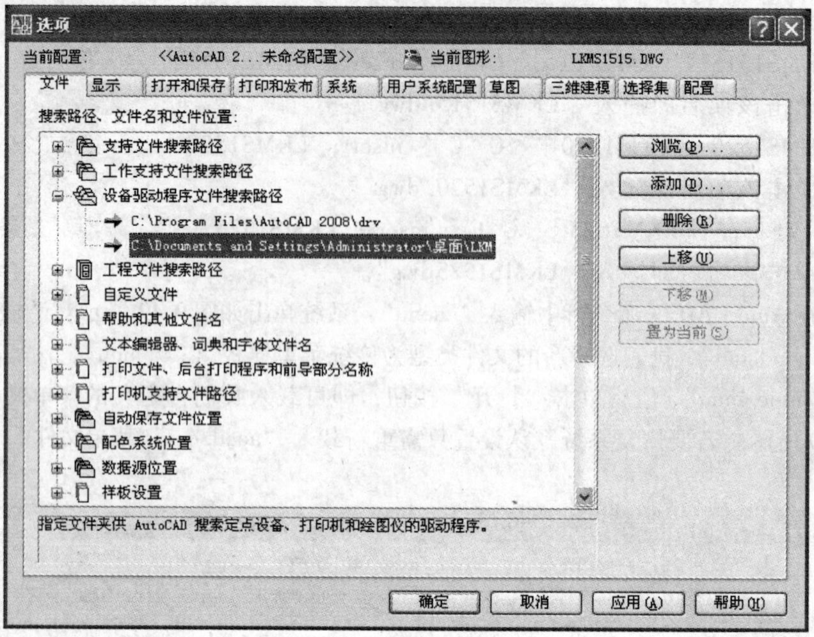

图 9.51 “选项” 对话框

用菜单，极大地方便了模具设计。

9.5 任务三：利用 VisualLISP 二次开发

VisualLISP 有表、符号、字符串、整型数、实型数、实体名、选择集、文件指针等各种数据类型，有数值运算函数、表处理函数、输入/输出函数等各种函数，有分支、循环结构，有若干规则，等等。限于篇幅，这里不再详细介绍，仅给出一个法兰盘的开发实例。

法兰盘在机械上应用很广泛。绘制时，由圆和轴线组成，需要设置不同的线型。输入的参数有中心点坐标、中心圆的半径、环形排列的圆的圆心到中心点的距离和环形排列的圆的半径。

LSP 源程序如下：

```
(defun C:falan)          //绘制法兰盘。
  (initget 1)   (setq pt (getpoint "输入中心点(大圆的圆心) = "))
  (initget ( + 1 2 4)) (setq r3 (getreal " \n 输入大圆的半径 = "))
  (initget ( + 1 2 4)) (setq r1 (getreal" \n 输入中心圆的半径 = "))
   (while ( > = r1 r3)
   (initget ( + 1 2 4)) (setq r1 (getreal" \n 中心圆的半径应小于大圆的半径。重新输入中心圆的半径 = "))
  )
  (initget ( + 1 2 4))   (setq r (getreal" \n 输入环形排列的圆的圆心到中心点的距离 = "))
   (while (or( > = r r3)( < = r r1))
```

```
    (initget ( + 1 2 4))   (setq r (getreal" \n 该距离应在大圆半径和中心圆半径之间。重新输入环形排列的圆的圆心到中心点的距离 = "))
    )
    (initget ( + 1 2 4)) (setq r2 (getreal" \n 输入环形排列的圆的半径 = "))
    (while ( > = r2 ( * ( - r3 r1) 0.5))
    (initget ( + 1 2 4))   (setq r2 (getreal" \n 环形排列的圆的半径应小于大圆和中心圆的半径之差。重新输入环形排列的圆的半径 = "))
    )
    (while ( > = r2 ( - r r1))
    (initget ( + 1 2 4)) (setq r2 (getreal" \n 环形排列的圆的半径应该圆圆心到中心点的距离与中心圆的半径之差。重新输入环形排列的圆的半径 = "))
    )
    (while ( > = r2 ( - r3 r))
    (initget ( + 1 2 4)) (setq r2 (getreal" \n 环形排列的圆的半径应小于大圆半径与该圆圆心到中心点的距离之差。重新输入环形排列的圆的半径 = "))
    )
  (command "linetype" "s" "byl" "")          //设置线型随层。
  (command "color" "200")                    //颜色紫红色。
  (command "circle" pt r1)                   //画中心圆。
  (command "circle" pt r3)                   //画大圆。
  (command "circle" (polar pt 0.0 r) r2)     //画在大圆水平直径右方的小圆。
  (command "array" "l" "" "p" pt "8" "360" "n")     //将圆陈列成 8 个。
  (command "linetype" "s" "ACAD_ISO04W100" "")      //设置点划线线型。
  (command "ltscale" 0.5)                           //设置线型比例。
  (command "circle" pt r)                           //画 8 个圆的圆心所在的圆。
  (command "line" (list ( - (car pt) ( + r3 5))(cadr pt)) (list ( + (car pt)( + r3 5))(cadr pt)) "")
                                                    //画水平中心线。
  (command "line" (list (car pt) ( + (cadr pt)( + r3 5))) (list (car pt)( - (cadr pt)( + r3 5))) "")
                                                    //画垂直中心线。
```

说明：函数名为 C：falan，命令名是（C：falan）或 falan。

对该源程序操作步骤如下：

Step1：编辑：打开“VisualLISP 编辑器”，新建文件，将上述源程序输入文字编辑器（英文分号及其后部分的解释可以不输入），然后保存为 falan. lsp 文件。

Step2：加载：关于程序加载问题，在前面的章节已经详细讲述，可以使用 Visual LISP 工作界面加载，也可以使用 AutoCAD 工作界面加载。比如，从“工具”菜单中“加载应用程序”，选择“falan. lsp”文件加载，“已加载的应用程序”中就可以看到文件，如图 9. 52 所示。命令行提示：命令：_ appload 已成功加载 falan. LSP。

Step3：运行：在命令提示行输入（C：falan）或 falan。

按提示输入参数，命令行如下：

命令：falan
输入中心点（大圆的圆心）=100，100
输入大圆的半径=30
输入中心圆的半径=10
输入环形排列的圆的圆心到中心点的距离=20
输入环形排列的圆的半径=4
linetype
当前线型："ACAD_ ISO04W100"
输入选项［?/创建（C）/加载（L）/设置（S）］：s
指定线型名或［?］<ACAD_ ISO04W100>：byl
输入选项［?/创建（C）/加载（L）/设置（S）］：
命令：color
输入默认对象颜色［真彩色（T）/配色系统（CO）］<200>：200
命令：circle 指定圆的圆心或［三点（3P）/两点（2P）/相切、相切、半径（T）］：
指定圆的半径或［直径（D）］<50.0000>：10.00000000000000
命令：circle 指定圆的圆心或［三点（3P）/两点（2P）/相切、相切、半径（T）］：
指定圆的半径或［直径（D）］<10.0000>：30.00000000000000
命令：circle 指定圆的圆心或［三点（3P）/两点（2P）/相切、相切、半径（T）］：
指定圆的半径或［直径（D）］<30.0000>：4.000000000000000
命令：array
选择对象：l 找到 1 个
选择对象：输入阵列类型［矩形（R）/环形（P）］<P>：p
指定阵列的中心点或［基点（B）］：
输入阵列中项目的数目：8 指定填充角度（+=逆时针，-=顺时针）<360>：360
是否旋转阵列中的对象？［是（Y）/否（N）］<Y>：n
命令：linetype
当前线型："ByLayer"
输入选项［?/创建（C）/加载（L）/设置（S）］：s
指定线型名或［?］<ByLayer>：ACAD_ ISO04W100
输入选项［?/创建（C）/加载（L）/设置（S）］：
命令：ltscale 输入新线型比例因子 <0.5000>：0.500000000000000
命令：circle 指定圆的圆心或［三点（3P）/两点（2P）/相切、相切、半径（T）］：
指定圆的半径或［直径（D）］<4.0000>：20.00000000000000
命令：line 指定第一点：
指定下一点或［放弃（U）］：
指定下一点或［放弃（U）］：
命令：line 指定第一点：
指定下一点或［放弃（U）］：
指定下一点或［放弃（U）］：